AF802263

Lehrbuch

der

Elementar-Geographie.

Zunächst für die Königlich Preußischen Divisions-Schulen
und den militairischen Privat-Unterricht

von

A. von Crousaz,
Lieutenant im 10ten Infanterie-Regiment, commandirt als Lehrer
bei der Königlichen 11ten Divisions-Schule.

Berlin,
Verlag von Georg Reimer.
1842.

Vorwort.

Die gegenwärtige Schrift ist für den geographischen Unterricht der Offizier-Aspiranten, so weit sie denselben nach den festgestellten Anforderungen und nach ihren Fähigkeiten bedürfen, gearbeitet.

Es wurde der Hauptsache nach die Doppel-Idee zu Grunde gelegt, den hohen Instructionen für die Militair-Prüfungen genau nachzuachten, und andererseits alle Disciplinen der behandelten Wissenschaft in einem mäßigen Bande möglichst zu concentriren. Hierzu brachte meine Unterrichts-Erfahrung den Vorsatz, bei sachgemäßer Gründlichkeit jede Schwierigkeit der Darstellung zu vermeiden, und die Uebersicht so viel wie möglich zu erleichtern. Ich habe mich in den Ideen-Kreis der eignen Schüler-Zeit, in das damalige Denken und Lernen meiner Mitschüler lebendig erinnernd zurück versetzt, und die Ausbeute solcher Reminiscenz mit der Art, wie unsre jetzigen Militair-Zöglinge auffassen, verglichen. Diese doppelte Beschauung, der ich die Kenntniß solcher Mittel verdanke, die mir als die hülfreichsten für das jugendliche Fassungsvermögen erscheinen, leitete mich zu der Manier dieses Buches an.

Vor einem Ausspruch über die Haupt-Merkmale meiner Darstellung lege ich das sehr natürliche Bekenntniß ab, daß ich das verarbeitete Material theilweise den bessern geographischen Werken der neuesten Zeit, noch andererseits den neuesten und besten Land-Karten danke. In ersterer Hinsicht habe ich namentlich das große, mittlere und kleine Werk von Dr. H. Berghaus, die Natur und Geschichte der Erde und ihrer Bewohner von le Blanc, und das größere Handbuch von A. v. Roon, in letzterer Hinsicht die Atlasse von R. v. Lilienstern und v. Lichtenstern angewendet und den entnommenen Stoff in die selbst gezeichnete Form gepaßt. Die einzelnen Disciplinen anlangend, bemerke ich nun Folgendes:

Es ist die Haupt-Tendenz unserer Offizier-Prüfungs-Instruction, was zunächst die mathematische Geographie anlangt, dieselbe in den Hauptzügen wissenschaftlich zu begründen. Zur Erfüllung dieses Zwecks hielt ich ein Mittelding zwischen der ganz kurzen Darstellung vieler Handbücher und der ausführlichen und viel voraussetzenden der großen Werke für nothwendig. Da nach Verhältniß des für die ganze Geographie auf Divisions-Schulen disponiblen Zeitmaßes nur eine kurze Zeit für den mathematischen Theil bleibt, so war dieß bei dem Zwecke dieses Buchs schon an und für sich ein Grund, alle Schwierigkeit in Berechnung und Construktion zu vermeiden, und alle Hauptsachen in einen leicht faßlichen Zusammenhang zu bringen. Bei Befolgung dieser Maxime wollte ich noch überdieß die Total-Uebersicht durch die Namen der Paragraphe erleichtern.

In der physischen und politischen Geographie kommt es, der Hohen Instruktion gemäß, auf eine ziemlich genaue Kenntniß der Centro-Europäischen Länder, am meisten des

Vaterlandes, hingegen nur auf ein allgemeines Wissen der entferntern, besonders Außer-Europäischen Natur-Abschnitte und Staaten an. Dies wurde von mir nach der einleitenden Darstellung nöthig erachteter Allgemeinheiten genau berücksichtigt. Eine Ausnahme von der Regel ist dadurch eingeführt, daß ich ohne Rücksicht auf das „Wo", das zeitgemäß Wichtige und Interessante besonders hervorhob, das Militairische der Staaten specieller bezeichnete, und Abschnitten mit dem Charakter einer gewissen allgemeinen Celebrität mehr Sorgfalt als ihren Umgebungen bewieß. In solcher Eigenschaft sind z. B. die Eisenbahnen, als die Aufmerksamkeit und Industrie der Völker jetzt so lebhaft beschäftigend, die Länder: Spanien, Algier, Syrien, Aegypten, als Schauplätze neuester Thatsachen, die Festungen, Kriegshäfen, Armeen aller Reiche, als das Militairische, die Alpen, als ein physisch und historisch im Allgemeinen celebres Terrain, u. a. m. zu nennen.

Physische und politische Geographie stehen getrennt, erstere vor der letztern. Die Verbindung beider halte ich in einem großen Werke zur Erhöhung der Lebenswärme, der Vielseitigkeit in den vorzuführenden Bildern für gut, in einem Schulbuche aber für nachtheilig, weil der Anfänger das Naturreich und das Menschenreich, jedes in seinem allgemeinen Wesen erst kennen muß, ehe er sie ohne gegenseitige Verkürzung combiniren kann.

In der physikalischen Geographie gehen die äußern Verhältnisse der Kontinente, der innern Beschaffenheit (dies bedarf keiner Motivirung), die Landgewässer den Gebirgen und Ebenen voraus. Letzteres geschah deshalb, weil ich in jedem gebildeten Natur-Abschnitt zuerst ein hydrographisches Netz haben wollte, in das die Terrain-Formen so zwar, daß sich ihre natürliche Lage dann von selbst ergiebt, eingetragen werden könnten.

Quellhöhen und Mündungsstätte bedarf der Schüler, um über das Anfangs- und Endigungs-Verhältniß der Flüsse aufgeklärt zu sein, letztere auch noch, um so wie bei Kanälen, wichtigen Brücken u. dgl. einen Anknüpfungs-Punkt der physischen an die politische Geographie zu finden.

In der politischen Geographie war ich bemüht, nach einem ethnographischen Eingang die neuesten Staatsverhältnisse, so weit sie auf Größe, Grenzen, Bevölkerung, Religion, Nationalität, Industrie, Macht und Reichthum, Verfassung, Verwaltung, Eintheilung, Bezug nehmen, ganz kurz (um jede Ermüdung zu vermeiden) zusammen zu fassen. Es wurde bereits erwähnt, daß hierbei die Interessen der Zeit vorzüglich ins Auge gefaßt sind.

Ob die That mit dem ersten Willen übereinkam, muß die Erfahrung lehren; der gute Erfolg bei meinen Schülern läßt es mich hoffen. Sachkenner werden durch Anerkennung meiner Art und Ausführung meine Bestrebungen stärken, und da, wo ich irrte, mich für die milde und begründete Lehre dankbar finden.

Breslau, im Februar 1841.

Der Verfasser.

Inhalt.

Mathematische Geographie. S. 1 — 20.

Physikalische Geographie.

Vor-Abschnitt. S. 21 — 38.

Erster Abschnitt.

Die Erdoberfläche im Allgemeinen. S. 38 — 41.

Zweiter Abschnitt.

Europa's äußere Form und Bespülung. S. 41 — 54.

Dritter Abschnitt.

Europa's innere physikalische Beschaffenheit.

A. Der innere Kontinent.

Cap. I.

Cap. II.

Cap. III.

Cap. IV.

B. Die größten Halbinſeln und Inſeln Europa's.

Cap. V.

Cap. VI.

Cap. VII.

Cap. VIII.

Cap. IX.

Inseln. S. 172 — 178.

Vierter Abschnitt.

Klima — Boden — Produkte Europa's. S. 178 — 185.

Fünfter Abschnitt.

Asien. S. 185 — 203.

Afrika. S. 204 — 214.

Amerika. S. 214 — 231.

Australien. S. 231 — 234.

Politische Geographie.

Vor-Abschnitt. S. 237 — 251.

Erster Abschnitt.

Europa. S. 251 — 395.

Zweiter Abschnitt.

Asien. S. 395 — 413.

Dritter Abschnitt.

Afrika. S. 414 — 428.

Vierter Abschnitt.

Amerika. S. 428 — 443.

Fünfter Abschnitt.

Mathematische

Geographie.

vermöge deren auch unsere Erde von der Sonne angezogen wird.

Centrifugal-Kraft, das Bestreben der Körper in unendliche Räume zu schweifen, vermöge deren die magnetische Wirkung der Sonne eingeschränkt ist.

Rotation ist die Bewegung eines Körpers um seine eigene Axe.

Sphäroid, ein Körper, der von der Form einer Kugel am einfachsten abweicht.

Beleuchtungskreis, derjenige Kreis, den wir zwischen einer beleuchteten und einer dunklen Halbkugel uns gezogen denken.

§. 1.

Theile des Universums.

Das Universum oder jenes Weltganze, welches alle geschaffenen Dinge in sich begreift, ist ein unbegrenzter Raum, den wir uns mit Luft angefüllt denken. Wir kennen ihn nur theilweise und ein großer Theil dieser Kenntniß beruht auf Hypothesen. Mit einiger Gewißheit aber kann behauptet werden, daß in dem Raume ohne Grenzen größere und kleinere Körper sind, im Gleichgewicht sich erhalten und nach einer gewissen Ordnung bewegen. Diese Körper sind die uns sichtbaren Sterne und dreifacher Art, nämlich:

1) Fixsterne, Weltkörper mit eigenem Licht und eigener Wärme. Sie haben eine unveränderte Stellung und erscheinen überall und immer, mit oder ohne Hülfsmittel betrachtet, gleich groß und in gleichem Lichte, woraus auf die Einförmigkeit ihrer Bewegung (nur auf der Stelle) auf ihre Größe und unermeßliche Entfernung geschlossen werden muß.

2) Planeten, Weltkörper ohne Licht und Wärme, da sie beides erst von den Fixsternen erhalten. Sie sind doppelter Art, nämlich:

a) Hauptplaneten mit einer zweifachen regelmäßigen Bewegung: um ihre eigene Axe und um den Fixstern, welchem sie angehören.

b) Nebenplaneten (Trabanten oder Monde) mit dreifacher regelmäßiger Bewegung: um die eigene Axe, um den Planeten und um den Fixstern, welchem sie angehören.

3) **Kometen** (Irrsterne), Weltkörper mit unendlich großen Bahnen, in denen sie aber auch sich um die Fixsterne bewegen, von denen sie Licht und Wärme erhalten. Sie haben einen Dunstkreis, der durch das erborgte Licht leuchtend erscheint, und als dessen Verlängerung nach der, den Fixsternen abgekehrten Seite, ihr Lichtschweif, den sie führen, gilt.

Einen Fixstern mit einer gewissen Anzahl Haupt- und Nebenplaneten, die sich um ihn bewegen, nennt man: **ein System.**

Unsere Sonne ist ein Fixstern und wir nennen deshalb sie mit ihren zugehörenden Weltkörpern das Sonnensystem.

§. 2.

Verschiedene Meinungen über das Sonnensystem.

Zu verschiedenen Zeiten wurden über die Beschaffenheit unseres Sonnensystems drei verschiedene Ansichten verlautbar.

Claudius Ptolomäus im 2. Jahrhundert (n. Ch. G.) nahm die Erde als Mittelpunkt an, und ließ um sie den Mond, den Merkur, die Venus, dann die Sonne, endlich die übrigen Planeten sich bewegen.

Nicolaus Copernikus, ein Preuße, lehrte zu Ende des 15ten und zu Anfang des 16ten Jahrhunderts, wie es für allgemein richtig angenommen noch jetzt gilt, und deshalb im folgenden Paragraph geschildert ist.

Tycho de Brahe endlich, ein dänischer Edelmann, der nach Copernicus im 16ten Jahrhundert lebte, behauptet: die Erde sei der ruhende Mittelpunkt, um sie bewege sich der Mond, dann in größerem Umkreise die Sonne mit den um sie sich bewegenden übrigen Planeten des Systems.

§. 3.

Das Copernikanische System.

Nach Copernikus steht die Sonne im Mittelpunkte des Systems still, und es bewegen sich um sie in elliptischen, concentrischen Bahnen 11 Haupt- mit 20 Nebenplaneten in folgender Ordnung:

1) Der Merkur.
2) Die Venus.
3) Die Erde (mit einem Monde).
4) Der Mars.
5) Die Vesta }
6) Die Juno } Astereiden.
7) Die Ceres }
8) Die Pallas }
9) Der Jupiter (mit 4 Monden).
10) Der Saturn (mit 7 Monden).
11) Der Uranus (mit 8 Monden).

Anmerkung. Die vier Planeten zwischen Mars und Jupiter wurden in neuerer Zeit, nach Copernikus, entdeckt.

Dieselbe Ansicht wie Copernikus scheinen die alten Weltweisen schon gehabt zu haben (Aristoteles de coelo, Lib. II, Cap. 3.)

§. 4.

Nähere Betrachtung unseres Sonnensystems.

Die Sonne hat in der Mitte des Systems eine Bewegung um ihre eigene Axe, die sie nach der Meinung vieler Astronomen in 25 Tagen und 12 Stunden vollbringt. Ihr Halbmesser wird auf 96,000 geographische Meilen berechnet. Die sie umkreisenden Planeten empfangen Wärme und Licht nach Maßgabe ihrer Entfernungen und erhalten sich durch das Zusammenwirken der Centripedal- und Centrifugal-Kraft in ihren regelmäßigen Bahnen. — Der größte Planet unseres

Sonnensystems ist der Jupiter, dessen Halbmesser auf 8700 geographische Meilen angegeben wird. Seine Rotation ist zugleich die schnellste, denn er vollbringt sie in 9 Stunden 56 Minuten.

§. 5.

Die Erde im Allgemeinen.

Die Erde, die als unser Wohnplatz uns zunächst angeht, ist (wie wir bereits aus §. 3. wissen) der 3te Hauptplanet des Sonnensystems. Ihrer Form nach ist sie ein Sphäroid und ihre Abweichung von der Kugelform wird durch zwei Abplattungen an entgegengesetzten Enden bewirkt. Wir nennen sie die beiden Pole, und zwar den einen den arktischen oder Nordpol, den andern den antarktischen oder Südpol.

Der Durchmesser der Erde beträgt 1719, ihr Umfang 5400 geographische Meilen. Ihre elliptische Bahn um die Sonne vollbringt sie in 365 Tagen, ihre Rotation in 24 Stunden.

§. 6.

Horizont.

Befinden wir uns im freien Felde und blicken rund um uns, so scheint der Himmel die Erde zu berühren. Durch diese scheinbare Berührung wird eine Linie gebildet, welche die Aussicht begrenzt und die Gestalt eines Kreises hat. Wir nennen sie den scheinbaren Gesichtskreis oder Horizont, und sie ist um so weiter von uns entfernt, je höher wir stehen.

Aus dieser Erklärung folgt ganz natürlich, daß wir mit jedem veränderten Standpunkte auch einen anderen scheinbaren Horizont erhalten.

Der wahre Horizont ist hiervon verschieden, und entsteht, wenn wir eine Ebene durch den Mittelpunkt der Erd-Axe uns parallel zu der Ebene des scheinbaren Horizontes gelegt denken.

Erd- und Himmelskugel werden so halbirt (letztere, wenn man die Ebene sich bis an das scheinbare Himmelsgewölbe verlängert denkt), und es ist dies die Ebene des wahren Horizontes, die sie umfassende Kreisperipherie, der wahre Horizont selbst.

§. 7.

Eintheilung des Horizontes.

Der Mittelpunkt *M* des Gesichtskreises *S, O, N, W,*

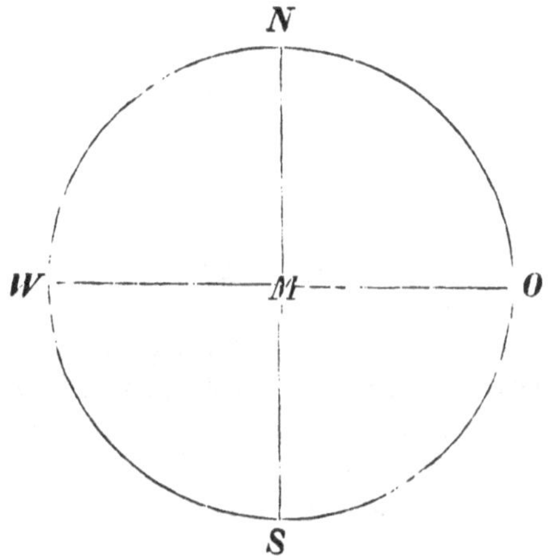

ist unser Standpunkt. Denken wir uns in diesem Gesichtskreise zwei winkelrechte Durchmesser gezogen, welche die Peripherie in vier Punkten treffen, so sind diese letzteren die 4 Kardinalpunkte oder Haupt-Himmelsgegenden.

Wenden wir uns am Mittage gegen die Sonne, so liegt vor uns der mit *S.* bezeichnete Kardinalpunkt: Süden oder Mittag. Hinter uns ist dann Norden oder Mitternacht, rechts Westen oder Abend, links Osten oder Morgen.

Wenn die Bogen zwischen den Kardinalpunkten halbirt werden, so entstehen dadurch die Nebengegenden: Nord-Ost — Süd-Ost — Süd-West — Nord-West.

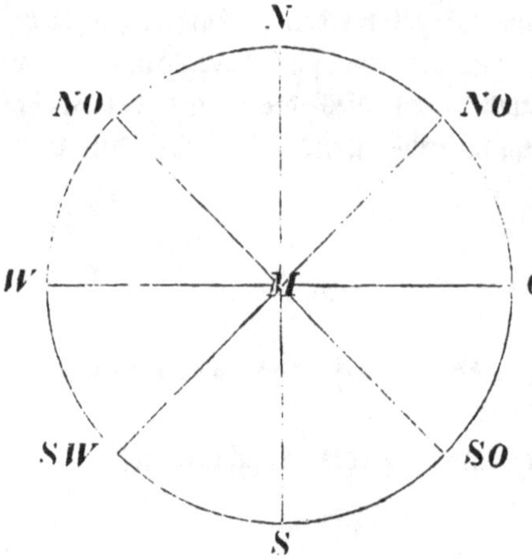

Man kann die Halbirung unendlich weit fortsetzen.

§. 8.

Zenith und Nadir.

Denken wir aus unserem jedesmaligen Standpunkte uns einen Perpendikel errichtet und bis dahin verlängert, wo unsere Aussicht nach oben durch das scheinbare Himmelsgewölbe begrenzt wird, so heißt der Endpunkt desselben über unserm Scheitel: der Zenith oder Scheitelpunkt. Der dem Zenith perpendikulär unter unseren Füßen, also auf der andern Halbkugel entgegenstehend gedachte Punkt, der dort unser Zenith sein würde, ist der Nadir oder Fußpunkt.

§. 9.

Beweise für die Gestalt der Erde.

Wir wissen bereits, daß die Erde ein der Kugel sehr ähnlicher Körper ist, und haben für diese Gestalt folgende Beweise.

1) Wäre die Erde eine Ebene, oder ein von ebenen Flächen begrenzter Körper, so würden die Gegenstände, denen man sich nähert, sobald die Gesichtskraft es gestattete, im-

mer ihrer ganzen Höhe nach sichtbar sein. Wir würden z. B. mit der Spitze eines Thurmes, Berges und dergleichen, auch gleich den ganzen Thurm oder Berg erblicken. Die Erfahrung zeigt uns entgegengesetzte Erscheinungen, da alle erhabenen Gegenstände unserem Auge nur allmälig sichtbar werden. Da dies überall auf der Erde sich so verhält, so ist kein anderer Grund, als eine Krümmung der Erdfläche nach allen Richtungen, denkbar.

2) Die Reisen um die Erde haben deren Rundung in der Richtung von West nach Ost, wo sie immer unternommen wurden, dargethan, denn man ist von einem Punkte fort immer nach einerlei Weltgegend gereist, und doch an dem Orte der Abreise wieder eingetroffen. Von Norden nach Süden erweist sich die Erdrundung auch durch den gestirnten Himmel; denn gehen wir beständig nach Süd, oder beständig nach Nord, so verschwinden nach Maßgabe unseres Fortschreitens die Sterne, die uns sichtbar, und erscheinen uns und nähern sich unserem Zenith andere Sterne, die uns verborgen waren.

3) Die gleichmäßige Erweiterung und überall kreisförmige Gestalt unseres Horizontes. Wenn die Erdoberfläche gerade Flächen enthielte, so müßten auch als deren Grenzen gerade Linien vorkommen und im Betretungsfall auch in unserem Horizonte erscheinen.

§. 10.

Erd-Rotation und daraus folgende Erscheinungen.

Wenn die Sonne aufgegangen ist, so verändert sie ihre Stellung gegen den Horizont beständig. Sie erhebt sich im Osten (Sonnen-Aufgang) und steigt in einem Bogen empor, bis sie die größte Entfernung von der Fläche unseres Horizontes erreicht hat (Mittag). Dann sinkt sie auf die andere Seite herab, in demselben Verhältniß, wie sie gestiegen, und verschwindet endlich unter dem westlichen Bogen des Horizontes (Abend).

Diese Bewegung kann aber nur scheinbar sein, da wir wissen, daß die Sonne ruht. Da nun aber Licht und Dunkelheit auf der Erde wechseln, da Wärme und Beleuchtung durch jene Stellung der Sonne gegen den Horizont modifizirt werden, so muß eine andere wirkliche Bewegung hiervon die Ursache sein. Dies ist in der That der Fall, denn wir nehmen die Rotation der Erde mit Ueberzeugung als solche an. Es verhält sich damit wie folgt:

Die verschiedenen Theile der Erdoberfläche werden der Sonne nach und nach zugewendet. Es sei der Kreis *E.* unsere Erde, *S.* die Sonne, der Punkt *a* auf ersterer unser

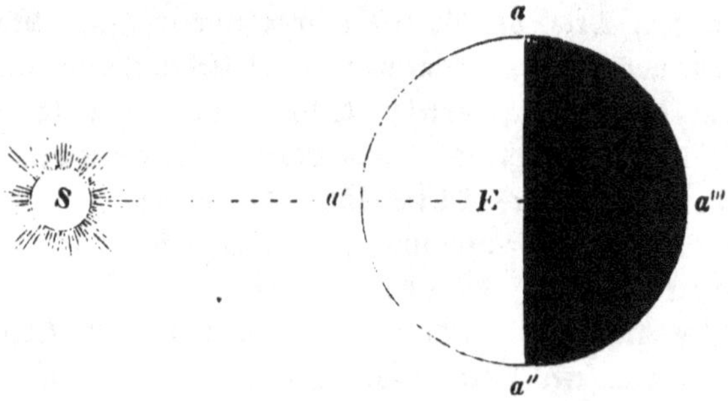

Standpunkt, so stehen wir im Beleuchtungs-Kreise, empfangen die Sonnenstrahlen immer mehr, glauben die Sonne aufgehen zu sehen und haben Morgen.

Wenn die Erde sich nun um ihre Axe von Ost nach West bewegt, so kommen wir nach *a'*, sind am meisten beleuchtet und erwärmt. Die Sonne ist hier scheinbar über uns und wir haben Mittag. Bei fortgesetzter Rotation kommen wir wieder in den Beleuchtungskreis nach *a''*, wo uns die Sonne allmälig verloren, scheinbar untergeht, und haben Abend. Es folgt hieraus deutlich, daß es von *a* bis *a''*, Tag, von *a''* bis *a*, vermöge der Gestalt unserer Erde, Nacht sein muß. Der Punkt *a'''*, dem Mittagspunkte *a'* entgegengesetzt, bedeutet die für die Bewohner der jedesmal dunklen Halbkugel dort eintretende Mitternacht.

§. 11.

Auf der Erdoberfläche gedachte Linien.

Wir wissen aus §. 10., daß die Erd-Rotation von Ost nach West geschieht. Es ist natürlich, daß jeder auf der Erdoberfläche sich befindende Punkt hierbei einen Kreis beschreibt. Alle diese Kreise haben ihre Mittelpunkte in der Erd-Axe, heißen, weil sie sämmtlich parallel sind, Parallelkreise und werden desto kleiner, je näher sie einem der beiden Pole kommen. Es folgt hieraus, daß derjenige Parallelkreis, der gleichen Abstand von beiden Polen, und also seinen Mittelpunkt auch in der Mitte der Erdaxe hat, der größte sei. Wir nennen ihn den Aequator, Gleicher, oder die Linie.

Diejenigen Kreise, die wir uns durch jeden beliebigen Punkt und die beiden Pole gezogen denken, die sich also sämmtlich in den Polen schneiden müssen, heißen Mittags-Kreise oder Meridiane. Man hat den Meridian der kanarischen Insel Ferro allgemein als den ersten angenommen. Die Ebene, welche bei Einschneidung des Meridians bis zur Erd-Axe entstehen würde, ist die Meridian-Ebene. Es leuchtet ein, daß die Meridiane, da sie alle, eben so wie Aequator und wahrer Horizont, größte Kreise sind, sich mit diesen beiden gegenseitig halbiren müssen. Wohl zu unterscheiden vom Mittagskreise ist die Mittagslinie, das ist: die Durchschnittslinie, der Meridian- und Horizontal-Ebene eines Orts. Es versteht sich von selbst, daß ein jeder Punkt auf der Erd-Oberfläche seinen Meridian, seine Meridian-Ebene und seine Mittagslinie hat.

Diejenigen Parallel-Kreise, welche in einem Abstand von $23\frac{1}{2}$° nördlich und südlich des Aequators liegen, heißen: die Wende-Kreise (Tropici). Der nördliche ist der Wendekreis des Krebses (Tropicus cancri). Der südliche der des Steinbocks (Tropicus capricorni). Die Oerter auf unserer Erdkugel, durch die der Wendekreis des Krebses geht, sind: Arabien, das rothe Meer, Indien, Süd-China, Californien, Mexico und die Antillen. — Der Wendekreis des Steinbocks geht durch: Neuholland, die

Insel Bourbon, Madagascar, das Land der Caffern und Monomotapa, Süd-Brasilien, Paraguai und die südlichste Spitze von Peru.

Die Polarkreise sind 23° 28′ von den betreffenden Polen ringsum entfernt. Es giebt hiernach einen nördlichen (circulus polaris arcticus) und einen südlichen (circulus polaris antarcticus) Polarkreis.

§. 12.

Geographische Breite und Länge.

Geographische Breite nennt man die Entfernung eines Ortes vom Aequator, nach Graden und Gradtheilen berechnet. Je nachdem dieser Ort nördlich oder südlich des Aequators liegt, giebt es auch nördliche oder südliche Breite, und zwar enthält jede derselben 90°, da der Bogen zwischen Aequator und jedem Pole $\frac{1}{4}$ der Peripherie ($\frac{360}{4}$ °), d. i. 90°, beträgt.

Geographische Länge ist der nach demselben Maß wie die Breite berechnete Abstand eines Ortes vom ersten Meridian nach Osten oder Westen zu. Wir haben hiernach östliche und westliche Länge, in jeder 180°, da wir die Längen-Grade auf den Parallelkreisen zählen, deren jeder durch den Meridian halbirt wird.

§. 13.

Bewegung der Erde um die Sonne.

Die Ellipse, in der die Erde sich um die Sonne bewegt, heißt in der Geographie Ekliptik (Erdbahn). Die Sonne steht nicht im Mittelpunkte derselben, sondern in einem anderen Punkte, welcher der Brennpunkt heißt.

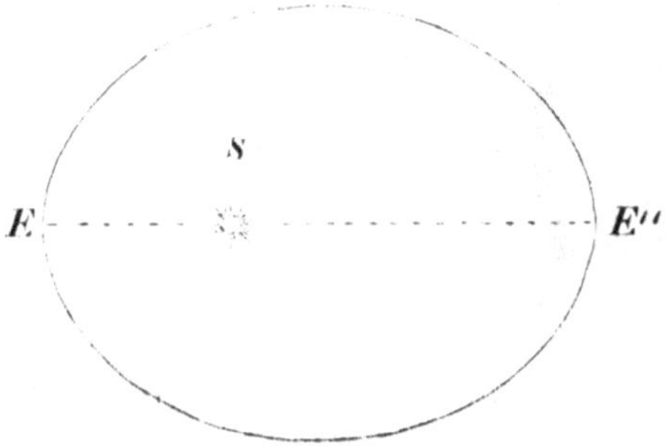

Der Punkt E, wo hiernach die Erde der Sonne am nächsten steht, heißt Sonnennähe (περιήλιον), der Punkt E'', wo sie am fernsten ist, Sonnenferne (ἀφήλιον). Erstere beträgt 23,852, letztere 24,667 Erdhalbmesser. Die Bewegung der Erde um die Sonne geschieht nun dergestalt, daß die Aequator-Ebene durch die Ebene der Ekliptik unter einem Winkel von $23\frac{1}{2}°$ geschnitten wird. Dies ist die Schiefe der Ekliptik.

Wenn hiernach Aequator und Ekliptik $23\frac{1}{2}°$ differiren, so muß natürlich die Neigung der Ekliptik-Ebene gegen die der Erdaxe $66\frac{1}{2}°$ betragen, da $< NWO$ den $< OMP$ zu 1 R. ergänzt.

Dieses Verhältniß der Ekliptik zu der Erd-Axe und dem Aequator bleibt bei allen Stellungen der Erde während ihres Umlaufes unverändert, und es folgt daraus, daß die Erde in zwei Zeitpunkten während desselben, ihre Pole abwechselnd der Sonne zuwendet, während in zwei andern Zeitpunkten dies nicht der Fall ist. Die ersteren heißen Solstitien, letztere Aequinoctien. Wenn wir sie der Reihe nach betrachten wollen, so verhält es sich damit, wie folgt:

1) Am 21. März, wenn kein Endpunkt der Erd-Axe der Sonne zugewendet ist, fällt Beleuchtungskreis und Erd-Axe-Ebene zusammen, d. h. die eine Hälfte aller Parallelkreise ist erleuchtet, während die andere Hälfte dunkel bleibt.

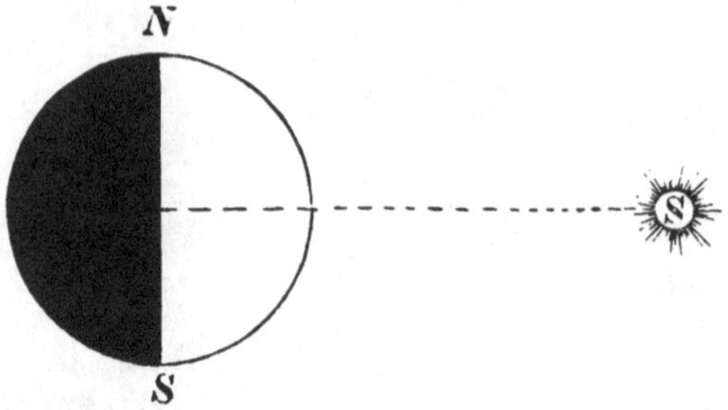

Es folgt daraus, daß Licht und Dunkelheit auf beiden Halbkugeln gleichmäßig vertheilt, daß also Tag und Nacht auf beiden gleich sind. Dies ist das Frühlings-Aequinoctium.

2) Am 22. Juni hat die Erde im Verfolg ihres Umlaufes der Sonne den Nordpol N. zugewendet.

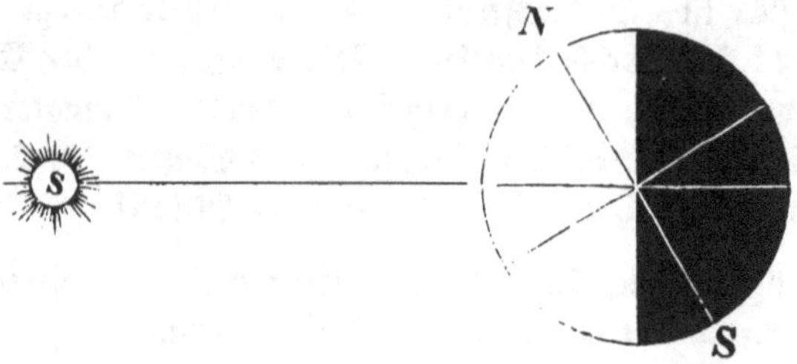

Nordpol und Beleuchtungskreis differiren um $23\frac{1}{2}°$, und es ist also auf der nördlichen Halbkugel mehr Licht, d. h. der Tag, und auf der südlichen mehr Dunkelheit, also die Nacht länger. Dies ist das Sommer-Solstitium.

3) Am 23. September fallen Erd-Axe-Ebene und Beleuchtungskreis wieder zusammen, daher gleiche Lichtvertheilung dieselbe Erscheinung, wie beim Frühlings-Aequinoctium, zum Vorschein bringt. Dies ist das Herbst-Aequinoctium.

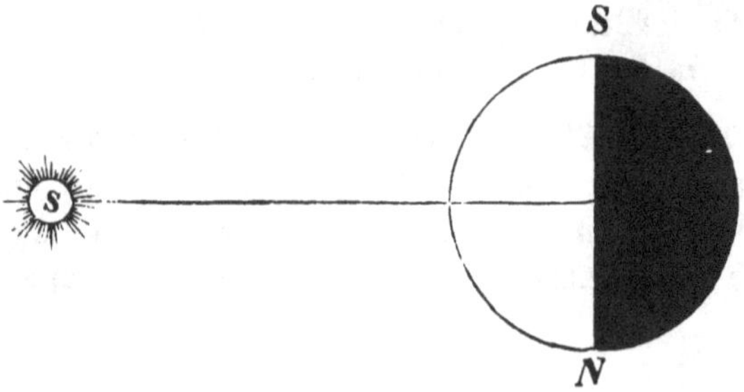

4) Endlich am 22. December wendet sich der Süd-Pol der Sonne zu, daher die Beleuchtung auf der südlichen Halbkugel stärker, auf der nördlichen schwächer. Es ist mit Nacht und Tag, wie natürlich, das umgekehrte Verhältniß, als am 22. Juni, und wir haben das Winter-Solstitium.

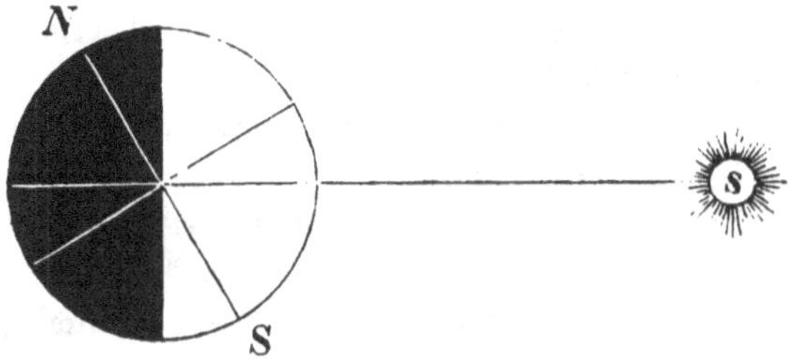

Die Zeit, in welcher die Erde ihren Umlauf vollendet, nennen wir ein Jahr, und haben also, in Hinsicht der Erleuchtung, nach vorstehenden Erklärungen darinnen 4 Abschnitte, nämlich:

1) Die Zunahme der Tage bis zur Ausgleichung von Tag und Nacht am 21. März.
2) Die Zunahme der Tage bis zum längsten Tage und der kürzesten Nacht am 22. Juni.
3) Die Abnahme der Tage bis zur Ausgleichung von Tag und Nacht am 23. September.
4) Die Abnahme der Tage bis zum kürzesten Tage und der längsten Nacht den 22. December.

§. 14.

Zonen.

Da die Erde von der Sonne auch erwärmt wird, so folgt aus dem Verhältniß beider zu einander und aus der Gestalt der ersteren, daß die Theile ihrer Oberfläche verschiedenartige Wärme erhalten. Auf diese Vertheilung der Wärme gründet sich die Eintheilung der Erdoberfläche in gewisse Räume, die man Zonen nennt. Die Grenzen derselben sind die Wende- und Polarkreise, und es giebt 5 Zonen, nämlich:

1) **Die heiße Zone** zwischen beiden Wendekreisen.
2) **Die nördlich gemäßigte Zone** zwischen dem Wendekreise des Krebses und dem arktischen Polarkreise.
3) **Die südlich gemäßigte Zone** zwischen dem Wendekreise des Steinbocks und dem am arktischen Polarkreise.
4) **Die nördliche kalte Zone** zwischen dem arktischen Polarkreise und dem Nordpole.
5) **Die südliche kalte Zone** zwischen dem arktischen Polarkreise und dem Südpole.

Die größere und mindere Erwärmung beruht auf den Sonnenstrahlen, die der heißen Zone fast senkrecht, der gemäßigten schief geneigt und den kalten Zonen am schiefsten zukommen.

§. 15.

Temperatur — Verdunstung — Niederschlag.

Die Wärme eines Körpers ist seine Temperatur; wird er wärmer, so steigt, wird er kälter, so fällt sie.

Wasser und Erde scheiden, bei Einwirkung der Wärme auf sie, Theilchen aus, die leichter sind als die atmosphärische Luft, und deshalb emporsteigen bis zu einer eben so leichten Luftschicht; dort sammeln sie sich und bilden Wolken. Wenn diese Wolken durch erlangte Dichtigkeit zu schwer geworden sind, so senken sie sich und zwar: die Wasserdünste, als Regen, Schnee oder Hagel, nach Maßgabe der Temperatur, die sie hatten, die Erddünste: als Nebel.

Den Vorgang des Ausscheidens der Theilchen nennt man: Verdunstung, den der Senkung: Niederschlag.

§. 16.

Wind.

Wenn alle Luftschichten im Gleichgewicht sind, welches sie durch gleiche Dichtigkeit erlangen, so herrscht Windstille. Wird hingegen durch den Einfluß der Temperatur eine Luftschicht verdchtet oder verdünnt, so hat die dichtere Luftschicht immer das Bestreben, sich nach der dünneren hinzuziehen, wodurch eine Bewegung der Luft entsteht, die nach Maßgabe der Umstände schwächer oder stärker, Wind, Sturm oder Orkan genannt wird.

§. 17.

Vom Monde und den durch ihn veranlaßten Erscheinungen.

Der Mond (Trabant unserer Erde §. 3.) bewegt sich dreifach, d. h. um seine Axe, um die Erde in 27 Tagen 7 Stunden 43 Minuten (periodischer Monat) und mit ihr um die Sonne in 365 Tagen 6 Stunden.

Er ist kugelrund, in seinem mittleren Abstande 66 Erdhalbmesser von uns entfernt, und seine Bahn bildet mit der Ekliptik einen Winkel von etwa 5° 8′.

Seiner Kugelgestalt wegen kann nur seine jedesmal der Sonne zugewendete Hemisphäre erleuchtet werden, während die andere dunkel bleibt. Es sei z. B. *S.* die Sonne, *E.* die Erde, *M*, *M*,′ *M*,″ *M*‴ der Mond in 4 verschiedenen Punkten seiner Laufbahn um die Erde, so ist er in *M.* uns unsichtbar, da die dunkle Halbkugel der Erde zugewendet wird.

Wenn er aus dieser Conjunction mit der Sonne hervorgegangen und in seiner Bahn bis nach *M.*′ gerückt ist, so sehen wir den vierten Theil erleuchtet. Hierauf wendet er seine Lichtseite uns immer mehr zu, bis in *M.*″ die ganze Halbkugel sichtbar wird. Von hier an nimmt seine Erleuchtung vor unseren Augen wiederum immer mehr ab, bis wir in *M.*‴ abermals nur $\frac{1}{4}$ des Mondes sehen und er endlich auf seinem ersten Standpunkt *M.* wieder ganz dunkel erscheint. — *M.* ist demnach Neumond, *M.*′ erstes Viertel, *M.*″ Vollmond und *M.*‴ das letzte Viertel.

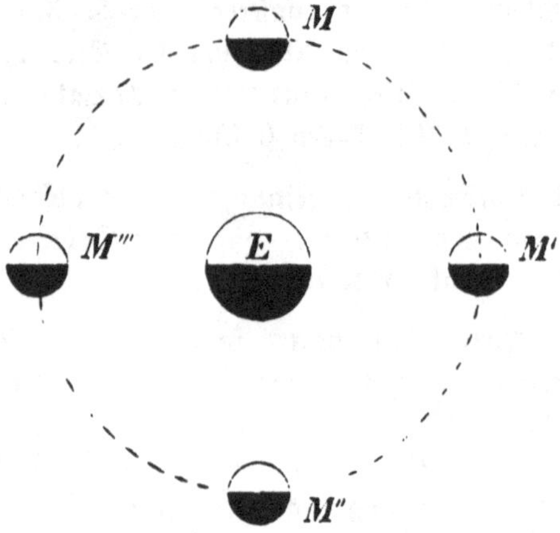

Wenn der Mond zwischen der Sonne und Erde so steht, daß sie sich alle drei in einer durch ihre Centra gedachten Linie befinden, so werden die Sonnenstrahlen durch ersteren unterbrochen, und der Mond wirft seinen Schatten auf einen Theil der Erde. In diesem Fall ist den Bewohnern dieser Erdgegend die Sonne verfinstert, und es ist dies eine Erdfinsterniß.

Wenn in derselben Art, wie oben gesagt, die Erde zwischen den Mond und die Sonne getreten ist, so verfinstert sich der Mond durch den Erd-Schatten, und es ist dies eine Mondfinsterniß.

§. 18.

Nebenwohner, Gegenwohner, Antipoden.

Diejenigen Bewohner der Erde, welche unter denselben Graden der Breite, aber auf entgegengesetzten Meridianhälften wohnen, heißen Nebenwohner und haben gleiche Jahres-, aber entgegengesetzte Tages-Zeiten.

Erdbewohner auf denselben Meridianhälften, unter derselben Breite, aber auf entgegengesetzten Halbkugeln, heißen Gegenwohner, und haben dieselben Tages-, aber entgegengesetzte Jahres-Zeiten.

Gegenfüßler oder Antipoden endlich sind diejenigen, welche unter demselben Breiten-Grade, aber auf entgegengesetzten Hemisphären, einen Längenunterschied von 180° und hiernach entgegengesetzte Jahres- und Tages-Zeiten haben.

§. 19.

Ohnschattige, Einschattige, Zweischattige, Unschattige.

Die Bewohner der heißen Zone, mit Ausnahme derer auf den Wendekreisen, haben jährlich zweimal die Sonne im Zenith über sich. Sie können zu dieser Zeit keinen Schatten werfen, weil er immer auf sie zurückfällt und heißen deshalb: Ohnschattige (ascii). In der übrigen Zeit werfen sie ihren Schatten, wenn die Sonne nördlich steht, zur Mittagsstunde nach Süd und umgekehrt, werden also Zweischattige genannt (amphiscii). Die Bewohner der gemäßigten Zonen werfen ihren Schatten immer nach einer Gegend, und zwar auf der nördlichen Halbkugel des Mittags nach Nord, auf der südlichen nach Süd, heißen also: Einschattige (heteroscii). Die Bewohner der Polarländer endlich heißen: Unschattige (periscii), weil, indem sie sich mit der Kugel im Kreise bewegen, ihr Schatten in 24 Stunden einmal um sie herumzugehen scheint.

§. 20.

Abbildungen der Erde.

Ein wesentliches Hülfsmittel zum Studium der Geographie ist die Veranschaulichung der Erde oder ihrer Theile durch Abbildungen. Eine Nachbildung des ganzen Erdkörpers nach seiner wirklichen Form nennt man einen Globus.

Abbildungen der Erde oder ihrer Theile in Flächenform mit wirklich der Natur nachahmender Darstellung der Vertikal-Verhältnisse sind: Relief's.

Abbildungen endlich in Flächenform, blos durch Zeichenkunst entstanden und mittelst ihr alle Horizontal- und Vertikal-Verhältnisse bezeichnend, heißen: Charten.

Wir theilen sie in neun Arten, nämlich:

1) Planigloben, d. h. Charten, auf denen sich die ganze Erde darstellt.
2) Universal-Charten, d. i. Abbildungen einer von beiden Erd-Hemisphären.
3) Particular-Charten, oder Darstellungen eines Erdtheiles.
4) General-Charten, oder Darstellungen eines Staates.
5) Special-Charten, oder Darstellungen einer Provinz.
6) Orographische, oder Gebirgs-Charten.
7) Hydrographische, oder Gewässer-Charten.
8) Produkten-Charten, welche die Produkte der Länder nach angenommenen Characteren zeigen.
9) Reise-Charten, die entweder Land- oder See-Reise-Charten sind. Erstere müssen den Reisenden mit allen topographischen Verhältnissen, also namentlich den Straßen, Verbindungen, den Entfernungen der Orte von einander 2c., — Letztere den Seefahrer mit allen Küsten, Häfen, Inseln, Mündungen, Klippen, Sandbänken, Meerströmen, Strudeln, Untiefen u. s. w. bekannt machen.

Physikalische Geographie.

Vor-Abschnitt.

§. 1.

Begriffs-Erklärung.

Die physikalische oder reine Geographie bezieht sich auf die Erdoberfläche, deren Formen und natürliche Zustände sie betrachtet.

Es handelt sich also in ihr von dem wagerechten Gliederbau, von der Verbindung, der Begrenzung und horizontalen Ausdehnung der Glieder im Allgemeinen, den Bewässerungs- und Vertikal-Verhältnissen, der Kontinente und Inseln.

Eine allgemeine Betrachtung der 3 Hauptbestandtheile des Erdkörpers bildet den Eingang.

§. 2.

Urstoffe,

oder Elemente sind aus keiner Vermischung anderer Körper entstanden. Erde, Wasser, Luft und Feuer sind nur dem Namen nach Elemente und werden so genannt, weil man sie früher nicht zu zersetzen vermochte.

§. 3.

Flüssige und feste Körper.

Unter einer oder der andern dieser beiden Formen erscheinen uns alle Körper. Erstere sind durchsichtig, leicht theilbar und beweglich; Letztere sind undurchsichtig, unbeweglich und werden von dem Hauptbegriffe, Land, alle umfaßt. Die flüssigen Körper sind entweder elastisch- oder tropfbar-flüssig. Erstere Art der Flüssigkeit hat die Luft, letztere das Wasser.

§. 4.

Die Luft.

Sie strebt sich auszudehnen und füllt alle Räume. Sie ist fühlbar, sehr empfänglich für Wärme und Kälte, und umgiebt, nach allgemeiner Annahme, unseren Erdkörper in einer Entfernung von 8 bis 10 Meilen. (Luftkreis.)

Je näher der Erde, desto dichter ist sie, theils durch den Druck der höheren Luftschichten, theils vermöge der, in geringerer Entfernung, auch stärker wirkenden Gravitation. — Obgleich Verdichtung gewöhnlich mit Kälte, die Verdünnung der Luft mit Wärme zusammenhängt, so ist dennoch die der Erde nächste, also dichteste Luftschicht, auch zugleich die wärmste. Dies rührt von der unmittelbaren Erwärmung der Luft durch den Erdkörper her, dessen warme Ausdünstung natürlich, je näher die Luft, desto mehr sich mittheilt. Die durch Erdausdünstung so erwärmte, durch den Druck oberer Luftschichten am meisten verdichtete Luft, die unsere Erde im Bereich von etwa einer Meile rings umgiebt und vermöge ihrer Bestandtheile zum Fortkommen organischer Wesen geeignet ist, heißt Atmosphäre oder Dunstkreis.

Die Luft erscheint uns entweder im Gleichgewicht oder bewegt. Hierüber ist schon im §. 16. der mathematischen Geographie gesprochen worden, und es wäre also nur noch hinzuzufügen, daß die Winde von der Himmelsgegend, aus der sie kommen, ihre Namen erhalten. — Passat-Winde sind regelmäßige Winde zwischen den Tropen unter dem Wendekreise des Krebses aus *NO.*, unter dem des Steinbocks aus *SO.* streichend. — Ihre Veranlassung kann in der stärkeren Erwärmung der Luft in den Tropen-Gegenden, und in der dadurch entstehenden Strömung der kälteren Luftschichten nach dem Aequator gesucht werden. — Da die Luft das Mittel ist, uns die Wärme genießbar zu machen, so steht die Lehre vom Klima natürlich mit ihr in unmittelbarem Zusammenhange.

§. 5.

Wahres Klima.

Der §. 14. der mathematischen Geographie hat, in Betreff der Eintheilung unserer Erdoberfläche in Zonen, deren Grenzen die verschiedenen Parallel-Kreise sind, das Erforderliche gesagt. Es ist hieraus die Feststellung desjenigen hervorgegangen, was wir mathematisches Klima nennen. Hiernächst frägt es sich, ob dieses mathematische Klima auch das wahre ist, d. h. ob Wärme und Kälte sich so, wie es jene Eintheilung bedingt, in der Wirklichkeit vorfinden. Die Erfahrung lehrt, daß dies nicht ist, sondern daß vielmehr Orte von gleicher Lage, die also gleichmäßig die Sonnenstrahlen empfangen, dennoch in ihrer Temperatur oft sehr verschieden sind. Es müssen die Ursachen hiervon nothwendig in der Beschaffenheit des Bodens, in der Atmosphäre und andern Umständen liegen, die das sonst übereinstimmende mathematische Klima verändern, oder Unterschiede ausgleichen. Das so veränderte mathematische Klima nennen wir wahres oder physisches Klima.

§. 6.

Die Ursachen des wahren Klima's.

Diese sind:

1) Die Dichtigkeit der Erdoberfläche. Je dichter der Boden, desto geeigneter ist er, die Sonnenstrahlen festzuhalten.

2) Die Beschaffenheit der Atmosphäre. Die Luft kann entweder mehr oder weniger mit Wasserdünsten gefüllt sein. Da dies natürlich aus der Verdünstung hervorgeht, so kommt es auf das größere oder mindere Vorhandensein von Gewässern an. Bewässerte Gegenden, Halb-Inseln und Inseln, am meisten die See, haben durch den stärkeren Verdunstungs-Prozeß eine wasserreichere, mithin kühlere Atmosphäre, als es ihre natürliche Lage sonst mit sich bringen würde. Wir

nennen das Klima solcher Gegenden das Ozeanische, zum Unterschiede vom Kontinentalen, d. h. dem Klima wasserarmer Striche und der inneren Räume in Kontinenten. Ersteres ist auf der südwestlichen, Letzteres auf der nordöstlichen Hemisphäre vorherrschend, und ist die Ursache hiervon in dem Verhältniß der Wasservertheilung zu suchen.

3) Waldungen. Sie hindern die Einwirkung der Sonnenstrahlen, also die Erwärmung des Bodens, auf dem sie stehen. Dieser Boden dünstet also auch kühler aus, und die Atmosphäre, welche in den Wäldern entsteht, theilt sich den angrenzenden Landstrichen mit. Es leuchtet ein, daß diese Wirkung mit der Größe und Dichtigkeit der Wälder bedeutender wird.

4) Winde. Ostwinde bringen den Ostküsten kühlere Temperatur, weil sie ihnen unmittelbar von weiten ozeanischen Räumen zukommen. Später erwärmen sie sich und bringen den westlichen Ländern höhere Temperatur.

Nordwinde sind für die nördlichen Gegenden kalt, für die südlichen warm, weil sie den Nordländern unmittelbar von der kalten Zone, den südlichen Erdstrichen aber erst nach Passirung wärmerer Himmelsstriche zukommen.

Bei den Südwinden findet das entgegengesetzte Verhältniß statt.

Die Westwinde sind für Europa meist feucht, für das östliche Asien trocken.

5) Form der Erdoberfläche. Ebene Landstriche bieten den Sonnenstrahlen eine Fläche dar, erwärmen sich also gleichmäßiger und mehr, als wellenförmiges oder gebirgiges Terrain, in welchem letzteren Schluchten und Risse den Sonnenstrahlen oft wenig oder gar nicht zugänglich sind, kühl bleiben und Kühle mittheilen.

Alle Ebenen, sowohl Plateau's, als auch Tief-Ebenen, sind also wärmer als Bergländer.

6) Absolute Höhe. Je höher ein Theil des Terrains, in einer desto kühleren Atmosphäre befindet er sich, da die Luft mittelbar von der Sonne, nämlich durch die Ausdünstung der Erde, ihre Haupterwärmung erhält, und die Erwärmung auf diesem Wege mit der zunehmenden Entfernung vom Erdkörper

natürlich abnimmt. Es ist also hierin gesagt, daß Orte gleichen mathematischen Klima's, bei bedeutender Höhen-Differenz, ein verschiedenes physisches Klima herausstellen.

7) Nähe hoher Gebirge. Aus vorstehendem (in Nr. 6.) folgt, daß hohe Gebirge auch die Temperatur des benachbarten Terrains verändern. Andrerseits wirken sie auch dadurch ein, daß sie Wind- und Wetterscheiden sind, mithin dadurch, daß sie kühlere oder wärmere Winde, ein abkühlendes Gewitter u. s. w. abhalten, also die Temperatur-Verhältnisse des einen zu dem andern Landstriche modifiziren.

§. 7.

Allgemeine klimatische Grundsätze.

1) Innerhalb der Wendekreise ist die Temperatur bei gleicher See-Höhe im Durchschnitt fast gleichmäßig, — mit zunehmender Breite nimmt die Temperatur ungleichmäßig ab. Das Abnehmen liegt schon in den Festsetzungen des mathematischen Klima's; die Ungleichmäßigkeit beruht auf den im vorigen §. näher bezeichneten Einwirkungen.

2) Der Unterschied der Jahreszeiten wächst mit zunehmender Seehöhe und mit dem Fortschreiten nach den Polen zu.

3) Der vorige Unterschied ist auf Küsten, Halbinseln und Inseln, besonders den kleineren, geringer als in Binnenländern. Dies rührt von dem ozeanischen Klima, von der in ersteren bedingten, beständig kühleren Temperatur her, die den Unterschied vermindert.

4) Der Niederschlag ist auf Inseln und Küsten ebenfalls wegen des ozeanischen Klima's und wegen der größeren Verdunstung bedeutender.

5) Derselbe nimmt mit zunehmender Höhe und wachsender Breite ab. Da mit Höhe und Breite die Temperatur abnimmt, so ist das die Verdunstung erzeugende Prinzip, nämlich die Wärme, je weiter vom Aequator oder je höher eine Gegend ist, in um so geringerem Maße vorhanden. Da so die Verdunstung vermindert wird, und der Niederschlag nur ein Resultat der Verdunstung ist, so bestätigt sich dieser Satz.

6) Die Form des Niederschlags ändert sich mit Breite und absoluter Höhe. Es giebt also in den niedrigern Tropenländern z. B. nur eine einfache Form des Niederschlags, den Regen. Mit dem Fortschreiten zur Höhe und nach den Polen treten allmälig Regen und Schnee, zuletzt nur Schnee ein. Die Festsetzungen hierüber folgen nach. —

§. 8.

Isothermen.

Man versteht darunter Linien, durch die man Orte gleicher Jahres-Temperatur sich verbunden denkt. Wir können nun Zonen des wahren Klima's annehmen und als ihre Grenzen gewisse Isothermen gelten lassen. Diese Zonen geben sich durch die Form des Niederschlags zu erkennen.

§. 9.

Zonen des wahren Klima's durch die Form des Niederschlags bestimmt.

Wir haben zwei Zonen des ewigen Schnees, zwei dergleichen des veränderten Niederschlags, eine des Regens; zwei Isothermen des ewigen Schnees und zwei des veränderten Niederschlags.

1) Beide Zonen des ewigen Schnees.

Diejenige der nördlichen Halbkugel führt ihre sie südlich begrenzende Isotherme in der alten Welt durch den 75° N. Br. — in der neuen Welt durch den 73° N. Br.

Auf der südlichen Hemisphäre kann der südliche Polarkreis als Isotherme des ewigen Schnees und als Nord-Grenze der Schnee-Zone gelten. —

2) Beide Zonen des veränderten Niederschlags.

Die nördliche so benannte Zone würde durch die Isotherme des ewigen Schnees nördlich, durch die des veränderten Niederschlags südlich begrenzt werden. Auf der südlichen Halbkugel stellt sich dies Verhältniß natürlich entgegengesetzt. Die nördliche Isotherme des veränderten Niederschlags würde auf der Westküste Europa's durch den 40° N. Br. gehen, sich im Rhonethal zu 45° erheben, in Griechenland wieder zu 40° sinken, die Ostküste Asiens unter 35°, die Westküste Amerika's unter 38°, die Ostküste desselben unter 35° N. Br. treffen.

Die südliche gleiche Zone leitet ihre Isotherme durchschnittlich durch 35½° S. Br.

3) Die Zone des Regens

liegt zwischen der nördlichen und südlichen Isotherme des veränderten Niederschlags. —

§. 10.

Regionen.

Von den Zonen wohl zu unterscheiden sind die Regionen des ewigen Schnees, des veränderten Niederschlags, des Regens.

Der Ausdruck Region bezieht sich auf die Höhe, und es ist hierbei Folgendes festzuhalten:

1) Die Region des ewigen Schnees wird durch eine von der Höhe (am Aequator) zu der Fläche, unter den Polen, sich allmälig herabsenkende Linie, die Schnee-Linie, unterhalb begrenzt. Dies gründet sich auf das Fallen der Temperatur nach den Polen und nach der Höhe zu. Natürlich bedarf es in den wärmsten Gegenden auch der größten Höhe für den ewigen Schnee, und nimmt diese Höhe nach Maßgabe der kälter werdenden Gegenden ab. Die Schneelinie beginnt demnach unter dem Aequator mit 15,000′ Seehöhe, ist unter dem 30° N. Br. etwa 11,000′, unterm 50° N. Br. 7000′, unterm 70° N. Br. 3300′, unter 90° N. Br. 0′ über dem Meeresspiegel erhaben. —

2) Die Region des veränderten Niederschlags wird durch die gleichnamige Linie unterhalb, durch die Schneelinie oberhalb begründet. — Die Linie des veränderten Nie-

derschlags ist unter 0° Breite 11,000′, unter 20° N. Br. 7000′, 37° N. Br. 2000′ hoch, und sinkt schon unter 45° N. Br. zur Ebene. Auf der südlichen Halbkugel erreicht sie die Ebene schon unter 35° S. Br.

3) Eine Region des Regens giebt es eigentlich nicht, da selbst in der Ebene diese Form des Niederschlags nicht viel über die Tropen hinausreicht und gar keine bemerkbare Ausdehnung nach der Höhe hat. —

§. 11.

Vegetation im Verhältniß zum Klima.

Organische Körper brauchen Wärme zu ihrem Fortkommen und zwar nach ihrer Beschaffenheit mehr oder minder. — Es müssen also auch Grenzen für das Fortkommen der verschiedenen Gewächse da sein; diese werden füglich den Grenzen des wahren Klima's untergeordnet. — Obgleich das wahre Klima so als Bedingungs-Prinzip des Pflanzenlebens erscheint, so ist es doch nicht das einzige, nur das hauptsächlichste. — Fruchtbarkeit des Bodens kommt hier auch in Betracht und hängt von der Menge vorhandener Dammerde (durch Verwesung organischer Stoffe erzeugt), auch von der Art der Bewässerung ab. — Diese letztere ist mehr oder weniger heilsam oder gar schädlich, je nachdem gelinde, jähe oder gar keine Abdachung des betreffenden Terrains, das richtige Wassermaß, zu viel oder zu wenig Wasser, sich darbietet. —

Die Eintheilung der Gewächse in die Zonen und Regionen des wahren Klima's stellt sich nun, wie folgt, heraus:

1) Zone und Region des ewigen Schnees auf beiden Hemisphären sind ohne alle Vegetation.

2) Beide Zonen und Regionen des veränderten Niederschlags enthalten:

A. Moose und Alpenkräuter,

auf der nördlichen Hemisphäre zwischen 71 und 75° N. Br.

Auf der südlichen Hemisphäre zwischen 55° N. Br. und dem antarktischen Polarkreise.

Was die Region anlangt, so bildet für das Fortkommen dieser Gewächse die Schneelinie auf beiden Hemisphären die obere Grenze. Die untere Grenze geht auf der nördlichen Halbkugel mit 0° N. Br. 11000′, 49° N. Br. 6000′, 60° N. Br. 3800′, 71° N. Br. 0′ hoch. Auf der südlichen Hemisphäre geht diese untere Grenze mit 16° S. Br. 13000′, 30° S. Br. 7000′ hoch und fällt schon unter 55° S. Br. zu 0′ herab.

B. Waldungen.

Auf der nördlichen Hemisphäre bis 70 und 71° N. Br., auf der südlichen bis 55° N. Br.

In Hinsicht der Region bildet die untere Grenze der Moose und Alpenkräuter hier die obere Begrenzung.

C. Nadelholz,

auf der nördlichen Halbkugel bis 60° N. Br.

Die Region hat nördlich ihre untere Grenze 15° 12000′, 45° 6300, 64° 1200′ hoch.

Auf der südlichen Halbkugel fehlt das Nadelholz ganz.

D. Europäische Getreide-Arten.

Auf der nördlichen Halbkugel reicht diese Zone in der alten Welt bis zur Nordgrenze des Nadelholzes, dann auf dem 62° N. Br. ostwärts durch das Finnische Seegebiet bis 146° W. L. —

In Amerika bildet eine ungefähre Linie zwischen der Lorenz-Mündung und dem Großen-Sund die Nordgrenze. — Auf der südlichen Halbkugel reichen die europäischen Getreide-Arten bis zum 48° S. Br. — Die Region ist unter 0° bis 9400′, 20° N. Br. bis 7000′, 45° N. Br. bis 3400′, 30° S. Br. bis 6000′, 48° S. Br. nur in der Ebene.

3) Zone und Region des Regens.

In der Zone des Regens finden wir das immergrüne Laubholz, die Palmen und Bananen. Die Palme finden wir unter dem Aequator bis 9000′ absoluter Höhe, die Bananen daselbst nur bis 3000′. —

§. 12.

Das Wasser im Allgemeinen.

Das Wasser ist durchsichtig, aber nicht unsichtbar, es ist unentzündlich, ohne Geruch und Geschmack, und minder elastisch als die Luft. Wir finden es unter drei verschiedenen Formen. Diese sind:

1) Das verdunstete Wasser; — 2) das Weltmeer; — 3) das Wasser im Lande.

§. 13.

Das verdunstete Wasser.

Diese Form geht aus dem Verdunstungs-Prozeß (§. 15. der mathematischen Geographie) hervor und erscheint in den dort angegebenen Gestalten: Schnee und Hagel, vermittelst der verdichtenden Einwirkung der Kälte.

§. 14.

Das Welt-Meer.

Wir verstehen darunter die große Wasser-Masse auf der Erde, welche alles Land umfaßt. Ihre Temperatur wird durch die Lage bestimmt, und wir finden mit ihr viele Eigenthümlichkeiten vereinigt. Unter diese gehört zunächst der salzigbittre Geschmack des Meerwassers, der von dem animalischen und vegetabilischen Leben im Meere herrührt. Es ist mannigfaltig bewegt durch Wellenschlag, Ebbe und Fluth und durch Strömungen.

1) Der Wellenschlag ist die einfachste Bewegung des Meeres, als deren Grund-Ursache wir die Erd-Rotation betrachten. Das so entstanden gedachte Schwanken des Meeres

wird durch die in verschiedenen Richtungen einmündenden Ströme bedeutend vermehrt.

2) Ebbe und Fluth. Hierdurch wird das in 24 Stunden zweimal, von 6 zu 6 Stunden erfolgende Steigen des Meeres über, und sein Fallen unter einen angenommenen Wasserstand ausgedrückt. Man schreibt diese Erscheinung der magnetischen Wirkung des Mondes zu. —

3) Strömungen, das heißt: Meeres-Bewegungen in derselben oder wechselnder Richtung, unabhängig von Wind und Wetter. Sie entstehen meistentheils aus Temperatur-Verschiedenheit des Meeres. Der erwärmtere Meerestheil verdunstet mehr, und es entsteht dadurch ein Unterschied des Niveau, den das Wasser durch Strömung der kälteren nach wärmeren Theilen auszugleichen strebt.

Durch die Bewegung entgegengesetzter Strömungen entstehen Strudel. Der Temperatur-Verschiedenheit des Meer-Wassers wegen entsteht eine allgemeine Strömung von den Polen zum Aequator, die Polarströmung. —

Theile des Ozean's heißen Meere; solche Theile, die vom Lande auf mehreren Seiten umgeben sind, Golfe; bei geringerer Ausdehnung Buchten; im kleinsten Maßstabe, durch Kunst unterstützt, Häfen. Ein schmaler Theil des Meeres, durch den die Verbindung zweier Ozeans-Glieder und die Trennung zweier Länder bewerkstelliget wird, ist eine Wasserstraße. —

Ein Binnenmeer ist vom Lande rings eingeschlossen und hat nur an einer Seite eine schmale Verbindung mit dem übrigen Ozean.

§. 15.

Das Wasser im Lande.

Wir finden es in doppelter Art, da es entweder steht oder fließt. —

Die stehenden Landgewässer sind Seen oder Teiche. Ersteren Namen erhalten sie, wenn eine unterirdische Wasserverbindung sie lebendig erhält, und ihr Wasserstand dadurch vom menschlichen Willen unabhängig ist. Teiche können abgelassen werden und haben höchstens einen sichtbaren Zufluß, der abzusperren ist. Die Größe ist bei wissenschaftlicher Unterscheidung dieser Begriffe indifferent, aber die Erfahrung lehrt, daß die Seen meist größer sind. —

Alle fließenden Gewässer setzen natürlich einen Höhenunterschied zwischen ihrem Anfang und Ende voraus. Durch die Höherlage des Anfangs entsteht die Fallthätigkeit, welche gewöhnlich das Gefälle heißt. Den Punkt, wo die Fallthätigkeit beginnt, nennen wir die Quelle, den, wo sie endet, die Mündung. Der Weg eines fließenden Wassers von der Quelle bis zur Mündung ist der Stromlauf und zerfällt in die drei Hauptformen:

Oberlauf, zunächst der Quelle, im Bereich der höchsten,
Unterlauf, zunächst der Mündung, im Bereich der geringsten,
Mittellauf, zwischen beiden im Bereiche der mittleren
} Fallthätigkeit.

Wir haben nach ihrer verschiedenen Größe und Beschaffenheit: *Hauptflüsse*, *Nebenflüsse*, *Küstenflüsse*, *Steppenflüsse*, endlich solche Flüsse, die zum Abfluß oder zur Verbindung von Seen dienen.

1) *Hauptflüsse* entwickeln ihre Fallthätigkeit in geraumer Entfernung von der Mündung und vereinigen sich mit irgend einem Meere.

2) *Nebenflüsse* münden nach einem längeren oder kürzeren Lauf in einen andern Fluß. Die kleinsten Nebenflüsse heißen Bäche.

3) *Küstenflüsse* münden in ein Meer, aber nach einem nur kurzen Laufe, da sie ihren Ursprung unfern der Küste haben.

4) *Steppenflüsse* erreichen kein anderes Wasser, sondern verlieren sich im Lande.

5) *Die Seen-Abflüsse und Verbindungen* treten oft in die Kathegorie der Küstenflüsse, bisweilen auch in

die der Haupt- oder Nebenflüsse. Wenn sie bei sehr geringer Länge sehr breit sind, so werden sie Seeengen.

Obgleich die Benennung: Strom, der Natur der Sache nach, jedem fließenden Wasser zukommt, so hat sie der Sprachgebrauch doch vorzugsweise den Hauptflüssen beigelegt.

Bei der Mündung eines Stromes in mehreren Armen heißt die dadurch entstehende inselartige Mündungs-Gegend: Delta.

Alle Flüsse bewegen sich gegen ihre Mündung zu auf den relativ tiefsten, d. i. auf denjenigen Linien, welche im Verhältniß zu dem umgebenden Terrain die geringste Erhebung haben. Hiernach sprechen wir von Strom- oder Flußthälern, und bedienen uns dieser natürlichen Einsenkungen zu Lagenbestimmungen der Ebenen und Gebirge.

Der Raum, welchen ein fließendes Wasser einnimmt, wird, namentlich mit Bezug auf Breite und Tiefe, sein Bett genannt.

Die hauptsächlichste Richtung eines Flusses, nach Weltgegenden bestimmt, heißt gewöhnlich: seine Normaldirection.

Einen Landstrich, welcher alle, oder doch seine vornehmsten Gewässer, einem Strome zuschickt, nennen wir das Stromgebiet des letztern.

Eine Beschreibung der Landgewässer heißt: Hydrographie.

§. 16.

Vom Lande im Allgemeinen.

Wir verstehen darunter die feste, ihrer Beschaffenheit nach verschiedenartige Masse, welche sich über das Meer erhebt. Sie ist meistentheils mit vegetabilischer Erde belegt, oft auch nur felsig, sandig, oder in anderer Art für die Vegetation untauglich.

Im Allgemeinen gilt vom Lande, daß es fest und trocken, am empfänglichsten für Wärme, und durchgängig, schon nach dem Gesetz der Schwere, je näher dem Erd-Mittelpunkte desto dichter, also in der Erdoberfläche am lockersten ist.

In den Erdschichten, die wir kennen, läßt sich das Land,

seiner Dichtigkeit nach, in drei Haupt-Kathegorien: Erde, Stein und Metall, bringen. Es leuchtet ein, daß letzteres die dichteste und zugleich die für die Wärme empfänglichste Substanz ist.

Aus der Natur fester Körper geht hervor, daß das Land der Eigenthümlichkeiten von Luft und Wasser, der Dehnbarkeit, des Strebens nach Gleichgewicht, der daraus folgenden Untheilbarkeit u. s. w. ganz entbehrt.

Anmerkung. Wenn man das Land in Hinsicht seiner Kultivirungsfähigkeit betrachtet, so heißt es gewöhnlich: Boden.

§. 17.

Die durch Berührung von Land und Wasser entstehenden Begriffe.

Ein Strich Landes, welches unmittelbar vom Meere bespült wird, heißt Küste.

Ein schmaler Strich Landes, der zwei Länder verbindet und zwei Meere trennt, ist eine Erdenge.

Ein Stück Landes, das bei geringer Breite lang gedehnt in das Meer hinausragt, ist eine Landzunge.

Die Ausdrücke: Landspitze und Vorgebirge, bedeuten beide einen ins Meer hinauslaufenden Theil Landes, der unter ersterer Benennung eben, unter letzterer gebirgig ist.

Ein beträchtlicher Theil von dem Lande des ganzen Erd-Körpers heißt Kontinent. Theile des Kontinents, die nur an einer Seite mit ihm zusammenhängen, auf drei Seiten vom Wasser umgeben sind, heißen Halb-Inseln.

Kleinere und kleine Theile des gesammten Landes, rings vom Wasser umgeben, sind: Inseln oder Eilande. — Eine Inselgruppe, deren einzelne Inseln dicht zusammen liegen, heißt ein Archipel.

In Bezug auf diejenigen Theile Landes nun, welche im Meere selbst eine Berührung mit Letzterem herstellen, sind die Begriffe: Untiefe, Sandbank, Klippe und Riff zu erklären.

Eine Untiefe ist der, durch hohes Emporsteigen des

Meergrundes entstehende niedrige Wasserstand des Meeres. Eine solche Erhebung des Meergrundes geschieht am häufigsten durch Schlamm- oder Sand-Anhäufungen; letztere heißen Sandbänke. — Entsteht die Untiefe durch das Hinaufragen felsiger Massen, so sind dies Klippen. Mehrere dergleichen im Zusammenhange bilden ein Riff.

§. 18.

Formen des Landes nach Höhe und Tiefe.

In Bezug auf die vertikale Gestaltung seiner Oberfläche ist das Land eben oder gebirgig, häufig auch mit beiden Formen in solchem Zusammenhange abwechselnd, daß keine Grenze der einen oder anderen wohl angenommen werden kann.

Das ebene Terrain ist entweder Tief-Ebene, d. h. unter und bis 500′ Erhebung über dem Meeresspiegel, oder Hoch-Ebene, wenn dieses Maaß überschritten wird. Die Hochebenen heißen auch Plateaus und sind zweiter Klasse unter 4000, erster Klasse über 4000′ Seehöhe.

Die Erhebungen sind nach Maßgabe ihrer Höhe: Anhöhen, Hügel, Höhen oder Berge; zusammenhängend in einer Längenerstreckung: Hügelreihen, Höhenzüge, Bergketten. — Hat der Zusammenhang die Form eines Haufens, so ist dies eine Gruppe. Berggruppen oder einzelne hohe Punkte, die eine Vereinigung zweier oder mehrerer Gebirgsketten ausmachen, heißen Gebirgsstock oder Knoten. Bergketten, von denen andere in ihrer Längenerstreckung quer durchbrochen werden, sind Querjoche.

Hochebenen mit aufgesetzten Bergketten heißen Hochländer; Hochländer in stufenartigem Abfall von der Höhe nach der Tiefe sind Terrassen.

Eine Vertiefung zwischen Bergen überhaupt, heißt: Thal, zwischen zwei begrenzenden Bergketten von beträchtlicher Längenerstreckung, ein Längenthal; als transversale Durchbrechung eines Gebirges: Querthal. Die engsten Thäler heißen Schluchten.

Der oberste Punkt eines Berges ist seine Kuppe; die

Neigung von ihr aus gegen das niedere Terrain ist der Abhang.

Eine Linie, die wir uns durch die Gipfel einer Bergkette gezogen denken, heißt der Bergrücken. Häufig und eigentlich wird dieser Ausdruck auch für eine wirklich stattfindende kammartige Terrain-Erhebung gebraucht.

§. 19.

Eintheilung der Gebirge.

Alle Gebirge können entweder nach ihrer Höhe, oder nach ihren Bestandtheilen eingetheilt werden. — In ersterer Beziehung sind sie:

1) Mittel-Gebirge, unter und bis 6000′ } Seehöhe.
2) Alpen-Gebirge, über 6000′ } Seehöhe.

Wenn diese letzteren die Höhe von 10,000′ übersteigen, so gehören sie zu den Riesengebirgen der Erde.

In Rücksicht ihrer Bestandtheile, also geognostisch, bringt man die Gebirge meistens unter fünf Hauptarten. Diese sind:

1) Angeschwemmte Gebirge; hauptsächlich aus Sand, Lehm, Thon, Mergel u. dergl. bestehend.

2) Flötz-Gebirge. Aus Kalk und Sand zusammengesetzt, enthalten Versteinerungen und tragen Merkmale gewaltsamer Zerstörungen in sich.

3) Uebergangs-Gebirge. Enthalten vorzüglich Thonschiefer, durch welchen gleichsam ein Uebergang zu den Steinmassen der Urgebirge gebildet wird. In ersteren findet der Bergmann seine Metalle und sie heißen also auch häufig Erz-Gebirge. In dem Thonschiefer und der Grauwacke, einer alten Sandsteinmasse, die hier lagert, finden sich in Versteinerungen die ersten Spuren einer früh belebten Schöpfung.

4) Urgebirge. Enthalten die ältesten Steinmassen: Granit, Gneus und Glimmer, die wahrscheinlich den Kern des Erdkörpers ausmachen, und mit denen man auf der

Erdoberfläche die größten Höhen gewöhnlich vereinigt findet. Hier sind keine Versteinerungen mehr.

5) **Vulkanische Gebirge.** Sind durch Ausbrüche unterirdischer Feuer entstanden, und theils noch thätig, theils ausgebrannt. Sie bestehen aus den durch den unterirdischen Kampf der Elemente erzeugten Materialien: Lava, Bimsstein, Tuffstein, Mandelstein, Basalt, und bringen bei vorkommenden Eruptionen glühende Lava, Asche, Schlamm, Steine und dergl. zum Vorschein.

§. 20.

Boden-Beschaffenheit.

Das ebene Land, von welchem bei der Produktions-Fähigkeit des Bodens hauptsächlich die Rede sein muß, stellt in dieser Beziehung eine große Verschiedenheit heraus, die theils durch das Klima, theils durch andere Umstände verursacht wird.

Wo das Pflanzenleben nach Verhältniß des Klima's gedeiht, wo also Produktionsfähigkeit in der Natur des Bodens liegt und durch eine heilsame Bewässerung (§. 11.) unterstützt wird, da ist **Kulturstrich.**

Die Abweichungen vom Kulturstrich werden durchgängig von übermäßiger Nässe oder Trockenheit hergeleitet. In ersterem Falle bildet sich entweder ein üppiger Graswuchs, oder das Uebermaß der Bewässerung artet so aus, daß der betreffende Boden davon ganz erweicht wird. Die Flächen mit reicher Bewässerung und üppiger Grasproduktion sind im kleineren Maßstabe, nasse Wiesen im größeren und großen: Savannen, Llannas und Pampas.

Bei Erweichung des Bodens entstehen in noch minderem Grade, bei breiartiger Vermischung von Erde und Wasser, Moräste, bei offenbarem Vorherrschen des Wassers, Sümpfe. Die kleinsten Sümpfe heißen Tümpel. Auch Wiesen arten in ihrer Bewässerung bisweilen aus, nehmen dann einen sumpfartigen Charakter an, haben aber nie eine so tiefe Erweichung als Sümpfe.

Durch die zu große Trockenheit entsteht Einförmigkeit und

Armuth der Vegetation, die bis zum gänzlichen Aufhören derselben sich steigert. Wir haben demnach: Haiden, Steppen, Wüsten. Einzelne Punkte einer Wüste, an denen vegetabilisches Leben wiederum angetroffen wird, sind Oasen.

Da, wo hauptsächlich, vermöge des ungünstigen Klima's, sich der Boden als eine Mischung von Lehm, Schmutz, Eis und dergleichen darstellt und natürlich auch ohne alle Vegetation bleibt, da ist Tundra, wie im nördlichsten Rußland, u. s. w.

I. Abschnitt.

Die Erd-Oberfläche im Allgemeinen.

§. 21.

Vertheilung von Land und Wasser.

Wir nehmen das Verhalten des Ozeanes zum Lande wie 3 zu 1 an, rechnen die Gesammtheit des ersteren zu 6,865,000 □M., des letzteren zu 2,424,000 □M., so daß also das Areal der ganzen Erdoberfläche 9,289,000 □M. beträgt.

Der Flächen-Inhalt des Landes theilt sich wiederum in das Areal der Kontinente (2,325,200 □M.) und der Inseln (98,800 □M.).

Die Gesammtheit des Ozeans zerfällt nach allgemeiner Annahme in fünf Haupttheile, diese sind:

1) Der große Ozean . .	(3,300,000 □M.)
2) Der Atlantische Ozean	(1,635,000 □M.)
3) Der Indische Ozean .	(1,380,000 □M.)
4) Das südliche Eismeer	(350,000 □M.)
5) Das nördliche Eismeer	(200,000 □M.)
	6,865,000 □M.

Die Gesammtheit des Landes theilen wir in drei Haupttheile.

1) Die alte Welt oder der große Kontinent, welcher aus dem Zusammenhange seiner 3 Hauptheile: Asien, Afrika und Europa besteht.

Asien	enthält	883,000 □M.
Afrika	—	545,000 □M.
Europa	—	168,000 □M.
Dieser ganze Kontinent	also	1,596,000 □M.

2) Die neue Welt oder Amerika, mit einem Flächen-Inhalt von 668,000 □M.

3) Zwischen diesen beiden ersten liegt ein dritter kleiner Kontinent, von zahlreichen Inselgruppen umgeben. Es ist der Kontinent von Neu-Holland, den wir mit seinen Inseln zusammen: Australien nennen; er enthält 160,000 □M.

Offenbar ist dieser aus Zusammenhang und Lage hervorgehenden Eintheilung die gewöhnliche, in fünf Welttheile, untergeordnet. Im Sinne dieser letzteren würde also Asien der größte, Australien der kleinste Welttheil sein.

§. 22.

Der große Ozean.

Er heißt auch der stille Ozean, südlich des Aequators, gewöhnlich die Südsee und in demjenigen Theile, welcher Neu-Holland und seine nächsten und größten Inseln in sich faßt, der Australische Ozean. Wir finden diese ungeheure Wasserfläche ungefähr zwischen dem 120° westlicher und 140° östlicher Länge, also in einer ostwestlichen Erstreckung durch 100 Längen Grade.

Im Norden wird dieser Ozean von dem nordöstlichen Asien und dem nordwestlichen Amerika und von der beide Kontinente trennenden Behrings-Straße begrenzt.

Im Osten begrenzt ihn Nord- und Süd-Amerika.

Im Süden ein Theil des antarktischen Polarkreises.

Im Westen der Kontinent von Asien und die Gruppe der Sundischen Inseln und der Indische Ozean.

§. 23.

Der Atlantische Ozean.

Wird im Westen von Nord- und Süd-Amerika,
im Osten von Europa und Afrika,
im Norden und Süden von den hierher gehörigen Theilen der beiden Polarkreise begrenzt.

Er wird durch die Magelan's-Straße mit dem großen Ozean verbunden und durch den Aequator in seine beiden Hauptttheile, den Nord- und Süd-Atlantischen Ozean, zerlegt. Den Theil des Atlantischen Ozeans, innerhalb der Wendekreise, nennt man auch oft den Tropisch-Atlantischen Ozean.

§. 24.

Der Indische Ozean und die Polar-Meere.

Ersterer wird von Afrika im Westen, von Asien im Norden, von den Sunda-Inseln und dem Australischen Ozean im Osten, vom Antarktischen Polarkreise im Süden begrenzt und hat mit dem nördlichen Polarmeer keine, mit den drei übrigen Ozeanen unmittelbare Verbindung. — Die beiden Polar-Meere liegen innerhalb des nördlichen und südlichen Polar-Kreises.

§. 25.

Die alte Welt.

Dieser große Kontinent liegt vom 1° östlicher bis 158° westlicher Länge, von 34° 55′ 15″ südlicher bis 78° nördlicher Breite und wird im Norden vom nördlichen Polarmeer, im Nordost von der Behrings-Straße, im Osten vom großen Ozean, im Süden vom Indischen und Süd-Atlantischen, im Westen vom Süd- und Nord-Atlantischen Ozean begrenzt.

§. 26.

Die neue Welt (Amerika).

Ihr Kontinent erstreckt sich vom 75° N. Br. bis zum 54° S. Br., vom 18. bis zum 170° westlicher Länge und grenzt im Norden an das nördliche Eismeer, im Osten an den Atlantischen Ozean, im Süden an die Magellan's-Straße, im Westen an den großen Ozean.

§. 27.

Neu-Holland.

Dieser kleinste Kontinent liegt südlich des Aequators, mit seiner Nordhälfte noch innerhalb der heißen Zone. Die Lage des ganzen Kontinents würde sein vom 11. bis 39° südlicher Breite und vom 131° bis 171° östlicher Länge. Er wird begrenzt: Im Norden vom Indischen Ozean, von der Torres-Straße und der stillen See, im Osten von der stillen und Südsee, im Süden von der Baßstraße und der Südsee, im Westen vom Indischen Ozean. —

II. Abschnitt.

Europa's äußere Form und Bespülung.

§. 28.

Grenzen; — äußerste Spitzen; — Breiten.

Europa, der kleinste und zugleich der zerrissenste Theil im alten Kontinent, hat seine Nordgrenze wie der ganze Kontinent (im §. 25. des zweiten Abschnittes) seine Ostgrenze (360 Meilen) in dem Zusammenhang mit Asien. — Im Süden grenzt es an das größte Binnen-Meer der bekannten Erde: das Mittelmeer und seine Theile.

Der nördlichste Punkt Europa's ist das Nord-Cap unter 71⅙° N. Br. und 43⅔° östlicher Länge.

Der südlichste Punkt, das Cap Tarifa unter 36° N. Br. und 12° östlicher Länge.

Der westlichste Punkt, das Cap la Roca unter 38° N. Br. und 8° östlicher Länge. Die größte Breite Europa's würde sich hiernach leicht bestimmen lassen und die kleinste wäre durch eine 50 Meilen lange Linie, zwischen den Golfs von Lion und Biscaya, ausgedrückt.

§. 29.

Bespülende Haupt-Meere.

Europa wird von den Theilen des Nordatlantischen Ozeans hauptsächlich; im äußersten Norden auch durch das arktische Polarmeer bespült. In Rücksicht des letzteren gehört zunächst die karische Straße zwischen Waigatsch und Nowaja Semlja, dann der Tscheskaya-Busen, das weiße Meer mit dem Dwina, Onega und Kandalascaischen Meerbusen, endlich der Waranger Fiord hieher.

Den nordatlantischen Ozean, so weit er Europa bespült, theilen wir in vier Haupttheile:

1) Die Ostsee, von Jütland im Westen, Skandinavien in Nord und West, Rußland in Ost, Deutschland im Süden begrenzt.

2) Die Nordsee, von Skandinavien und Jütland östlich, von Deutschland und den Niederlanden südlich, von der Straße von Calais, Britannien und dem Meridian des 15° östlicher Länge im Westen begrenzt.

3) Das Atlantische Meer, vom arktischen Polarkreise nördlich, von der Westgrenze der Nordsee, von Frankreich, Spanien, Portugal und der Straße von Giberaltar östlich begrenzt.

4) Das Mittelmeer, von Europa, Asien und Afrika ganz eingeschlossen.

§. 30.

Verbindung der Haupt-Meere.

Die Ostsee wird durch das Kattegat mit der Nordsee, diese durch die Straße von Calais südwestlich, durch freien Zusammenhang nördlich Britanniens, mit dem Atlantischen Meere und dieses letztere durch die Straße von Giberaltar mit dem Mittelmeere verbunden.

§. 31.

Die Ost-See.

Sie setzt sich aus dem Bottnischen, Finnischen und Rigaischen Meerbusen, aus der eigentlichen Ostsee und dem Kattegat zusammen.

An den Küsten von Preußen liegen: Das kurische und frische Haf, durch schmale Nehrungen vom übrigen Meere geschieden. Durch die drei Wasserstraßen: Sund — großer und kleiner Belt, gelangt man aus der eigentlichen Ostsee in das Verbindungsglied zur Nordsee, ins Kattegat. —

Die Landzunge Hela bildet das Putrieger Wieck, die Odermündung das Oderhaff, und die Insel Rügen mit dem Festlande, den sogenannten Bodden. —

§. 32.

Die Nord-See.

Ihre Theile sind von *N. N. O.* nach *S. S. W.* herabgezählt, folgende:

1) Das Skandinavische Meer, längs der Westküste Skandinaviens.

2) Das Skagerack, welches mit dem Kattegat unmittelbar zusammenhängt, in der Gabelung zwischen Norwegen und Schweden.

3) Die Nordsee im engeren Sinne mit ihren Meerbusen:

a) bei Deutschland (von Ost nach West gezählt) der Weser und Jahde-Busen, der Dollart.

b) bei Niederland: der Zuider See. —

c) bei Britannien (Ostküste, von *S.* nach *N.*) der Themse B. — Wash B. — Forth B. und der Murray B. —

§. 33.

Das Atlantische Meer.

Seine Theile (von *N. N. O.* nach *S. S. W.*) gezählt, sind folgende:

1) Das Hebriden-Meer, durch die Pentlandsstraße, nach Ost, mit der Nordsee zusammenhängend.

2) Das Irische Meer, durch den Nordkanal mit dem Hebriden-Meer verbunden. In diesem Nord-Kanale liegt der Clyde-Busen (zu Schottland).

Im Irischen Meere selbst, welches zwischen Irland und Großbritannien liegt, finden wir an der Westküste Englands (von Nord nach Süd gezählt) den Solway-Busen; — Morecambe-Busen und den Cardigan-Busen.

3) Das Aermel-Meer (Canal la Manche) durch die Straße von Calais mit der Nordsee (nach Ost), durch den St. Georgs-Kanal mit dem Irischen Meere verbunden. Dieses Meer liegt zwischen England und Frankreich und bildet im Westen der Insel Groß-Britannien den Bristol-Busen. —

4) Das Biskaysche Meer, oft auch der Biskaysche Meerbusen genannt, von Frankreich und der Pyrenäischen Halbinsel südlich und östlich begrenzt, im Zusammenhange mit dem übrigen Atlantischen Meere, welches keine besonderen Namen einzelner Theile mehr führt.

§. 34.

Das Mittel = Meer.

Seine Theile von Westen nach Osten:

1) Das Balearen=Meer, durch die Straße von Gibraltar (nach West) unmittelbar mit dem Atlantischen Meere zusammenhängend, mit d. Golf v. Valencia.

2) Das Französische Meer, mit dem großen Golf von Lion an der Südküste Frankreichs.

3) Das Toskanisch = Tyrhenische Meer, mit dem Golf von Genua, dem Busen von Gaeta, Neapel, Salerno, Policastro, Eufemia (an der Westküste Italiens), der Straße von Piombino, zwischen Elba und Italien, Bonifacio zwischen Korsika und Sardinien, von Messina zwischen beiden Sizilien. —

4) Das Jonische Meer, südlich von Italien, mit dem Meerbusen von Tarent in der Gabelung Italiens, dem Golf von Squillace, südwestlich davon, dem Busen von Patras=Lepanto, zwischen Morea und Livadien, dem Busen von Koron Kolokythia und von Napoli im Süd der Halb = Insel Morea.

5) Das Adriatische Meer, zwischen Italien und der Halb = Insel des Balkan. Es enthält (von Nord nach Süd) den Meerbusen von Venedig, von Triest, von Quarnero, von Tremiti, von Manfredonia, und hängt südlich durch die Straße von Otranto mit dem Jonischen Meere zusammen.

6) Der Archipelagus oder das Aegeische Meer, zwischen der Halbinsel des Balkan und Klein = Asien im offenen Zusammenhang mit dem Jonischen Meere. Hierher gehören: die Straße von Talauda zwischen Negroponte und Livadien, die Busen von Salonichi, von Contessa und von Saros an den Südküsten Macedoniens und Rumiliens.

7) Das Marmor-Meer, mit dem vorigen durch die Straße der Dardanellen verbunden.

8) Das schwarze Meer wird ringsum vom Lande, und zwar vom südlichen europäischen Rußland, von Klein-Asien und der Halb-Insel des Balkan so eingeschlossen, daß es nur durch die Straße von Constantinopel süd-westlich mit dem Marmor-Meere, und durch die Straße von Feodosia (Jenikale oder Kaffa) nördlich mit dem Azow'schen Meere zusammenhängt.

9) Das Azow'sche Meer.

§. 35.

Halb-Inseln und Vorgebirge Europa's.

1) Kanin (unter 68° 37′ — 47″ N. Br.) zwischen dem Tscheskaya-Busen und dem weißen Meere.

2) Kola. Vom weißen Meere südlich begrenzt mit dem Cap Swiáloi. —

3) Skandinavien, (mit Kola nordöstlich im Zusammenhange) erstreckt sich vom Nord-Kap (§. 1.) 250 Meilen nach *S. S. W.* bei einer durchschnittlichen Breite von 60 — 70 deutschen Meilen. Der quadratische Inhalt beträgt 16,000 □ M. und die Grenzen sind folgende:

a) im Norden, das nördliche Eis-Meer;

b) im Osten, Russisch Lappland, der Bottnische Meerbusen und die eigentliche Ost-See;

c) im Süden, die eigentliche Ost-See, das Kattegat und das Skagerak;

d) im Westen, das Skandinavische Meer.

Die südlichsten Punkte dieser Halb-Inseln sind: Das Cap Lindesnás die südwestlichste, das Cap Falsterbo die südöstlichste Spitze.

Die Nord-West-Küste Skandinaviens zeichnet sich durch eine außerordentliche Zerrissenheit mittelst zahlreicher Meeres=Einschnitte und felsiger Inseln aus. Diese Einschnitte heißen: Fiords.

Auch an der Ostküste Skandinaviens finden wir Busen=Bildungen, aber nicht in so großer Zahl und Zerrissenheit und nicht mit felsigem Charakter, wie westlich. Der größte Meeres=Einschnitt auf dieser östlichen oder Baltischen Küste ist (unter 59½° N. Br.) der Mälar=See.

4) Jütland. Südlich von Skandinavien, von N. nach S., wo es mit Deutschland zusammenhängt, 55 Meilen weit, bei durchschnittlicher Breite von 15 Meilen, sich erstrekkend. Es wird vom Skagerak nördlich, vom Kattegat östlich, von der Nordsee westlich begrenzt, und sein nördlichster Punkt ist das Cap Skagen unter 57° 43′ N. Br.

Eigenthümlich ist es, daß die Fiorder=Bildung sich hier entgegengesetzt, wie bei Skandinavien, nämlich auf der Ostküste, zeigt. —

5) Nord=Holland. Zwischen der Nordsee und dem Zuider=See erstreckt es sich von Süden nach Norden 15 Meilen, bei mittlerer Breite von 6 Meilen. Der Flächen=Inhalt beträgt 30 □ Meilen. —

6) Normandie. Vom Aermel=Meere umgeben, mit nördlicher Erstreckung 40 □ Meilen Flächen=Inhalt. Der nördlichste Punkt ist das Cap de la Haque unter 49° 43′ nördlicher Breite.

7) Bretagne. Der west=nordwestlichste Theil Frankreichs zwischen dem Aermel= und Biskayschen Meere, mit 350 □ Meilen Flächen=Inhalt.

8) Die Pyrenäische Halbinsel (Portugal und Spanien), in der Linie der Pyrenäen, 50 Meilen weit, mit dem übrigen Continente zusammenhängend, übrigens rings=um vom Meere, nördlich von dem Biskayschen, westlich vom Atlantischen Meere, südlich von der Straße von Giberaltar und vom Mittelmeere begrenzt. — Wenn wir diese große Halbinsel betrachten, so finden wir als äußerste vorspringende Spitzen, auf deren Nordküste die Caps: Teñas und Ortegal, letzteres unter 43° 46′ 40″ N. Br.

Die nordwestlichste Spitze der ganzen Halbinsel ist das Cap Finisterre, 42° 56′ 30″ N. Br. und 8° 17′ 42″ östlicher Länge. Auf der Westküste ist das Cap Roca und der südwestlichste Punkt der Halbinsel, das Cap St. Vincent 37° 2′ 54″ nördlicher Breite und 8° 40′ 25″ östlicher Länge. Auf der Südküste finden wir das Cap Tarifa (§. 1.) an der Straße Giberaltar, an der Südostküste das Cap Gata, Palos, Nao und St. Martin; endlich der südöstlichste Punkt der Halbinsel, das Cap Creuz 42° 19′ 35″ N. Br. und 20° 59′ 56″ östlicher Länge. Vom Cap Creuz bis Vincent, eine gerade Linie (160 M. l.) würde die größte Dimension dieser Halbinsel ausdrücken, welche letztere 10,600 □ M. enthält.

9) Italien. Wegen seiner Längen-Ausdehnung und geringen Breite (erstere 133, letztere 25 deutsche Meilen) eigenthümlich. Es erstreckt sich südöstlich, bildet in seinem südlichsten Theile eine eigenthümliche Gabelung und wird von dem Toskanisch-Tyrrhenischen Meere westlich, vom Jonischen Meere südlich, von dem Adriatischen Meere östlich begrenzt. Der Flächen-Inhalt beträgt 2925 deutsche Meilen, und wir können als die äußersten Spitzen drei Vorgebirge erwähnen:

Das Cap Spartivento (37° 56′ N. Br.) das südwestlichste.

Das Cap di Leuca (39° 47′ 10″ N. Br.) das südöstlichste Vorgebirge.

Die Festa del Gargano (41° 48′ 20″ N. Br., 33° 52′ 12″ O. L.) ist der äußerste Punkt der Ostküste.

10) Istrien. Zwischen den Busen von Triest und Quarnero, vom nördlichsten Theile des Adriatischen Meeres auf drei Seiten eingeschlossen, nördlich mit Deutschland im Zusammenhange. Der Flächen-Inhalt beträgt 35 □ M.

11) Die Halbinseln des Balkan und Morea sind durch die Landenge von Corinth verbunden und bilden so ein Ganzes, welches westlich vom Adriatischen und Jonischen Meere, südlich und östlich vom Jonischen, Aegeischen, Marmora- und Schwarzen Meere begrenzt wird. —

Die Länge dieser Halbinsel beträgt 120 M., die Basis (zwischen dem oberen Adriatischen und Schwarzen Meere) 150 deutsche Meilen. Der Flächenraum 6300 □ M. — Der südlichste Punkt ist das Cap Matapan unter 36° 22′ 35″ nördlicher Breite.

12) Taurien (Krimm), nördlich mit Rußland zusammenhängend, zwischen diesem Landzusammenhange, dem Azowschen Meere, der Straße von Feodosia und dem Schwarzen Meere, mit 360 □ Meilen Flächen-Inhalt.

§. 36.

Die Inseln Europa's.

1) Im nördlichen Eismeer:

a) Waigatsch, die nördlichste europäische Insel.

b) Kalguew, unter 69° N. Br. und 66° O. L., sehr wenig und nur insofern bekannt, als man weiß, daß die Oberfläche wellenförmig, mit Moos bedeckt ist und daß die Küsten felsig zum Meere abfallen.

c) Die Loffoden, eine felsige Insel-Gruppe, längs der Nordwest-Küste Skandinaviens.

2) Im nordatlantischen Ozean:

a) Die Alands-Inseln, am Eingange aus der Ostsee in den Bottnischen Meerbusen, gleichsam als Anfang der kleinen Inseln, die längs der Nordküste des Finnischen Meerbusens ziehen.

b) Gothland, die größte Insel der eigentlichen Ostsee und in deren Mitte gelegen, fruchtbaren Bodens, mit steilen Küsten, aber vielen Ankerplätzen.

c) Oeland, Südwestlich von Gothland, eine von *N. N. O.* nach *S. S. W.* lang gestreckte schmale Insel, durch den Kalmarischen Sund von der Küste Schwedens getrennt.

d) Die Liefländischen Inseln, am Eingange des Rigaischen Meerbusens; die größten sind: Daga und Oesel (letztere südlicher und größer).

e) Die Dänischen Inseln. Diesen Archipel finden wir zwischen 45° 25′ und 56° 10′ N. Br. zwischen 27° 20′ — 30° 25′ O. L.; er besteht aus 10 Inseln: Seeland, — Fünen, — Laaland, — Falster, — Alsen, — Langeland, — Samsöe, Femern und Möen zusammengesetzt, die hier gleichzeitig nach ihrer Größe geordnet sind. — Seeland ist von Skandinavien durch den Sund, von Fünen durch den großen Belt, Fünen von Jütland durch den kleinen Belt geschieden.

Die Insel Bornholm liegt weiter östlich und ist durchgängig ziemlich hoch.

Im Kattegat liegen noch die beiden Inseln
Anholt (nördlich von Seeland);
Lessöe (nordnordwestlich davon).

f) Die Insel Rügen, südöstlich vom vorigen Archipel, durch die Meerenge Göllen von der Küste Pommerns getrennt. Sie hat eine unregelmäßige Gestalt (Einschnitte des Meeres heißen hier Bedden und Wyke) und bildet drei kleine Halbinseln:

α) Wittow (nördlich) mit Arkona (170′ hoch).
β) Jasmund (in *N. O.*) mit der Stubbenkammer (400′ hoch).
γ) Mönchgut (im *S. O.*).

g) Usedom und Wollin, südöstlich von Rügen, in der Odermündung. Durch die Peene wird Usedom, die westlichere, durch die Divenow, Wollin die östlichere, vom Festlande geschieden. Die Swine geht zwischen beide Inseln durch.

3) In der Nordsee:

a) Die Nordsee-Inseln, theils deutsch, theils holländisch, längs der Küste in einer Reihe, sich fast von *O. N. O.* nach *W. S. W.*, zuletzt bogenartig nach *S. S. W.* gegen die Halbinsel Nord-Holland zu erstreckend. In der angegebenen Richtung sind diese Inseln folgende:

Wanger-Oge, — Spiker-Oge, — Langer-Oge, — Baltrum, — Norderney, — Juist, — Borkum, —

Rottum, — Schiermonik, — Ameland, — Ter Schelling, Vlieland, — Texel. — Nördlich von diesen Inseln, im Meridian der Insel Wanger-Oge, liegt 6 Meilen etwa von dieser entfernt, die kleine Insel Helgoland. — Von allen diesen Inseln ist Texel die größte.

b) Die Waal- und Schelde-Inseln. Sie werden in der That durch die Mündungen des Rhein-Armes Waal und durch den Doppel-Ausfluß der Schelde gebildet. Die hauptsächlichsten dieser Inseln sind von *N. O.* nach *S. W.* gezählt: Over-Flakkee, zwischen beiden Mündungs-Armen der vereinigten Maas und Waal; Tholen südöstlich; Schouvoen nordwestlich zwischen der südlichen Waal-Maas und der östlichen Schelde.

c) Die Schettlands-Inseln. Eine zahlreiche Gruppe hoher felsiger Eilande, nordnordöstlich von Groß-Britannien bis 60° 44′ N. Br.

d) Die Orkney-Inseln. Von der Nordspitze Groß-Britanniens nur durch die Pentlands-Straße geschieden.

4) Im Atlantischen Meere:

a) Die Insel Island, mit ihren nördlichsten Spitzen über den Polarkreis hinausragend, also mit diesen zum arktischen Polar-Meer, übrigens zum Atlantischen Ozean gehörig. Diese Insel wird vom Meridian von Ferro fast in der Mitte durchschnitten und liegt also genau zwischen der östlichen und westlichen Hemisphäre. Sie ist 1800 □ Meilen groß und auf der Nordwest-Küste durch Meeres-Einschnitte mannigfaltig zerklüftet.

b) Die Färoer-Inseln, zwischen 60° 21′ und 62° 30′ N. Br., etwa 11 östlicher Länge, ein unfruchtbarer, nur von Fischern bewohnter Archipel.

c) Die Insel Groß-Britannien, aus England (südlich) und Schottland (nördlich) bestehend, liegt vom 50. bis 58⅔° N. Br., ist also 132 deutsche Meilen lang, und von 12 — 19° östlicher Länge (also die größte Breite 105 d. M.). Der Flächeninhalt beträgt

3904 □ M. und die Küsten sind durch viele Meerbusen eingeschnitten. Die vorspringenden Spitzen sind:

Das Cap Duncansby, der nördlichste Punkt 58° 39′ 45″ N. Br.

Das Cap Landsend, 50° 4′ 7″ N. Br., 11° 58′ 14″ östlicher Länge, und

Das Cap Lizard, 49° 37′ 41″ N. B., 12° 28′ östl. Länge, die südwestlichsten Punkte.

d) Die Hebriden-Inseln, westlich von Schottland, steil und felsig.

e) Die Insel Irland, ist 59 Meilen lang, da sie sich zwischen ihrem nördlichsten Punkte, dem Cap Malin, und ihrem südlichsten, dem Cap Clear, durch $3\frac{4}{5}\frac{2}{3}$ nördliche Breiten-Grade erstreckt. Sie ist durchschnittlich 30 Meilen breit, und hat einen Flächen-Inhalt von 1400 □ Meilen.

f) Die Inseln Anglesea und Man (letztere die nördlichere), liegen beide im irischen Meere.

g) Die Scilly-Inseln, westsüdwestlich vom Cap Landsend.

h) Die Insel Wigth, unmittelbar vor der Südküste Englands, fast vor der Mitte derselben.

i) Die Normanischen Inseln, Jersey (die größte), Guernsey, Aurigny liegen im Aermel-Meere.

k) Die Französischen Inseln, im Meere von Biscaya, längs der westlichen Küste Frankreichs. Von Nord nach Süd sind die vorzüglichsten: Quessant (vor der Nordwest-Spitze der Halbinsel Bretagne), Belle Isle, Noirmoutier, Dieu, de Ré, d'Oleron.

4) Die Inseln im Mittel-Meere:

a) Die Pythyusen, östlich des Cap St. Martin, bestehen aus den beiden Haupt-Inseln Iviza, der größeren und nördlicheren, und Formentera, der südlicheren und kleineren.

Mehrere kleine Eilande liegen in dem Kanal, der beide trennt.

b) **Die Balearen**, aus drei größeren und mehreren ganz kleinen Inseln bestehend. Erstere sind:

Mallorca mit 63 □ M. gegen West und Ost mit steilen, gegen Süd und Nord mit flachen und niedrigen Küsten.

Cabrera, an der Süd-Spitze von Mallorca, $2\frac{1}{2}$ Meilen davon, kaum eine Meile lang.

Minorca, vier Meilen nordöstlich von Mallorca, mit 10 □ M. und fast durchgängig hoher Küste.

c) **Die Insel Corsica**, länglich, 24 Meilen lang (von *N.* nach *S.*), 10 Meilen breit (von *W.* nach *O.*) mit 178 □ M. Die Ostküste ist niedrig und flach. Die Westküste erhebt sich steil und hoch. Die Nordspitze ist das Cap Corso, und vor ihr liegt das kleine Felsen-Eiland Giraglio. Der südlichste Punkt ist das Cap Fiumara. Die Insel liegt zu beiden Seiten des 42ten Parallel-Kreises.

d) **Sardinien**, auch länglich (von Nord nach Süd 35 M.) bei einer Breite von 15 d. M. mit 430 □ M. Die durchgängig hohen Küsten haben viele Meeres-Einschnitte, darunter der Golf von Cagliari auf der Südküste und von Oristano auf der Westküste. Die nördlichste Spitze ist das Cap Longosardo (41° 15′ 20″ N. Br.), die südlichste Spitze das Cap Carbonara (39° 6′ 45″ N. Br.), und die südwestlichste das Cap Teulada (38° 51′ 25″ N. Br.).

e) **Sicilien**, die größte Insel des Mittel-Meeres, 38 Meilen südöstlich von Sardinien, mit einer fast triangulären Form. Der Flächen-Inhalt beträgt 590 □ M. Die Küsten sind weniger zerrissen und die vorspringendsten Spitzen:

Das Cap Pelaro an der Straße von Messina (38° 16′ 5″ N. Br.).

Das Cap Passaro (Südspitze) 36° 41′ 15″ N. Br.

Nördlich von Sicilien liegen die Liparischen Inseln, eilf kleine Eilande, unter denen Volcano, Liparo und Stromboli die größten.

Westlich von Sicilien liegen die Aegaden, drei kleine Inseln: Levanso, Farignano und Maritimo; südwestlich die Inseln Limosa und Lampedusa.

f) **Die Inseln Malta, Gozzo und Comino**, liegen südlich von Sicilien und haben steile Küsten.

g) **Die Dalmatischen Inseln**, eine Gruppe langgestreckter Inseln im Adriatischen Meere längs der Nordwestküste der Balkan-Halbinsel. Die wichtigsten sind von Nord nach Süd: Veglia — Cherso — Pago — Grossa — Brazza — Lessina — Curzola — Meleda — Lagosta.

h) **Die Jonischen Inseln**, südwärts von der Straße von Otranto. Längs der Westküste der Balkanischen Halbinsel liegen diese Inseln von Nord nach Süd gezählt, wie folgt:

Corfu — Paxo — St. Maura — Thiaki (im Alterthum Ithaka) — Zephalonia; — südöstlich vom Cap Matapan liegt Cerigo, die letzte von diesen Inseln.

i) **Die Cycladen**, eine große im Archipelagus ziemlich weitläuftig zerstreute Insel-Gruppe. Die bedeutendsten von diesen Inseln sind:

Negroponte — Deli (Delos) — Naxia — Paros — Antiparos — Sifanto — Milo — Policandro — Sikyno — Santorin — Nio — Amorgo — Stampalia.

k) **Candia (Creta)**, südlich vom Archipelagus, lang erstreckt von West nach Ost, und in dieser Richtung 33 Meilen lang (190 □M.). Auf seiner Nordküste hat es bedeutende Buchten.

III. Abschnitt.

Europa's innere physikalische Beschaffenheit.

§. 37.

Erklärung.

Es sind Bewässerungs- und Vertikal-Verhältnisse hier vorzüglich zusammengefaßt.

Wir betrachten den inneren oder eigentlichen Kontinent zuerst, jede Halbinsel, jede größere Insel sodann für sich.

A.

Der innere Continent.

§. 38.

Grenzen.

Nördlich: das Aermel-Meer, die Nord- und Ostsee, das Arktische Polar-Meer.

Oestlich: der Ural.

Südöstlich: das Caspische Meer und der Kaukasus.

Südlich: das Azowsche, Schwarze und Adriatische Meer, der Po, der Golf von Lion.

Südwestlich: die Pyrenäen.

Westlich: das Atlantische Meer, der Biscaya-Golf.

§. 39.

Uebersicht.

Wir finden im Südwest des in dieser Grenze liegenden Terrains den Gebirgs-Charakter, im Nordost den der Ebene vorherrschend.

Das Alpenland, als allgemeine Basis, steht, der Mitte südlich vorliegend, für sich da, und oft stellen sich nächst ihm drei von der Natur gebildete Hauptabschnitte, im Westen, in der Mitte und im Osten, jede mit einem centralen Gebirgsknoten oder Plateau, einer Hauptscheide seiner Gewässer, uns dar.

Cap. I.

Der westliche Terrain-Abschnitt.

§. 40.

Grenzen.

Er ist der kleinste, wird von den Pyrenäen südwestlich, vom Biscaya-Meer westlich, vom Aermel-Meer und der Nordsee nördlich, vom Rhein und der Rhone östlich, vom Mittel-Meere südlich begrenzt.

§. 41.

Flüsse.

Die Fluß-Bewässerung wird durch die Strom-Gebiete der Garonne und Loire (Biscaya-Meer), der Seine (Aermel-Meer), der Schelde (Nordsee), durch die linken Rheinzuflüsse (in Mittel- und Unterlauf), durch die Rhone (Mittel-Meer) und ihre rechten Zuströme, durch die zwischen diesen Strom-Gebieten vertheilten Küsten-Flüsse endlich gebildet.

I. Zum Biskayschen Meere.

Das Strom-Gebiet der Garonne.

Die Garonne kommt von der Südwestgrenze des eigentlich continentalen Europa's, geht nordöstlich, eine kurze Strecke fast nördlich, im ganzen Mittel- und Unterlauf nordwestlich. Sie wird oberhalb Toulouse schiffbar, heißt nach Einmündung der Dordogne Gironde, und hat eine Lauflänge von 96 Meilen. In einem bergigen Thale, zum Theil in Felsenklüften, strömt sie bis zu ihrer Schiffbarwerdung, dann in fruchtbaren Ebenen (Guienne und Gascogne) bis zur Mündung unterhalb Bordeaux.

Steinerne Brücken zu Toulouse, Muret, Agen und Aiguillon.

Nebenflüsse.

Rechts: die Arriege, von Süd nach Nord.
der Tarn, von Ost nach West, zuletzt von Südost nach Nordwest, nimmt rechts den Aveyron auf.
der Lot, von Ost nach West, zuletzt nach Südwest, nimmt rechts die Truyere auf.
die Dordogne, strömt zuerst südwestlich, dann westlich, zuletzt nordwestlich in die Garonne und mündet unterhalb Bordeaux. Sie nimmt rechts die Vezère mit der Correze und die Isle auf.

Links: die Gers und Baize (von Süd).

Das Stromgebiet der Loire.

Die Loire beginnt etwa unter 45° N. Br., strömt nördlich, dann norstwestlich, zuletzt (von Orleans an) in mehreren Bogen allgemein westlich und mündet unterhalb Nantes (südöstlich der Insel Belle Isle). — Sie ist der größte Strom dieses Terrain-Abschnittes (132 Meilen lang) und wird bei Roanne schiffbar. Bergig, und zwar in mannigfachem Wechsel, ist das Thal der Loire nur bis Orleans zu nennen. Von Orleans an fließt der Strom in einem fruchtbaren Thale mit sanft abdachenden, unterhalb Nantes ganz flachen Ufern.

Steinerne Brücken: bei le Puy — St. Rambert — Roanne — Nevers — Orleans — Blois (die vorzüglichste) — und die Schiffbrücke bei Nantes. —

Nebenflüsse.

Rechts:
- der Arroux von Nordost nach Südwest.
- der Aron.
- die Mayenne von Nord nach Süd (Mündung bei Angers) nimmt links die Sarthe mit dem Loir auf.

Links:
- der Allier, von Süd nach West, mündet bei Nevers.
- die Cher, nordwestlich, zuletzt westlich bis zur Mündung unterhalb Tours.
- der Indre, von Südost nach Nordwest.
- die Vienne, westlich, dann nördlich, zuletzt nordwestlich, mündet bei Saumur. Sie nimmt rechts die Creuse (mit nordwestlichem Laufe), links den Clain (mit nordöstlichem Laufe) auf.

Biskaysche Küsten-Flüsse.

1) Zwischen den Pyrenäen und der Garonne:

Der Adour, bogenförmig nach *N. W.*, *W. S. W.* bis zur Mündung bei Bayonne. Er nimmt rechts die Midouze (südwestlichen Laufs), links die Gave de Pau (nordöstlicher Strömung) auf.

Die Eyre, nordwestlich (zum Strand-See von Arcachon).

2) Zwischen Garonne und Loire:

Die Charente, in großen Krümmungen nordnordöstlich, südsüdwestlich, zuletzt nordwestlich. — Mündung bei Rochefort.

Die Sevre Niortaise, größtentheils westlich, mündet nördlich la Rochelle und der Insel de Ré.

3) Nördlich der Loire-Mündung:

Die Vilaine, südsüdwestlich, nimmt rechts den Oust, links den Don auf.

Die Blavet, südsüdwestlich.

Die Aulne, westlich.

II. Zum Aermel-Meere.

Das Stromgebiet der Seine.

Die Seine entsteht nordöstlich der Loire-Quelle und fließt zuerst nach Nordwest, dann (nach Einmündung der Aube) westsüdwestlich (bis zur Mündung des Loing), endlich in vielen Krümmungen wieder nordwestlich bis zu ihrer Mündung unterhalb Rouen (bei Havre de Grace). Sie ist 97 Meilen lang und wird bei Troyes schiffbar. Das Strom-Thal ist nur im Oberlauf eingeengt, dann abwärts immer weiter und zugänglicher.

Die vorzüglichsten massiven Brücken sind bei Troyes — Paris — St. Cloud.

Bei Rouen ist eine gepflasterte Schiffbrücke.

Nebenflüsse.

Rechts:
- die Aube, nordwestlich und südwestlich.
- die Marne, nordwestlich, westlich und westsüdwestlich. Sie nimmt rechts den Ornain und Ourcq, links die große und kleine Morin auf.
- die Oise, im Allgemeinen südwestlich, nimmt links die Aisne auf.

Links:
- die Yonne mit der Hauptrichtung nach Nord, nimmt rechts die Cure, den Serain und den Armancon auf.
- der Loing, nordwestlich und nördlich.
- die Eure, östlich und nordnordwestlich.
- die Rille, nördlich der Seine-Mündung.

III. Zur Nord-See, die Schelde.

Die Schelde fließt nach Ost-Nord-Ost und Nord-West und mündet in den Bischbosch unterhalb Antwerpen, in zwei großen Armen: der Wester- und Oster-Schelde. Hier mündet die vereinigte Waal und Maas benachbart und sie bilden durch Arme verbunden die Zeeländischen Inseln (oder Maas- und Schelde-Inseln).

Die Schelde ist 54 Meilen lang und ihre Ufer sind zum Theil (besonders das linke) eingedeicht, zum Theil brüchig und morastig, nur im Oberlauf von geringen Anhöhen begleitet. Sie hat viele Ueberschwemmungs-Schleusen.

Nebenflüsse.

Rechts:
- der Dender, zuerst nordwestlich, dann nordnordöstlich
- die Rupel, entsteht nordwestlich Mecheln aus der Dyle, (nördlich und nordnordwestlichen Lauf) und der Senne (nordnordöstlich strömend) nachdem Erstere rechts die Demer mit (links) der Gete aufgenommen hat.
- Die so entstandene Rupel fließt nun noch eine kurze Strecke nordwestlich und nimmt rechts die in mehreren großen Krümmungen von Osten kommende Nethe auf, welche wiederum aus der kleinen Nethe (von *N. O.*) und der großen Nethe (von *S. O.*) entsteht.

Links:
- die Scarpe (nordöstlich),
- die Lys ebenfalls nordöstlich.

Küsten-Flüsse des Aermel-Meeres.

1) Westlich der Seine-Mündung:
- die Rance, zuerst östlich, dann nördlich (mündet bei St. Malo).
- die Orne, nordwestlich und zuletzt nordnordöstlich (mündet bei Caen).

2) Oestlich der Seine-Mündung:
- die Somme, ein großer Küstenfluß, strömt im Allgemeinen nordwestlich und mündet unterhalb Abbeville
- die linken Rhein-Zuflüsse im Mittel- und Unterlauf.

IV. Zum Mittel-Meere das Stromgebiet der Rhone.

Die Rhone strömt westlich und südlich zum Golf von Lion, in welchen sie unterhalb Arles in einem vierarmigen Delta mündet. Die Rhone fließt zuerst in Alpenthälern (Wallis), dann durch den Genfer See. Sie durchbricht in südsüdwestlicher Richtung den französischen Jura und hat zum Theil (in Ober-Wallis) ein enges Thal mit steilen Felsen-Ufern. Vom Austritt aus dem Jura bis Lion sind die Ufer flacher. Von Lion abwärts ist das linke Ufer fast eben, da die Ausläufer der West-Alpen nur an einzelnen Stellen sich nähern. Das rechte Ufer begleiten die Steil-Abfälle Hoch-Frankreichs. Bei Arles theilt sich die Rhone in die große (links) und kleine (rechts) Rhone, deren jede sich wieder in zwei Arme spaltet. Alle vier Mündungs-Arme sind versandet und schließen die Insel Carmagne ein. —

Die vorzüglichsten massiven Brücken sind bei Lion, Tournay, Valence, Avignon. Bei Tarascon ist eine Schiffbrücke.

Nebenflüsse.

Rechts:
- der Ain südsüdwestlich.
- die Saonne, südwestlich und südlich. Sie nimmt links: den Dignon und Doubs (beide westsüdwestwärts) auf.
- die Ardeche, westsüdwestwärts.
- den Gard, westsüdwestwärts.

Links:
- die Arve, von Ost nach West.
- die Isère, zuerst nordwestlich, dann südsüdwestlich und nordwestlich, zuletzt südwestlich, nimmt links den Arc und Drac auf.
- die Drôme, südwestlich.
- die Durance, zuerst südsüdwestlich, dann nordwestlich, nimmt links den Verdon auf.

Küsten-Flüsse des Mittel-Meeres.

Oestlich der Rhone-Mündung: der Argens (östlich strömend).

Westlich der Rhone-Mündung: der Herault, südwestlich,

die Aude, zuerst nördlich, dann östlich.

§. 42.

Kanäle.

1) Der Kanal von Languedoc (du midi) aus der Garonne in die Aude.

2) Der Kanal von Beaucaire, aus der Rhone, wegen Versandung südwestwärts ins Mittel-Meer.

3) Der Kanal von Arles, aus der Rhone, südöstlich zum Mittel-Meer.

4) Der Kanal von Burgund, aus dem Armancon in die Saonne.

5) Der Kanal von Briare, aus der Loire zur Seine.

6) Der Kanal der Rhone und des Rheins, aus dem Doubs zum Jll (linke Nebenflüsse des Rheins).

7) Der Kanal von Orleans, aus der Loire in den Kanal von Briare.

8) Der Kanal von St. Quentin, aus der Oise zur Schelde.

9) Der Kanal du centre, aus der Loire zur Saonne.

§. 43.

Land-Seen.

Sie sind in diesem Terrain-Abschnitt selten, und wo sie sich finden, nur unbedeutend. Das größte stehende Wasser ist der See von Grandlieu (südwestlich Nantes). Die Gegenden nordöstlich Lion und südöstlich Blois, zeichnen sich noch durch zahlreiche kleine Seen aus.

§. 44.

Gebirge.

I. Hoch-Frankreich. Die Hauptwasser-Scheide in diesem Terrain bilden die Hochebenen von Velais, Gevaudan und Vivarais. — Sie liegen in den Quellbezirken des Tarn, Lôt, Aveyron, der Allier, der Loire, sind durchschnittlich 3000′ (über der See) hoch und werden östlich durch das tiefe Thal der Rhone, südlich durch den nur 4 Meilen breiten, ebenen Küstenstrich von Languedoc begränzt. — Diese Wasserscheide ist auch gleichzeitig ein Gebirgsstock, denn von hier aus gehen südwestlich, nördlich und nordwestlich Gebirgsglieder, theils Plateau's, theils Bergketten, aus.

Die Sevennen erstrecken sich südwestlich, als Wasser-Scheide zwischen den rechten Garonne-Zuflüssen und dem Golf von Lion. Sie behaupten durchschnittlich die Höhe des Gebirgsstockes und senken sich nur nordwestlich zum Lot und der Allier bis 2000′, südwestlich gegen die Aude zu 1500′ See-Höhe. Hier heißen ihre Ausläufer die Schwarzen Höhen.

Das Plateau von Lionnois. Gleichsam die nordöstliche Fortsetzung der Sevennen und so mit ihnen zusammengenommen den Ostrand Hoch-Frankreichs. Es ist wie die beiden zunächstfolgenden Glieder, ein Plateau mit einzelnen Gipfel-Erhebungen und bildet die Wasserscheide zwischen der Loire und Saone.

Die höchsten Punkte sind: der Mezenc (Loire-Quelle) 5400′ und der Tarare 4300′ über der Meeresfläche.

Das Plateau von Forez. Zwischen Loire und Allier diese Bifurcation fast ganz ausfüllend, enthält es den höchsten Gipfel des ganzen Hoch-Frankreichs, den Pierre sur Haute 5964′, außerdem den Cimes de la Madelaine 4380′ (absolute Höhe).

Das Plateau von Auvergne. Zwischen Allier und Dordogne, füglich in drei Hauptgruppen getheilt. Die südlichste ist die Gruppe des Cantal. Sie erhebt sich zwischen Dordogne und Lôt und heißt nach dem gleichnamigen Berge, der 5800′ Erhebung hat. — Die mittlere Gruppe durch niedere Höhen mit ersterer verbunden, fast in gleicher Höhe mit ihr, zwischen der Ober-Dordogne, der Cher, der Allier, hat im Montd'or (5820′ Dordogne-Quelle) seinen höchsten Gipfel.

Die nördliche Gruppe, zwischen Allier und Cher, mit dem Puy de Dôme 4550′.

Es finden sich in diesem Gebirge Spuren früherer vulkanischer Thätigkeit vor. Schlacke, Basalt, vulkanischer Sand, kraterartige Seen und dergleichen deuten auf dieselbe hin.

Hoch-Frankreichs Abfälle. Nur an zwei Seiten senkt sich Hoch-Frankreich unmittelbar und nur zum Theil schroff zur Tiefe, nämlich in Osten zum Thal der Rhone, südlich zum Küstenstriche von Languedoc. Südwestlich und nordwestlich zeigt sich ein allmäliges Herabsenken zur Ebene, als dessen Vermittelungs-Glieder zwei Hochebenen erscheinen. Südwestlich liegt die Hochebene von Rouergue zwischen den Sevennen und den rechten Garonne-Zuflüssen. Sie ist durchgängig 1800′ hoch und fällt zu beiden Seiten der Garonne in die Tiefländer von Guienne und Gascogne. Nordwestlich: hängt mit Hoch-Frankreich die Terrasse von Limousin zusammen, eine Hochebene (1800′) mit Gipfelerhebungen bis zu 4000′. Sie wird von der Indre nordöstlich, von der Charente westlich begränzt, von der Vienne und Creuse noch außerdem hauptsächlich bewässert. Weiter nordwestlich, über die Charente und Vienne hinaus, senkt sie sich zu den Tiefebenen von Poitou und Touraine, längs dem linken Ufer der untern Loire.

Nördlich liegt dem hohen Frankreich die Terrasse von Bourbonnois und Morvan (12 Meilen breit) in der Westost-Erstreckung von der Creuse bis zur Seine-Quelle vor. Sie wird fast in der Mitte von der Loire durchbrochen und hat an diesem Durchbruch die geringste, nehmlich nur 500′ absolute Erhebung. Ihre mittlere Höhe hat sie an der Creuse mit 800′, ihre größte Höhe an der Seine-Quelle, wo eine Vereinigung mit dem Plateau von Lionois statt findet, mit 1200′. —

II. Die Vogesen. Wir verstehen unter diesem Namen einen Gebirgszug, der in der Gabelung von Doubs und Saonne beginnt, von hier aus bei durchschnittlicher Breite von nur 5 Meilen, 30 Meilen weit nordnordöstlich zieht und von dem Thale der Breusch in 2 an Höhe und sonstigem Charakter verschiedene Theile zerlegt wird. Der südlich der Breusch liegende längere Theil des Gebirges ist auch zugleich der höhere, durchschnittlich 3 — 4000′. In seinem höchsten Gipfel dem Balon von Sulz (Moselquelle) erreicht das Gebirge die Höhe von 4425′.

Nördlich der Breusch ist das Gebirge niedriger, enthält weichere Substanzen und geht in weite Ebenen über. Es heißt hier die Hardt, und sein höchster Punkt, der Calmet, ist nur 2077′ hoch. Die Vogesen machen im Allgemeinen die Wasser-Scheide zwischen dem Rhein (östlich), der Mosel und Loire (westlich); dem Dignon und Doubs (südlich), gehen nördlich in ein 12 Meilen langes und 1 Meile breites Längenthal, das von Kaiserslautern, über, durch welches sie mit den linken Rhein-Gebirgen verbunden sind. Die Verbindung der Vogesen mit Hoch-Frankreich wird durch das Plateau von Langres bewirkt, welches vom Seine-Ursprung, von dem Plateau von Lionnois und dem von Bourbonois und Morvan nordöstlich bis zum Ursprung der Saonne reicht. Es ist 20 Meilen lang, 5 Meilen breit und 1000 — 1200′ hoch.

Zwischen der Seine-Quelle, dem Arroux und dem Kanal du Centre liegt gruppenartig das Goldhügel-Gebirge (côte d'or) 1700′, südwestlich dem Plateau von Langres und gleichsam als ein Theil desselben.

III. **Die linken Rhein-Gebirge.** In diese Kategorie gehören als Hauptglieder:

1) **Das Pfälzisch-Zweibrückſche Gebirge.** Zwischen dem Längenthale von Kaiserslautern und dem Thale der Nahe, westlich von der Saar, östlich vom Rhein begrenzt. Es ist das südlichste Glied dieses nordöstlichen Gebirgszusammenhanges im Französisch-deutschen Terrain-Abschnitt. Der höchste Punkt ist der Donnersberg mit 2090′ absoluter Höhe.

2) **Der Hunsrück**, zwischen Nahe, Mosel, Saar und Rhein ein sandiger Bergzug, indem drei verschiedene Benennungen hervortreten, da der westliche höchste Theil, der Hochwald, der mittlere Idarwald, der östliche Soon-

wald heißt. Höchster Punkt ist der Wald Erbsenkopf (2526′).

3 Die Eifel und hohe Veen, zwischen der unteren Ourthe, der Mosel, der Sure, der Maas, ein einförmiges Plateau. Der südöstlichere Theil zwischen der Sure und Mosel-Mündung ist die Eifel, der nordwestlichere gegen die Mündung der Ourthe, heißt die hohe Veen. Die Höhe des ganzen Plateau's ist durchgängig nicht über 1500′ und nur die hohe Acht in der Eifel erhebt sich zu 2000′. —

4) Der Argonner Wald. Ein flachhügliges, von tiefen Thälern jedoch zerrissenes Bergland, zu beiden Seiten der Maas, ostwärts bis an die Mosel, westlich bis zum tiefen Thale der oberen Aisne.

5) Die Ardennen. Nordwärts des Argonner Waldes, bis zu den Quellen der Sambre und Schelde nach Westen und bis in die Thäler der Mosel nach Ost sich erstreckend, von der Maas durchbrochen, von der oberen Somme und Oise südlich begrenzt, nordwestlich mit seinen Auslaufern bis an die Straße von Calais reichend. Dieses Gebirge gleicht in seinem südöstlichen Theile der Eifel, hat durchschnittlich 1700′, in seinem höchsten Punkte jedoch bis 2500′ absolute Erhebung.

IV. Die Arreische Bergkette. Ein getrenntes Gebirgsglied, den Ardennen, an derselben Küste, in Südwestrichtung, gerade entgegengesetzt, also in der Halbinsel Bretagne. Dieses Gebirge ist rauh und felsig, mit Sträuchern und verkrüpelten Bäumen bewachsen, mit Haide und Moor bedeckt. Nach den Küsten zu verflacht sich das Gebirge zu unfruchtbaren Sandstrecken. Den höchsten Punkt finden wir am Ursprunge der Rance mit 1000′ absoluter Höhe.

V. Der Französisch-Helvetische Jura.

Er beginnt an der Isere-Mündung und ist bei etwa 5 Meilen Breite 40 Meilen lang. Unter seinen vielen Gipfeln ist der Pré de Marmiers an der Rhone mit 5300′ der höchste.

§. 45.

Ebenen.

Außer dem Küstenstreif von Languedoc, den Hochebenen von Rouergue und Limousin, den Tiefländern von Guienne, Gascogne, Poitou und Touraine, den Flächen der Hardt, dem Längenthale von Kaiserslautern und den Niederungen der Stromthäler, finden wir noch als westliche Vorstufe der Vogesen, die Hochebene von Lothringen in einer Breite von 30 Meilen mit durchschnittlicher Höhe von 800′. — Sie wird von den Stromgebieten der Mosel und Maas bewässert und verläuft sich über sie hinaus zu den Tiefländern von Champagne, Paris und Pikardie, zum Seine-Gebiet, nach Orleanais, endlich nach Poitou und Touraine, zur untern Loire.

Das Niederland von den Ardennen (östlich und nordöstlich davon) bis zum Maas- und Waal-Delta, ist gleichsam das Verbindungsglied mit der großen deutschen Ebene. Der Küstenstrich zwischen den Ardennen und der Bretagne, nördlich von Bourbonnais und Morvan, ist gleichfalls Ebene und wird nur durch einen niederen Bergzug an der Westküste der Normandie, von welchem das Cap la Hague ausläuft, unterbrochen. —

§. 46.

Gangbarkeit der Gebirge.

Folgende Hauptpässe führen über die einzelnen Gebirgs-Theile:

1) In Hoch-Frankreich, die Pässe von Clermont und Lobinet und der des M. Tarare. Erstere beiden in Auvergne, letzterer im Plateau von Lionois.

2) Ueber das Plateau von Langres, der Paß von Chanceaux.

3) Ueber die Vogesen, die Pässe von Pfalzburg und Kaiserslautern.

§. 47.

Wälder.

1) Die Wälder von Hochburgund, gegen die Loire zu, in kleinere leichte Gehölze ausgehend. Längs dem rechten Loire-Ufer sind die Wälder wieder ansehnlich und ziehen von hier westlich bis zur Ober-Loire.

2) Die Seine-Wälder. Vereinzelte kleinere Waldungen, aus Laubholz zusammengesetzt. Sie finden sich meist alle am rechten Seine-Ufer, im Bereiche der dort einmündenden Ströme und an ihnen entlang.

3) Die Wälder zwischen Seine und Loire.

4) Die Wälder zwischen Loire und Garonne.

Im südlichen Frankreich sind nirgends bemerkenswerthe Waldungen.

§. 48.

Quell-Höhen.

I. Die Garonne. Von den Pyrenäen.

Die Arriege, Tarn, Lôt und Aveyron } von den Hochebenen von Velais, Gevaudan und Vivarais.

Die Dordogne, vom Plateau von Auvergne (Mont d'or).

Gers und Baize, von den Pyrenäen.

II. Der Adour, von den Pyrenäen.

III. Charente und Sevre-Niortaise, von der Hoch-Ebene von Limousin.

IV. Die Loire von Gevaudan und Vivarais

Allier dito

Cher und Indre, von dem Gebirge von Bourbonnois und Morvan.

Vienne und Creuse, von der Hochebene von Limousin.

Mayene, Sarthe, Loir, aus der Normandie.

V. Rance, Aulne und Blavet, aus der Bretagne.

VI. Orne und Vilaine, aus der Normandie.

VII. Die Seine, vom Gebirge von Bourbonnois und Morvan.

Yonne, Loing und Armencon, dito

Eure aus der Normandie.

Aube, Marne, von Langres-Plateau.

Oise von den Ardennen.

VIII. Die Somme, aus der Picardie.

IX. Die Schelde, von den Ardennen.

X. Die Rhone, vom Furca der Berner Alpen.

Saonne, vom Plateau von Langres.

Iserè und Durance, von den West-Alpen.

Cap. II.

Der mittlere Terrain-Abschnitt.

§. 49.

Grenzen.

Seine Grenzen sind: Nördlich die Nordsee — die Eider — die Ostsee.

Oestlich die Weichsel und der Dniepr.

Südlich die Donau.

Westlich der Rhein.

§. 50.

Flüsse.

I. Zur Nord-See.

Das Stromgebiet des Rhein.

Der Rhein entsteht im östlichen Helvetien, aus drei Haupt-Armen: Vorder- Mittel- und Hinter-Rhein. Der Vorder-Rhein entsteht aus den Rieselbächen: Toma und Ursera, der Mittel-Rhein aus dem Savier, Lugnezer und Medelser Bache. Beide vereinigen sich bei Dissentis, und es tritt der Hinter-Rhein bei Schloß Reichenau dazu.

Der so vereinigte Rhein strömt nördlich und nordnordöstlich bis in den Bodensee, durch diesen und sodann in mehreren Krümmungen westlich bis Basel. Hier wendet er sich fast rechtwinklich nach Nord und behält nördliche

Hauptrichtung bis 50° N. Br. Von hier aus wendet er sich nordwestlich und behält diese Richtung bis zu seiner Mündung. Der Rhein ist 174 Meilen lang und wird schon bei Chur (für Kähne), sodann bei Straßburg (für größere Fahrzeuge) schiffbar. Er fließt bis zum Bodensee in Alpen-Thälern, nach seinem Austritt aus dem Bodensee, durch den Zellersee, dann zwischen ziemlich steilen Ufern bis Schaffhausen. Hier bildet er einen 60′ hohen Fall und durchbricht die Felsmassen des Jura, gleichsam in einer Cataractenzone bei Lauffenburg und Rheinfelden. In einem breiten fruchtbaren Gebirgsthale geht nun der Rhein bis zu seiner Nordwest-Wendung (50° N. Br.), durchbricht dann den Hundsrück und Taunus im engen Felsenthale und mit Stromschnellen (Bingerloch). Hierauf durchströmt er wieder ein fruchtbares Thal, dann zuletzt vor seinem Eintritt in das Tiefland die Engthäler der Eifel und des Siebengebirges.

Uebergänge des Rhein-Stroms.

Er hat seine bedeutendere Breite

1) im Oberlauf

bei Reichenau, Schafhausen, Eglisau, Lauffenburg, Basel.

2) Im Mittellauf

bei Straßburg, Germersheim (fliegende Brücke), Mannheim (Pontonbrücke), Oppenheim (fliegende Brücke), Mainz (Schiffbrücke auf 19 Schiffen, 1600′ lang), Coblenz (Schiffbrücke 1100′ lang), Neuwied (fliegende Brücke), Bonn, Köln, Düsseldorf, Wesel (Schiffbrücke).

3) Im Unterlauf

über die Waal: bei Nimwegen (fliegende Brücke). — Ueber den Alten Rhein sind die wichtigsten Brücken diejenigen in Utrecht, die bei Wörden, Zwammerdamm und Alphen. Der Hauptübergang über den Leck ist bei Nieuwport. Ueber die Yssel sind die vorzüglichsten Brücken bei Dösburg, Deventer und die Schiffbrücke bei Zütphen.

Delta. Der Rhein spaltet sich zuerst bei Pannerden in

zwei Hauptarme, von denen der östliche den Namen Rhein behält, der westliche Waal genannt wird.

1) Der Rhein spaltet sich wiederum in zwei Arme, deren rechter als Yssel, nach einem Bogen nördlich und nordnordwestlich, zum Zuider-See geht. Der linke Arm geht westlich und spaltet sich bei Wyk by Durstede abermals. Der linke ist der Hauptarm und geht westlich und südwestlich als Leck (bei Rotterdam) in die Nord-See. — Der rechte Arm heißt Alter Rhein, geht bei Leyden in die Nordsee und spaltet bei Utrecht die Vechte ab, die mit fast nördlicher Richtung, bei Amsterdam, in den Zuider-See mündet.

2) Die Waal geht westlich, wendet sich alsdann südwestlich und vereinigt sich bei Löwenstein mit der Maas. Beide Ströme trennen sich sogleich nach der Vereinigung wieder, vereinigen sich bei Gorkum abermals und bilden so eine Insel. Die vereinigte Maas und Waal heißt Merwede und mündet der Oster-Schelde benachbart in die Nordsee.

Nebenflüsse des Rheins.

Rechts: die Landquart, nordwestlich und westlich.
der Ill, nordwestlich.
die Bregenzer Ach, westlich, nördlich und wieder westlich.
der Argen, südwestlich.
der Schussen, südlich.
die Stockach, südlich, zuletzt östlich.
die Wuttach, südsüdwestlich.
der Wiesen, südlich, südwestlich, südsüdwestlich, (mündet unterhalb Basel).
der Treisam, von S.Süd-Ost nach N.Nord-West.
die Kinzig,
die Murg, nordwestlich.
die Pfinz,
der Neckar, geht zuerst nördlich, dann nordöstlich, wieder nördlich, nordnordwestlich und zuletzt westnordwestlich bis zu seiner Mündung bei Mannheim.

Nebenflüsse des Neckar sind:

Rechts: die Vils — Rems — Kocher — Jaxt.

Links: die Enz, zu welcher rechts die Nagolt mit der Wurm geht.

Der Main. Der größte rechte Zufluß des Rheins, entsteht aus zwei Quell-Armen, dem weißen Main (nördlicher), dem rothen Main (südlicher). Der vereinigte Main nimmt seine Normal-Direction, mit vielen und großen Krümmungen, westlich und mündet bei Mainz. Er nimmt auf:

Rechts: die Rodach — die Itz — die fränkische Saale — die Kinzig und die Nidda, zu welcher letzteren rechts die Wetter strömt.

Links: die Regnitz, welche aus der fränkischen und schwäbischen Rezat entsteht, und rechts die Schwarzach und Pegnitz, links die Aisch aufnimmt — die Tauber. —

Die Lahn: südwestlich, mündet bei Coblenz.

Die Sieg: fast westlich mit einer flachen Südkrümmung (Mündung bei Bonn).

Die Wipper: nordnordwestlich, westlich, südlich und südwestlich.

Die Ruhr: ostwestlich, nimmt links die Lenne auf.

Die Lippe: ostwestlich bis zur Mündung bei Wesel.

Linke Zuflüsse des Rheins.

Die Thur: nordnordöstlich und nordwestlich, mündet nordöstlich Eglisau (also südlich Schaffhausen) und nimmt rechts die Sitter auf.

Die Töß: strömt nordwestlich und in eine Rhein-Krümmung unmittelbar südlich von Eglisau.

Die Aar: nordöstlich, nordwestlich, durch den Brienzer-See, durch den Thuner-See, hierauf nordwestlich (bis Bern) westlich, nördlich, nordöstlich und wieder nördlich bis zur Mündung (unterhalb Klingenau). Die Aar nimmt rechts die Emmen (nordwestlich, nördlich), ferner die Reuß, welche nordöstlich, durch den Vier-Waldstädter-See, nördlich und wieder nordwestlich fließt, endlich die Limat mit Nordwest-Richtung aus dem

Zürcher See auf. Links strömen in die Aar die **Saane** mit westlicher, nördlicher und nordöstlicher Richtung, welche **rechts** die **Sense** aufnimmt und dann in die Aar mündet, wo diese aus der Westrichtung in die Nordrichtung übergeht. Die **Thiele**, der Abfluß des Neufchateller und Bieler Sees mündet mit Nordostrichtung da in die Aar, wo diese aus der nördlichen in die nordöstliche Direction übergeht.

Zum Rhein münden ferner:

Die Birs: nordöstlich, mündet unweit (ostwärts) Basel.

Der Ill: nordnordöstlich, fast dem Rhein-Strome parallel, mündet bei Straßburg, nachdem er vorher die **Breusch** (Vogesen §. 4.) links aufgenommen hat.

Die Grenzlauffer: südöstlich, westöstlich.

Der Speier: nordöstlich und östlich.

Der Queich: westöstlich.

Die Nahe: nordöstlich, östlich und nördlich, nimmt rechts die **Glan** und **Lauter** auf.

Die Mosel: hat eine nordöstliche Normal-Direction und viele Krümmungen; sie mündet bei Coblenz und nimmt auf:

Rechts: die **Meurthe** — die **Seille** — die **Saar**, welche letztere nordwestlich strömt und rechts die **Blies** aufnimmt.

Links: die **Sure**, welche rechts die **Alzette**, links die **Dur** empfängt — die **Kyll**. —

Die Ahr: nordöstlich und östlich.

Die Erft: nördlich, nordnordwestlich und nordöstlich, mündet südlich Düsseldorf.

Die Maas: fließt zuerst nordnordwestlich, dann nördlich, nordöstlich, nordnordöstlich und zuletzt mit einem großen Bogen nordwestlich und westlich, bis zu ihrer bereits geschilderten Vereinigung mit dem Rhein. Ihre Nebenflüsse sind:

Rechts: die **Semois** — **Lesse** — **Durte** — **Rör** — **Niers**.

Links: die **Sambre** — die **Domel**.

Die Ems. Gewöhnlich als großer Küstenfluß geltend, aber bedeutsam durch seine Lage zwischen den von Südwest und Südost kommenden Mittel-Gebirgen aller drei Terrain-Abschnitte, die mit ihren nordwestlichsten und nordöstlichsten Ausläufern am Beginn dieses Strom-Thales zusammenstoßen. Die Ems strömt nordöstlich und nördlich und mündet bei Emden durch den Dollart in die Nord-See. — Sie nimmt auf:

Rechts: die Haase und Soeste, erstere mit nördlicher, nordwestlicher und westlicher, letztere mit nordwestlicher und westlicher Richtung, die Soeste nimmt links die Leda auf.

Links: die Werse mit nordwestlicher und nördlicher Strömung. Die Aa, welche südöstlich, nordöstlich, zuletzt nordnordwestlich strömt.

Das Stromgebiet der Weser.

Die Weser entsteht aus dem Zusammenfluß der Werra (von Süd-Süd-Ost) und der Fulda (von Süd) bei Münden im Königreich Hannover. Die Hauptrichtungen der Weser sind hiernach nach Nord-Nord-West, nach West, nach Nord-Nord-Ost und nach Nord-West.

Werra und Fulda liegen im Mittel-Gebirge, ebenso die Weser bis Minden, wo sie (durch das Westphälische Thor) in das deutsche Flachland tritt.

Nebenflüsse der Fulda.

Links: die Eder mit nordöstlicher und östlicher Richtung, welche rechts die Schwalm (nördlich und nordöstlich) aufnimmt.

Nebenflüsse der Werra.

Rechts: die Schleuse — Schmalkalde — Hörsel.

Links: die Ulster.

Nebenflüsse der Weser.

Rechts: die Au (Abfluß des Steinhuder-Meeres) fließt in einem großen Bogen zuerst nordwestlich, dann nordöstlich (der Weser parallel), dann kurz vor der Einmündung bei Nienburg wieder nordwestlich.

Die Aller strömt zuerst nordnordwestlich, dann nordwestlich und mündet unterhalb Verden. Sie nimmt auf:

Rechts: die kleine Aller — Ise und Böhme.

Links: die Ocker — die Leine, beide mit einer der Weser fast parallelen Richtung.

Zur Weser:

Die Wümme ostwestlich, welche rechts die Humme aufnimmt.

Links: die Diemel allgemein ostnordöstlich, der Eder fast parallel.

Die Au, nordöstlich und östlich, mündet in gleicher Stelle mit dem eben so benannten rechten Zuflusse bei Nienburg.

Die Werre nördlich und östlich. Da wo sie aus der Nordrichtung in die Ostrichtung übergeht, nimmt sie links die von West kommende Else auf.

Die Hunte fließt nördlich und nordnordwestlich, zuletzt von Oldenburg an, nordöstlich.

Das Stromgebiet der Elbe.

Die Elbe fließt südsüdöstlich, südlich, westlich, nordwestlich und mündet unterhalb Hamburg, indem sie kurz vor ihrer Mündung Werder bildet und sich zuletzt zu einem See-Arm erweitert. Sie fließt zuerst im Böhmischen Kessel, durchbricht alsdann die deutschen Mittel-Gebirge und gehört mit dem ganzen Unterlauf und einem Theile des Mittellaufes dem germanischen Tieflande an. Die Durchspülung des Mittel-Gebirges beginnt bei Lowositz (tiefes Gebirgsthal) und hier zugleich die Schiffbarkeit der Elbe.

Uebergänge hat die Elbe, mittelst Brücken, hauptsächlich:

bei Hohenelb — Arnau — Jaromirz — Königsgrätz — Pardubitz — Elb-Teinitz — Collin — Nimburg — Mellnik — Raudnitz — Leitmeritz — Pillnitz — Dresden — Meissen — Torgau — Wittenberg — Magdeburg. —

Ihre Nebenflüsse sind:

Rechts: die Böhmische Iser, strömt südwestlich.

Die Pulsnitz, mit nordwestlicher Strömung.

Die schwarze Elster strömt nach Nord, Nordwest, West und wiederum Nordwest, bis zu ihrer Mündung oberhalb Wittenberg. Sie entsteht und fließt in sumpfigen, waldreichen Ebenen.

Die Havel, entsteht im nördlichen deutschen Tieflande aus einem kleinen See, dem Müritz-See, benachbart. Sie fließt mit einigen Seenbildungen südsüdöstlich, hierauf mit fast ununterbrochener und großartiger Seenbildung südlich bis Potsdam. Von hier aus strömt sie mit Beibehaltung desselben Characters westlich, und endlich, nachdem sie den Plauenschen See verlassen, ohne Seenbildung nordwestlich. Sie mündet unterhalb Havelberg und nimmt auf:

Rechts: den Rhin — die Doße, beide von Nord, ersteren aus dem Rhin-See.

Links: die Spree, die bedeutender als die Havel ist, nördlich durch den Spree-Wald mit bedeutender West-Krümmung, hierauf mit östlicher Krümmung durch den Schwieloch-See nördlich und nordwestlich bis zu ihrer Vereinigung mit der Havel bei Spandau fließt. Zur Spree geht links die Dahme.

In die Havel münden noch links unterhalb der Spree-Mündung die Nuthe und Plaue.

Unterhalb der Havel münden noch in die Elbe:

Die Stepenitz und Leknitz, beide südsüdwestlich.

Die Elde mit westlicher und südwestlicher Normaldirection aus dem Plauen-See nimmt die von Nord kommende Stöhr aus dem Schweriner-See auf.

Die Steckenitz von Nord nach Süd — die

Devenau — die Alster und die Stör, letztere fließt südlich, westlich, südlich, wieder westlich und mündet unterhalb Glückstadt.

Links: Der Adler. Er entsteht aus zwei Armen, von denen der nördlichere der wilde, von den Seefeldern der Grafschaft Glatz der südlichere, der stille Adler, von der südlichen Gegend des Mittel-Gebirges kommt. Der vereinigte Adler strömt nordwestlich und mündet bei Königsgrätz.

Die Dombrowa. — Der Schwarzbach (von Süd und Süd-Ost).

Die Moldau. Sie fließt südöstlich, nördlich, kurz vor der Mündung (bei Mellnick) östlich. Sie wird bei Budweis schiffbar und nimmt folgende Flüsse auf:

Rechts: Die Luschnitz mit nordwestlicher und südwestlicher Strömung.

Die Sazawa mit nordnordwestlicher Strömung.

Links: Die Wottawa, welche nördlich, nordöstlich, östlich und nordnordöstlich strömt.

Die Beraun, welche durch einen bogenförmigen Lauf nordöstlich und östlich zur Moldau fließt und südlich Prag einmündet.

Sie nimmt bei Pilsen die von Süd kommende Bradlanka mit (links) der Radbuza auf.

Die Eger fließt ostnordöstlich und mündet bei Theresienstadt.

Die Bila, fast parallel mit der Eger, mündet bei Aussig.

Die Mulde bildet sich aus der Freiberger (östlich) und der Zwickauer (westlich) Mulde. Beide Quell-Arme, sowie die vereinigte Mulde, haben einen fast parallelen Lauf mit der Elbe; die Mündung zu ihr erfolgt unterhalb Dessau, südlich von Roslau.

Die fränkische Saale fließt mit vielen Krümmungen hauptsächlich nordnordöstlich und mündet oberhalb Barby. Schiffbar wird sie bei Naumburg. Ihre Nebenflüsse sind:

Rechts: Die weiße Elster. Sie strömt im Allgemeinen nördlich und nordwestlich und nimmt (rechts) bei Leipzig die Pleiße auf.

Links: Die Ilm von Südwest.

Die Unstrutt von West-Nord-West.

Zur Unstrutt geht rechts die Gera, links die Sondershäuser-, die Mannsfelder-Wipper, die Bode und Helme.

Unterhalb der Saale münden noch zur Elbe:

Die Ohre von Nord-West. — Die Aland, welche aus der Uechte und Biese entsteht, von Süd. — Die Jeetze, die Ilmenau, die Este, ebenfalls von Süd nach Nord. — Die Schwinge ostnordöstlich. — Die Oste zur Elbmündung zuerst nordwestlich, dann nördlich.

II. Zur Ost-See.

Das Strom-Gebiet der Oder.

Die Oder entspringt drei Meilen nordöstlich von Ollmütz und strömt nordnordöstlich, südöstlich, nordöstlich, nordnordöstlich und nordwestlich, endlich von Frankfurt an wird sie fast nördlich. Sie betritt den Preußischen Staat (von Mähren aus) bei dem Dorfe Hoszialkowitz (ohnweit Oderberg), wird bei Rattibor schiffbar und gehört mit ihrem ganzen Laufe (im Preuß. Staate) dem deutschen Tieflande an, indem sie die demselben angehörigen Landschaften, Schlesien, Brandenburg und Pommern, durchströmt. Von Crossen an bildet die Oder Werder, theilt sich unterhalb Küstrin in mehrere Arme und durchströmt mit ihnen eine Wiesen- und Bruch-Gegend, den Oderbruch. Bei Stettin bildet die Oder den Dammschen See und geht aus ihm durch eine breite Strömung zuerst in das Papenwasser, sodann in das große (östlich) und kleine (westlich) Haff über. Von hier aus gehen die drei Mündungs-Arme der Oder: Peene (nordwestlich) — Swine (in der Mitte) — Divenow (östlich). Durch sie werden die beiden Inseln: Usedom (zwischen Peene und Swine) und Wollin (zwischen Swine und Divenow) eingeschlossen.

Bedeutende Brücken hat die Oder:

bei Oderau — Rattibor — Kosel — Krappitz (jetzt nur noch Fähre) — Oppeln — Brieg — Breslau — Groß-Glogau — Crossen — Frankfurt — Küstrin — Nieder-Wutzen (fliegende Brücke) — Schwedt — Stettin.

Nebenflüsse.

Rechts: die Ostrowiza (nördlich).

die Olsa (nordwestlich).

die Radka (nordwestlich und westlich).

die Klodnitz (ostwestlich) mündet bei Cosel.

die Malapane (westnordwestlich).

die Stoberau, allgemein ostwestlich strömend, macht einen nördlichen Bogen und strömt kurz vor der Mündung südwestlich.

die Weida. Sie strömt südlich, westlich und nordwestlich bis zu ihrer Mündung zwischen Auras und Breslau.

die Bartsch, strömt im Allgemeinen westlich, mit einem flachen Bogen nach Süd, zuletzt nordwestlich. Sie vereinigt sich mit der Oder östlich von Glogau. Sie nimmt rechts die Orla (bei Hernstadt) auf.

die Warthe, fließt zuerst nördlich bis zu ihrer Schiffbarwerdung (durch Aufnahme der Ner), hierauf westlich, nördlich und wieder westlich. Sie nimmt auf rechts: die Widawka, die Ner und ihren größten Zufluß, die Netze, welche ihrer Seits wieder westsüdwestlich strömt und rechts die Kuddow und Drage aufnimmt. — Der hauptsächlichste linke Zufluß der Warthe ist die Proßna, welche einen fast parallelen Lauf mit der oberen Warthe hat. — Die Warthe mündet bei Küstrin. — Unterhalb der Warthe münden noch rechts zur Oder:

die Plöne, welche durch den Plöne- und Madue-

See zum Dammschen-See geht. — Die Ihna, aus dem Enzig-See, strömt nordwestlich zum nördlichen Ausgange des Dammschen-Sees.

Links: die Oppa (südöstlich) nimmt rechts die Mora auf.

die Zinna, südöstlich.

die Hotzenplotz, nordnordöstlich.

die Glätzer-Neiße, strömt nördlich, östlich, nordnordöstlich. Sie nimmt rechts die Landecker Biele, links die Steinau auf.

die Ohlau, strömt nördlich und nordwestlich bis zur Mündung bei Breslau.

die Lohe.

die Weistritz, fließt aus dem Striegauer Wasser (westlich) und dem Schweidnitzer Wasser (östlich) zusammen. Letzteres nimmt nördlich von Schweidnitz rechts die Peilau auf.

die Katzbach, strömt nördlich und nordöstlich, bis zu ihrer Mündung unterhalb Parchwitz. Sie nimmt rechts die wüthende Neiße auf und links das Schwarz-Wasser, dem rechts wiederum die Deichsel zuströmt.

der Bober, strömt nordnordwestlich und mündet bei Crossen. Er nimmt rechts die Sprottau, links den Zacken und Queis auf.

die Lausitzer Neiße, fließt von Süd nach Nord und mündet zwischen Festenberg und Crossen.

die Finow — die Welse (nach Ost und Nord-Ost aus dem Werbellin-See).

die Ucker, von Süd nach Nord, durch den Ober- und Unter-Ucker-See, mündet bei Uckermünde in das kleine Haff und nimmt rechts die Randow auf.

die Peene, kommt aus dem Malchin-See und fließt in nordöstlicher Richtung durch den Cummerow-See. Sie wendet sich bei Jarmen ostsüdöstlich und mündet in das kleine Haff, der Insel Usedom gegenüber. Sie empfängt auf der rechten Seite (bei Demmin) die Tollense, welche aus dem Tollen-See kömmt und nördlich, dann nordwestlich fließt.

Deutsche Küsten-Flüsse.

1. Zur Nord-See.

a) Zwischen Rhein und Ems.

Die Vechte, welche nördlich, westlich und von Zwolle an wieder nördlich fließt.

Die Hunse, von *S. S. O.* nach *N. N. W.*

b) Zwischen Ems und Weser.

Die Jahde, von *S.* nach *N.* in den Jahde-Busen.

c) Zwischen Weser und Elbe.

Die Geeste, von *O.* nach *W.* in den Weser-Busen.

Der Meden, von *S.* nach *N.*, in den Elbe-Busen.

Die Oste kann eben sowohl für einen Küstenfluß, als für einen untersten linken Zustrom der Elbe gelten.

d) Nördlich der Elbe die Eider von *O.* nach *W.* in den Eider-Busen.

2. Zur Ost-See.

a) Zwischen Elbe und Oder.

Die Trave, zuerst südlich, dann östlich, zuletzt östlich strömend und unterhalb Lübeck mündend.

Die Warnow, im Allgemeinen nordöstlich strömend, mündet unterhalb Rostock.

Die Recknitz (Naturgrenze Pommerns und Mecklenburgs), strömt nordöstlich, dann nordwestlich in den Mecklenburger Binnen-See. Sie nimmt rechts den Trebel auf.

b) Zwischen Oder und Weichsel.

die Rega, von *S.* nach *N.*, nimmt rechts die Molstow auf und mündet unterhalb Treptow.

Die Persante mit nordwestlicher Strömung, nimmt rechts die Radue auf und mündet bei Collberg.

Die Wipper strömt nordwestlich und im Unterlauf westlich; — kurz vor ihrer Mündung bei Rügenwalde nimmt sie links die Grabow auf.

Die Stolpe strömt nordwestlich und mündet bei Stolpemünde.

Die Lupow strömt westlich und nordwestlich.

Der Leba, zuerst nördlich, dann westlich, zuletzt nordwestlich und mündet in den Strand-See der Leba.

Die Rheda, nördlich und östlich strömend, geht in das Putziger Wieck.

III. Zum schwarzen Meere.

Das Stromgebiet der Donau.

Ganz abweichend von der Richtung der anderen deutschen Flüsse stellt sich uns die

Donau dar. Sie ist nach der Wolga nicht nur der größte Strom, sondern auch das umfassendste Stromgebiet. Sie bildet sich aus den Quell-Armen: Brigach (nördlich) und Brega (südlich) in der rechtwinklichen Biegung des Rheins, durch die dieser aus dem Oberlauf in den Mittellauf übergeht. Die Quellen der Donau liegen hier 2047 Fuß hoch über dem Meere. Die Donau fließt zuerst ostnordöstlich, von morastigen Niederungen begleitet, bis Regensburg, hierauf ostsüdöstlich bis Passau, wo sie an der Mündung des Inn sich zwischen dem Freierwalde und den Salzburger und Norischen Alpen durchdrängt. Sie behält ihre ostsüdöstliche Richtung bis Linz und strömt nun östlich und mit einer Nord-Krümmung, durch das Mährische Gebirge und den Wiener Wald eingeengt, bis Presburg. Hier verläßt sie Deutschland und bildet in der Oedenburger Ebene unterhalb Presburg die Insel Schütt. Diese deutsche Donau macht zugleich den Oberlauf des Stromes aus. Sie gehört in diesen Abschnitt, während Mittel- und Unterlauf als Ungarische und Türkische Donau nach Ost-Europa gehören. Die wichtigsten Uebergänge der Donau in Deutschland sind, außer 34 Brücken, bis zu ihrer Schiffbarwerdung bei:

Elchingen — Günzburg — Lauingen — Dillingen — Hochstädt — Donauwörth — Neuburg — Ingolstadt — Neustadt — Regensburg — Straubing — Passau — Linz und Wien. — Bei Presburg ist eine fliegende Brücke.

Die deutschen Nebenflüsse der Donau sind:

Rechts: die Iller, strömt nordwärts und ergießt sich südlich vor Ulm.

Die Günz und die Mündel, beide von Süd nach Nord.

Die Züsam und die Schmulter, beide nordnordöstlich, münden benachbart südlich von Donauwörth.

Der Lech, zuerst nordnordöstlich, hierauf nördlich strömend, mündet unterhalb Rhain, südöstlich von Donauwörth. Er nimmt links die Wertach auf, welche nordnordöstlich strömt und bei Augsburg mündet.

Die Paar, fließt nordöstlich und mündet südöstlich von Ingolstadt.

Die Isar, fließt nördlich, nordnordöstlich und nordöstlich. Sie nimmt links (bei Wolfratshausen) die Loisach auf, welche durch den Kochel-See fließt. Weiter unterhalb nimmt sie (bei Moosburg) die Ammer auf, welche durch den Ammer-See fließt und wieder links die Glon, rechts die Würm, aus dem Würm-See, aufnimmt.

Die Vils, strömt nordöstlich.

Der Inn, fließt nordöstlich, ostnordöstlich, nördlich, östlich, nordöstlich und mündet bei Passau. Er nimmt auf: rechts die Sillbach — die Alz (aus dem Chiem-See); die Salzach, dieser letztere Fluß strömt östlich, nordwestlich, nordöstlich und mündet südwestwärts von Braunau. Links gehen zum Inn die kleinen Flüsse: Mangfall — Tegern und Rott.

Die Traun, durch den Hallstädter- und Traun-See, fließt nördlich und nordöstlich und mündet, nachdem sie links die Agger, rechts den Alben und die Krems aufgenommen hat, bei Linz.

Die Ens, strömt östlich, nordwestlich und nördlich. Sie nimmt auf: rechts die Sölker — die Grimming — den Palten und die Salza; links die Steyer.

Die Ips, strömt westlich, nördlich und nordöstlich.

Der Trasen, strömt nördlich.

Die Schwächat mit (rechts) der Tresting und die Fischa, strömen beide nordnordöstlich und münden östlich von Wien.

Die Leitha, strömt nordöstlich, südöstlich und mündet in den südlichen, schwächeren, von den beiden Donau-Armen, welche die kleine Insel Schütt bilden.

Links: die Lauter — die Egge, südsüdöstlich.

Die Wernitz, ebenfalls südsüdöstlich strömend, mündet bei Donauwörth.

Die Altmühl, strömt südöstlich, ostnordöstlich, zuletzt wieder südöstlich und mündet bei Kellheim.

Die Nab, entsteht aus der Waldnab (östlich), der Fichtelnab (in der Mitte) und der Heidenab (westlich), strömt hierauf südlich bis zu ihrer Mündung geradeüber von Regensburg. Sie nimmt rechts die Vils auf.

Der Regen, entsteht aus dem schwarzen (südlich) und weißen (nördlich) Regen, strömt west- und südwärts und mündet der Nab benachbart.

Die kleine und große Mühl, von Nord nach Süd.

Der Kamp, aus der großen und kleinen Kamp, bei Rastenfeld, sich bildend, strömt östlich und südöstlich.

Die March, strömt südlich, südöstlich, südwestlich und wieder südlich. Sie mündet westnordwestlich von Preßburg. — Sie nimmt rechts, außer mehreren kleinen Nebenflüssen, ihren bedeutendsten Zufluß, die Thaya auf, welche letztere in mehreren Bogen östlich und südöstlich strömt, und ihrerseits links die Iglawa mit der Schwarza, in die wieder die Zwittawa geht, aufnimmt.

§. 51.

Kanäle.

Die hauptsächlichsten deutschen Kanäle sind folgende:

1) Der Münstersche Kanal, verbindet die Aa mit dem Küstenfluß Vechte (da die Vechte mit dem Rhein-Arm Yssel verbunden ist), also durch Rhein und Ems, den Dollart- und Zuider-See.

2) Die Bremer-Kanäle, deren einer aus der Hamme (rechter Zufluß der Wumme) zur Oste, der andre aus der Oste zur Schwinge geht. Sie stellen demnach eine Verbindung der Weser und Elbe her.

3) Der Eider-Kanal, verbindet die Eider mit dem Kieler-Meerbusen, also die Nord-See mit der Ost-See.

4) Der Stecknitz-Kanal, verbindet die Steckenitz mit der Trawe, also auch Ost- und Nord-See.

5) Der Plaunsche-Kanal, geht aus der Havel zur Elbe.

6) Der Finow-Kanal, geht aus der Havel zur Finow, also zur Verbindung der Elbe und Oder und sonach der Ost- und Nord-See.

7) Der Mühlroser-Kanal, aus der Spree zur Oder und demnach zu derselben Verbindung wie der vorige.

8) Der Ruppiner-Kanal, aus dem Ruppiner-See zur Havel.

9) Der Templiner-Kanal, aus dem Lobau-See über Templin zur Havel.

10) Der neue Oder-Kanal, auf dem rechten Oder-Ufer zur Abkürzung der Schifffahrt zwischen Küstrin und Schwedt (genauer zwischen Güstenbiese und Hohensaaten).

11) Der Klodnitz-Kanal, aus der Klodnitz (bei Zabrze) in die Oder (bei Cosel).

12) Der Schwarzenberger-Kanal, aus der großen Mühl zur Moldau. Dieser an sich unbedeutende Kanal stellt demnach eine Verbindung des schwarzen Meeres mit der Nord-See durch die Donau und Elbe her.

13) Der Rhein- und Donau-Kanal, aus der Altmühl zur Schwarzach.

§. 52.

Landseen.

Im nördlichen und südlichen, seltener im mittleren Deutschlande finden sich Seenbildungen. Die ersteren liegen alle in dem Tieflande Deutschlands, während die südlichen Seen dem Gebirgslande, größtentheils den nördlichen und östlichen Verzweigungen der Alpen, angehören.

I.

Die norddeutschen Seen.

1) Der Dümer-See (durch den die Hunte fließt) in Westphalen.

2) Das Steinhuder-Meer bei Steinhude in der Grafschaft Lippe Schauenburg.

3) Der salzige und süße See, zwei Seen in der Grafschaft Mannsfeld südöstlich von Eisleben.

4) Die Holsteiner-Seen. Hiervon sind die größten: der Westen-See (westlich von Kiel) — der Solenter-See (östlich von Kiel) — der Plöner-See (südöstlich von Kiel).

5) Unter den Lauenburger-Seen ist der Ratzeburger-See, welcher die Wackenitz zur Trave entsendet, der bedeutendste.

6) Die Meklenburger-Seen. Diese Seen breiten sich in Meklenburg längs der Ostsee-Küste und bis zu geraumer Entfernung von ihr in großer Zahl aus. Die bedeutendsten unter ihnen sind:

   a) Der Schweriner-See bei Schwerin, fließt durch den Stör in die Elbe ab.
   b) Der Plauer-See fließt durch die Elde in die Elbe ab.
   c) Der Müritz-See, östlich vom vorigen (der größte See Nord-Deutschlands).
   d) Der Malchin- und Kummerow-See, nördlich vom Müritz-See werden beide von der Peene durchflossen.
   e) Der Tollen-See bei Neubrandenburg fließt durch die Tollense in die Peene ab.

7) Die Märkischen-Seen.
   Unter ihnen sind die wichtigsten:

   a) Der Ober- und Unter-Uecker-See, beide durch die Uecker zur Oder abfließend.
   b) Die Templiner-Seen bei Templin in der Uckermark fließen zur Havel ab.
   c) Der Werbellinische-See, nordwestlich Neustadt-Eberswalde, fließt in den Finow-Kanal ab.
   d) Der Ruppiner-See fließt südöstlich zum Rhin und durch diesen zur Havel ab.

8) Die Pommerschen=Seen.

Unter diesen weder so zahlreichen noch gedrängten Seen, wie die vorigen, sind vorzüglich zu merken:

a) Der Dammsche=See, welcher nur eine östliche Erweiterung der unteren Oder ist.

b) Der Madüe=See, westlich von Stargart, fließt durch die aus dem Plöne=See kommende Plöne nordwestlich zum Dammschen=See, also zur Oder=Mündung, über.

c) Der Dratziger=See, fließt zu Drage und dadurch mittelst der Netze zur Warthe und Oder ab, und liegt bei Tempelburg.

d) Der Pieleborger=See, östlich vom vorigen, fließt in die Kuddow ab.

e) Der Gardensche= und der Lebasche=Strandsee, ersterer vor der Mündung der Lunow, letzterer vor der der Leba.

II.

Die süddeutschen Seen.

1) Die baierschen Seen.

a) Der Kochel=See wird von der Loisach gebildet und fließt durch sie zur Isar ab.

b) Der Würm=See fließt durch die Würm in die Ammer ab.

c) Der Ammer=See von der Ammer gebildet und durch sie zur Isar abfließend.

d) Der Tegern=See fließt durch die Mangfal zum Inn ab.

e) Der Chiemen=See, der größte See Baierns, wird durch die Alz mit dem Inn verbunden.

2) Die Seen des östreichischen Staates.

a) Der Atter=See fließt durch die Ager in die Traun ab.

b) Der Traun= und Hallstädter=See, beide von der Traun gebildet.

c) Der Klagenfurther=See (Kärnthen), westlich von Klagenfurth in Illirien, und endlich der Zürknitzer=See in Illirien (Krain) bei Zürknitz, nordöstlich von Triest, durch periodischen Ab= und Zufluß des Wassers wichtig.

§. 53.

Gebirge.

Der südwestliche Theil dieses Abschnitts, der den orographischen Character trägt, ist uns hier wichtig. Wir finden einen Gebirgszusammenhang, der aus Oberschlesiens Plateaubildung an der obern Oder sich zur Mittelgebirgshöhe erhebt und bei mannigfacher Gruppirung und Verkettung, bei mehrfacher Abwechselung der Plateau- und Kettenform dennoch einer allgemeinen Normal-Direction von Südost nach Nordwest und eine allmählige Erniederung im Fortschreiten nach dieser Richtung herausstellt. Dies ist das hercynische Bergsystem. Die Gebirge des Rhein-Stromes beginnen auf dem rechten Ufer da, wo er aus dem Oberlauf in den Mittellauf übergeht, und ziehen theils parallel mit seinem Laufe (bis an den Main), theils als Wasserscheiden seiner rechten Zuflüsse bis an die Quellen der Ems und Dymel, wo sie, den nordwestlichen Ausläufern des hercynischen Bergsystems sich nähernd, das Thal der Ems frei lassen.

Der innere Raum des südwestlichen Deutschlands ist ein wellenförmiges Terrain, ein großes Hügelland, von verschiedenen Bergketten durchschnitten, die theils von den Gebirgen des rechten Rhein-Ufers, im Süden und in der Mitte, theils von den hercynischen Mittelgebirgen, abgezweigt, erscheinen. Wir haben demnach drei Hauptabtheilungen der deutschen Gebirge, als deren südliche Naturgrenze uns das Thal der Donau sich darstellt.

I.

Das hercynische Bergsystem.

An den Quellen der Weichsel liegt das äußerste Gebirgsglied des Karpather Hochlandes, die Beskiden. Von hier aus nach Westen senken sich die Karpathen zu einer relativen Niederung mit Gruppirungen niederer Höhen ab, die nach der Landschaft, in der sie liegt, das Mährische Gesenke genannt wird. Hier liegt die Quelle der Oder und wir gelangen nordwärts und nordostwärts, mit ihrem Laufe fortschreitend, zu der oberschlesischen polnischen Hochebene, dem Verbindungsgliede zwischen den Karpathen und dem hercynischen Bergsysteme. Sie erstreckt sich ostwärts bis an die Weichsel und längs ihr 30 Meilen nach Ost, 10 Meilen nach Nordwest und 15 Meilen nach Nord. Dieses Plateau hat eine durchschnittliche absolute Höhe von 800′ und fällt südwestlich ziemlich steil in das Thal der March ab, während es in seiner Norderstreckung allmählig zum deutschen Tieflande herabsinkt und östlich zwischen der Pilica und oberen Weichsel zu dem Sandomieer Mittelgebirge sich erhebt.

Das Sandomieer Mittelgebirge besteht aus mehreren Parallelketten, die unter 51° N. B. von Ost-Süd-Ost nach West-Nord-West streichen und eine allgemeine Länge von 18 Meilen, bei einer Breite von 10 Meilen haben.

Der höchste Punkt ist:

Die Lysa-Gora mit 2000′ absoluter Höhe.

Nordwestlich nun, von dem Oberschlesisch Polnischen Plateau, das als Verbindungsglied, als Eingang gleichsam hier genannt werden mußte, beginnt der hercynische Gebirgs-Zusammenhang.

Er besteht vorzüglich aus 7 Gliedern, und diese sind:

1) das Glätzer-Gebirge,
2) das Riesen-Gebirge,
3) das Lausitzer-Gebirge,
4) das Plateau von Sachsen,
5) die Terrasse von Thüringen,
6) der Harz,
7) die Weser-Gebirge.

1) Das Glätzer-Gebirge.

Es ist ein Plateau mit Randgebirgen, das in seiner Gesammtheit nordwestlich zieht, 15 Meilen lang und 6 Meilen breit ist.

Seine Grenzen sind:

im Nordost die germanische Ebene, im Südost das oberschlesische Plateau, im Süd das Marchthal und die Landschaft Mähren, im Nordwest der Bober.

Seine Theile sind:

a) das innere Plateau,
b) die südliche Randkette,
c) die nordöstliche Randkette,
d) die südwestliche Randkette.

a) Das innere Plateau.

Es hat 1000 — 1200′ absoluter Erhebung und ist seines wellenförmigen Terrains wegen ein Hügelland, welches von der Glätzer-Neisse, der Biele, der Weistritz und Steinau hauptsächlich bewässert wird.

b) Die südliche Randkette oder das Glätzer-Schnee-Gebirge

erstreckt sich $2\frac{1}{2}$ Meile weit ostnordöstlich, zwischen den Quellen der Neisse und Biele. Es ist an seinem Westrande 3 Meilen, am Ostrande nur eine Meile breit.

Seine hohen Punkte sind:

Der große Schneeberg 4444′ und der kleine Schneeberg 3950′. Oestlich des großen Schneeberges sinkt das Gebirge unter 3000′. Als Ausnahme hiervon erscheint der Wettsteinkämmel an den Quellen der Biele, mit 3300′ absoluter Erhebung.

Der Abfall des Glätzer Schneegebirges nach Süd erfolgt in mehreren Stufen längs der March nach Mähren.

c) Der Nordostrand.

Das Eulengebirge.

Zwischen der oberen Weistritz und der Neisse.

Zwischen Wartha und Silberberg erscheint es als ein schmaler auf und absteigender Rücken mit Gipfeln von 2300 — 2700.′ Südlich von Silberberg finden sich mehrere gekrümmte Bergreihen mit allgemeiner Richtung von West nach Ost, welche südwärts bis zur Vereinigung der Steinau und Neisse reichen. Der Abfall des Eulengebirges nach Nord ist sanft und sein höchster Punkt ist die hohe Eule, 3082′ hoch (südöstlich) von Wüste-Waltersdorf.

d) Der Südwestrand.

Das Heuscheuer und Habelschwerdter Gebirge.

Das Heuscheuer-Gebirge beginnt an der Quelle der Metau mit den Adersbacher Sandsteinbildungen und thut sich durch schroffe Formen hervor.

Nördlich von Reinerz ist die Bergplatte der Heuscheuer 2235′ hoch, mit den aufgesetzten Felsenmassen: der großen Heuscheuer 2835′, und der kleinen Heuscheuer in fast gleicher Höhe. Jenseits des Passes von Nachot wird die Erhebung größer, denn dort steht die hohe Mense 3280′ hoch. Oestlich von ihr bildet das moorige Plateau der Seefelder eine Scheidung von dem zweiten Gliede dem Habelschwerdter Gebirge und den Böhmischen Kämmen.

Dieses Gebirge geht nach Südost, liegt zwischen Weistritz und Neisse und ist eine Meile breit.

Nördlich enthält es ein 2500′ hohes Plateau, südlich zwei Parallelketten, deren westliche die höhere den Heidelberg mit 2870′ enthält, die östliche nur 1700 — 1800′ hoch ist.

2) Das Riesengebirge.

Als der höchste Theil der Sudeten erscheint uns nordwestlich der Bobersenkung zwischen ihr und dem Thale der lausitzer Neisse das Riesengebirge. Es hat die Form einer Gebirgskette, welche in der angezeigten Richtung und in den angegebenen Naturgrenzen 7 Meilen lang ist, bei einer durchschnittlichen Breite von höchstens 3 Meilen.

Aus der Bobersenkung (1500′ absolut hoch) steigt das Riesengebirge zu einer Erhebung von 3000′ steil auf und behält diese Höhe als durchschnittliches Niveau, über welches einzelne hohe Punkte hervorragen. Unter diesen hohen Punkten ist besonders die Schneekoppe in der Mitte des Gebirgszuges, nördlich von der Elbe-Quelle, 4955′ hoch.

Außerdem ist die große Sturmhaube 4500′ hoch und der Reifträger mit 3700′ Höhe zu merken.

In der Nordwestecke des Riesengebirges steht die Tafelfichte mit 3370′ Höhe.

Was die Abfälle des Riesengebirges nach Nord und Süd anbetrifft, so ist zunächst der südliche Abfall als der steilere zu merken. Hier liegt die sogenannte Elbewiese, eine Hochfläche, die das dem Riesengebirge vorliegende Längenthal in einen westlichen und östlichen Grund theilt.

Die Vorberge im Norden des Riesengebirges erscheinen als ein fünf Meilen breiter Gürtel, welcher von verschiedenen Einsenkungen unterbrochen und theilweise durch Plateau's zweiter Klasse von dem Riesengebirge getrennt ist. Im allgemeinen erreichen diese Vorberge eine Höhe von 1000 — 1500' und gehen sehr allmählig in die deutsche Tiefebene über.

3) Das Lausitzer Gebirge.

Es ist gleichsam die westliche Fortsetzung des Riesengebirges, trägt mehr die Form der Plateaubildung an sich und liegt zwischen der Lausitzer Neisse und Elbe.

In diesen Grenzen beträgt das durchschnittliche Niveau in dem östlicheren höheren Theile, dem eigentlichen Lausitzer Gebirge, etwa 2000'. Als höchster Punkt ragt darüber die Lausche hinaus mit 2400' absoluter Höhe. Der westlichere Theil des Gebirges ist das Elb-Sandstein-Gebirge, welches sich durch schroffe Formen auszeichnet und nur 1500 — 1600' durchschnittliche Höhe hat. Der Winterberg auf dem rechten Ufer der Elbe (1600' hoch) ist der höchste Punkt. Nördlich liegt dem Lausitzer Gebirge, aus Hügelreihen mit einzelnen ausgezeichneten Gipfeln zusammengesetzt, eine Art Bergkranz vor.

Die höchsten dieser Gipfel sind: Der Heßberg an der Katzbach 1316' hoch; der Gröditzberg am Bober 1255'; die Landskrone (bei Görlitz) 1321' hoch; der Ahlberg an der lausitzer Neisse 1304'; der Keulenberg an der schwarzen Elster 1280' hoch.

Die südlichen Abdachungen des Lausitzer Gebirges erfüllen mit sanft herabsteigenden Hochflächen und isolirten Bergen darunter das Land zwischen der Iser und Elbe, während der nördliche Bergkranz in das deutsche Flachland, auf der Haupt-Wasserscheide zwischen Elbe und Oder herabsinkt.

4) Das Plateau von Sachsen.

Westlich der Elbe erscheint die natürliche Gestaltung des Terrains, ihrer Horizontal-Ausdehnung nach, gleichsam in triangulärer Form. Es ist eine wellenförmige Hochebene, die von dem Lande, welchem sie angehört, ihren Namen erhalten hat. In Südost und Südwest wird diese Hochebene von Gebirgsketten begrenzt.

a) Der Südostrand oder das Sächsische Erzgebirge.

Es erstreckt sich dieses Gebirge in Südwestrichtung als natürliche Grenze zwischen Sachsen und Böhmen, von der Elbe bis über die Quelle der Zwickauer Mulde hinaus. Es hat eine Höhe von durchschnittlich 2000′, und der Keilberg ragt als einzelne Gipfelerhebung, als höchster Punkt mit 3860′ über dieses Niveau heraus.

Der Nordabfall des Gebirges sinkt stufenförmig, in allmählig sich verflachender Verzweigung, längs dem Oberlaufe beider Mulden, in das Königreich Sachsen herab. Der Südabfall des Erzgebirges erfolgt steiler zum Thale der Eger, durch welches es von dem Böhmischen Hügellande getrennt wird.

Anmerkung. Der östlichste Theil des sächsischen Erzgebirges, zwischen der Kamnitz und Kürnitz, der auch gleichsam für eine Fortsetzung des Elb-Sandstein-Gebirges gelten kann, enthält malerische schroffe Formen, und wird die sächsische Schweiz genannt.

b) Die Spitze des Triangels

wird durch zwei kurze Parallelketten, die von West-Süd-West nach Ost-Nord-Ost streichen, gebildet.

Es ist das Fichtelgebirge, die Hauptwasserscheide Deutschlands, im Quellbezirk der fränkischen-Saale, der Eger, der Naab und des Main. Die südliche dieser beiden Parallelketten ist die höhere und enthält den Schneeberg, welcher 3218′ absolute Höhe hat und 2180′ über der südlich vorlagernden baierischen Ebene erhaben ist.

c) Der Südwestrand oder der Frankenwald und Thüringerwald,

ein Gebirgszusammenhang, welcher vom weißen Main nach Nordwest, zuerst auf der Wasserscheide zwischen dem Main, der Werra und der fränkischen Saale, sodann als Wasserscheide zwischen der Werra in Südwest, der fränkischen Saale, der Ilm und Gera in Ost und Nordost zieht.

Der südliche Theil bis gegen die Quelle der Werra hin, ist der Frankenwald, ein Plateau von durchschnittlich 2000′ absoluter Höhe.

Der nordwestliche Theil trägt mehr die Kettenform und

heißt der Thüringerwald. Er ist 10 Meilen lang, 3 Meilen breit und fällt nach Südwest, (zur Werra) nach Nordost längs der Ilm und Gera, zur deutschen Tiefebene steil ab.

5) Die Terrasse von Thüringen.

Nördlich des Thüringer-Waldes erscheint das Terrain zwischen der fränkischen Saale und Werra als eine Hochebene mit Randerhebungen und einer isolirten Bergkuppe in ihrer Mitte.

Das allgemeine Niveau dieser Hochebene, die wir unter dem Namen der Terrasse von Thüringen verstehen, beträgt durchschnittlich 800′. Die Randerhebungen, von denen aus nach Nord und Süd sich der Abfall ziemlich steil gestaltet, steigen zu einer Höhe von 1300′ auf und das vorbezeichnete isolirte Gebirgsglied, welches das Ettersgebirge heißt, wird 1550′ hoch.

Nördlich geht das Plateau von Thüringen in ein weites Längenthal aus, indem sich das kleine Kiffhäuser-Gebirge inselartig zu 1460′ über dem Meere erhebt.

Im Norden und Osten des Kiffhäuser-Gebirges, an der Helme und Unstrut, liegt der größere Theil des vorgedachten Längenthals, dessen Höhe allgemein zwischen 400 und 600′ wechselt und führt hier den Namen: die goldene Aue.

6) Der Harz.

Als das höchste Gebirge des nordwestlichen Deutschlands, aus dem germanischen Tieflande aufsteigend erscheint uns der Harz, ein Gebirge, welches im Süden von der Helme, in Ost von der fränkischen Saale, in West von der Leine, im Nord von der oberen Aller, der Innerste, der Ocker und der Holzemme begrenzt wird, ohne jedoch an diese Stromthäler dicht heranzutreten.

Wir unterscheiden einen Unterharz, als die Oestliche größere aber niedrigere Hälfte, und einen Oberharz mit geringerer Horizontal-Dimension als den höheren Theil des Gebirges.

Im Allgemeinen ist der Harz seiner Form nach betrachtet eine Anhäufung plateauartiger, durch enge Stromthäler zerklüfteter Bergmassen in dennoch entschiedenem Zusammenhange. Die Höhe des Ober-Harzes ist im Durchschnitt 2000′, erhebt sich jedoch in einzelnen Gipfeln, wie z. B. in dem Brocken zu 3500′.

Der Unter-Harz ist nur durchgängig 1500′ hoch. Im Nordwest und Südost geht das Gebirge allmählig in hüglige Landschaften über, während es im Nordost und Südwest ziemlich schroff abgeschnitten ist.

Die Ebene nordöstlich des Harzes ist etwa 400′ hoch und wird nur noch von einzelnen Bergzügen, wie z. B. der Elm, unterbrochen.

7) Die Wesergebirge.

Auf beiden Ufern der Weser, vom Tieflande in West, Nordwest, Nord-Nord-Ost und Ost begrenzt, mit geringerer durchschnittlicher Erhebung als der Harz, stellt sich uns ein Gemenge kleinerer Gruppen, Hochebenen und Bergzüge dar, dem es an einem gemeinschaftlichen Namen fehlt. Diese Gebirgslandschaft hat von Südost nach Südwest eine Erstreckung von 25 Meilen. Als ihre Naturgrenzen sind im Nord und Ost die Leine, im West und Südwest die Ems zu betrachten.

Die einzelnen Theile sind folgende:

a) **Der Solling** zwischen der Seine, Leine und Weser, welcher in dem Moosberge 1580′ hoch wird.

b) **Das Paderborner Plateau** zwischen der Diemel und Weser, eine Hochebene mit 800 — 1100′ hohen Rändern, welche in den Thälern der Diemel und Weser steil abfallen. Ein einzelner hoher Punkt darin ist der Köterberg, 1510′ hoch.

c) **Der Süntel**, gleichsam eine nördliche Fortsetzung des Solling in derjenigen Biegung der Weser, welche sie nach West, nach Westphalen hinein, vor Aufnahme der Diemel macht.

Die durchschnittliche Höhe des Süntel beträgt: 1300′.

d) **Der Teutoburger-Wald** am Nordwestende der Bergebene von Paderborn von demselben durch Thalsenkungen geschieden, die durchschnittlich 700′ hoch sind. Der Teutoburger-Wald trägt den Karakter einer Gebirgskette und dacht sich steiler nach Nordost als nach Südwest ab. Der höchste Gipfel, der Velmer Stoot, liegt 1441′ hoch. An seinem Westrande wird der Gebirgszug im Dörenberge noch 1096′ hoch.

e) Die Mindensche Bergkette ist gleichsam als westliche Fortsetzung des Süntel zu betrachten, mit ihm die sogenannte westphälische Pforte bildend, welche durch das zwischen beiden Gebirgen liegende Weserthal entsteht.

II.

Die Gebirge des rechten Rheinufers.

Den Vogesen gegenüber erhebt sich da, wo der Rhein aus dem Oberlauf in den Mittellauf übergeht, ein Gebirgssystem, mit allmähliger Erniedrigung nach Nord. Er trägt zunächst den Karakter eines Bergzuges und in seinem südlichsten Theile, bis an die durchbrechende Murg, den Namen:

Schwarzwald. Die südlichen Theile des Schwarzwaldes, der bei einer Länge von 20 Meilen, 4 Meilen breit ist, erscheinen schroff und zugleich als die höchsten. Hier ist das durchschnittliche Niveau 3000′ und der Feldberg als höchster Gipfel erreicht eine absolute Höhe von 4600′.

Nach West (zum Rhein) senkt sich der Schwarzwald schroff, nach Ost (zur Hochebene Deutschlands) allmählig ab.

Jenseits der durchbrechenden Murg sinkt der Gebirgszug zu einer 7 Meilen breiten Gebirgslücke, in der das Terrain nur 5 — 600′ hoch ist.

Nördlich dieser Einsenkung gilt der Name:

Odenwald. Die Kettenform bleibt ungeändert, aber die Höhe vermindert sich bedeutend, da der höchste Punkt, der Katzenbuckel, nur 1800′ erreicht.

Der ganze Odenwald zieht bis zum Main (8 Meilen), wird in seiner Südhälfte vom Neckar durchbrochen und fällt mit seinem westlichen Theile, der Bergstraße, gleich dem Schwarzwalde, steil in das Rheinthal, während er sich gleich jenem ostwärts sanft verflacht. Nördlich des Main erscheint das Gebirgssystem, in unmittelbarer Begleitung des Rheinstromes, von dem vorigen ganz unabhängig, während eine Art Fortsetzung des Odenwaldes, mit derselben Höhe und Kettenform, nordöstlich geht. Dieses letztere Gebirge ist:

Der Speßhardt, eine 6 Meilen lange Kette, welche Plateauförmig ausläuft. Hier bildet sich eine Bifurcation, deren östliches Glied als:

Rhöngebirge zwischen Werra und Fulda, deren westlicheres Glied, als:

Vogelsgebirge, zwischen Fulda und Lahn, zieht.

Beide zuletzt genannten Gebirge sind durchschnittlich 2000′ hoch, und zwischen ihnen liegt die 800′ hohe Bergebene von Fulda.

Nördlich von dieser Terrainbildung finden wir die wellenförmige Hochebene von Hessen, die längs der Fulda, Eder und Schwalm, bis an die Weser-Gebirge des hercynischen Systems, reicht.

Unter den isolirten Berggruppen, welche der hessischen Ebene gehören, zeichnet sich der Habichtswald (westlich von Kassel) 1700′ hoch und der Kaufungerwald auf dem linken Werraufer (bis Münden), aus. Im Süden des letztern steht als einzelner hoher Punkt der 2356′ hohe Meißner. Die unmittelbare Begleitung des Rheinstromes, nördlich des Main, bilden Transversalketten und zwar:

Der Taunus zwischen Main und Lahn, mit West-Süd-West-Richtung, kurzer, ziemlich steiler Senkung nach Süd, allmähliger Abdachung nach Nord. Seine Formen treten dicht an den Rhein und die Lahn, lassen aber das Mainthal frei. Die durchschnittliche Höhe ist 1500′, und das begrenzende Rheinthal zwischen Mainz und Bingen heißt: der Rheingau.

Der Westerwald, fast in derselben Richtung und Höhe wie der Taunus, mit vielen Lokal-Benennungen seiner einzelnen Theile. Unter diesen verdient die kalte Eiche, eine Bergebene mit Gipfel-Erhebungen bis zu 2500′, und das Siebengebirge erwähnt zu werden. Letzteres liegt im Nordwest des ganzen Gebirges, an der Mündung der Sieg, und erreicht bei einer Horizontal-Dimension von kaum 1 Meile in seinen kegelförmigen Kuppen eine Seehöhe von 12 — 1500′.

Das Sauerland zwischen der Sieg und der Ruhr. Wir verstehen darunter eine plateauartige Bergmasse mit verschiedenen Einzeln-Namen ihrer Theile; unter diesen ist an den Quellen der Ruhr und Lenne das 2000′ hohe Plateau von

Winterberg, in welchem der Astenberg (Lenne-Quelle) 2500′ hoch ist.

Der Theil des Sauerlandes zwischen Ruhr und Lenne hat die Kettenform und heißt: Rothhaar-Gebirge. Sein höchster Punkt, der Ederkopf, an den Quellen der Eder und Sieg, ist 2000′ hoch.

Der Haarstrang ist eine kahle Bergreihe, welche das rechte Ufer der Ruhr bis an den Rhein (bei Duisburg) begleitet und nur 800 — 1000′ hoch ist.

An der äußersten Nordost-Ecke der Niederrheinischen Gebirge fällt das 1600′ hohe Promontorium von Bleiwäsche zum deutschen Tieflande und zwar zunächst zu den Quellen der Lippe und Ems ab.

III.

Der innere Raum des südwestlichen Deutschlands.

Zwischen den Rheingebirgen und dem hercynischen Bergsystem, den Alpen und der Ems-Quelle liegt eine wellenförmige Ebene, deren Länge von Nord nach Süd etwa 100 Meilen beträgt und sich zu der mittleren Ausdehnung von West nach Ost fast wie 2 : 1 verhält. In ihr finden sich 3 Haupt-Bergzüge und zwar:

1) Der deutsche Jura, die Fortsetzung des Helvetisch-französischen Jura, durch den Rhein, der die felsigen Juraformen durchbricht, davon getrennt.

Der deutsche Jura geht zuerst fast nördlich bis an die obere-Donau, wird von ihr durchbrochen und begleitet darauf das linke Ufer derselben bis zur Naab-Mündung unter dem Namen: die Alp (Schwäbische und rauhe Alp).

Von der Naab-Mündung an geht der Jura nordwärts, nimmt an Höhe immer mehr ab und verflacht sich in der Gegend der Rodach-Mündung allmählig ganz.

Am höchsten ist dieses Gebirge, wie die meisten, in seinem südlichen Theile, wo der Plattenberg am Donau-Durchbruch 3120′ hoch ist. Nach Ost und Nord sinkt die Höhe allmählig, so daß die äußersten Zweige an der Rodach nur noch 1700′ erreichen.

Die Abfälle des deutschen Jura sind nach Nord-West steil, zur Donau aber durchgängig sanft.

2) Der Böhmerwald. Durch das Thal der Eger vom Fichtelgebirge und vom Sächsischen Erzgebirge getrennt, geht dieses Gebirge mit plateauartigem Ansehn, gleichsam als Naturgrenze Baierns und Böhmens, südostwärts bis zum Regen, mit 2000′ höchstens 2500′ absoluter Höhe.

Südlich des durchbrechenden Regen gewinnt das Gebirge mehr den Karakter einer Gebirgsgruppe und wird höher. Hier ist der hohe Arbor im Quell-Bezirk des Regen 4500′ hoch.

Das Gebirge hat schroffe Formen und ist mit Waldungen bedeckt. Eine nordwestliche Fortsetzung des zuletzt genannten Theiles des Böhmerwaldes ist zwischen Regen und Donau der 3000′ hohe Baierische Wald. In südöstlicher Verlängerung des Böhmerwaldes liegt zwischen Donau und Moldau das Teufelsgebirge.

3) Das Mährische Gebirge. Auf der Wasserscheide zwischen Elbe und Donau steigt das Terrain zu einer kammartigen Erhebung von 2 — 3000′, die von dem Glätzer-Gebirge aus nach Süd-West bis gegen Linz zieht, wo sie mit dem Böhmerwalde und dem Teufels-Gebirge sich verzweigt. Als einzelne Gipfelerhebungen sind: der Grulicher Altvater 2500′ im Nord, und der Plöckenstein 4176′ im Süden des Gebirgszuges zu merken.

§. 54.

Ebenen.

I.

Die Hoch-Ebene von Deutschland und das Marchfeld.

Zwischen den zuletzt angeführten 3 Gebirgszügen, im Innern des gebirgigen Deutschland, liegen die Theile der großen wellenförmigen Ebene, welche allgemein das Plateau von Deutschland genannt wird. Es stellt sich das höchste Durchschnitts-Niveau dieser ganzen Ebene, zwischen den Alpen und dem Fichtelgebirge, dem Jura und Böhmerwalde heraus. Hier liegt die Scheitelfläche des Plateau's von Deutschland mit 1500' durchschnittlicher Höhe.

Zwischen dem Jura und den Rhein-Gebirgen liegt die Hochebene von Franken und Schwaben, und zwischen dem Böhmerwalde und dem hercynischen Bergsystem das Böhmisch-Mährische Plateauland.

Diese letzteren beiden Hochebenen sind nur 800' hoch. Die beiden Theile der zuletzt genannten Ebene sind die Landschaften: Böhmen im Nord-West und Mähren im Süd-Ost des Mährischen Gebirges.

In der Landschaft Böhmen steht an der Elbe, gegenüber dem Erzgebirge, das kleine Mittelgebirge, ein 2500' hoher isolirter Höhenzug.

Ostwärts der Inn-Mündung, zwischen ihr und der Leitha, durchfließt die Donau mit Strudeln und Stromengen, sowie Strom-Erweiterungen, eine Art Stufenland. Es ist dies gleichsam ein Uebergangsglied von den Gebirgslandschaften der Donau zu den Tiefländern Ungarns und der Walachei und heißt: das Marchfeld.

II.

Das deutsche Tiefland.

Zwischen der Weichsel und dem Rhein-Delta, über dieses hinaus mit Niederland und den französischen Tieflandschaften am Ermelmeer zusammenhängend, im Süd-West vom hercynischen Bergsystem, im Nord von der Ost- und Nordsee begrenzt, finden wir durchgängig den Karakter der Tiefebene mit und unter 500' Seehöhe.

Sie enthält tief liegende Stromthäler, Ackerland, Sand, viel Nadelholz und in den nördlichsten Theilen auch Heide und viele Seen: Bildungen.

Dieses Tiefland zeigt eine allgemeine Erhebung nach Nord, wo von der Halbinsel Jütland aus nach Ost, durch die Landschaften Holstein, Mecklenburg, Pommern, Preußen hin, eine Art Rand-Erhebung, gleichsam ein nördlicher Damm, der die meisten norddeutschen Seen trägt, sich erstreckt.

Als eine Unterbrechung des Flachlandes erscheint uns das Sandomirer-Mittelgebirge, von welchem bereits die Rede war.

Mit diesem Gebirge hängt ein Landrücken zusammen, der mit mannigfaltigen Hügel-Erhebungen nach Nord-West zieht und von der Oder und Elbe durchbrochen wird. Die Hügel dieses Landrückens heißen, zwischen der Bartsch und der Oder, Trebnitzer-Berge, zwischen der Spree und Elbe, Flemming. Die Erhebung dieses Landrückens, sowie des nördlichen Seendammes ist zwischen 5 — 700′, während das Niveau der Ebene zwischen 3 und 500′, das der Stromthäler durchgängig zwischen 300 und 100′ liegt.

§. 55.

Gangbarkeit der Gebirge.

Die Hauptüber- und Durchgänge der deutschen Gebirge sind folgende:

1) In den Sudeten.

Die Pässe von:

Troppau — Jägerndorf — Zuckmantel — Grulich — Reinerz — Wartha — Braunau — Trautenau — Landshut — Reichenberg und Rumburg führen aus der deutschen Tiefebene nach dem Hügelland von Böhmen.

2) Im sächsischen Erzgebirge.

Die Pässe von:

Teplitz — Außig — Nollendorf und Joachimsthal führen aus der Hochebene von Sachsen (Voigtländische Terrasse) nach Böhmen.

3) Im Fichtelgebirge.

Die Pässe von:

Eger und Wunsiedel. Ersterer führt von West nach Ost, der letztere von Süd nach Nord, über das Gebirge.

4) Im Thüringer und Frankenwalde.

Die Pässe von:

Lobenstein — Saalfeld — Schleusingen — Schmalkalden und Eisenach.

5) Im Harz.

Die Pässe von:

Harzgerode und Braunlage.

6) Im Solling.

Der Paß von: Dramsfeld.

7) Im Teutoburger Walde.

Die Pässe von:

Driburg — Dörenschlucht und Bielefeld.

8) Zwischen dem Süntel und der Mindenschen Bergkette.

Die Westphälische Pforte.

9) Im Sauerland.

Die Pässe von:

Winterberg — Arnsberg.

10) Im Westerwald.

Die Pässe von:

Limburg — Wetzlar — Montabaur.

11) Im Taunus.

Die Pässe von:

Homburg — Königstein und Wiesbaden.

12) Im Speßhardt.

Der Rohrbrunner Paß.

13) Im Schwarzwald und Odenwald.

Der Höllthal-, der Kinzig- und der Kniebis-Paß, welche aus dem Thale des oberen Rhein in die Thäler der Donau und des Neckar führen.

14) Im deutschen Jura.

Die Pässe von:

Aalen — Urach und Hechingen, welche aus der Bairischen Hochebene zum Neckarthale führen.

15) Im Böhmer-Walde.

Die Pässe von:

Wolfstein — Cham — Waldmünchen — Frauenberg und Tirschenreuth aus dem Böhmischen Hügellande zur Hoch-Ebene von Franken.

16) Im Mährischen Gebirge.

Die Pässe von:

Zwittau und Mährisch Tribau, aus Böhmen nach Mähren.

§. 56.

Wälder.

1) Der Schwarzwald.

Eine dunkle zusammenhängende Nadelholzwaldung des gleichnamigen Gebirges. (Auch der Odenwald ist dicht bewaldet.)

2) Die Laubholzwälder der rauhen Alp,

welche sich durchgehend auf den Abhängen des Gebirges finden, während die Gipfel und Kämme kahl sind.

3) Der Böhmer-Wald.

Ueber allen Theilen des gleichnamigen Gebirges mit großer Dichtigkeit verbreitet.

4) Die Sudetenwälder.

Im Glätzer wie im Riesengebirge mehr oder minder dicht, in allen Gebirgszweigen vertheilt, am vielfältigsten und zugleich mit größter Dichtigkeit an den Südabhängen. Die höchsten Gipfel sind frei.

5) Die Oberschlesischen Wälder.

Das rechte Oderufer ist sehr bewaldet, und seine größten Nadelholzwaldungen erstrecken sich bis nach Polen.

6) Die Erzgebirgischen Wälder,

besonders auf den Südwest-Abfällen des sächsischen Erzgebirges.

7) Der Thüringer Wald.

Dichte Nadelholzung, die südlich bis an die Werra, nordöstlich bis an die Saale reicht und dorthin sich allmählig vermindert und zuletzt verliert.

8) Die Harz-Wälder

bestehen auf dem Oberharz durchgängig aus Nadelholz, auf dem Unterharz aus Laubholz.

9) Der Speßhart-Wald

bedeckt in großer Dichtigkeit das ganze gleichnamige Gebirge, und besteht größtentheils aus Laubholz.

10) Die Hessischen Waldungen

bedecken beide Ufer der Fulda, also den Westabhang des Rhöngebirges und das Vogelsgebirge.

11) Der Teutoburger-Wald.

Ebenfalls eine dichte Waldung, die aber nicht über den Fuß des gleichnamigen Gebirges hinaus geht.

Außerdem sind noch Taunus, Westerwald und Sauerland mehr und minder bewaldet. Auch im deutschen Tieflande finden sich Waldungen. Das Terrain zwischen dem Rhein und der Elbe (im Bereich des tiefen Deutschlands) ist wenig, nur hier und da, ohne Zusammenhang, bewaldet. Von der Unterelbe an hingegen, in Holstein und Brandenburg, auf beiden Seiten der unteren Oder, in Pommern, Posen, Preußen u. s. w., erstrecken sich große zusammenhängende Waldungen, die größtentheils aus Nadelholz bestehen.

§. 57.

Quellhöhen.

I. Der Rhein. Der Vorderrhein entspringt an dem Gletscher des Berges Baduz, der Mittelrhein am Lukmanier und der Hinterrhein am Muschelhorn, mithin liegen die gesammten Rheinquellen in den Alpen des Canton Graubündten.

Die Landquart auch von den Graubündter Alpen.

Die Jll } von den Alpen Nord-Tirols.
Die Bregenzer Ach

Die Argen } von der Baierschen Hoch-Ebene.
Die Schussen

Die Stokach von der Alp.

Die Wuttach } vom Schwarzwalde.
Die Wiesen
Die Treisam
Die Kinzig
Die Murg
Der Neckar
Die Enz
Die Nagolt

Die Pfinz von der Gebirgslücke zwischen Schwarzwald und Odenwald.

Die Vils
Die Rems
Der Kocher
Die Jaxt } von der Alp.

Der weiße Main vom Fichtelgebirge.
Der rothe Main vom Fränkschen-Jura.
Die Rodach vom Frankenwalde.
Die Itz vom Thüringer Walde.
Die Fränkische Saale vom Rhöngebirge.

Die Kinzig
Die Nidda
Die Wetter } vom Vogelsgebirge.

Die Fränkische
Die Schwäbische } Rezat,
Die Aisch
Die Tauber } von der Fränkischen Berg-Ebene.

Die Lahn
Die Sirg
Die Ruhr } von der Bergkette von Winterberg.

Die Wied vom Westerwalde.

Die Wupper
Die Agger } vom Sauerlande.

Die Lippe von der Westphälischen Ebene.

Die Thur
Die Sitter
Die Töß } von den Thur-Alpen.

Die Aar vom finstern Aarhorn in den südlichen Berner-Alpen.
Die Reuß aus dem Luzendro-See des St. Gotthardt-Gebirges.
Die Limat, unter dem Namen Lint, aus dem Gletscher des Dödi im Kanton Glarus.
Die Saane von den Berner-Alpen.
Die Thiele aus dem Bieler-See.
Die Birs vom Helvetischen Jura.
Die Ill vom Französischen Jura.

	Die Gränzlauter Die Speier Die Queich	von der Hardt.
	Die Nahe vom Hochwald.	
	Die Mosel Die Meurthe	von den Vogesen, erstere vom B. von Sulz.
	Die Seille vom Plateau von Lothringen.	
	Die Saar von der Hardt.	
	Die Sure von den Ardennen.	
	Die Our Die Kyll Die Ahr Die Erft	von der Eifel.
	Die Maas vom Plateau von Langres.	
	Die Semoy Die Lesse Die Ourte	von den Ardennen.
	Die Rör von der hohen Veen.	
	Die Sambre von den Ardennen.	
	Die Dommel aus der Niederung des nördlichen Limburg.	
II.	Die Ems Die Verse Die Aa	aus der Westphälischen Ebene.
	Die Haase vom Teutoburger Walde.	
III.	Die Werra Die Schleuse Die Schmalkalde Die Hörsel	vom Thüringer Walde.
	Die Fulda Die Alster	vom Rhöngebirge.
	Die Eder Die Diemel	von der Bergplatte von Winterberg.
	Die Werre Die Else	vom Teutoburger Walde.
	Die Hunte von der Mindenschen Bergkette.	
	Die Aller aus der Niedersächsischen Ebene.	

Die Ise
Die Böhme } von der Lüneburger Haide.
Die Wümme

IV. Die Elbe von der Elbwiese südwestlich der Schneekoppe nahe am Riesenkamm.

Die Böhmische Iser vom Riesengebirge.
Die Pulsnitz von der Böhmischen Hochebene.
Die schwarze Elster von dem Nordsudetischen Bergkranze.
Die Havel aus einem kleinen See im norddeutschen Tieflande.
Die Spree von der Lausitzer Bergplatte.
Die Dahme
Die Nuthe } vom Flämming.
Die Plaue
Der Rhin
Die Doße } aus der Brandenburgischen Ebene.
Die Stepenitz
Die Devenau
Die Steckenitz } aus dem norddeutschen Tieflande.
Die Stör
Die Adler vom Glätzer Hochlande.
Die Moldau
Die Beraun } vom Böhmer Walde.
Die Wottava
Die Sazava
Die Luschnitz } vom Mährischen Gebirge.
Die Eger vom Fichtelgebirge.
Die Bile
Beide Mulden } vom Sächsischen Erzgebirge.
Die Saale vom Fichtelgebirge.
Die weiße Elster von der Voigtländischen Terrasse.
Die Unstrut
Die Sondershäuser Wipper } von der Thüringschen Terrasse.
Die Ilm
Die Gera } vom Thüringer Walde.

	Die Mannsfelder Wipper Die Bode Die Helme	vom Harz.
	Die Ohre Die Aland Die Jetze	von der Lüneburger Haide.
	Die Elmenau Die Oste Die Schwinge	von der Lüneburger Haide.
	Die Trave Die Warnow Die Reckenitz	aus dem norddeutschen Tieflande.
V.	Die Oder vom Mährischen Gesenke.	
	Die Olha von den Beskiden.	
	Die Klodnitz Die Malagana Die Stoberau	von der Oberschlesisch-Polnischen Hoch-Ebene.
	Die Weida von den Trebnitzer Bergen.	
	Die Bartsch aus dem flachen Schlesien.	
	Die Warthe vom Sandomirer Mittelgebirge.	
	Die Oppa Die Glätzer Neisse	vom Glätzer Hochlande.
	Die Ohlau Die Lohe Die Peile	aus dem flachen Schlesien.
	Das Schweidnitzer Wasser vom Eulengebirge.	
	Die Katzbach vom nordsudetischen Bergkranze.	
	Der Bober Der Zacken Der Queis Die Lausitzer Neisse	vom Riesengebirge.
	Die Finow Die Welse Die Uecker	aus der Brandenburgischen Ebene.
VI.	Die Rega Die Persante Die Wipper	aus dem norddeutschen Tieflande.

Die Stolpe
Die Lugow
Die Leba
Die Rheda } aus dem norddeutschen Tieflande.

VII. Die Donau mit beiden Quellarmen: Brigach und Brega vom Schwarzwalde.
Die Iller von den Arlbergen.
Der Lech von den Baierschen Alpen.
Die Isar von den Tiroler Alpen.
Der Inn von den Rhätischen Alpen.
Die Traun
Die Ems } von den Salzburger Alpen.
Die Wernitz von der rauhen Alp.
Die Altmühl von der Schwäbischen Alp.
Die Haidenab vom Fränkischen Jura.
Die Fichtelnab vom Fichtelgebirge.
Die Waldnab
Der Regen } vom Böhmer Walde.
Die Kamp vom Teufelsgebirge.
Die March vom Glätzer Hochlande.
Die Thaya
Die Iglava
Die Zwittava
Die Schwarza } vom Mährischen Gebirge.

Cap. III.

Der östliche Terrain-Abschnitt.

§. 58.

Grenzen.

Im Nord:

Das nördliche Eismeer und die Ostsee.

Im Ost:

Asien und das Kaspische Meer.

Im Süd:

Asien und das Kaspische Meer, das Azovsche und Schwarze Meer, die untere Donau.

Im West:

Die mittlere Donau und die Weichsel.

§. 59.

Flüsse.

I. Zur Ostsee.

Das Stromgebiet der Weichsel.

Die Weichsel entspringt zwischen Mittel- und Ost-Europa, im Meridian der Danziger Bucht etwa 49° N. Br., in der Markgrafschaft Mähren, strömt östlich, nördlich und nordwestlich, in Mähren, an der Grenze Schlesiens, durch einen Theil Galliziens, und mit der Länge des ganzen Mittellaufs durch das Königreich Polen, nachdem sie das Gebiet der freien Stadt Krakau verlassen hat. Südlich von Thorn, da wo der Drewenz einmündet, betritt die Weichsel West-Preußen, welcher Provinz sie nun bis zur Mündung gehört. Das Einmünden erfolgt deltaartig in mehreren Hauptarmen, und es verhält sich damit, wie folgt: An der sogenannten Montauer Spitze spaltet sich die Weichsel in ihre beiden Hauptarme: Nogath und Weichsel. Die Nogath oder Elbinger Weichsel geht nach Nord-Ost über Marienburg zum frischen Haff, in welches sie sich etwa ¾ Meile nordwestlich von Elbing ergießt. Die Weichsel fließt nördlich, und theilt sich, ohnweit Bärwalde, wieder in zwei Arme: alte und neue Weichsel. Die alte Weichsel strömt nach Ost und ergießt sich ebenfalls in das frische Haff. Die neue Weichsel fließt zuerst nordwestlich, alsdann mit der Küste fast parallel, westlich bis Danzig. Von Danzig aus nimmt sie wieder eine Nordrichtung an und spaltet sich, vor ihrer Einmündung in die Danziger Bucht, noch in zwei sich wieder vereinigende Arme, durch welche die sandige Insel Holm eingeschlossen wird. Die Vereinigung mit dem Meere erfolgt endlich zwischen Weichselmünde und Neufahrwasser. Im Februar 1840 brach die Weichsel aus dem zuletzt beschriebenen Arme, da wo er mit der Küste parallel läuft, zwischen den Kolonieen Bohnsack und Neufähr, in gerader Richtung durch das sandige, erhöhte Ufer (Dünen) zum Meere. Dieser kurze, aber breite Mündungsarm führt seither den Namen: der neue

Durchbruch. Die frühere neue Weichsel ist dadurch sehr verseichtet, und wird deshalb gewöhnlich die todte Weichsel genannt.

In Bezug auf die physikalische Beschaffenheit der Weichsel-Ufer ist zu merken, daß das enge Gebirgsthal sich schon einige Meilen vom Ursprunge öffnet, daß hierauf sanfte Höhen beide Ufer begleiten und daß diese zuletzt flach und immer waldiger werden. Von der Mündung des Bug bis Graudenz ist das rechte Ufer wieder ziemlich hoch und steil.

Die Weichsel wird bei Krakau für mittlere, bei Sandomirz für größere Fahrzeuge schiffbar.

Die bedeutendsten Brücken sind: bei Skotschau, Schwarzwasser, Krakau, Ruchow, Pulawy (Schiffbrücke), Warschau (Schiffbrücke), Plock, Thorn, Kurzebrack (fliegende Brücke ½ Meile von Marienwerder).

Nebenflüsse der Weichsel.

Rechts: Die Sola (von Süd nach Nord), welche bei Oswieczim mündet.

Die Rawa, welche zuerst nördlich, dann nordöstlich, bis zur Mündung unterhalb Uscie Solne fließt.

Der Dunajec. Dieser bedeutende Nebenfluß setzt sich bei Neumark aus dem schwarzen und weißen Dunajec zusammen und fließt in seinem Oberlaufe, d. i. bis Alt-Landec, östlich, nördlich und wieder östlich. Hier empfängt er den Poprad und strömt nun nach Nord bis zu seiner Mündung bei Opatowiec.

Die Wisloka fließt von Süd nach Nord.

Der San. Er strömt nordwestlich, nördlich, östlich, nördlich und nordwestlich und mündet unterhalb Sandomirz. Er hat besonders in seinem Oberlaufe sehr viele Krümmungen.

Der Wieprz mit nördlicher, nordwestlicher und westsüdwestlicher Richtung. Ihm fließt links über Lublin die Bistrzyca zu, und er mündet unterhalb Bobrowniki.

Der Bug. Dieser größte Nebenfluß der Weichsel

geht zuerst mit dem Laufe des mittlern und untern San und mit dem Laufe der Weichsel, von Sandomirz bis Modlin, fast parallel. Von der Mündung des Flüßchens Nurzek an wendet er sich nach West-Süd-West und bleibt in dieser Richtung bis zu seiner Mündung zwischen Modlin und Nowydwor. Der Bug empfängt rechts die Muchawica, den Narzek, den Narew und die Wrka mit der Saldau. Weiter unterhalb münden noch zur Weichsel der Drewenz von Nord-Ost (Mündung oberhalb Thorn) und die Ossa.

Links. Die Nida nach Süd-Süd-Ost.

Die Pilica mit nördlicher und ostnordöstlicher Strömung.

Die Bzura.

Die Bra, welche aus einem kleinen See östlich von Rummelburg entspringt, hierauf durch den Ziethen-See und durch den Miskendorfer See nach Süd-Ost und Süd, von Bromberg an gen Ost strömt.

Das Schwarzwasser.

Die Ferse.

Die Moldau.

Die Radaune.

Das Stromgebiet des Pregel.

Der Pregel entsteht aus dem Zusammenfluß der Angerap und Inster, bei Insterburg in Ost-Preußen. Die Angerap kommt aus dem Angerburger See und fließt nordöstlich und nördlich, zuletzt bis zur Vereinigung nordwestlich. Die Inster kommt aus Preußisch Litthauen und hat ihren Ursprung unweit Pilkallen. Sie fließt südwestlich. Der Pregel nimmt seine Richtung nach West und mündet westlich von Königsberg in das frische Haff. Seine Hauptübergänge sind bei Insterburg, Wehlau und Königsberg.

Nebenflüsse der Angerap.

Rechts. Etwas östlich von Insterburg die Pissa. Dieselbe kommt aus dem Wysztyten-See, fließt nordwestlich und westlich und empfängt auf der linken Seite das

Flüßchen Rominte, welches bei Gumbinnen einmündet.

Nebenflüsse des Pregel.

Rechts. Die Deine fast von Nord nach Süd.

Links. Die Alle aus dem Lanske-See, fließt zuerst nördlich, dann nordöstlich und mündet bei Wehlau.

Das Stromgebiet des Niemen.

Der Niemen fließt mit vielen Krümmungen nordwestlich, südwestlich, nördlich und zuletzt westlich. Unterhalb Tilsit erfolgt die Mündung des Niemen in das Kurische Haff in zwei Hauptarmen, von denen die Russe der nördlichere, die Gilge der südlichere ist. Jeder dieser Arme hat wieder mehrere Zweige. —

Die Ufer des Niemen sind durchgängig flach, bisweilen auch sumpfig. Als vorzüglichste Uebergänge sind die Schiffbrücken bei Kowno und Tilsit zu betrachten.

Nebenflüsse.

Rechts. Die Wilia, ein Fluß, der durch Russisch Litthauen, über Wilna mit westlicher und nordwestlicher Hauptrichtung, dem Niemen zuströmt.

Links.
- Die Scara mit südlicher, westlicher und nordwestlicher Strömung.
- Die Czarne-Hanscza aus dem Wigri-See mit Südost-Richtung.
- Die Seschuppe mit nördlicher und nordwestlicher Richtung.

Das Stromgebiet der Düna.

Die Düna fließt südwestlich und nordwestlich bis zu ihrer Mündung in den Rigaischen Meerbusen bei Riga. Ihr Bett ist stellenweise klippig, ihre Ufer aber sind flach, durch häufige Ueberschwemmungen sumpfig.

Nebenflüsse.

Rechts. Die Ewst.

Links. Die Ula und Bulderaa.

Die Preußisch Sarmatischen Ostsee-Küstenflüsse.

1) Zwischen Weichsel und Pregel.

Die **Elbing** fließt von Süd nach Nord und mündet unterhalb der gleichnamigen Stadt in das frische Haff.

Die **Passarde**, von Süd-Süd-Ost nach Nord-Nord-West, unterhalb Braunsberg in das frische Haff.

Die **Frisching**, von Süd-Ost nach Nord-West, bei Brandenburg in das frische Haff.

2) Zwischen Pregel und Niemen.

Die **Arge**. Die Nemonin.

3) Zwischen Niemen und Düna.

Die **Windau**, von Süd-Süd-Ost nach Nord-Nord-West.

4) Nord-Oestlich der Düna-Mündung.

Die **Pernau**, ein Abfluß des Werz-See's in den Rigaischen Meerbusen, von Ost nach West.

Die **Nareva**, Abfluß des Peipus-Sees in den Finnischen Meerbusen von Süd nach Nord.

Die **Luga**, nordwestlich zum Finnischen Golf.

Die **Neva**, Abfluß des Ladoga-Sees in den Finnischen Golf, von Ost nach West.

Die **Kumi**, aus dem Dunajocki (von N. W.) und dem Hiemjocki (von N. O.) zusammenfließend, geht in südsüdwestlicher Richtung in das Nordende des Bothnischen Meerbusens.

II. Zum nördlichen Eismeer.

Die **Onega** entspringt aus dem Wodsche-See, geht in Nordrichtung durch den Ladscha-See, dann nordnordöstlich, zuletzt nordnordwestlich. Die Mündung erfolgt bei der Stadt Onega in den gleichnamigen Meerbusen.

Die **Dwina** entsteht aus der Suchona und Wytschegda bei Sol Wydschegodsk. Die Suchona kommt aus dem Kubinskoi-See und fließt nordöstlich bis Ustjuck-Weliki, wo sie rechts den **Jug** aufnimmt. Von hier aus fließt sie nördlich. Die Wytschegda fließt südlich, westlich und südwestlich. Die so entstandene Dwina strömt nun in der Hauptsache nordwestlich und mündet bei Archangel in den gleichnamigen Meerbusen.

In die Wytschegda mündet links die nördlichere Keltma, in die Dwina rechts die Pinega, links die Waga.

Der Mesen fließt südlich, westlich und nordwestlich. Seine Mündung wird im Ost unmittelbar von der Halbinsel Kamin begrenzt. Er nimmt links die Waschka auf.

Die Petschora fließt zuerst südwestlich, dann nordnordwestlich, südwestlich und abermals nordnordwestlich. Sie mündet bei Pustosersk, etwa unter dem 70° östlicher Länge, in das Eismeer. Sie empfängt rechts die Ussa und Elma, links die Itschma.

III. Zum Kaspischen Meere.

Der Ural strömt südlich, westlich (bis Orenburg), südwestlich (bis Uralsk) und wieder südlich bis zu seiner Mündung bei Guriew. Bis Uralsk gehört er dem Ural-Gebirge, dann aber einem öden Steppenlande an. Er empfängt links die Fleck.

Das Stromgebiet der Wolga.

Die Wolga kommt aus einem Teiche, westlich des Seligero-See's, geht anfänglich durch mehrere kleinere Seen und vereiniget sich alsdann mit einem Bache, der aus dem Seligero-See selbst entspringt. Sie fließt hierauf südöstlich (bis Subzow), nordöstlich (bis Twer), nordnordöstlich (bis Maloga) und südöstlich (bis Kasan). Von Kasan an wendet sie sich nach Süd, und bleibt in dieser Richtung bis Sarepta, von wo aus sie sich wieder nach Südost wendet. Letztere Richtung behält sie bis zu ihrer Mündung bei Astrakan. Von ihren vielen Mündungsarmen ist die Achtuba der bedeutendste.

Die Wolga ist der größte Strom Europa's, denn sie ist 460 deutsche Meilen lang und schon an der Mündung der Kama 3000′ breit. Sie wird von Twer an für bedeutende Fahrzeuge schiffbar. Ihre Ufer sind meist flach, daher leicht überschwemmbar und nur bei Nischney-Nowgorod treten einige steile Gebirgsformen dicht an den Fluß. Hierauf wird das rechte Wolga-Ufer von dem sogenannten Wolga-Gebirge bis Sarepta begleitet. Die bedeutendsten Brücken sind bei: Rzew-Wladimirow, Zubtzow, Stariza, Twer. Hiernächst giebt es zahlreiche Fähren.

Nebenflüsse.

Rechts. Die Oka, welche südlich von Orel entspringt, nördlich (bis Kaluga), hierauf nordöstlich, südöstlich und nordnordöstlich, bis zu ihrer Mündung bei Nischney-Nowgerod, fließt. Sie empfängt rechts die Upa und links die von Nordwest kommende Moskwa.

Die Sura, von Süd nach Nord, mündet bei Wasil.

Links. Die Twerza fließt südsüdöstlich und mündet bei Twer.

Die Maloga fließt südöstlich, mündet bei der gleichnamigen Stadt und empfängt links die Tschagadoschtscha.

Die Schekšna, ein Abfluß des Bielo-Osero (weißen See's) fließt südsüdöstlich.

Die Kostroma, Die Unscha, Die Wetluga } erstere beiden mit südsüdwestlicher, letztere mit südsüdöstlicher Richtung.

Die Kama fließt mit vielen Krümmungen und einzelnen Abweichungen hauptsächlich nach Süd-Süd-West. Sie ist der größte Nebenfluß der Wolga und im größten Theile ihres 215 Meilen langen Laufes, für eben so große Fahrzeuge als die Wolga zugänglich. Ihre Einmündung erfolgt südlich von Kasan. Sie empfängt links die südlichere Keltma, die Tschussowaya und die Bjielaya mit der Ufa, rechts die Wjätka.

Die Samara.

Die Irgis.

Der Jeruslan.

Als Steppenfluß zwischen Ural und Wolga ist der Usen zu merken.

IV. Zum Azowsischen Meere.

Das Stromgebiet des Don.

Der Don kommt aus dem Iwanow-See unweit Jepisan, fließt südöstlich und nähert sich der Wolga bedeutend, in der Gegend von Sarepta. Hierauf weicht er mit Süd-West-Richtung, die im äußersten Unterlauf eine West-Süd-West-Richtung wird, wieder von ihr ab. Er hat schlammiges Wasser, flache Ufer, wird schiffbar bei Zadonsk und mündet bei Azow.

Nebenflüsse.

Rechts. Die Sosna und der Donetz.

Links. Der Woronesch.

Die Choper mit der Worona.

Die Medwidiza.

Die Ilowla.

Die Manitsch. Dieser letztere Nebenfluß entsteht südwestlich von Astrakan und durchfließt mit Nord-West-Richtung mehrere kleine Seen. Oestlich von Roslow mündet er.

V. Zum schwarzen Meere.

Das Stromgebiet des Dniepr.

Der Dniepr entspringt benachbart den Quellen der Wolga und Düna und fließt südlich, südöstlich, wieder südlich, südwestlich und zuletzt mit busenförmiger Erweiterung, welche 2 Meilen breit ist und Liman heißt, westlich. Die Mündung erfolgt bei Knerson. Er wird schiffbar bei Smolensk. Von Kiew bis Jekaterinoslaw ist das rechte Ufer erhaben und zwischen Kidak und Chortizkaja bildet er 12 bis 13 Wasserfälle über Granitblöcke (Porogi).

Nebenflüsse.

Rechts. Die Berezina fließt südöstlich.

Der Pripiát fließt zuerst östlich, dann südöstlich und empfängt von Nord her die Fasiolda, welche wieder rechts die Pina aufnimmt. Von Süden her gehen dem Pripiát noch der Styr und Gorin zu.

Die Teterow.

Der Rost.

Die Ingulez.

Der Bog fließt von Nord-West nach Süd-Ost, und mündet zwischen Oczakow und Knerson, in den Liman des Dniepr.

Links. Die Sosch.

Die Desna.

Die Sula.

Der Psiol.

Die Worskla.

Die Sawara.

Das Stromgebiet des Dniestr.

Der Dniestr fließt mit vielen Krümmungen allgemein südöstlich und mündet limanartig zwischen Akierman und Odessa. Er fließt in einem engeren und weiteren Gebirgsthale bis Jampol, wo er einen Wasserfall bildet. Im Ganzen hat er eine reißende Strömung, ein felsiges Bett und ungesundes Wasser.

Der Sarmatisch-Türkische Theil der Donau.

Die Donau verläßt Deutschland bei Preßburg und fließt in Ungarn, zuerst ostsüdöstlich und zwar in dieser Richtung bis Ofen und Pesth. Hier wendet sie sich nach Süd und bleibt in dieser Richtung bis zur Mündung der Drau. Hierauf fließt sie südöstlich (von Belgrad aus, in der Europäischen Türkei) bis Widdin, von hier aus, mit einem flachen südlichen Bogen, östlich, bis Silistria, nördlich, bis Braila, und zuletzt wieder östlich, bis zu der Mündung bei Kilia. Diese Mündung erfolgt in fünf Hauptarmen, von denen die Kilia der bedeutendste ist.

Nebenflüsse.

Rechts. Die Raab fließt südöstlich, östlich, nordöstlich, mündet unterhalb der Stadt Raab und nimmt links die Feistriz und Rabnitz auf.

Die Sarwiz, aus dem Zusammenflusse der Sio und Kapos entstehend, fließt nordöstlich, östlich und südsüdöstlich.

Die Drau strömt östlich und südöstlich, mündet bei Almas, ostwärts von Essek, und empfängt:

rechts: die Gail (bei Villach),

links: die Möll und
die Gurk,
die Mur. Dieser Fluß ist von Bedeutung, strömt östlich und nordöstlich, nimmt auf der linken Seite (bei Bruck) die Mürz auf und mündet zwischen Legrad und Cottory.

Die Sau fließt ostsüdöstlich und östlich, bis zu ihrer Mündung bei Belgrad. Sie empfängt:

rechts: die Kulpa,
die Unna,
die Verbas,
die Bosna,
die Drina,
welche, mit Ausnahme der östlich strömenden Kulpa, alle mehr oder minder nördlich und nordnordöstlich fließen.

Die Morawa entsteht aus dem Zusammenfluß der West- und Ost-Morawa. Erstere kommt mit Ost-Süd-Ost-Richtung aus Servien, letztere mit Nord-Ost und Nord-West-Richtung aus Bulgarien. Die Morawa fließt nach der Vereinigung beider Quellarme nordnordwestlich und mündet ohnweit Semendria.

Die Isker strömt allgemein, eine Ost-Krümmung abgerechnet, nach Nord-Nord-Ost.

Links zur Donau (im Mittel- und Unterlauf):

Die Waag. Sie entsteht aus der schwarzen und weißen Waag, fließt zuerst westlich, sodann südwestlich und südlich. Sie mündet bei Komon und nimmt rechts (im Oberlauf) die Arve, links (im Unterlauf) die Neitra, auf.

Die Gran strömt westsüdwestlich und südlich und mündet nordwärts der auf dem rechten Donauufer liegenden Stadt Gran.

Die Theis. Ihre Hauptrichtungen sind nach Süd-West und Süd. Ihre Mündung erfolgt bei Szlankamen. Ihre Nebenflüsse sind:

rechts: die Hernad von Nord,
links: die Szamos,
die Körösch,
die Marosch,
die Bega,
welche alle mit mehr oder weniger Abweichung eine Nord-West und West-Richtung haben.

Die Temes fließt südwestlich, beschreibt einen großen nördlichen Bogen, geht alsdann in der vorigen Richtung fort und strömt zuletzt, bis zur Mündung, südöstlich.

Die Alluta fließt südlich, westlich und wieder südlich, im hohen Siebenbürgen. Nachdem sie es verlassen hat, gehört sie mit Beibehaltung ihres südlichen Laufes dem Tieflande der Walachei an. Sie mündet gegenüber von Nicopoli.

Der Sireth fließt in Süd-Süd-West-Richtung und mündet nördlich von Brailov.

Der Pruth strömt südsüdöstlich, zuletzt südlich. Er mündet zwischen Galatz und Ismael.

Küstenflüsse.

1) Zum Kaspischen Meere:
Die Kuma und der Terek.

2) Zum schwarzen Meere:
Der Kuban.

§. 60.

Kanäle.

1) Der große Friedrichs-Graben aus der Deine in die Nemonin.

2) Der kleine Friedrichs-Graben aus der Nemonin in die Gilge.

3) Der Windau-Kanal aus der Windau zur Dubissa.

4) Der Alexander-Kanal aus dem Werz-See zur Pernau.

5) Der Kanal von Weliki-Luki aus der Düna zum Lowat (einem Zuflusse des Ilmen-See's).

6) Der Kanal von Nowgorod aus dem Wolchov (dem Verbindungsflusse des Ladoga- und Ilmen-See's) zum Msta (einem Zuflusse des Wolchov).

7) Der Kanal von Wischney-Wollotschok aus dem Msta in die Twerza.

8) Der Tichwina-Kanal aus der Tichwina (einem Zuflusse des Sjas, der in den Ladoga-See geht) in die Tschagadoschtscha.

9) Der Ladoga-Kanal aus der Newa um das Süd-Ende des Ladoga-See's herum, zum Swir (dem Verbindungsflusse des Ladoga- und Onega-See's.
10) Der Onega-Kanal aus dem Swir zur Witegra (einem südlichen Zuflusse des Onega-See's).
11) Der Marien-Kanal aus der Witegra zur Kowsha einem nördlichen Zuflusse des Bielo-Osero.
12) Der Kubinskoy-Kanal aus dem Bielo-Osero in den Kubinskoy-See.
13) Der Katharinen-Kanal aus der nördlichen in die südliche Keltma.
14) Der Kanal von Jepifan aus der Upa in den Don.
15) Der Pina-Kanal aus der Pina zur Muhawiza.
16) Der Oginskische Kanal aus der Jasiolda zur Sczara.
17) Der Berezina-Kanal aus der Berezina in die Ula.
18) Der Bega-Kanal theils in, theils neben dem Bette der Bega.
19) Der Franz-Kanal aus der Donau in die untere Theis.
20) Der Wiener Kanal von Wien nach Oedenburg.

§. 61.

Land-Seen.

In Ost-Preußen, in den Ost-See-Provinzen Rußlands, vorzüglich in der Umgebung des Finnischen Golfs, finden sich bedeutende Land-Seen vor. Diese Seen-Bildung vervielfältigt sich weiter nach Nord, in den Landschaften Finnland und Lappland, außerordentlich. In den übrigen Theilen dieses Terrain-Abschnittes sind keine eigentlichen Seen-Zonen, nur hier und da einzelne Land-Seen.

I. Die Preußischen Seen.

1) Der Drausen-See südlich von Elbing,
2) Der Geserich-See
} beide theils in West-, theils in Ost-Preußen.
3) Der Drewenz-See in östlicher Richtung, dem vorigen benachbart. Aus ihm geht der Drewenzfluß zur Weichsel.
4) Der Schilling-See.

5) Der Mohrung-See.

6) Der Angerburger See, aus welchem die Angerap dem Pregel zugeht.

7) Der Mauer-See.

8) Der Löwentin-See.

9) Der Spürding-See.

10) Der große Warschau-See.

Die Seen von No. 6 bis 10 sind in ununterbrochenem Zusammenhange und aus dem sub No. 10 zuletzt genannten geht der Pysz zum Naref, so eine Verbindung der Weichsel und des Pregel herstellend.

II. Die Finnische Seen-Zone.

Unter diesem Namen versteht man eine Anzahl von Seen in der unmittelbaren Umgebung des Finnischen Golfs. Sie haben einen großartigen Karakter und vervielfältigen sich weiter nördlich in der Landschaft Finnland so außerordentlich, daß diese letztere als der bewässertste Terraintheil Europa's erscheint. Die bedeutendsten Seen dieser Zone sind:

1) Der Ladoga-See, der größte Landsee Europa's, mit einem Flächeninhalt von 300 Quadratmeilen. Er ist durch die Newa in den Finnischen Meerbusen (nach West) abgeleitet, durch den nach Nord-Ost gehenden Swir mit dem Onega-See, durch den nach Süd führenden Wolchow mit dem Ilmen-See, durch die nach Nord-West auslaufende Wora mit dem Saima-See verbunden. Von Süden her fließt in den Ladoga-See der Sjas, welcher rechts die Tichwina aufnimmt.

2) Der Onega-See, nordöstlich vom vorigen, länger aber weniger gerundet und von geringerem Flächeninhalt, da er nur 160 Quadrat-Meilen enthält. Von Süden her strömt in den Onega-See die Witegra.

3) Der Ilmen-See, südlich vom Ladoga-See und viel kleiner, als beide vorigen. In ihn fließt der Lowat, von Süden her. Die Msta mündet in den Wolchow, da wo sich dieser mit dem Ilmen-See vereinigt.

4) Der Peipus-See, südlich vom Finnischen Golf, also südwestlich vom Ladoga-See, durch die Narowa in er-

stern abgeleitet. Von Süden her fließt ihm die Wellika zu, und die Embach verbindet ihn mit dem westlich gelegenen kleinen Werz-See, den die Pernau nach dem Meere abführt.

5) Der Saima-See, nordwestlich vom Ladoga-See und durch die Woxa mit ihm verbunden.

Unter den zahlreichen Seen, die nun nicht sowohl dem Finnischen Golf, als vielmehr der Landschaft Finnland ihren Namen entlehnen, sind die wichtigsten:

Der Oro-See, der Pajone-See, der Nessi-See, der Pielis-See.

III. Die Seen im nördlichen Wolga-Rücken.

1) Der Wodsche-See.
2) Der Latscha-See.
3) Der Kubinskoi-See.
4) Der Bielo-Osero (weiße See), dessen Zufluß von Norden die Kowsha und dessen Abfluß nach Süd (zur Wolga) die Scheksna ist.
5) Der Seligero See, östlich der Wolga-Quelle und von einem Nebenarme der Wolga durchströmt.

Von den im übrigen Rußlande vereinzelten Seen sind einige mit Steppenflüssen verbunden, zwischen Ural und Wolga; einige andere Seen liegen in der Quelle und dem Laufe des Malitsch.

IV. Die Siebenbürgenschen und Ungarischen Seen.

Erstere sind eine Menge kleinerer Gebirgs-Seen, östlich und nordöstlich von Klausenburg.

Letztere begreifen zwei Hauptseen in sich. Diese sind:

1) Der Neusiedler-See in der kleinen Ungarischen Ebene, auf dem rechten Donauufer, südöstlich von Wien und östlich dicht an Oedenburg.
2) Der Platten-See zwischen der Donau und Mur, in einer Erstreckung von *W. S. W.* nach *O. N. O.*, in der großen Ungarischen Ebene.

§. 62.

Gebirge.

Dieser östliche Terrainabschnitt überwiegt durch seine großen Flächenformen die in ihm vorkommenden Gebirge bedeutend. Letztere finden sich vornehmlich im östlichen und südwestlichen Theile. Die Mitte bietet mehr Rücken und Hügel, als wirkliche Gebirge. Der Süden giebt plateauartige Erhebungen mit einförmiger Vegetation, gleichsam als einen Rand, zu erkennen. Diese erwähnten Unebenheiten des Terrains lassen sich füglich in folgende Bezeichnungen bringen:

I. Der Ural.
II. Das Wolga-Gebirge.
III. Die Steppen-Plateau's der Euxinischen Ströme.
IV. Die Karpaten.

I. Der Ural.

Etwa 3° nördlich des Kaspischen Meeres erhebt sich aus dem Kirgisischen Steppenlande dieser mächtige Gebirgszug, der als natürliche Grenze Asiens und Europa's sich 240 Meilen weit nach Nord, bis zum Obischen Meerbusen, erstreckt. Die Flüsse, deren Wasserscheide dieses große Gebirge ist, sind: die Kama und Petschora im Westen, der Oby und Ural im Osten.

Die Breite des Ural ist im südlichen Theile am größten, denn hier beträgt sie in der Durchschnittszahl etwa 25 Meilen. Die Breiten-Dimension des mittlern Ural-Gebirges, da wo die Quellen der Ufa und Tschussowaya liegen, beträgt nur 7 Meilen. Im Norden ist der Ural wieder 15 bis 20 Meilen breit.

Haupttheile.

1) Der Kirgisische Ural, 47 bis 51° nördlicher Breite.
2) Der Orenburgische Ural, 51 bis $55\frac{1}{2}$° N. Br.
3) Der Katharinenburgische Ural, $55\frac{1}{2}$ bis 58° N. Br.
4) Der Werchoturische Ural, von 58 bis 62° N. Br. (d. i. bis zu den Quellen der Petschora).
5) Der weiße Ural, zwischen der Petschora-Quelle und der Waigatz-Straße.

Die Höhe des ganzen Gebirges anlangend, so scheinen die bedeutendsten Hochthäler nur 1000 bis 1500′ hoch zu sein. Die Gipfelerhebungen sind im Orenburgischen Ural 3 bis 4000′, in den nördlicheren und nördlichsten Theilen 6 — 7000′.

Nach Ost hat der Ural eine verhältnißmäßig kurze Senkung, nach West hingegen viele Vorberge, die in allmählig niedriger werdenden Parallel-Zügen bis zur Wolga reichen. Das südlichste Glied dieser Vorberge, welches von der Wolga im West, vom Ural im Ost und Süd-Ost, von der Samara im Nord begrenzt wird, ist der Landrücken von Obtschey-Syrt, ein Verbindungsglied zwischen dem Ural- und Wolga-Gebirge.

II. Das Wolga-Gebirge.

Es wird unter diesem Namen ein Hügel-Zusammenhang verstanden, der das rechte Wolga-Ufer von Sarepta bis zur Unscha-Mündung begleitet und sehr schmal ist. Er ist am höchsten zwischen Sarepta und Saratow, aber auch hier nur 500′ über der Wolga und 600′ über dem schwarzen Meere. Südlich von Sarepta erscheint dieses Gebirge als ein immer niedriger werdender Landrücken, der sich zwischen den Quellen des Kuban und der Kuma mit dem Kaukasus verzweigt.

III. Die Steppen Plateau's der Euxinischen Ströme.

Diese Erhebung des Terrains gegen die Mündungen der Zuflüsse des Azowsischen und Schwarzen Meeres hin ist nur ein erhabener Rand des Tieflandes, ein südlicher Damm des mittleren Europa's gleichsam, sowie im deutschen Tieflande sich ein nördlicher Damm vorfand. Da nun hier keine wirklichen Gebirgsformen vorhanden sind, so gehört dieser Plateau-Zusammenhang auch eigentlich mehr dem Sarmatischen Tieflande an. Er findet indessen hier seinen Platz, der Verbindung wegen, die er zwischen dem Wolga-Gebirge und den Karpaten herstellt. Von dem südlichsten Theile des ersteren nehmlich, also wie eine westliche Fortsetzung desselben, geht die Randerhebung über die Unterläufe des Don, Dniepr und Dniestr, an letzterem aufwärts. Die Platte dieses Dammes ist mit weiten Grasflächen bedeckt, welche an den verschiedenen Strömen auch verschiedene Namen erhalten. Die Haupttheile sind folgende:

1) Das Donsche Steppenland am Don und seinen Nebenflüssen.
2) Die Ukraine am mittleren Dniepr.
3) Das Steppenland von Podolien am Bog und Dniestr.
4) Die Savannen der Moldau und Bessarabiens am unteren Dniestr und Pruth.
5) Die Grasflächen Volhyniens an den rechten oberen Zuströmen des Dniepr.
6) Das Plateau von Ost-Gallizien am oberen Dniestr und den Quellen des Bug. In diesem letzteren Theile erreicht der südliche Damm seine größte Höhe mit 960′. Hier findet zugleich der Anschluß an die Vorberge der Karpaten statt.

IV. Die Karpaten.

Von der Donau-Mündung norstwestlich findet sich eine Aufhäufung von Ketten und Gruppen, die theils Alpen, theils Mittelgebirge sind. Diese Gesammtheit wird vom Sireth im Ost, von der Donau im Süd und Süd-West, von der March im West, von der Weichsel und vom Dniestr im Nord begrenzt. Der allgemeine Name dafür ist: Karpaten. Man unterscheidet darin füglich 3 Gebirgsmassen:

das Hochland von Siebenbürgen,
das Karpater Waldgebirge und
das Hochland von Ungarn.

1) Das Hochland von Siebenbürgen.

Es liegt zwischen dem Sireth, der Donau und Theis, mit erhabenen Berggipfeln. Seine Form ist die eines unregelmäßigen Vierecks, sein innerer Raum ist eine wellenförmige Hochebene und seine Ränder sind in Süd und Ost Alpen, in Nord und West Mittelgebirge. Wir nennen erstere die Transsilvanischen Alpen, letztere die Siebenbürgischen Erzgebirge.

Hoch-Siebenbürgen liegt in seiner Hauptmasse zwischen 44½ und 47° N. Br. und von 39 — 44° östlicher Länge, hat 150 Meilen Umfang und etwa 1200 Quadrat-Meilen Flächeninhalt.

a) Die innere Hochebene ist durchschnittlich 1000′ hoch, und wird nur nach den Rand-Gebirgen zu höher.

b) Der Süd-Rand. An der Mündung des kleinen Flusses Karasch in die Donau, nordöstlich von Semendria, beginnt der Süd-Rand als ein dicht gruppirtes Gebirge, welches vom Karasch und der oberen Themes bewässert wird, und mit 3000′ Höhe den Namen Bannater-Gebirge führt. Es tritt mit steilen Formen bei Orsova dicht an die Donau, und geht jenseits der Themes allmählig zur Alpenhöhe über. Zwischen Themes und Aluta führt es den Namen: Hazeger-Gebirge, ist durchschnittlich 6—7000′ hoch und erreicht in dem Retyczat, südöstlich von der Themes-Quelle, seine größte Höhe mit 7755′. Die Aluta durchbricht in einem Querthale den Süd-Rand, und westlich dieses Durchbruchs gilt der Name: Fagarascher-Gebirge. Als höchster Punkt des Süd-Randes steht der Butecz unweit den Quellen der Dumbroviza mit 8160′ absoluter Höhe.

Der ganze Süd-Rand zwischen Karasch und Sireth ist 50 Meilen lang, bei einer Breite von nur etwa 5 Meilen. Er fällt steil in die Tiefebene der Wallachei ab.

c) Der Ost-Rand. Sein südlichster Theil heißt: Gebirge Lipschen, und theilt sich in zwei Parallelketten, die in 20 Meilen weiter Norderstreckung das Längenthal von Jörgau und Eschek einschließen. Auf der östlichen der beiden einschließenden Ketten, welche Kelemen-Habasch heißt, liegen die höchsten Punkte Siebenbürgens. Hier ist der Budos mit 9000′ absoluter Erhebung. Nach der Vereinigung beider Ketten führt das Gebirge den Namen: Borsek, und im nördlichsten Theile, da, wo die Verzweigung mit dem Karpater Waldgebirge geschieht, liegt unfern den Quellen der Samosch und Theis der Petrosch (48° N. Br.) mit 6834′ absoluter Höhe.

Der Ost-Rand fällt in die Tiefebenen der Moldau und des nördlicheren etwas höheren Bessarabiens ab.

d) Der Nord- und West-Rand, 5 — 8 Meilen breit, aber nur 3 — 4000′ hoch. Auch im Character sind die hier liegenden Erzgebirge von den Transsilvanischen Alpen ganz verschieden, da sie nicht eine zusammenhängende Gebirgsmasse, sowie diese, bilden, sondern isolirte Ketten und Gruppirungen mit weiten Thälern und Zwischenräumen enthalten. Unter den größtentheils westöstlich ziehenden Ketten des West-Randes ist die Bihar-Kette zwischen der Szamosch und Körösch die bedeutendste. Der Bihar-Berg in ihr ist 4600′ absolut hoch.

2) Das Karpater-Waldgebirge.

Es ist hierbei nicht von einer Kette, sondern von einer Anhäufung waldreicher Bergzüge und Gruppen die Rede, die in ihrer Gesammtheit sich vom Petrosch aus 30 Meilen nordwestlich, bei einer Totalbreite von 10 Meilen, erstrecken.

Diese Gebirgsmasse, die man als ein Verbindungsglied zwischen den Hochländern Siebenbürgens und Ungarns betrachtet, erscheint als Wasserscheide zwischen dem Dniestr und der oberen Theis. Zahlreiche Querthäler werden durch die oberen rechten Zuflüsse beider genannten Ströme gebildet. Die Durchschnitts-Höhe des Gebirges ist auf 3000′ anzugeben.

3) Das Hochland von Ungarn.

Hoch-Ungarn ist ein Terrassenland, denn es fällt von seinem mittelsten und höchsten Theile, der Tatra, stufenförmig, in Abwechselung der Hochebenen und Gebirgsformen, nach Süd und Nord ab. Die Gesammtheit dieses Hochlandes wird von der Weichsel im Nord, von der Hernath im Ost, von der March im West, von der Donau und der großen Ungarischen Ebene längs ihr im Süden begrenzt.

Als höchste Stufe erscheint die unter 49° 10′ N. Br. 18 Meilen weit von Ost nach West ziehende Kette der Tatra. Kein Gipfel fast sinkt in ihr unter 6000′. Die höchsten Punkte sind: die Lomnitzer Spitze 8133′ hoch, und der Krivan 7634′ hoch.

Die Tatra steht fast isolirt da, denn nördlich und südlich liegen die Karpatischen Hochebenen ihr vor. Im Süden liegt die Liptauer Ebene (an der Waag) und die Kesmarker Ebene (am Poprad), im Nord die Arva-Ebene (an der Arva) und die Neumarker Ebene (am Dunajec). Diese Ebenen liegen 1800 — 2000′ über dem Meeresspiegel.

Die Gebirge, welche zwischen der Tatra und dem Weichselthale sowohl, als auch zwischen ihr und dem Donau-Thale liegen, heißen: Ungarische Erzgebirge.

a) Die nördlichen Erzgebirge haben eine Gesammtbreite von 5 Meilen. Sie enthalten nur eine mit der Tatra parallel ziehende Hauptkette, die in ihren östlicheren Theilen Babia-Gura heißt, und deren westliche Zweige Beskiden heißen. Die höchsten Punkte sind: die Babia-Gura, mit 5420′, und die Lissa-Hora mit 4260′ absoluter Höhe.

Der Abfall dieses Gebirges nach Norden ist steil.

Nach Süd-West bildet das sogenannte Jablunka-Gebirge den Uebergang der Beskiden zu einem abgesonderten Gebirgsgliede: den kleinen Karpaten, die als Wasserscheide zwischen der Waag und March bis zur Mündung der letzteren ziehen. Dieser Gebirgszug hat nach Ost und West steile waldreiche Abhänge und 1500 — 2000′ absolute Höhe.

b) Die südlichen Erzgebirge. Unter denen zwischen der Tatra und Donau vorkommenden Bergketten, welche in ihrer Allgemeinheit mit ersterer und unter sich parallel, und je weiter nach Süd, desto niedriger sind, erscheinen als die bedeutendsten:

Das Königs-Gebirge, in dem der Königs-Berg (Kralova-Hola).

Das Neograder Gebirge.

Die Matra.

Das zuletzt genannte Gebirge fällt mit 2000′ Seehöhe in die große Ungarische Ebene ab.

Als ein im Ost abgesondertes Glied (analog den kleinen Karpaten im West) ist die Hegy-Allia, oder das Tockaier-Gebirge, zu betrachten, eine Kette, die längs der Hernath bis zu ihrer Mündung sich erstreckt.

Die ganze Vorstufe der südlichen Erzgebirge ist 10 Meilen breit.

§. 63.

Ebenen.

Man unterscheidet hier in dieser Beziehung:

I. Die Sarmatische Ebene.

II. Die Tiefebenen der Moldau und Wallachei.

III. Die Ungarischen Ebenen.

I. Die Sarmatische Ebene.

Das Terrain, welches nach Nord bis zum Eismeere, nach Ost bis an den Ural, nach Südost zum Asiatischen Tieflande: „Turan", nach Süd bis an den Kaukasus zieht, und von den im vorigen §. erwähnten Steppen-Plateau's, im Süd-West von den Karpaten, im West von der Weichsel begrenzt wird, ist eine Tiefebene.

Die Flächenform wird nur durch das Waldai-Plateau unterbrochen, und ist der Raum desselben im Verhältniß zu dem Raume der Tiefebenen so klein, daß der Charakter des Ganzen als Tiefebene dadurch wenig gestört wird.

Das Waldai-Plateau ist übrigens eine Terrainbildung ohne eigentliche Gebirgsformen, mit sanft ansteigender Erhabenheit. Es liegt im Quellbezirk der Düna, Wolga und des Dniepr, und ist also die Hauptwasserscheide des Baltischen, Kaspischen und Schwarzen Meeres. Die größte Erhabenheit ist 1064' und verliert sich in der allmähligen Absenkung zu den Landschaften: Esthland, Liefland, Kurland und Ingermannland, so daß Finnland nur noch 400 — 600' über dem Spiegel der Ostsee liegt. Vom Waldai-Plateau aus erstrecken sich Landrücken und zwar hauptsächlich folgende:

1) Der nördliche Wolga-Rücken.
2) Der südliche Wolga-Rücken von der Dniepr-Quelle bis zur Oka-Quelle, dann östlich bis zur Vereinigung mit dem Wolga-Gebirge.
3) Der Polnische Landrücken von der Dniepr-Quelle nach Süd-West zwischen Dniepr und Weichsel bis zur Vereinigung mit dem Plateau von Ost-Gallizien.
4) Der nördliche Düna-Rücken nach Nord-West längs der Düna zum Rigaischen Meerbusen.

Auf der großen Sarmatischen Fläche breitet sich Rußland mit seinen Theilen aus. Der Boden ist an den Ober- und Mittelläufen der Euxinischen Flüsse, sowie in den Baltischen Niederungen, ein fruchtbares Ackerland, im Innern ein mit vielen Waldungen bedeckter Boden, nicht ohne, aber auch nicht mit zu großer Vegetations-Fähigkeit. An den Unterläufen der Euxinischen Flüsse drückt sich in unabsehbaren Grasfluren eine gewisse Einförmigkeit der Vegetation aus. Es war hiervon schon im vorigen §. die Rede. Am äußersten nördlichen Polar-Meere hört die Vegetation ganz auf, denn hier ist Sibirische Tundra, eine lehmartige unreine Substanz, welche durch die Wirkung des Frostes verhärtet wird.

II. Die Tiefebene der Moldau und Wallachei.

Erstere liegt auf den Ost-Abhängen, letztere auf den Süd-Abhängen des hohen Siebenbürgen. Die Moldau ist eigentlich als Theil der Sarmatischen Ebene zu betrachten, denn sie wird von der Donau, dem Sireth, dem Pruth begrenzt, von den linken Nebenflüssen der ersten und den rechten Zuflüssen des letztern bewässert. An sie schließt sich, jenseits des Pruth, zwischen ihm und dem Dniestr, die Russische Landschaft Bessarabien. Beide werden durch den Dniestr, von dem Steppen-Plateau von Podolien, getrennt.

Die Wallachei begreift beide Donau-Ufer (im Unterlauf) in sich. Specieller bestimmt, liegt sie von Orsova bis zum Donau-Delta und von den Süd-Abhängen der Transilvanischen Alpen bis zum Nordfuße des Balkan.

III. Die Ungarischen Ebenen.

Die große Ungarische Ebene erstreckt sich auf beiden Donau-Ufern von Orsova bis zum Durchbruch der Donau durch den Bakoniwald. Sie wird im Nord und Ost von den Karpaten, im West von den östlichen Ausläufern der Alpen begrenzt.

Die kleine Ungarische Ebene geht vom Bakoniwald bis zur Leitha und March.

§. 64.

Gangbarkeit der Gebirge.

Die vorzüglichsten Pässe der Karpaten sind folgende:

1) In Hoch-Siebenbürgen.

Der Terregovaer Paß zwischen Neu-Orsova und der oberen Themes.

Der Rothethurm-Paß im Durchbruch der Aluta.

Der Radna-Paß von der oberen Szamosch zum Thale des Sireth.

2) Im Karpaterwald-Gebirge.

Der Dukla-Paß zwischen den Thälern der oberen Hernath und der oberen Wisloka.

3) Ueber die Beskiden.

Der Paß von Jordanow zwischen den Thälern der Arve und Weichsel.

Der Paß von Jablunka zwischen den Thälern der Waag und Olsa.

§. 65.

Wälder.

1) Die großen Nord-Russischen Wälder. Sie erstrecken sich ungefähr von 54 — 63° nördl. Br. und von 54° östl. Länge bis an den Ural; mit ihnen hängen die südlichen Ural-Wälder zusammen.

2) Die Litthauischen Wälder, welche sich vom Waldai-Plateau-Walde aus durch Liefland und Esthland bis an den Finnischen Golf erstrecken.

3) Die dicken Waldungen zwischen dem Niemen und Bug.

4) Die Karpaten-Wälder. Sie erstrecken sich über die ganzen Karpaten, sind am dichtesten nach der Landschaft Bukowina zu, und treten durch Wolhynien, über das sie sich erstrecken, mit den Waldungen zwischen dem Niemen und Bug in Verbindung.

§. 66.

Quellhöhen.

Die Weichsel von den Beskiden.

Der Dunajec Der Poprad	von der Tatra.
Die Wisloka Die San	vom Karpaterwald-Gebirge.
Die Wieprz Die Bystriza Der Bug	vom Plateau von Ost-Gallizien.
Die Naref Die Muchaviza	vom Steppen-Plateau von Wolhynien.
Die Wrka Die Soldau Die Drewenz	aus Ost-Preußen.
Die Pilica	vom Oberschlesisch-Polnischen Plateau.
Die Brahe Die Ferse Die Radaune	aus Pommern.
Die Passarge Die Elbing Die Frisching Der Angerap Die Pisa Die Rominte Die Inster	aus Preußen.
Der Niemen Die Ulla	vom Steppen-Plateau von Wolhynien.
Die Bulderau Die Windau	aus Litthauen.
Die Düna Die Lowat Die Msta Die Luga Die Welika Die Wolga Die Tewerza	vom Waldai-Plateau.

Die Maloga	
Die Tschagadoschtscha	vom Waldai-Plateau.
Die Tichvina	
Die Petschora	
Die Ussa	
Der Ural	
Die Unscha	
Die Wetluga	vom Urál.
Die Bjielaya	
Die Tschussoway	
Die Samara	
Die Irgis	
Der Jeruslan vom Landrücken von Obtschei-Sürt.	
Die Sura	
Der Don	
Die Sosna	
Der Donetz	
Der Woronesch	vom Donschen Steppenlande.
Die Choper	
Die Worona	
Die Medwiditza	
Die Manitsch von der Kaukasus-Steppe.	
Der Dniepr vom Waldai-Plateau.	
Die Berezina	
Der Pripiät	vom Steppen-Plateau von Wolhynien.
Die Jasiolda	
Die Pina	
Die Styr	
Die Gorin	vom Plateau von Ost-Gallizien.
Die Bog	
Die Teterow	
Der Rost	
Der Sem	aus der Ukraine.
Die Sula	
Der Psiol	
Die Worskla	
Die Savara von der Süd-Russischen Steppenplatte.	

Die Juguletz von der Süd-Russischen Steppenplatte.
Der Dniestr vom Karpaterwald-Gebirge.

Zur Mittlern und Unteren Donau:

Die Raab von den Steyrischen Alpen.
Die Sarwitz vom Bakoni-Walde.
Die Drau
Die Gail
Die Möll } von den Kärnthner-Alpen.
Die Gurk
Die Mur } von den Steyrischen Alpen.
Die Mürz
Die Sau } von den Krainer-Alpen.
Die Kulpa
Die Unna
Die Verbas
Die Bosna } vom Dalmatischen Gebirge.
Die Drina
Die Servische Morava
Die Bulgarische Morava } vom Macedonischen Hochlande.
Die Isker
Die Neitra
Die Gran } von den südlichen Ungarischen Erzgebirgen.
Die Hernath
Die Arve von der Babia-Gura.
Die Theis } vom Gebirge Borsek.
Die Szamosch
Die Marosch } vom Längenthale von Jörgau und Czek.
Die Aluta
Die Bega } vom Banater Gebirge.
Die Themes
Der Sireth aus der Hochlandschaft Bukowina.
Der Pruth vom Karpaterwald-Gebirge.

Cap. IV.

Das Europäische Alpenland.

§. 67.

Begriffs-Erklärung — Lage.

Der Begriff: Alpen, tritt hier in seine engere Bedeutung, denn es wird nur ein zusammenhängendes Ganze darunter verstanden, von den übrigen Europäischen Gebirgen über 6000′ ganz abstrahirt. Die zu betrachtende Einheit ist der südlichste Theil des mittleren Continent's von Europa, zwischen der Rhone und Mitteldonau, dem Oberrhein, der Oberdonau, der Po-Ebene und dem Mittelmeer. Hier sind die höchsten Gipfel, die tiefsten Gründe, die steilsten Felsenformen und die ältesten Gesteine unseres vaterländischen Erdtheils. Klima und Vegetation bieten die widersprechendsten Erscheinungen und deshalb ein vielseitiges Leben. In der That hat die Natur für dieses Riesen-Gebirge der Erde eine glückliche Mittelzone gewählt, deren hervorbringendem Einflusse nur alle Theile über der Schneelinie, vornehmlich die Hörner und Ferner und die Gletscher, d. i. jene kristallisirten Abhänge, fremd bleiben, in denen die Wirkung des Sonnenstrahls mit jener des Frostes in immerwährendem Kampfe steht. Nördlich der Alpen liegt die Donau, als natürliche Scheidung von den Hochebenen und Mittelgebirgen Deutschlands. Westlich ist das Rhone-Thal, eine tiefe Einsenkung, jenseits deren die Französischen Gebirge liegen. Südlich breitet sich die weite Ebene der Lombardei aus. Im Ost und West derselben lehnen sich die Alpen an das Mittelmeer, denn sie reichen bis an Istriens Süd-Spitze und lagern sich längs der Küste vom Rhone-Delta bis zu der Quelle des Tanaro.

Nach Süd-Ost hin findet ein Zusammenhang der Alpen mit den Gebirgen in der Halbinsel des Balkan statt. Oestlich sinken die immer niedriger und sanfter werdenden Alpenformen allmählig zur großen Ungarischen Ebene.

Der 47ste Breitenkreis bezeichnet die ungefähre Mitte des Alpenlandes, das von $22\frac{1}{2}$ — 34° östlicher Länge, mit einem Areal von etwa 4500 □ M., sich in der Hauptmasse erstreckt.

§. 68.

Disposition.

Bei einer auch nur allgemeinen, aber doch wissenschaftlichen Behandlung des vorhabenden Terrains, das, abgesehen von seiner natürlichen Wichtigkeit, auch in Alterthumskunde und neuester Geschichte durch Hannibal und Bonaparte klassisch wurde, kommt es auf mehrseitige Betrachtung an. Die Naturgrenze entlehnt sich mit Vortheil der Hydrographie und darum sind:

§. 69. Vertiefungen,

also Stromthäler und Seenbecken, als Lineamente zur Lagenbezeichnung nicht nur, sondern auch als Beitrag zur Charaktergebung des Ganzen,

§. 70. Erhebungen,

zu beschreiben. Es bedarf für diese letztere Kategorie einer Eintheilung des Alpen-Gebirges nach Lage, Höhe, Bestandtheilen, — hierauf einer Betrachtung der Hauptabschnitte und ihrer Natur-Abtheilungen, der wichtigsten dominirenden Gipfel und der vorzüglichsten Pässe. Den Schluß macht eine dreifache Profillegung durch wichtige Alpen-Theile und eine kurze Erwähnung der Vegetations- und eigenthümlichen Verhältnisse.

§. 69.

Vertiefungen.

I. Stromthäler.

Die linken Nebenflüsse der Rhone und die Oberrhone selbst, der obere Rhein mit seinen Zuflüssen, die rechten Donau-Zuflüsse ganz und theilweise, bis 33° östl. L., endlich die Adriatischen Küstenflüsse, die Etsch, der Po mit seinen linken Zuströmen und die Küstenflüsse des Golfs von Lion östlich, das Rhone-Delta und das von Genua, sind Eigenthum der Alpen. Sie bilden theils Längen-, theils Querthäler, je nachdem sie die durchgängig nordöstlich ziehenden Alpenketten transversal durchschneiden, oder mit ihnen parallel ziehen.

1) Die Oberrhone und ihre Nebenflüsse (s. §. 1. III.).

Die Quelle der Rhone selbst ist mehrfach. Der Fluß setzt sich aus einigen Bächen zusammen, die von den Gletschern des Gabelberges auf der Westseite des Sct. Gotthardt-Gebirges entstehen. Der ganze Oberlauf, d. h. derjenige Theil des Flusses, von der Quelle bis zum Genfer-See, bildet ein je weiter nach West, desto steiler und tiefer werdendes Thal. Es heißt: Wallis, und zwar Ober-Wallis von den Quellen bis Martinach, Unter-Wallis von hier bis zum See. Ersteres ist ein Längen-, letzteres ein kurzes Querthal. Die Quellen der Rhone liegen 5400′ über dem Meeresspiegel, während der Fluß am Genfer-See nur noch 1160′ hoch ist.

Ein bedeutendes Längenthal bildet die Arve, welche südlich von Martinach und nördlich vom Mont-Blanc entspringt. Es ist das Chamouni-Thal (3 — 4000′ hoch).

Die Isère, vom M. Iseran, südlich des kleinen Bernhardt, strömt größtentheils in Längenthälern, nur zweimal in kurzen Querthälern.

Die Durance, vom Süd-Ost-Abhange des M. Genèvre, bildet im Ober- und Mittellaufe die von den gleichnamigen Städten benannten Thäler von Embrun und Sisteron. —

Von diesen genannten Alpen-Zuflüssen der Rhone ist die Durance der bedeutendste. Sie hat gleichwohl einen niedrigeren Wasserstand und mindere Fallthätigkeit, als die Isère.

2) Der Oberrhein und seine Zuflüsse. (S. §. 9. I.)

Nachdem der Rhein aus seinen Rieselbächen zusammengesetzt ist und 4 Meilen unterhalb Chur, Graubündten verlassen hat, nimmt er an Fallthätigkeit und Wassermenge zu. Er bildet ein Querthal und wird durch die in Längenthälern fließenden Ströme: Landguard und Ill, verstärkt. Unterhalb der Landguard-Mündung nimmt das Rheinthal an Tiefe zu. Die Rheinquellen liegen zwischen

6 und 9000′ über dem Meere, während der Rhein am Bodensee nur noch 1200′ hoch ist.

Vom Bodensee aus bis Basel bildet der Ober-Rhein ein begrenzendes Längen-Thal.

Das Thal der Aar heißt in den Hoch-Alpen zuerst Ober-Hasli. Es ist ein rauhes Querthal, und geht nordsüdlich vom Thuner- und Brienzer-See in das Längen-Thal Unter-Hasli über. Die Aar-Quelle liegt 5851′ über dem Meere.

Das Thal der Reuß. Die Reuß, der wildeste Alpenstrom, bildet auch das schroffste Alpenthal. Zuerst bildet sie das Urseren-(Längen-)Thal, dann ein romantisches Querthal, bis an den Vierwaldstädter See. Die nördlichsten Hoch-Alpen werden wieder in einem Längen-Thale durchschnitten, und der Unterlauf ist ein zweites Querthal.

3) Die rechten Donau-Zuflüsse bis 33° östl. L. (S. §. 9. III. und §. 18. V.)

Iller, Lech und Isar bilden in ihren Oberläufen kurze Querthäler der Alpen, dann treten sie in die Hoch-Ebene von Deutschland.

Der Inn ist ein wichtiger Alpenstrom. Seine Quelle liegt am Nord-Ost-Abhange des Septimer, und der Strom bildet, ihr zunächst, bis Finstermünz das Längen-Thal: Engadin. Von hier bis Landeck (in Tirol) erscheint der Inn in einem kurzen Querthale. Von Landeck bis Kuffstein hat er ein weiteres, niedrigeres und fruchtbareres Längen-Thal und darauf bis zu seinem Austritte aus den Alpen ein zweites größeres Querthal. Die Quelle des Inn liegt 6500′, die Mündung 789′ über dem Meere.

Die Salzach (Inn) entspringt nördlich der Dreiherrnspitze und bildet zuerst das Pinzgauer Längen-Thal, hierauf das Poegauer Querthal. Soweit die Salzach den Alpen gehört, ist sie von hohen und steilen Gebirgswänden eingeengt.

Die Enns hat ein ähnliches Thal wie die Salzach und unterscheidet sich von ihr nur durch Stromschnellen und Kataraften.

Die Mur (vom Radstädter Tauern) bildet bis Bruck das Lungauer Längen-Thal, hierauf mit der Richtung nach Süd, ein Querthal.

Die Drau vom M. Pellegrino bildet nur ein Längen-Thal, das zuerst steil und wild, dann (bis Marburg) am Nord-Ufer romantisch, am Süd-Ufer wüst und unzugänglich ist. Von Marburg an fließt die Drau zuerst zwischen niedrigen Höhen, alsdann in der Ungarischen Ebene.

Die Sau entspringt nordwestlich des Terglu und liegt als Längen-Thal (parallel dem Drau-Thale) zuerst in wilden Kalkstein-Alpen. Unterhalb Laibach erweitert sich das Thal bedeutend (Krainer Ebene). Das rechte Ufer wird von untergeordneten Höhen, bis zur Mündung, begleitet, während das linke Ufer fast ganz frei bleibt.

4) Die Adriatischen Küstenflüsse.

In das Adriatische Meer münden westwärts von der H. J. Istrien:

der Isonzo,
der Tagliamento,
die Piave,
die Brenta, welche rechts den Bachiglione aufnimmt.

Diese Flüsse kommen vom Süd-Rande der Karnischen und Trientinischen Alpen, stürzen reißend in die Lombardische Ebene und bilden an ihren Mündungen Lagunen.

5) Die Etsch entspringt in Tirol zwischen der Ortels-Spitze und dem Oetzthaler Ferner. Sie fließt zuerst südlich, dann östlich und südöstlich bis zu ihrer Vereinigung mit der Eisach (unterhalb Botzen). Von Botzen bis Verona strömt die Etsch südsüdwestlich in einem wilden Querthale; von Verona aus gehört sie der Lombardischen Ebene. Sie empfängt links die Eisach (vom Brenner), welche südsüdwestlich strömt. Zu ihr mündet wiederum: die Rienz (vom M. Pellegrino). Diese letztere durchströmt das Puster-Thal.

6) Der Po und seine linken Zuflüsse.

Der Po entspringt am M. Viso der Kotrischen Alpen und gehört selbst dem Alpen-Gebirge nur mit seinem

Oberlauf, in einem kurzen Querthale, hierauf bis zur Mündung, der Lombardischen Ebene an. Er strömt nordöstlich und hierauf trotz vieler Krümmungen, doch hauptsächlich nach Ost. Die Mündung erfolgt in das Adriatische Meer und zwar in einem vierarmigen Delta. Die Hauptmündungsarme sind von Süd nach Nord: Po di Primaro, di Volano, di Ariano, di Maestro. Dieser letztere nördlichste Arm ist der bedeutendste und wird deshalb auch Po grande genannt. Die linken Nebenflüsse des Po sind:

Die Dora Ripera, welche nördlich vom M. Viso, westlich von Pignerolo, entspringt und bis zu ihrer Mündung einen verhältnißmäßig nur kurzen Lauf hat.

Die Dora Baltea entsteht aus zwei Hauptarmen, deren einer vom M. Blanc, deren anderer vom großen Bernhardt kommt. Nach der Vereinigung beider bildet der Strom das Längen-Thal von Aosta. Die Richtungen der Dora Baltea sind: nach Ost und Süd-Ost, die Mündung erfolgt bei Crescentino.

Die Sesia strömt südsüdöstlich und gehört nur mit dem Oberlaufe den Alpen an.

Der Tessino, vom Süd-West-Fuße des St. Gotthardt-Gebirges, durchfließt zuerst das Thal von Val-Bedretto, darauf das Liviner Querthal. Bei Bellinzona mündet er in den Lago maggiore. Von seinem Ausflusse aus demselben gehört er der Lombardischen Ebene.

Die Adda entspringt an der Ortels-Spitze. Sie bildet das Längen-Thal: Veltlin und fließt hierauf in den Komer-See. Unterhalb Lecco verläßt sie die letzten südlichen Voralpen und strömt südsüdöstlich, von Lodi aus südöstlich, dem Po zu.

Der Oglio von den Ortels-Alpen fließt in einem Querthale bis zum Iseo-See. Sobald er diesen verläßt, betritt er die Lombardische Ebene und verwandelt im Unterlauf seine Süd-Richtung in eine Süd-Ost-Richtung.

Der Mincio, auch von den Ortels-Alpen, hat bis an den Garda-See ein kurzes Querthal. Nach seiner Ausmündung aus demselben fließt er südlich, nimmt aber schon oberhalb Mantua eine Süd-Ost-Richtung an.

II. Seenbecken.

Die Seen des Alpen-Landes sind von zweierlei Art. Wir finden Seenbildungen in den Uralpen Savoyens, Helvetiens, Tirols, in absoluter Höhe von 4 — 7000′. Das sind kleine Seen, größtentheils Granitbecken und wegen ihrer Höhe mit Schnee und Eis bedeckt, oder doch umgeben. Wir zählen einige 60 solcher Seen.

Die Seen zweiter Art sind bedeutend größer. Sie finden sich in den nördlichen und südlichen Voralpen, in der Schweiz und Lombardei.

Die Seen der Schweiz.

1) Der Genfer See, der westlichste dieser Seen, auf der Grenze der Schweiz und Savoyens. Er ist 9 Meilen lang, über $1\frac{1}{2}$ Meile breit und wird von der Rhone gebildet. Am Rhone-Einfluß sind die Ufer sumpfig. Die östlicheren Theile des Nord- und Süd-Ufers sind steil, die westlicheren sanft ansteigend und schön bebaut.

2) Der Neufchateller See, nordöstlich des vorigen und durch die schiffbare Thiele gebildet. Der See ist in der Richtung nach Nord-Ost etwa 5 Meilen lang, bei durchschnittlich 1 Meile Breite. Die östlichen Ufer-Höhen sind steiler, als die westlichen. Die Thiele verbindet den Neufchateller See mit:

3) dem Bieler See, der gleichsam in der nordöstlichen Verlängerung des Neufchateller Sees liegt. Er ist 2 Meilen lang und $\frac{1}{2}$ Meile breit.

4) Der Murten-See, östlich vom Neufchateller See, 1 Meile lang, $\frac{1}{3}$ Meile breit.

5) Der Thuner } See.
6) Der Brienzer }

Sie werden beide von der Aar gebildet, liegen also nördlich vom finstern Aarhorn und sind von steilen Höhen umgeben.

7) Der Sempacher See, bei Sempach im Kanton Lu-

zern. Er ist mit sanften Hügel-Reihen und fruchtbarem Boden umgeben.

8) Der Vierwaldstädter See in der Mitte der Waldstädte: Schwyz, Uri und Unterwalden, von der Reuß gebildet, 5 Meilen lang, $\frac{3}{4}$ Meilen breit, ein unregelmäßig gebildetes, sogar zerrissenes Granitbecken zwischen hohen und steilen Felsenwänden.

9) Der Zuger See, nördlich des vorigen, 2 Meilen lang, $\frac{1}{2}$ Meile breit, nur im Süd von steilen Höhen begrenzt.

10) Der Zürcher See, bei Zürch, 5$\frac{1}{2}$ Meile lang, $\frac{1}{2}$ Meile breit, von schön bebauten Hügeln umgeben.

11) Der Wallenstädter See, südöstlich vom vorigen, 2$\frac{1}{4}$ Meile lang und $\frac{1}{3}$ Meile breit.

Die Seen der Lombardei.

1) Der Lago-maggiore von Nord nach Süd, 8 Meilen lang, bei $\frac{2}{3}$ Meilen Breite, liegt zwischen dem 26. und 27sten Längengrade und reicht aus den südlichen Voralpen bis in die Ebene der Lombardei. Im West und Nord hat er steile Ufer, östlich sanfte Vorhöhen und im Süd die Ebene. Er wird vom Tessino gebildet und enthält die Borromäischen Inseln, von denen die größte Isola bella ist.

2) Der See von Lugano, östlich des vorigen und durch das Flüßchen Tresa mit ihm verbunden. Er wird vom 46sten Parallelkreise geschnitten, ist 4 Meilen lang und $\frac{1}{2}$ Meile breit.

3) Der Comer-See. Seine Richtung ist derjenigen des Lago-maggiore fast parallel, seine Form der seinigen entsprechend. Die Lage läßt sich durch den 27sten Längengrad und 46sten Breitengrad bezeichnen. Er ist 7 Meilen lang und $\frac{1}{2}$ Meile breit.

4) Der Iseo-See bedeutend südöstlich vom Vorigen, 3$\frac{1}{2}$ Meile lang und $\frac{1}{2}$ Meile breit, vom Oglio gebildet.

Er, so wie der Comer-See, ist ringsum von steilen Alpen umgeben, mit dem Unterschiede, daß die des Iseo-See's etwas entfernter bleiben.

5) Der See von Idro, nordöstlich vom Iseo-See, dicht

am 28sten Längengrade, 2 Meilen lang, ½ Meile breit, ringsum mit steilen Gebirgsufern.

6) Der Garda-See, vom Mincio gebildet, liegt noch weiter südöstlich als der Iseo-See und fast in der Mitte zwischen dem 28sten und 29sten Längengrade, dem 45sten und 46sten Breitengrade. Er ist 7 Meilen lang und im Nord ½ Meile, im Süd 2 Meilen breit. Die Alpen, welche ihn umgeben, fallen steil zu seinen Ufern, sind aber sehr fruchtbar.

§. 70.

Erhebungen.

Die Alpen werden nach ihren Bestandtheilen, nach ihrer Höhe und nach ihrer Lage eingetheilt. Was zunächst ihre Bestandtheile anbetrifft, so unterscheidet man Ur-, Kalk- und Sandstein-Alpen. Eine geognostische Vergleichung dieser Theile läßt auf ihr verschiedenes Alter schließen. Die Ur-Alpen enthalten größtentheils Granit, Gneus und Glimmer, also die ältesten Gesteine. Wir finden sie im Bereich der innersten Massen, also mit den nachgehend vorkommenden Begriffen der Hoch- und Central-Alpen in Uebereinkunft. Die Kalkstein-Alpen begleiten das Urgebirge im Nord und Süd und sind auch in den West- und Ost-Alpen als vorherrschend zu finden. Das Sandstein-Gebirge bildet die letzten Abfälle der Alpen ins flache Land.

Nach ihrer Höhe theilt man die Alpen in Vor-, Mittel- und Hoch-Alpen. Die Höhen-Angabe bezieht sich natürlich auf Hoch-Ebenen und Gipfel. Von erstern kann nach dem angelegten Maaßstabe nur bei beträchtlicher Ausdehnung die Rede sein. Wir unterscheiden dergestalt 2 Hoch-Ebenen gleichsam als die nördliche und südliche Vorstufe der Alpen. Die Hoch-Ebene der Schweiz liegt etwa 2000′ über dem Meeresspiegel, und von ihr aus steigen die nördlichen Voralpen bis zu durchschnittlich 5000′ Seehöhe. Hierauf kommt die Region der nördlichen Mittel-Alpen bis 8000′ und zuletzt die der Hoch-Alpen, deren Hörner und Ferner bis zu 14,000′ sich erheben. Im ähnlichen Verhältniß nur kürzer und steiler fallen die Alpen nach Süden, zuletzt in die zweite Hoch-Ebene, in die nur 700′ hohe Lombardei ab.

Nach ihrer Lage haben wir West-, Central- und Ost-Alpen.

I. Die West-Alpen.

Sie reichen vom Rhone-Delta bis an die Arve und Dora-Baltea nach Nord-Ost bis an die Quellen des Tanaro und der Bormida nach Ost und bis an das Mittelmeer nach Süd.

Ihre 3 Haupttheile sind: die Kottischen, Grajischen und Meer-Alpen. In diese sind auch als Unterabtheilungen die verschiedenen Zweige der Provencer, Dauphineer, Savoyer und Piemonteser Alpen eingetheilt.

1) Die Kottischen Alpen zwischen der Isère, der Durance und dem oberen Po bis an den M. Cenis. Höchste Gipfel sind hier:

Der M. Ventoux (23° Oestl. L. nordöstlich von Carpentras) 6227′ hoch.

Der M. Pelvoux (45° N. Br., 24° Oestl. L.) 13,000′ hoch.

Der M. Genèvre, östlich vom Vorigen und dicht am linken Ufer der oberen Dora Ripera, 11,800′ hoch.

Der M. Cenis, nordöstlich des Vorigen und etwa 24° 40′ östl. L., 45° 18′ nördl. Br., 11,100′ hoch.

Der M. Piso an der Po-Quelle, 11,808′.

2) Die Grajischen Alpen.

Sie erstrecken sich vom M. Cenis bis an den M. Blanc nach Nord und an die Dora Baltea nach Nord-Ost und Ost.

Höchste Punkte:

Der M. Iseran an den Quellen der Isère, 12,456′.

Der kleine Bernhardt zwischen den Quellen der Isère und der Dora Baltea, 11,180′.

3) Die See-Alpen.

Südlich der Durance und des M. Piso bis an die Bormida und an das Mittelmeer. Sie werden je näher der Küste, desto niedriger und hängen nach Ost durch den

Col de Tenda (5700′ hoch) an der Quelle des Tannaro, gegen die obere Bormida hin mit den Appenninen zusammen.

Die vorzüglichsten Pässe der West-Alpen sind folgende:

Der Paß des M. Genèvre (6000′ hoch) verbindet die Thäler der Durance und des Po.

Der Paß des M. Cenis (6144′ hoch) aus Savoyen nach Piemont.

Der Paß des kleinen Bernhardt von der oberen Isère ins Aosta-Thal der Dora Baltea (6750′ hoch).

II. Die Central-Alpen.

Von dem M. Blanc, der Arve und Dora Baltea erstreckt sich diese Hauptmasse der Alpen nach Ost bis über den Gr. Glokner hinaus, bis an den 31sten Längengrad. Hier sind wieder 3 Haupttheile:

Die Penninischen, Lepontinischen und Rhätischen Alpen.

1) Die Penninischen Alpen erscheinen im Allgemeinen als Wasserscheide der Oberläufe vom Po und Rhone und erstrecken sich vom M. Blanc bis an den Genfer See, bis an die obere Rhone, bis an den Lago-maggiore und an die Lombardische Ebene.

Ihre höchsten Punkte sind:

Der Mont-Blanc, zwischen den Quellen der Arve und Dora Baltea, 14,764′.

Der große St. Bernhardt (östlich vom vorigen), 10,400′.

Der M. Rosa, 46° n. Br., östlich vom vorigen, 14,222′.

2) Die Lepontinischen (oder Adular-) Alpen.

Hierunter ist der Haupt-Alpenkamm verstanden, der von der Quelle des Tessino bis über den Inn hinaus und bis an die Adda sich erstreckt, also die Hauptwasserscheide zwischen den Rhein-Quellen und den Oberläufen des Tessino und der Adda bildet. Hier ist das St. Gotthardt-Gebirge und hier sind die Graubündter Alpen als Unter-

Abtheilungen mit einbegriffen. Als höchster Gipfel des St. Gotthardt-Gebirges ist der Gallenstock mit 11,300′ absoluter Höhe zu merken. In den Graubündter Alpen liegt der Vogelsberg an den Rhein-Quellen mit 10,200′ Höhe. Weiter östlich bildet der Bernina den Anschluß an die Rhätischen Alpen.

Die Rhätischen Alpen von Süd-West nach Nord-Ost bis zur Dreiherrnspitze und zum Gr. Glockner, von der Adda, Eisach und Rienz im Süd und Süd-Ost begrenzt, als Wasserscheide der Stromgebiete des Inn und der Etsch. Hier sind die höchsten Punkte: der Septimer 9220′, der Oezthaler Ferner (zwischen den Quellen der Etsch und Eisach), der Brenner an der Quelle der Eisach (6400′), die Dreiherrnspitze, der Gr. Glockner (im Quellbezirk der Salzach, Drau und Rienz (11,737′).

Diesem Hauptkamme der Central-Alpen liegen Alpentheile, die auch Bestandtheile der Central-Alpen sind, nördlich und südlich vor.

Die nördlich vorliegenden Alpentheile.

Diese sind von West nach Ost gezählt, folgende:

Die Berner Alpen, nördlich der Oberrhone bis an die Schweizer Hoch-Ebene und an den Brienzer See.

Höchste Gipfel:

Die Jungfrau 13,324′, } an den Quellen der Aar.
Das Finsteraarhorn 13,234′ }

Das Schreckhorn, nördlich vom vorigen, 13,012′.

Die Vierwaldstädter Alpen zwischen der Aar und Reuß.

Höchste Gipfel:

Der Gabelberg (Furca) an der Quelle der Rhone, 13,634′.

Der Titlis-Berg, 10,600′ hoch.

Die Schwyzer und Glarner Alpen zwischen der Reuß, Limat und dem Oberrhein.

Höchste Punkte:

Der Crispalt, } 11,000′.
Der Tödi }

Der Küstenberg 10,600′.

Der Rigi am Zuger See 5500′.

Die Thur-Alpen zwischen dem Rhein, dem Bodensee und der Limat enthalten nur niedere Vor-Alpen.

Die Algauer Alpen, nordwestlich des Inn, längs den Oberläufen der Iller, Lech und Isar.

Die höchsten Punkte sind:

Der Arl-Berg am oberen Lech, 10,000′.

Der Hochvogel, nördlich des vorigen, zwischen Lech und Iller (Iller-Quelle) 9320′.

Der südwestlichste Theil der Algauer Alpen längs dem Ill bis an das Engadin-Thal des Inn, welcher auch den vorgenannten Arl-Berg in sich begreift, wird Vor-Arl-Berg genannt.

Die südlich vorliegenden Alpentheile.

Die Ortels-Alpen, südöstlich und südlich der oberen Adda, bis an die Lombardische Ebene nach Süd und bis an die Etsch nach Ost.

Höchster Gipfel ist:

Die Ortels-Spitze an der Quelle der Adda, 12,059′.

Die Trientinischen Alpen zwischen der Etsch, Eisach, Rienz und Piave, bis an die Lombardische Ebene. Hier sind Gipfel von 6 — 7000′.

Was die Gangbarkeit der ganzen Central-Alpen anbetrifft, so sind darin hauptsächlich 7 wichtige Pässe zu merken:

Der Paß des großen Bernhardt aus dem unteren Wallis in das Aosta-Thal der Dora Baltea (7668′ hoch).

Der Simplon-Paß aus dem oberen Wallis zum Lagomaggiore, (6174′).

Der Gotthardt-Paß von der Reuß zum Tessino (6650′ hoch).

Der Bernhardino-Paß vom Hinterrhein zum Tessino, 6584′.

Der Splügen vom Hinterrhein zur Adda, 6513′.

Das Stilffser Joch von der oberen Etsch in das Veltlin-Thal der Adda, (8610′).

Der Brenner vom Inn zur Etsch, 4353′.

III. Die Ost-Alpen.

Hier sind, abgesehen von den weiteren nördlichen und nordöstlichen Verzweigungen, 4 Haupttheile, nämlich: die Salzburger, Norischen, Karnischen und Julischen Alpen, zu unterscheiden.

1) Die Salzburger Alpen.

Gleichsam eine nordöstliche Fortsetzung der Rhätischen Alpen und eine Wasserscheide zwischen dem Inn und der Enns, von der Salzach und Traun durchströmt.

Die höchsten Gipfel sind hier:

Der Radstädter Tauern, 10,142′, und der Dachstein an der oberen Traun, 9244′.

2) Die Norischen Alpen.

Vom Gr. Glockner bis an die Drau nach Süd, bis an die Donau mit seinen Verzweigungen nach Nord, und bis zum Abfall in die große Ungarische Ebene nach Ost. Die äußersten Glieder dieser Alpen, welche an die Donau stoßen, sind:

Der Wiener Wald zwischen Wien und Molk. — Das Leitha-Gebirge zwischen der mittleren Leitha und dem Neusiedler See. — Der Bakony-Wald zwischen der Donau (bei Ofen und Pesth) und der Raab.

Die Steyrischen und Vieschbacher Alpen sind nur Theile der Norischen Alpen.

Der höchste Punkt ist das Vieschbachhorn, nordöstlich vom Gr. Glockner, 10,800′ hoch.

3) Die Karnischen Alpen.

Von der Piave im West, bis zur großen Ungarischen Ebene im Ost, also hauptsächlich als Wasserscheide der Drau und Sau dastehend. Sie enthalten schroffe und nackte Felsenformen, und ihr höchster Gipfel ist die Steiner Alp, (10,000′ hoch).

4) Die Julischen Alpen.

Ueber die Oberläufe des Tagliamento und Isonzo, nach Süd und Süd-Ost bis an die Südspitze Istriens und den Quarnero-Golf.

Höchster Punkt:

Der Terglu unweit der Sau-Quelle, 9300′.

In den Ost-Alpen sind wegen der weiten Auseinanderlagerung des Gebirges viele Pässe. Die wichtigsten davon:

Der Radstädter Tauern von der Ens zur Mur, 4900′.

Der Rottenmanner Tauern verbindet dieselben Thäler, 5400′.

Der Semring von der Donau zur Mur, 3123′.

Der Tarvis-Paß von der Drau zum Tagliamento, 2412′.

Der Loible-Paß von der Drau zur Sau.

Der Adelsberger Paß von der Sau zum Quarnero-Golf.

Die Marie Louisen-Passage vom Quarnero-Golf ins Kulpa-Thal, 2857′.

Die Landschaften des Alpen-Landes sind, wie dies zum Theil schon aus dem Vorherigen folgt,

im West und Südwest: Provence, Dauphinée, Savoyen und Piemont,

in der Mitte: Helvetien und Tyrol,

im Osten: Oestreich, Steyermark, Kärnthen und Krain.

§. 71.

Alpen-Profile.

Es lassen sich zur Zusammenstellung der verschiedenen Alpen-Höhen füglich 3 Profile legen.

1stes Profil. (Fig. 1.)

Durchschnittspunkte: das untere Rhone-Thal (400′) — der M. Vendour (6000′) — das Thal von Embrun (2628′) — der M. Viso (12,000′) — die Lombardei (700′).

2tes Profil. (Fig. 2.)

Durchschnittspunkte: Genf (1150′) — das Chamouni-Thal (3000′) — der M. Blanc (14,764′) — das Thal der Dora Baltea — der kleine St. Bernhardt (9000′) — die Lombardei (700′).

3tes Profil. (Fig. 3.)

Durchschnittspunkte: Bregenz (1200′) — Arlberg (10,000′)

— Engadin (2208′) — Vintschgau (2586′) — Ortels-Spitze (12,059′) — Ortels-Alpen (7 — 8000′) — Mincio und Garda-See (700′) —

§. 72.

Vegetation — Eigenthümlichkeiten.

In den Central-Alpen wird am Fuße des Hochgebirges, in den Thälern, der Boden sehr kultivirt. Der Weinstock reicht bis zu einer Höhe von 2400′, und der Kornwuchs hie und da bis zu 4600′. Nicht ganz bis zu dieser Höhe gedeihen auch die Fruchtbäume. Ueber den so kultivirten Thälern und Abhängen kommt die Region des Laubholzes, zuletzt die des Nadel- und Krummholzes.

Noch höher ist dürftiger Graswuchs, sind Moose und Alpen-Kräuter; die höchsten Gipfel liegen über der Schneelinie und haben gar keine Vegetation.

Die Viehzucht ist als Hauptbetrieb der Alpen-Bewohner anzusehen. Die Hirten (Sennen) wohnen während des Sommers in hölzernen Hütten auf der Alp, wo ihre Heerden weiden.

Wenn beim Aufgang und Untergang der Sonne die höchsten Alpengipfel wie golden und purpurn erscheinen, so heißt dies: das Glühen der Alpen.

In den höhern Alpen-Regionen sind die Gletscher. Es war hiervon schon die Rede (§. 67) und ist hier noch hinzuzufügen, daß diese Gletscher durch das Schmelzen der Oberfläche oft Bäche erzeugen, von ihnen unterfressen werden und dann zusammenstürzen. Die kalten Luftströmungen aus den Gletschern führen Eiskörner mit sich und heißen: Gletscher-Gebläse.

Eine größere Gefahr wie in den Gletschern liegt für alle Reisenden in den Lavinen. Es sind dies ungeheure Schneestürze, die durch den Wind ihre Veranlassung erhalten, durch das Fortrollen auf dem frisch gefallnen Schnee der Alpen sich vergrößern und alles, was ihnen begegnet, zertrümmern oder verschütten. Im Frühjahr, wo oft der Thau eine Lavine erzeugt, ist das Reisen am gefährlichsten.

Die Bergfälle sind noch fürchterlicher. Da nehmlich

oft der fruchtbare Boden eines Abhanges auf einem Thonlager ruht und dieses bisweilen durch Regengüsse aufgeweicht wird, so stürzt der ganze Abhang herunter und verwüstet und zertrümmert alles Leben im Bereich seines Falles. Der letzte Fall dieser Art war am 2. September 1806, wo ein Abhang des Ruffi-Berges (im Kanton Schwyz) herabstürzte.

B.

Die größten Halbinseln Europa's.

Cap. V.

Scandinavien. Jütland.

Scandinavien. Halbinsel.

§. 73.

Im Allgemeinen.

Scandinavien ist der Zusammenbegriff Norwegens und Schwedens, jene große Halbinsel, deren nördlichster Punkt das Nord-Kap ist, und deren südlichster Punkt an den Sund grenzt.

§. 74.

Gewässer.

Der langgestreckten Form Scandinaviens wegen sind keine großen Stromläufe, sondern nur beträchtliche Küstenflüsse und zwar auch ganz allein im Bereiche der Baltischen Abdachung ausgebildet. Sie sind fast alle mit Landseen verbunden, deren sich eine große Zahl vorfindet.

Flüsse.

1) Zum Skager-Rack.

Die Louven, } von *N. N. W.* nach *S. S. O.*
Die Drammen, }

Der Glommen, südöstlich, zuletzt südwestlich. Die Mündung des Letztern erfolgt nordwestlich von Friedrichsstadt. Er nimmt rechts den Louven auf, welcher etwa unter 60° nördl. Br. einmündet, nachdem er durch den Miösen-See geflossen ist.

2) Zum Kattegat.

Die Götha-Elf, ein Abfluß des Wener-See's, welcher den Trollhätta-Fall bildet.

3) Zur Ost-See.

Die Motala-Elf, der Abfluß des Wetter-See's.

4) Zum Bothnischen Meerbusen.

Die Dal-Elf entsteht aus dem Zusammenflusse der Oster- und Wester-Dal-Elf, fließt südöstlich, nordöstlich und mündet unweit Gefle.

Die Ljusna-Elf fließt südöstlich und mündet unterhalb Söderhamm.

Die Niurunda-Elf.

Die Indals-Elf.

Die Angermanna-Elf, mit südöstlicher Strömung, bildet den langen Marsiön-See und mündet bei Hernösand. Sie nimmt den Ogelströmen auf.

Die Umea-Elf.

Die Skellestea-Elf.

Die Pitka-Elf.

Die Lulea-Elf. Diese letztere entsteht aus der großen und kleinen Lulea; erstere von beiden ist die nordöstlichere und heißt in der Lappmark die Stora Lulea. Sie bildet einen Wasserfall von 2000′ Breite und 380′ Höhe, den Hasenfall.

Die Kalix-Elf, zuerst südöstlich, dann südlich strömend. Im Unterlaufe nimmt sie rechts die Lina auf.

Die Tornea-Elf, aus dem Tornea-See, fließt südöstlich, zuletzt südlich. Von dem Punkte an, wo sie in die Süd-Richtung übergeht, bildet sie die natürliche Grenze des Schwedischen und Russischen Lappland.

Von der nordwestlichsten Spitze Rußlands, bis an diesen Punkt, wird die Grenze durch den Muonio, einen linken Zustrom der Tornea, gebildet.

Nach Nord und West, also zum Eismeer und zur Scandinavischen See, ergießen sich der Nähe des Gebirges, sowie der schroffen Gebirgs- und Küsten-Formen wegen, nur ganz kurze reißende Gebirgsbäche.

Land-Seen.

Unter den zahlreichen Seen Scandinaviens sind die bedeutendsten:

1) Der Miosen-See vom Louven gebildet.
2) Der Wener-See, 19 M. lang, 9 M. breit, 150′ absolut hoch, mit hohen Ufern, vielen Skåren und Sandbänken. Ihm fließt die Klara-Elf zu, die sich bei Karlsstadt ergießt.
3) Der Wetter-See, 17 M. lang, 3 M. breit, 140′ hoch, südöstlich von dem Vorigen.
4) Der Mälar-See hängt durch Stockholm mit dem Meere und nach Süd-West mit dem kleineren Hielmar-See zusammen. Er enthält viele Inseln.
5) Der Siljan-See, nordwestlich des vorigen, tief und mit felsigen Ufern, wird von der Oster-Dal-Elf gebildet.
6) Der Stör-See mit der Indals-Elf verbunden.
7) Der Umea-See von der Umea
8) Der Horn-See von der Skellestea
9) Der Lulea-See von der Lulea
10) Der Tornea-See von der Tornea

} gebildet.

11) Der Enara-See fließt durch den Patsjocki in den Waranger Fiord ab.

§. 75.

Kanäle.

1) Der Trolhätta-Kanal macht die wegen ihrer Katarakten nicht zu befahrende Götha-Elf schiffbar, indem er in geringer Entfernung den Fluß begleitet und sich erst da mit demselben vereinigt, wo er ruhig fließt.
2) Der Götha-Kanal verbindet den Wener-See und Wetter-See.
3) Der Arboga-Kanal verbindet den Melar- und Hielmar-See.
4) Der Strömsholms-Kanal verbindet die Bergwerke von Dalarne-Län mit dem Mälar-See.

§. 76.

Gebirge.

Ganz Skandinavien ist von einem mächtigen Gebirgs-System, einem Massen-Gebirge, ohne eigentlichen Kamm durchzogen, welches sich vom Cap Lindenäs bis zum Nord-Cap durch 240 deutsche Meilen, bei etwa 40 Meilen Breite, erstreckt. Die Abfälle dieses Gebirges sind nach Nord und West kurz und sehr schroff. Die Löffoden sind gleichsam insulare Fortsetzungen des Skandinavischen Gebirges und die West-Küste ist durchgängig auf das mannigfachste zerklüftet.

Die Ost-Abfälle des Gebirges sind überall sanft und allmählig.

Ueber den sonstigen Karakter des Skandinavischen Gebirges läßt sich sagen, daß es von Süd nach Nord an Höhe abnimmt, daß große öde Bergflächen und unregelmäßig zerstreute Gipfel (Tinde) sich vorfinden.

Man unterscheidet 3 Haupttheile des Skandinavischen Gebirges, und zwar:

1) Die Skandinavischen Alpen bis 63° N. Br.

Hier haben wir als Unterabtheilungen: das Langfjeld — das Segenfjeld — das Dovrefjeld. —

Die Durchschnitts-Höhe der Gipfel ist 5 — 6000′, der Berg-Ebenen 2 — 3000′.

Höchste Gipfel sind: der Skagestöl-Tind 7600′ und der Sneehätten 7099′ über der Meeresfläche.

2) Die Kiölen, von 63 — 67° N. Br.

Ihre Gipfel erheben sich 3 — 5000′, ihre Berg-Flächen 1500 — 2000′ über die Meeresfläche.

Höchster Gipfel ist: der Sulitelma (67° N. Br.).

3) Das Lappländische Gebirge.

Hier erheben sich die Gipfel bis zu 3000′, die Berg-Flächen, Thäler, Pässe u. dgl. durchschnittlich bis zu 1200′ über die Meeresfläche.

§. 77.

Ebenen.

Ebenen unterscheiden wir natürlich nur auf der Baltischen Abdachung, und zwar vorzüglich:

Die Gothländische Ebene,

welche Schonen und Gothland in sich begreift und fruchtbares Ackerland darbietet. Weiter nach Nord geht diese Ebene in steinigen, unfruchtbaren, zum Theil wieder bergigen und bewaldeten Boden über.

In der ganzen Halbinsel finden sich viele Torflager und Waldungen. Diese letztern bestehen im Norden nur aus Tannen, Fichten, Birken und Sträuchern, weiter südlich sind sie auch mit Eichen, Buchen u. dgl. gemischt.

Die Halbinsel Jütland.

§. 78.

Die Halbinsel Jütland ist ein Flachland und nur von unbedeutenden Küstenflüssen durchschnitten. Unter diesen letztern ist vorzüglich der Guden zu merken, welcher aus Sümpfen entspringt und mit nördlicher Richtung, schiffbar, ins Kategat geht.

Von Süd nach Nord wird Jütland von einem sandigen und unfruchtbaren Landrücken durchzogen, der im Cap Skagen endigt. Er enthält auch Waldungen und Moor, und auf seinen östlichen und westlichen Abdachungen liegen die fruchtbaren Landstriche der Halbinsel. Die Ost-Küsten werden etwas höher und enthalten Kreide. Die West-Küsten sind ganz flach und sandig.

Cap. VI.

Die Pyrenäische Halbinsel.

§. 79.

Im Allgemeinen.

Die Pyrenäische Halbinsel, welche Portugal und Spanien in sich begreift, ist das einzige Glied Europa's, welches vom inneren Körper ganz getrennt dasteht. Diese Trennung geschieht durch die Pyrenäen, durch das Ebro-Thal und durch die Tiefländer an der Garonne. Die ganze Halbinsel trägt den Gebirgs-Charakter.

§. 80.

Flüsse.

1) Zum Atlantischen Meere.

Der Duero (im Unterlauf Douro) strömt zuerst südöstlich, dann südlich und hierauf allgemein westlich. Er durchströmt Spanien und Portugal, betritt letzteres bei Miranda, und mündet bei Oporto.

Nebenflüsse.

Rechts. Die Pisuerga, nimmt wieder rechts d. Carion und links d. Arlanzon auf.
Die Esla, nimmt rechts den Orvigo und links die Tera auf.
Der Sabor.
Die Tua.
Der Tamego.

Links. Der Duraton.
Die Eresma. Diese empfängt links die Adaja.
Der Tormes.
Die Agueda.
Der Coa.

Der Tajo (im Unterlauf Tejo) fließt nordwestlich, südwestlich, westlich und von Abrantes an wieder südwestlich. Von Montalvas aus gehört er Portugal; die Mündung erfolgt zwischen Lissabon und Setuval. Beide Ufer sind größtentheils steil, von Almaraz bis Abrantes senkrecht.

Nebenflüsse.

Rechts. Die Xarama. Sie entsteht aus dem Zusammenfluß des Henares und des Manzanares.
Die Alberche.
Der Tiétar.
Der Alagon.
Die Zozere.

Links. Die Guadiela.
Die Sabor.
Die Zatos.

Die Guadiana (Wadi-Ana der Araber) fließt bis an die Grenze Portugals westlich, von hier aus (unterhalb Badajoz) südwestlich bis Serna. Unterhalb Serna durchbricht der Strom das Andalusische Scheidegebirge in einem Wasserfalle, welcher Salto de Lobe (Wolfssprung) heißt. Von der Mündung der Chanza an bildet die Guadiana mit Südrichtung die Grenze Spaniens und Portugals. Die Mündung erfolgt zwischen Ayamonte und Castromarin.

Nebenflüsse.

Rechts. Die Giguela, welche links die Zancara empfängt.
Links. Die Guadasira.
Der Zabalon.
Die Ardila.
Die Chanza. Dieser letztere Fluß bildet mit seinem Ober- und Mittellaufe die Grenze beider Pyrenäischen Reiche.

Der Guadalquivir (Wad-al-Kabir, der Araber) strömt allgemein südwestlich, von Cantillana an südsüdwestlich. Er fließt nur in Spanien, und theilt sich unterhalb Sevilla in 3 Arme, mit denen er die beiden Inseln: Isla menor und Isla mayor einschließt. Die Mündung erfolgt bei Sct. Lucar de Baramoda, nordwestlich von Cadix.

Nebenflüsse.

Rechts. Der Guadalimar.
Die Huelba.
Der Guadiato.
Links. Die Guadiana menor.
Die Guadajoz.
Der Xenil.

Atlantische Küstenflüsse.

Zwischen dem Cap Finisterre und dem Duero.

Der Tambre (Mündung bei Noya).

Der Minho (im Oberlauf: Miño) bildet im Unterlauf die Grenze Spaniens und Portugal's. Er mündet bei Caminba.

Die Lima mündet bei Vianna.

Der Cavado.

Zwischen Duero und Tajo.

Die Vouga, mit sehr sumpfigen Ufern, mündet in einen Strandsee zwischen Ovar und Aveir.

Der Mondego, mündet bei Figuerra, unterhalb Coimbra.

Zwischen Tajo und Guadiana.

Der Sadao, welcher in den Golf von Setuval, südlich dieser Stadt, mündet.

Zwischen Guadiana und Guadalquivir.

Der Deliel.

Der Tinto.

2) Zum Mittelmeere.

Der Ebro. Er strömt nach Süd-Ost und mündet unterhalb Tortosa. Sein Thal ist meist eng und tief, sein Strom reißend, sein Bett — vorzüglich zwischen Tudela und Saragossa — klippig. — Er gehört Spanien ganz allein, und zwar dem nordöstlichsten Theile (Navarra, Aragonien, Catalonien).

Nebenflüsse.

Rechts. Der Xalon, welcher wiederum rechts die Xiloca aufnimmt.

Links. Der Aragon.

Der Gallego.

Der Segre. Dieser letztere empfängt rechts die Noguera Bellasera, die Noguera Rivagorzano und die Cinca mit dem Alcanadre.

Küstenflüsse des Mittelmeers.

Zwischen Guadalquivir und Ebro.

Der Guadalete — der Guadaljore — die Almeria — der Almanzor — die Segura — der Xucar — der Guadalaviar.

Zwischen dem Ebro und den Pyrenäen.

Die Llobregat — der Ter.

Küstenflüsse des Golfs von Biscaya.

Die Bidasoa.

Die Navia.

Die Pravia, welche aus dem Nalon und der Narcea entsteht.

§. 81.

Kanäle.

Der Kanal von Castilien aus der Pisuerga nach Santander.

Der Kaiser-Kanal aus dem Ebro in denselben zurück, zwischen Tudela und Saragossa, um hier die Schifffahrt möglich zu machen. Er hat seinen Namen von Kaiser Carl V., der ihn begonnen.

Der Kanal von Amposta aus dem untern Ebro, wegen Versandung in den Meerbusen von Albutaque.

§. 82.

Gebirge und Ebenen.

Man unterscheidet 5 Hauptgebirgs-Ketten, 2 Hoch- und 2 Tief-Ebenen. Von jenen Gebirgs-Ketten stellen sich zwei, nehmlich die nördlichste und die südlichste, als Grenz- und Küsten-Gebirge, die 3 mittleren als Fluß-Scheidungs-Gebirge dar.

1) Die nördlichste Kette.

Sie ist, näher betrachtet, ein mannigfaltiges Gebirgs-System, zuerst ein Grenz-, dann ein Küsten-Gebirge. Demnach finden sich hier 2 Haupttheile.

a) Die Pyrenäen, die Natur-Grenze Spaniens und Frankreichs, erstrecken sich vom Cap Creuz bis zur Bidasoa, 55 Meilen weit, bei 12 — 15 M. durchschnittlicher Breite. Sie sind ein Alpen-Gebirge, am Mittelmeere mit steiler, am Biskayschen Golf mit sanfterer Abdachung, und werden in der Mitte ihrer Längen-Erstreckung am höchsten. Von den beiden Parallel-Ketten, die den Haupt-Charakter der Pyrenäen bilden, liegen in der südlicheren die höchsten und zwar vornehmlich folgende hohe Punkte:

Der Pic Nethou 10,722′ — der Maladetta 10,035′ — der Vignemalle 10,300′ — der Cylindre de Marboré 10,400′ (über der Meeres-Fläche).

b) Das Kantabrische Gebirge. Das ganze Gebirgs-System zwischen dem Duero und der Nord-Küste Spaniens, von der Bidasoa bis zum Cap Finisterre, ist hierunter verstanden. Es lassen sich, der Lage und dem Charakter nach, hier füglich 3 Theile annehmen:

α) Die Küstenterrasse von Biscaya mit den Plateau-Flächen von Alava. — Sie fällt sehr steil nach Nord zu den Küstenstrichen von Bilbao und Tolosa ab.

β) Die Küstenterrasse von Asturien. Sie steigt vom Duero und von den Hochebenen von Leon allmählig zu steilen, holzleeren Gipfeln empor, und stellt sich, vorzüglich in den nördlicheren Theilen, als eine von vielen und tiefen Querthälern zerklüftete Gebirgsmasse dar, deren höchste Gipfel bis zu 8000′ Seehöhe reichen.

γ) Die Küstenterrasse von Gallizien. Sie ist 3 — 4000′ (im Durchschnitt) hoch, und fällt terrassenförmig zur Küste. Die nördlichsten Ausläufer sind nur noch 1500 — 1800′ hoch.

2) Das Alt-Kastilische Scheidegebirge.

Es erhebt sich am Cap Oropesa (nördlich Villa real) und führt zuerst den Namen: Muela de Ares (4000′ absolute Höhe). — Die Fortsetzung davon bilden große, unbewaldete Plateau-Flächen bis zur Wasserscheide des Duero und Tajo. Hier heißt das Gebirge mit allgemeinem Namen: Sierra Guadarama, und seine höchsten Gipfel erheben sich bis zu 7700′. — Das westlichste Glied dieses Scheidegebirges ist auf der Wasserscheide zwischen Mondego und Zezere, die Sierra d'Estrella.

3) Das Neu-Kastilische Scheidegebirge.

Es ist nicht, wie die vorigen, ein ununterbrochen zusammenhängendes Gebirgs-System, sondern eine Gesammtheit niedriger Höhen, die durch viele Flächen geschieden sind. Zwischen Tajo und Guadiana gelten die Namen: Sierra Montanches, Sierra Guadelupe und Sierra de Toledo. —

4) Das Andalusische Scheidegebirge.

Es erhebt sich, den Pithyusen gegenüber, vom Cap Nae, und bildet zuerst die Plateau-Flächen von Murcia. — Hierauf bildet es die Wasserscheide zwischen Guadiana und Guadalquivir als Sierra Morena, wird von der Guadiana, im Salto de Lobo, durchbrochen. Von hier, bis zum Cap Sct. Vincent, heißt es: Sierra Monchique. — Das Ganze besteht aus vielen parallelen Zügen, die durchschnittlich 2800′ hoch sind. Die Süd-Abfälle sind steil, die nördlichen sanft.

5) Das Küsten-Gebirge von Granada.

Diese Gebirgsmasse liegt zwischen dem Cap Gata und der Mündung des Guadalete, als Wasserscheide des Guadalquivir und des Mittelmeeres. — Ihr höchster Kamm ist die Sierra Nevada, deren Gipfel die höchsten der Halbinsel sind. Hier liegt der Cumbre de Muleihacem mit 11700′ absoluter Höhe. — Die Sierra Nevada fällt durch 2 Stufen: die Sierra Alpujarras und die Sierra Contraviesa, zur Küste ab. — Im Norden liegt ihr die fruchtbare Ebene von Sevilla vor. — Der steile Abfall Granada's ist im Cap Giberaltar noch 1439′ hoch. —

Die Ost-Enden der 4 letzten Hauptgebirge stehen durch hohe Plateau-Flächen in Verbindung. Steil fällt dieser Zusammenhang zu der Arragonischen Tief-Ebene, welche durch das Ebro-Thal gebildet wird, ab. — Der Abfall zum Mittelmeere ist ebenfalls steil, und nur stellenweise sind schmale ebene Küstenstriche, wie z. B. in der Nähe von Valencia und an der unteren Segura. —

Zwischen dem Kantabrischen Küsten- und dem Alt-Kastilischen Scheidegebirge liegt die Hoch-Ebene von Alt-Kastilien, 2600′ hoch. —

Die Terrasse von Neu-Kastilien und der Mancha ist nur durchschnittlich 2000′ hoch, und begreift die Strom-Gebiete des Tajo und des Guadiana, sowie das Neu-Kastilische Scheide-Gebirge in sich.

Das Thal des untern Guadalquivir bildet die Tief-Ebene

von Andalusien, deren Theil die schon oben erwähnte Ebene von Sevilla ist.

§. 83.

Gangbarkeit der Gebirge.

Die vorzüglichsten Pässe sind folgende.

1) In den Pyrenäen:
Der Paß von Sct. Jean de Luz — Sct. Jean Pied de Port — Bellegarde.

2) Ueber das Kantabrische Gebirge:
Puerto de Pajares (südlich von Oviedo) — Puerto de Piedrahita (Nordwestlich von Astorga).

3) Ueber das Alt-Kastilische Scheide-Gebirge:
Puerto de Guadarama — Somo Sierra.

4) Ueber das Andalusische Scheide-Gebirge:
Puerto del Rey (Südlich von Wald-Peñas) — Puerto de Almanza (im Ost von Allaceto).

§. 84.

Wälder.

Nicht in Masse und Zusammenhang, sondern hie und da vertheilt, finden sich Waldungen. In Gallizien, Asturien und Biscaya, auch in Arragonien sind die Gebirge stark bewaldet. Außerdem sind auch die nördlichen Abhänge der Gebirge von Alt- und Neu-Kastilien holzreich.

§. 85.

Quell-Höhen.

1) Von den Pyrenäen:
Bidasoa — Aragon — Gallego — Segro — Llobregat — Ter.

2) Vom Kantabrischen Gebirge:
Ebro — Pravia — Navia — Tambre — Minho-Sil — Pisuerga — Esla — Sabor — Tua — Tamego — Lima — Cavado.

3) Von der Sierra-Guadarama:
Duraton — Eresma — Tormes — Agueda — Jaroma Alberche — Tietar — Alagon — Xalon.

4) Von der Sierra d'Estrella:
Coa — Zezere — Vouga — Mondego.

5) Von der Sierra Morena:
Jabalon — Guadasira — Ardila — Tinto — Guadalimar.

6) Von dem Küsten-Gebirge von Granada:
Guadalete — Guadiana mehor — Xenil — der Guadaljore — der Almanzor.

7) Von der Hoch-Ebene und Alt-Kastilien:
Der Tajo — die Guadiela — Giguela.

Von der Terrasse von Neu-Kastilien:
Guadiana — Guadalquivir — Segura — Xucar — Guadalaviar.

8) Von der Plateau-Fläche von Alava:
Der Disoro.

Cap. VII.

Die Halb-Insel Italien.

§. 86.

Im Allgemeinen.

Italien, ein klassischer Boden, früher das Central-Reich einer Welt-Herrschaft, ist, seinem inneren physischen Charakter nach, nur abgesondert, nicht wie Spanien, vom Hauptstamme Europa's getrennt. Die Apenninen sind eine Süd-Fortsetzung der Alpen, und die breiten Po-Zuströme Ober-Italiens sind auch Alpengewässer.

Die Regierungen größerer und kleinerer Staaten, und zwar von: Sardinien — Lombardei — Venedig (Oestr. Staaten) — Parma — Modena — Lukka — St. Marino — Kirchenstaat — Toskana — Neapel — theilen dieses physikalische Ganze.

§. 87.

Flüsse.

1) Zum Adriatischen Meere:
Der Po (siehe Alpenland). Es sind hier noch seine rechten Zuflüsse zu nennen, und zwar:

Der Tanaro, welcher die Bormida rechts und die Stura links aufnimmt.

Die Trebbia.

Der Taro.

Die Secchia.

Der Panaro.

Der Reno.

Südlich der Po-Mündung gehen zum Adriatischen Meere nur Apenninische Küstenflüsse, und zwar vornehmlich:

Der Metauro.

Der Tronto.

Die Pescara.

Der Sangro.

Der Fortore.

Der Ofanto.

2) Zum Golf von Tarent:

Der Brondano.

Der Basiento.

Der Agri.

Der Sinno.

Der Crati.

3) Zum Tyrrhenischen Meer:

Hier entwickeln sich wiederum größere Stromläufe. Es sind zu merken:

Der Volturno.

Der Garrigliano.

Die Tiber.

Dieser merkwürdige Strom Italiens, der, wie die andern, seine Quelle in den Apenninen hat, strömt in vielen Krümmungen südlich und erst im äußersten Unterlaufe südwestlich. Die Mündung erfolgt bei Ostia in den Golf von Arrone.

Die Tiber empfängt rechts die Chiana, links die Nera mit dem Salto und dem Teverone.

Die Marta.

Der Ombrone.

Der Arno. Er hat im Oberlauf südliche, übrigens westliche Richtung, und mündet unterhalb Pisa.

Die Magra.

Der Var.

§. 88.

Kanäle.

1) Der Kanal des Tessino aus dem Tessino (bei Tornavente) in den Tessino zurück (bei Pavia).
2) Der Kanal von Mailand aus dem vorigen östlich (durch Mailand) in die Adda.
3) Der Kanal von Pavia aus dem vorigen südlich (durch Pavia) in den Po.
4) Der Kanal von Bologna von Bologna (also aus dem Reno) nach Nord-Ost zum Po di Primaro.
5) Der Kanal von Pisa von Pisa, also aus dem Arno durch Livorno ins Meer.

Außerdem sind noch in und bei den Lagunen Venedigs viele kleinere Kanäle.

§. 89.

Seen.

Die Seen Ober-Italiens wurden bereits im Alpenlande genannt. Außerdem sind noch vorzüglich zu merken:

1) Die Klusischen Seen, durch welche die Chiana fließt.
2) Der See von Perugia (im Römischen Alterthum der Trasimenische See) zwischen der Chiana und Tiber, nordwestlich von Perugia und südlich von Arezzo.
3) Der See von Bolsena, aus welchem die Marta kommt, nördlich von Viterbo.
4) Der Lago di Celano (lacus fucinus), unter 42° N. Br.

§. 90.

Gebirge und Ebenen.

Die Apenninen, das Hauptgebirge Italiens, ein Alpen-Gebirge und zugleich eine mächtige Süd-Fortsetzung des im engeren Wortes-Sinne so benannten Riesengebirges von Europa, beginnen an den Quellen des Taro und der Trebbia.

Sie erstrecken sich zuerst mit Ost-Richtung längs der Ligurischen Küste, und gehn alsdann südöstlich zur Küste des Adriatischen Meeres. Dieser Küste bleibt der Hauptrücken der Apenninen nahe und parallel bis in die Gegend von Nicastro in Calabrien. Von hier an bis zum Cap Spartivento geht der äußerste Apenninen-Zweig südwestlich.

Die größte Länge dieses Gebirges beträgt 160, die größte Breite 15 deutsche Meilen. Das Minimum beider Dimensionen sind 150 und 5 Meilen.

Die Mittelhöhe der Apenninen ist 3 — 4000′, und es können in ihnen 5 Haupttheile angenommen werden. Diese sind in der Aufeinanderfolge von Nord nach Süd:

1) Die Ligurischen
2) Die Etrurischen
3) Die Römischen
4) Die Neapolitanischen
5) Die Kalabrischen

} Apenninen.

Der höchste Theil Italiens ist das Hochland-Abruzzo, welches Theile der Römischen und Neapolitanischen Apenninen in sich begreift und zwischen $41\frac{1}{2}$ und 43° N. Br. liegt. Seine höchsten Punkte sind:

Der M. Sibilla, 6800′.
Der Gran Sasso d'Italia, 8900′.
Der la Majella, 8800′.

Von den Apenninen völlig getrennte Gebirgsglieder sind:

1) Die Albano-Gruppe bei Rom, 2000′ hoch.
2) Der Vesuv, ein noch thätiger Vulkan, am Golf von Neapel, 3800′ hoch.
3) Die Gargano-Gruppe am Golf von Manfredonia, in einer Art kleiner Halbinsel, die diesen Meerbusen im Norden begrenzt, mit 3000′ Höhe.

Zwischen den Apenninen und dem Tyrrhenischen Meere liegen die glücklichsten Landschaften Europa's. Hier ist die Hoch-Ebene von Toscana mit etwa 1000′ absoluter Höhe, und hier ist weiter südlich die Campagna von Rom und endlich die Campagna felice in der Umgebung von Neapel.

§. 91.

Wälder.

1) Die Wälder zwischen der Marta und Tiber im südlichen Toscana und im Kirchenstaate. Es sind Waldungen auf den Rücken der westlichen Apenninen-Zweige, die aus Steineichen, Fichten und Kastanien bestehen.

2) Die Wälder zwischen der obern Tiber und dem Adriatischen Meere. Sie liegen auf dem Hauptrücken der Apenninen und erstrecken sich nach Süd bis an den Metauro.

3) Die Gargano-Wälder auf dem Gebirge gleiches Namens, hochstämmige, größtentheils aus Eichen und Buchen sich zusammensetzende Waldungen.

4) Die Kalabrischen Wälder. In ihrer Hauptmasse liegen sie östlich von Cosenza, stehen auf dem Gebirge und sind dicht und zusammenhängend.

§. 92.

Sümpfe.

Italien hat nicht unbedeutende Sumpf-Strecken. Die Sümpfe am Adriatischen Meere zwischen Ravenna und Rimini, sodann zwischen dem Isonzo und der Etsch, sind beträchtlich.

Die Pisanischen Sümpfe erstrecken sich von Livorno bis Viareggia, und lassen große Strecken dicht an der Küste ganz unter Wasser.

Die Pontinischen Sümpfe in dem südlichsten Theile des Kirchenstaates sind die größten, und dünsten sehr schädlich aus. Ihre Urbarmachung ist möglich, und wurde, jedoch nie bis zur Vollendung, betrieben.

Cap. VIII.

Die Halbinsel des Balkan.

§. 93.

Im Allgemeinen.

Dalmatien, die Europäische Türkei und das kontinentale Griechenland sind hier zusammenbegriffen. Mit dem Körper der größeren Halbinsel hängt die kleinere: Morea, durch den Isthmus von Korinth zusammen, und bildet mit ihr das Ganze.

Diese Halbinsel empfängt im Norden ihre Bewässerung durch das Stromgebiet der Donau. Sie bildet übrigens durchgängig mittlere Stromläufe zu einer mäßigen Bewässerung aus. Wie in allen großen Halbinseln Europa's, so ist auch hier der Gebirgs-Charakter, und zwar mit mehr großen als mittleren Formen, entwickelt. Der Zusammenhang dieser peninsularen Gebirge mit den Alpen ist offenbar und nur der 45ste Br. Kreis als die Grenze beider Systeme anzunehmen. Im Nord ist der östlichste Theil der mittleren Donau die Wasserscheide zwischen Siebenbürgen und dem Serbisch-Bosnischen Gebirge; — weiter östlich ist die Tieflandschaft Wallachei, ein Zwischenglied Hoch-Siebenbürgens und des Balkan.

Das Ganze dieser Halbinsel, vornehmlich ihr Süd, ist klassisch; und wenn die politischen Merkmale, an denen die Erinnerung haften könnte, selbst in Trümmer und Benennung größtentheils verschwunden sind, so stehen doch die Werke der Natur, die uns an Griechenlands alte Celebrität mahnen, fest. Fluß und Berg haben ihre mythologische, ihre kriegerische oder doch mindestens allgemein alterthümliche Bedeutung.

§. 94.

Flüsse und Seen.

Die Flüsse der Halbinsel münden zum Schwarzen, zum Aegäischen, zum Jonischen und Adriatischen Meere. Die vorzüglichsten derselben sind:

1) Zum Schwarzen Meere:

Die Donau (siehe §§. 50. und 59.).

Der Paravadi, welcher bei Varna mündet.

Der Kamesik, welcher aus dem Ak-Kamesik und dem Kara-Kamesik entsteht.

2) Zum Aegäischen Meere:

Die Maritza, strömt östlich, südöstlich, zuletzt südlich, und empfängt rechts die Arda, links die Tundscha und Erkene.

Die Karutsch.

Der kleine Karasu oder Nestus.

Der Strymon, welcher rechts die Strumnitza aufnimmt.

Die Vardar.

Der Indsche Karasu.

Der Salambria, welcher nordöstlich fließt und in seinem Unterlaufe das Thal Tempe bildet.

Der Hellado.

Der Mauro Potamo.

Der Innachus (auf Morea), welcher in den Busen von Nauplia mündet.

3) Ins Jonische Meer:

Der Basilico } beide auf Morea.
Der Pamisus }

Ersterer ist der alte Eurotas und mündet in den Busen von Kolokythia; letzterer ergießt sich in den Busen von Koron.

Der Alfeus (auf Morea) mündet zum Golf von Arkadien.

Der Aspropotamos von Nord nach Süd in den Golf von Patras.

4) In das Adriatische Meer:

Die Vojuzza, welche links den Ergir empfängt.

Der Ergent.

Die Uschkomobia.

Der Drin. Er kommt aus dem See von Ochrida, dessen südlichster Theil durch den 41sten Breiten-Kreis bezeichnet werden kann, strömt unter dem Namen: schwarzer Drin, zuerst nach Nord und vereinigt sich, etwa unter 42° N. Br., mit dem weißen Drin. Hierauf fließt er mit mehreren großen Krümmungen allgemein westlich und im Unterlaufe bis zu der Mündung bei Alessio südwestlich.

Die Bojana, ein Strom, der etwa unter 43° N. Br. entspringt, und bis zu dem See von Scutari unter dem Namen Moracca (südlich) fließt. Der Name Bojana gilt erst, nachdem der See durchströmt ist. —

Die Narenta.

Die Cetina.

§. 95.

Gebirge und Ebenen.

Der Gebirgsstock dieser Halbinsel ist das Hochland von Macedonien mit seinen Theilen dem Skardos und Orbelos, einer Gebirgsmasse, die im Quellbezirk des Isker, des Strymon und der bulgarischen Morava liegt. Dieses Gebirge hat eine Alpenhöhe von 8 — 9000′.

Von Hoch-Macedonien aus erstrecken sich mächtige Gebirgsketten nach Nord-West, Ost und Süd.

1) Die nordwestliche Gebirgskette, die wir unter dem Namen dalmatischer oder dinarischer Alpen kennen. Dieses Gebirgssystem erstreckt sich nach Nord-West etwa bis zum 45. Br. Kreise und begreift das ganze Terrain zwischen diesem Parallelkreise, der Adriatischen Küste, dem Drin, der Ost-Morava, der Donau (zwischen Widin und Belgrad) und der Sau (von Belgrad bis Türkisch-Gradiska), in sich. Hier liegt das Argentaro-Gebirge längs dem weißen Drin, das Bosnisch-Servische Gebirge von der Narenta bis zur Morava und das Haiduczki-Gebirge zwischen der Morava und Donau. Dieses letztere tritt bei Orsova dicht an die Donau und trägt dadurch zur Bildung der schon früher erwähnten Gebirgsspalte von Orsova bei.

Als nordwestlichste Glieder der dalmatischen Alpen sind zwischen dem 44. und 45sten Br. Kreise noch das Vellebith- und das Capella-Gebirge zu merken. Die Höhe kann durchgängig in der ganzen Masse der Dinarischen Alpen zwischen 5 und 7000′ angegeben werden.

2) Der östliche Gebirgszug. Er heißt Hämus oder Balkan und erstreckt sich allgemein nach Ost vom Orbelos bis an die Küste des schwarzen Meeres. Diese Gebirgsmasse fällt nach Nord zu der Landschaft Bulgarien und hierauf zu dem Tieflande der Wallachei steil ab. Der Abfall nach Süd geschieht stufenförmig, und es liegt zwischen dem Balkan und dem Aegäischen- und Marmor-Meere die Hoch-Landschaft Rumilien, welche von der

Marizza bewässert wird, und deren südlichster Theil das alte Thracien ist.

Der West-Rand Rumiliens bildet das Despoto- oder Bodona-Gebirge, welches vom Balkan im Quellbezirk der Marizza sich abzweigt und längs dem Nestus sich nach Süd-Süd-Ost erstreckt. An der Quelle der Arda und gegen die Mündung des Karatsch hin verzweigt sich dieses Gebirge mit der Berglandschaft Thracien.

3) Die südliche Gebirgskette. Es ist das Pindus- oder Mezovo-Gebirge, welches von den Quellen der Vardar mit allgemeiner Süd-Richtung bis an den Golf von Lepanto zieht. Die Höhe dieses Gebirges scheint der der Transilvanischen Alpen zu entsprechen. Der nördliche Theil des Mezzovo, der auch gewöhnlich Bora Dagh heißt, verzweigt sich nach Ost in die Hochlandschaft Macedonien, die also vom Scardos und Orbelos im Nord, vom Despoto im Ost, vom Archipelagus im Süd und vom Bora-Dagh im West begrenzt wird.

Der südlichere Theil des ganzen Mezovo ist das eigentliche Pindus-Gebirge, welches sich im Quellbezirk der Vojuzza von ersterem abgrenzt, und nach Ost zu der vom Salambria bewässerten Berg-Landschaft Thessalien sich verzweigt.

Der Unterlauf des Salambria wird von den Gruppen des Ossa und Olymp eingeschlossen. Hier ist zwischen beiden das vorerwähnte Thal Tempe. Weiter südlich liegt die Gruppe des Oeta (an der Hellada) mit dem historisch berühmten Engpasse der Thermopylen.

Nach West fällt das Mezovo-Gebirge in die Landschaft Albanien ab, in welcher auf der Wasserscheide zwischen dem Ergir, der Vojuzza und dem Meere das Akrokeraunische Gebirge liegt.

Der südlichste Theil des Pindus ist (in Livadien) die Gruppe des Parnas und Helicon. Südöstlich von hier liegt an der Landenge von Corinth der Cythäron.

Morea ist ein kleines Hoch-Land für sich, ein Plateau mit einschließenden Gebirgsketten.

Das innere Plateau heißt: Arkadien und hat eine Höhe von etwa 2000′.

Die nördliche Gebirgskette, die sich bogenförmig längs dem Golf von Patras Lepanto erstreckt, ist das Calavrita-Gebirge, dessen höchster Punkt der Kylene, mit 7270′ absoluter Höhe ist. Die östliche Kette erstreckt sich schmal und steil längs dem Busen von Nauplia und heißt: Malevo-Gebirge.

Die südwestliche Gebirgskette ist die größte und bildet schon eine Art kleines Gebirgssystem, welches zwischen dem Alfeus, dem Basilico und dem Meere sich ausdehnt. Dieses Gebirgssystem verstehen wir unter dem Namen Taigetos und es liegt 6 — 7000′ über dem Meere.

Cap. IX.

Inseln.

§. 96.

Island.

Die Insel Island bildet nach Nord-West eine Halbinsel aus, die durch eine Landenge mit der übrigen Insel verbunden ist. Die Küsten sind sehr zerrissen, die Strom-Läufe haben ihre Richtungen meist nach Nord und West und die ganze Insel trägt den Gebirgs-Charakter.

Die bedeutendsten Flüsse sind:

Die Blanda,
Die Heradsvötnin,
Die Skialfandafliot,
Die Jökullsá, } mit allgemein nördlicher Strömung.
Die Fliotsdals-Au, nach Ost strömend.
Die Olvesá,
Die Thiorsá,
Die Hoita, } mit südwestlicher Strömung.

Die bedeutendsten Seen sind:

Der Thingvallavatn.
Der Hvitarvatn.
Der Myvatn.

Wie schon aus dem Laufe der meisten Flüsse zu erkennen ist, muß die Insel im Süd und West am höchsten sein; hier liegen die höchsten Gipfel, wie z. B. der Oraefa Jökul mit 6000′ und der Austrjökull mit 5300′ absoluter Höhe. Die ganze Insel ist vulkanischer Natur, wahrscheinlich auch durch vulkanische Revolutionen erzeugt. Die Merkmale vulkanischer Thätigkeit sind nicht allein in den noch thätigen Vulkanen, sondern auch in den sogenannten Geysern zu erkennen.

Die Vulkane, aus denen Lava, Asche und Steine, sogar Wasser und Sand zum Vorschein kommen, sind überall verbreitet. Der bedeutendste, der Hekla, liegt im Süd-West der Insel und ist 5000′ hoch.

Die Geyser sind heiße Quellen, mit denen sich meistentheils ein natürlicher Springbrunnen verbindet. Der große Geyser schleudert sein heißes Wasser bis zu einer Höhe von fast 200′ empor. Wahrscheinlich wird diese Erscheinung durch innerirdische Dämpfe erzeugt, die ein Resultat vulkanischer Kämpfe und durch feste Körper eingeschlossen sind; von ihnen ist gleichmäßig die Erwärmung und das Emporsteigen des Wassers herzuleiten.

Fruchtbarkeit ist nur theilweise und in gewissem Sinne auf Island anzutreffen; sie wird durch die vulkanischen Stoffe, die ganze Landstrecken einnehmen, dann auch durch die feuchte Seeluft aufgehoben oder eingeschränkt. Da mithin auch nur weniges und nur Zwergholz wächst, so erfordert die Natur der Insel eine andere Hülfe in dieser Beziehung und erhält sie durch das Treibholz, welches die Meeres-Strömungen von Sibirien und Mexico bringen.

Die Gipfel der Berge sind schon in der Höhe von 2 — 3000′ mit ewigem Schnee beladen, und die Glätscher reichen bis in die Thäler hinein.

§. 97.

Groß-Britannien.

Gewässer.

Groß-Britannien bildet, vermöge seiner Gestalt, nur wenige Flußläufe aus, welche in die Categorie der Hauptflüsse treten. Unter diese gehört: die Themse, welche mit vielen Krümmungen allgemein von West nach Ost strömt und unterhalb London in die Nord-See mündet.

Der Humber. Er entsteht aus dem Zusammenflusse der Trent (von Süd) und der Ouse (von Nord) und mündet unterhalb Kingston in die Nord-See.

Die Saverne fließt in ihrem Oberlaufe nordöstlich, in ihrem Mittellaufe südlich, in ihrem Unterlaufe südwestlich und mündet bei Bristol in den gleichnamigen Meerbusen.

Die bedeutendern von den vielen Küstenflüssen dieser Insel sind folgende:

1) Zum Aermel-Meer:
   Die Exe.
   Die Frome und Sture.
2) Zur Nordsee:
   Die Ouse, welche bei Lynn Regis in den Wash-Busen mündet.
   Der Tees.
   Der Twed, der Grenzfluß Englands und Schottlands.
   Der Tay.
   Der Dee, welcher bei Aberdeen mündet.
   Der Spey.
3) Zum Nord-Kanal:
   Der Clyde, welche in den gleichnamigen Meerbusen bei Glasgow mündet.

Seen hat Groß-Britannien eigentlich nur in Schottland. Hier liegen der Loch-Neß im nördlichen und der Loch lo Mond im südlichen Schottland, als die größten Seen. Der letztere enthält sehr viele Inseln. In England ist einzig und allein das Winander Meer, in der Grafschaft Westmorland, zu merken.

Die bedeutendsten von sehr vielen Kanälen sind:

Der Bridgewater Kanal, welcher Liverpool und Manchester verbindet.

Der Great Trunk verbindet Liverpool und Nottingham (am Trent), also das Irische Meer und die Nordsee.

Der Kanal von Oxford aus dem vorigen nach Oxford in die Themse.

Der Grand Junctions-Kanal, aus dem Kanal von Oxford nach London in die Themse.

Der Forth- und Clyde-Kanal verbindet die beiden gleichnamigen Meerbusen.

Der Caledonische Kanal aus dem Loch-Neß in den Nord-Kanal.

Gebirge und Ebenen.

Schottland ist ein Gebirgsland, England nur in seinem nördlichen, westlichen und südwestlichen Theile gebirgig.

Das ganze Gebirgsland Schottlands kann man füglich in zwei Theile zerlegen, diesseits und jenseits des Caledonischen Kanals. Das Gebirge jenseits, d. h. nordwestlich vom Caledonischen Kanal, ist das sogenannte Schottische Hochland. Diesseits, d. h. südöstlich vom Caledonischen Kanal haben wir das Grampian-Gebirge, in welchem der Ben-Newis mit 4380 engl. Fuß der höchste Gipfel ist.

Als das südlichste Glied Schottlands liegt zwischen der Ayde und dem Twed das Pentland-Gebirge. Dieses letztere hängt nach Süden zu, mit dem Cheviot-Gebirge, dem nördlichsten Englands, zusammen, welches von der Ayde und vom Twed sich in einer Verzweigung zu beiden Küsten nach Süd bis an den Picten-Wall erstreckt.

Der höchste Punkt in diesem Gebirge ist der Harffell mit 3300′ Höhe.

Südlich des Picten-Walls bis an die Ouse und den Bridgewater Kanal liegt das Peak-Gebirge. Der nordwestlichste Theil desselben führt den Namen: Caldbeck-Falls, und hier ist der Skiddaw mit 3270′ Höhe der höchste Punkt.

Das Bergland von Wales liegt in seiner Hauptmasse zwischen der Saverne und dem Irischen Meere. Der Snowdon, der Insel Anglesea gegenüber, ist hier mit 3340′ der höchste Punkt.

Im äußersten Süd-West Britanniens, zu den Caps Lizard und Landsend abfallend, liegen die Berge von Cornwalles.

§. 98.

Irland.

Der größte Fluß Irlands, der gleichsam einen Seen-Zusammenhang in seinem Strombette bildet, ist der Schannon. Er fließt von Nord nach Süd, verbindet seinen Mittellauf durch den sogenannten großen Kanal mit Dublin und erweitert sich unterhalb Limmerick, wo er eine West-Richtung annimmt, zu einem Fiorde.

Der Blakwater (Schwarzwasser) fließt östlich, zuletzt südlich und mündet zwischen den Städten Cork und Waterford, jedoch in geraumer Entfernung von beiden.

Der Barrow fließt südlich und mündet unterhalb Waterford. Er empfängt rechts die Nore und Sture.

Der bedeutendste See der Insel ist der Neagh-See, westlich von Belfast und durch einen Kanal mit dieser Stadt verbunden. Der nach Nord-West zum Meere gehende Abfluß dieses Sees ist der Bann-Fluß.

Irland ist mehr Flachland, als Gebirgs-Land. Die wenigen vorhandenen Gebirgs-Gruppen sind an den Küsten zu finden. Hier finden wir im Süd-West den Mangerton-Berg mit 2500′ abs. Höhe, das Kilworth-Gebirge zwischen dem Blakwater und der Sture, das Blackstair-Gebirge zwischen dem Barrow und dem St. Georgs Kanal, das Glenarn-Gebirge zwischen dem Bann und dem Nord-Kanal, endlich die Arrigle-Berge, nördlich der Donegal-Bay. Das einzige Gebirge, welches den Flächen-Charakter des Innern unterscheidet, ist das Devils-Bil-Gebirge, zwischen Limerick und dem großen Kanal, auf dem linken Ufer des Schannon.

§. 99.

Korsika.

Zu den bedeutendsten ihrer kurzen Stromläufe gehören:

Der Talavo und der Palinco, welche beide nach Süd-West strömen und benachbart münden.

Der Golo, welcher nordöstlich strömt.

Die Insel ist gebirgig und wird von Nord nach Süd von einer Hauptkette durchschnitten, welche sich bis nach den Küsten hin verzweigt und nur diese im Ost und West flach läßt. Die höchsten Gipfel sind mit Schnee bedeckt, und unter ihnen ragt besonders der Monte rotondo, mit 8000′ absoluter Höhe, hervor. Die vorerwähnten Niederungen sind größtentheils sumpfig.

§. 100.

Sardinien.

Ihre bedeutendsten Flüsse sind:

Der Oristano, welcher nach Süd-West, und
der Fiumendoso, welcher nach Süd-Ost fließt.

Sardinien ist ebenfalls gebirgig, vorzüglich im nördlichen Theile. Im Süden zeigen sich vulkanische Merkmale. Die Gebirge haben eine durchgängige Höhe von 3 — 4000′.

Die höchsten Punkte sind:

Der Monte della Limbea an der Nord-Ost-Küste, und der Monte Genargento, südwestlich vom ersteren.

Die Gebirge sind theilweise bewaldet, und die Niederungen an den See-Ufern enthalten Moräste und Lagunen.

§. 101.

Sicilien.

Diese bedeutende Insel ist in ihrem Süden und Süd-Westen vorzüglich, jedoch nur durch kleine Küstenflüsse, die das Gebirge in Längenthälern durchströmen, bewässert.

Unter diesen sind die bedeutendsten:

Der Giaretta, welcher von Nord nach Süd fließt und bei Catania mündet.

Der Salso.

Der Platano.

Der Balici.

Diese letzteren drei gehören der Süd-West-Küste der triangulär geformten Insel an.

Das Gebirgs-System Siciliens bildet zwei Hauptketten, deren eine längs der Süd-West-Küste, und deren andere längs der Nord-Küste zieht. Gegen die Mitte hin vereinigen sich beide. Das Gebirge hat durchgängig mittlere Höhe und ist mit Ausnahme der höchsten Punkte baumlos.

In Höhe und Charakter von diesem Gebirgs-System verschieden ist die abgesonderte Gruppe des Aetna, auf der Ost-Seite der Insel, zwischen dem Giaretta und der Küste.

Der Aetna, oder nach seinem jetzigen Namen, der Monte Gibello, ist 10,500′ hoch und seit undenklicher Zeit ein Vulkan. Seinen Fuß umgiebt trotz der vielen Merkmale seiner Eruptionen die höchste Fruchtbarkeit. Der letzte Ausbruch war 1831.

§. 102.

Candia.

Die Insel wird von mehreren kleinen Flüssen bewässert und in ihrer ganzen Länge von einem hohen Gebirge durchzogen, welches steil nach Süd abfällt, auf der nördlichen sanften Abdachung jedoch schöne Thäler und Ebenen zeigt.

Das Gebirge ist fast durchgängig bewaldet, und sein höchster Gipfel ist der Ida, mit 7000′ abs. Höhe.

IV. Abschnitt.

Klima, Boden, Produkte Europa's.

§. 103.

Frankreich.

Das Klima Frankreichs ist im Ganzen mild, nur in einzelnen, natürlich den nördlichsten, Theilen rauher. Süd-Frankreich, das füglich von den Sevennen, den Plateau's von Velais, Gevaudan und Vivarais, sowie von Charolois südwärts gerechnet werden kann, ist sogar heiß. Der Boden entspricht dem Klima, d. h. er ist durchgängig nach Verhältniß der Klima-Verschiedenheit mehr und minder fruchtbar.

Alle Theile Frankreichs bringen mehr als den Bedarf an Getreide hervor. Der Wein ist das Haupt-Produkt, und Burgunder-, Champagner- und Bordeaux-Weine sind die Hauptsorten. Der Obstbau gedeiht fast überall, im Süd aber ausschließlich das feinere Obst und die Süd-Früchte.

Hier, und besonders in der Provence, ist das produktivste

Leben; es gedeihen die Kastanien und Orangen, die Granaten und die Oliven. In letztern liegt der Grundstoff zur Bereitung des Provencer-Oels. Ein ferneres Eigenthum Süd-Frankreichs ist der Seidenwurm. Er spinnt sich (wie jede Raupe) ein und die gewebte Hülse, in der die Puppe, ist das Cocon, aus dem die Seide gewonnen wird. Am meisten pflegt man diesen Industriezweig zu Lyon.

An Holz hat Frankreich nach Verhältniß seiner großen Bevölkerung Mangel. Das gewöhnliche Holz-Surrogat, die Steinkohle, findet sich nur sparsam und zwar vornehmlich an der Grenze Belgiens und in dem Departement der Loire. In Mittel-Frankreich ist der Feuerstein sehr häufig, aus dem mit leichten Werkzeugen die Flintensteine gehämmert werden. Unlängst wurde auch Zinn, dieses seltene Metall, im Gebirge von Auvergne gefunden. Mineral-, besonders heiße Schwefelquellen finden sich am Fuße der Pyrenäen, in den Sevennen und Vogesen, sind jedoch minder als die deutschen berühmt.

Anmerkung. Im nördlichen Frankreich, wo die Weintraube fehlt, wird ein Aepfelwein (Cyder) bereitet.

§. 104.

Belgien.

Das Klima ist gemäßigt, der Boden vortrefflich von der Natur ausgerüstet und von den Bewohnern gepflegt. Acker- und Garten-Bau, so wie die Viehzucht stehen in hohem Flor.

Hauptprodukte sind: Getreide, Gartenfrüchte, gutes Rind- und Schaf-Vieh, so wie ein erträglicher Wein. Holz findet sich mäßig.

§. 105.

Niederland.

Das Klima ist gemäßigt, aber wegen niedriger Lage des Landes, wegen Nachbarschaft des Meeres und der zu großen Landbewässerung feucht. Durch die niedrige Lage leidet auch der Boden, denn es zeigen sich als Folge häufiger Ueberschwemmungen viele Moräste, vermöge deren nur eine theilweise Fruchtbarkeit möglich ist. Der Ackerbau ist also beeinträchtigt und die Einfuhr wird nöthig. Die Viehzucht ist um so trefflicher und der berühmte Käse ein Resultat davon. Waldungen finden sich fast gar nicht und der Torf muß das Brennholz ersetzen, die Einfuhr das Bauholz bringen.

§. 106.

Deutschland.

Das Klima ist im Süd milde und fast warm, in der Mitte gemäßigt, im Norden mehr und weniger rauh. Hier werden unmittelbar an den Gestaden der Ost- und Nord-See die Einflüsse des Meeres durch Feuchtigkeit, Nebel und Winde fühlbar.

Der Boden ist durchgängig ein Ackerland, natürlich von Süd nach Nord abnehmend produktiv.

Das nordwestliche Deutschland hat Moorstrecken (Burtaner-Moor), das nördliche Haiden (Lüneburger Haide), das östliche viel Sand.

Hauptprodukte sind außer dem überall hinreichend und mit vieler Sorgfalt gebautes Getreide aller Art, das Holz und in Süd-Deutschland auch der Wein. Auch Surrogate für das Holz, Steinkohlen und Torf werden gefunden, erstere am Rhein, in Westphalen, Sachsen, Schlesien und Oestreich, letzterer durchgängig in Nord-Deutschland.

Gold findet man nur unbedeutend in Salzburg, Silber in Schlesien, im Erzgebirge, in Oestreich und im Harz, Quecksilber bei Idria und Zweibrücken, Zinn in Böhmen, Blei, Kupfer, Eisen in fast allen deutschen Gebirgen, Galmey in Oberschlesien und in der Eifel.

An Edelsteinen liefert Deutschland in Oestreich, Böhmen, Schlesien und Sachsen Topase, Granaten, Smaragden, Karneole, Amethysten, Chrysoprasse und mannigfaltige Bergkrystalle.

Die deutschen Mineral-Quellen sind berühmt. Karlsbad, Wiesbaden, Pyrmont, Aachen, Ems, Marienbad, Eger, Töplitz, Salzbrunn, Landeck, Reinerz, Kudowa, Warmbrunn u. a. sind sehr besuchte Bäder.

Das Thierreich findet in Deutschland ebenfalls glückliches Gedeihen. Hoch-, Schwarz- und Klein-Wild wird fast in allen Waldungen getroffen; die besten Pferde liefert Meckburg, Holstein, Westphalen, Salzburg. Die Rindvieh-Zucht ist in Tyrol, die Schwarzvieh-Zucht in Baiern und Westphalen am besten.

§. 107.

Rußland.

Das Klima ist durchgängig mehr rauh als gemäßigt, nur im Süden mild.

Der Boden ist auf den Baltischen Abdachungen ein reiches, im Innern ein mäßiges, durch viele Waldungen unterbrochenes Ackerland. Die Gegenden am Azow'schen und Schwarzen Meere sind trotz des südlichen Klima's dürre und in ihrer Vegetation deshalb einförmig. Die Gegenden am nördlichen Eismeer bleiben wegen Frost und sibirischer Tundra ohne alles vegetabilische Leben.

Nur bei Astrakan und am Kaukasus wachsen Trauben, Melonen, Feigen, Mandeln u. d. g.; übrigens gehört das Obst zu den Seltenheiten, und außer Holz und Getreide sind Rüben, Gurken, Zwiebeln, Kohl u. d. g. die Hauptgewächse des mittleren und nördlicheren Rußlands.

Das Thierreich liefert noch viele wilde Thiere, außerdem mittelmäßiges Rind- und Schaf-Vieh, und in den Steppen-Ländern der Euxinischen Ströme kleine, aber sehr ausdauernde Pferde. Im höchsten Norden ist das Rennthier das einzige Hausthier.

Das Mineralreich enthält Rußlands größte Reichthümer, denn es liefert Platina, Gold, Silber, Eisen, Blei, Kupfer (besonders im Ural), auch ziemlich viel Salz. Die Steinkohlen, die in vielen und großen Lagern sich darbieten, kommen der vorhandenen Holzmenge wegen fast gar nicht in Anwendung.

§. 108.

Skandinavien.

Schweden, so wie Norwegen, haben durchgehend ein rauhes Klima. Die Küstenluft ist feucht, der Boden theilweise fruchtbar, aber vielfach sandig und morastig.

Von Wein ist gar nicht mehr, von Obst wenig die Rede, und das Getreide wird nur in den südlichen Gegenden ausreichend gebaut. Ein Ersatz für das fehlende Obst sind zahlreiche Beeren. Es giebt viel Holz in den nördlicheren Theilen, aber nur noch Nadelholz. Die äußersten Polargegenden haben üppige und vielfarbige Moose.

Das Thierreich liefert muntere und dauerhafte Pferde, Rindvieh, Schafe und Rennthiere, außerdem auch Elenthiere, Bären und Wölfe.

An Mineralien hat Schweden besonders Metalle, unter denen das Eisen das beste in Europa. Auch das Schwedische Kupfer ist gut. Steinkohlen und Salz sind zum Nachtheil des Landes sehr selten.

§. 109.

Dänemark.

In den verschiedenen Theilen ist theils rauhes, theils gemäßigtes Klima. Holstein und Schleßwig haben reichen Ackerbau, Jütland eignet sich mehr zur Viehzucht. Die Inseln der Ost-See sind fruchtbar, am meisten unter ihnen Laaland.

Als Haupt-Produkte liefert Holstein und Jütland das beste Rindvieh, letzteres zugleich ausgezeichnete Pferde. Wein und feineres Obst gedeihen gar nicht, das Holz ist unzulänglich, und Steinkohlen sind nur auf Bornholm, wo auch Kalk, Kreide und Sandstein gefunden wird. In allen Theilen ist ein empfindlicher Salzmangel.

Die Farör-Inseln sind baumlos und haben sparsame Dammerde. Sie haben daher kargen Ackerbau, aber desto bessere Viehzucht und lebhaften Vogel- und Fisch-Fang.

Island trägt Moose und verkrüpeltes Holz, vulkanische Mineralien und kleine Quadrupeden (besonders Pferde und Rindvieh) mit starkem Knochenbau.

Die Daune der Eidergans und das Isländische Moos sind Hauptgegenstände der Ausfuhre und des Handels.

§. 110.

Groß-Britannien und Irland.

Die Brittischen Inseln haben ein gemäßigtes Klima und geringer unterschiedene Jahreszeiten, als andere Länder derselden Breite. Die Luft ist durch Einfluß der See neblig und der Niederschlag häufig. Der Boden ist trotz mancher Haide und Sumpfstrecken doch im Ganzen fruchtbar. Der Ackerbau wird vielleicht wegen der hohen Grundsteuer, wohl auch wegen der vielen andern Erwerbszweige, nicht nach Verhältniß der Bodenfruchtbarkeit betrieben. Der Wein gedeiht ausnahmsweise. Die Rindviehzucht ist bedeutend, und die Englischen Schafe stehen nur den Merino's nach. Die Pferde sind ihrer Schnelligkeit wegen berühmt, Fischerei und Austerfang an den Küsten wichtig. Blei und Kupfer findet sich in fast allen Theilen, letzteres besonders in Wales und auf Anglesea. Das Englische Eisen ist nicht vorzüglich, aber das Zinn ein Hauptartikel. Steinkohlen finden sich in unglaublicher Menge und tragen zu dem Reichthum Groß-Britanniens viel bei.

§. 111.

Die Pyrenäische Halbinsel.

Das Klima ist mehr heiß als milde, nur in den nördlichen Gebirgen gemäßigter und hier und da rauh. Der Boden ist einer der glücklichsten in Europa und die Produktion also eine Kette von Merkmalen des blühendsten Lebens. Spanien und Portugal bringen edle und feurige Weine, Südfrüchte und südliche Laubhölzer in großem Wechsel hervor. Außer dem sonstigen Europäischen Getreide wächst noch der Mais.

Die feinwolligen Schafe Spaniens (Merinos) sind die besten der Welt und auch die Pferde, vornehmlich die Andalusischen, sind gut. Von Metall hat Spanien (besonders in den Alpuxarras) viel Blei.

§. 112.

Italien.

Das Klima durchgängig so mild, Himmel und Gegenden in so frischer Färbung, das Ganze so schön und duftreich, als man davon rühmt. Dennoch giebt es ungesunde Gegenden. Hiermit ist besonders das Delta des Po und die Gegend der Pontinischen Sümpfe gemeint. Nord-Italien hat ein mehr gemäßigtes Klima. Ein heißer Wind von Afrika her (der Sirocco) lähmt alle Kräfte, und gehört zu den Plagen Mittel- und Süd-Italiens.

Die Produkte Italiens sind zahlreich. Von Getreide-Arten wird das Korn weniger, und besonders der Weizen und Mais, gebaut. Die vortrefflichen Italienischen Weine werden wenig ausgeführt. Der Oelbaum, die Orange, Citrone und Granate, der Johannesbrod-Baum, der Kapernstrauch, die Trüffel, das alles ist häufig und ausgezeichnet. Der Seidenwurm gehört zu den Reichthümern des Landes. Das Mineral-Reich bringt den vorzüglichsten weißen Marmor (bei Carara), Alabaster, Serpentinstein, Gold, Silber, Kupfer und Blei. Elba hat reiche Eisengruben. Die vulkanischen Gegenden liefern Schwefel und Lava. Die deutschen Hausthiere sind auch in Italien heimathlich. Viele und zum Theil gefährliche Insekten (Skorpion und Tarantel) sind eine Landplage.

§. 113.

Die Schweiz.

Aus den bedeutenden Unterschieden der Höhe gehen auch Verschiedenheiten, sogar Extreme des Klima's und der Vegetation hervor. Es ist oft ewiger Winter auf den höchsten Bergspitzen und südliche Hitze in den Thälern. Der Ackerbau beschränkt sich auf die Ebenen, und dadurch wird die Einfuhr nöthig. In der westlichen und nordwestlichen Schweiz gedeiht Obst aller Art, und am Genfer-, Neufchateller- und Zürcher-See wächst sogar guter Wein.

Hauptprodukte der Schweiz sind die reichwuchernden Gräser und Alpen-Pflanzen der Berg-Regionen. Von dieser ersprießlichen Nahrung rührt die Wohlbehaltenheit des Schweizer-Rindviehs her; für den Bergmann sind die Schweizer-Alpen arm. Unter dem nicht sehr zahlreichen Wilde ist die mit vieler Gefahr gejagte Gemse, der Berghase und das Murmelthier bemerkenswerth.

§. 114.

Ungarn.

Ein gesegnetes Land und, trotz der nur mittelmäßigen Industrie seiner Einwohner, blühend. Die Pferde-, Rind-

und Schafzucht ist bedeutend; wilde Thiere finden sich noch häufig. Das Getreide ist im Ueberfluß, das Obst und der Weinbau im höchsten Flor. Die herrlichsten Trauben wachsen auf der Hegy-Allia.

Die Gebirge haben unter allen Europäischen das meiste Gold, aber auch viel Silber, Kupfer, Blei, Eisen und die schönsten Opale. Auch Steinkohlen und Salz sind bedeutend. In den Gebirgen sind schöne Waldungen und nur die südöstlichen Ebenen haben Mangel an Holz.

§. 115.

Die Türkei und Griechenland.

Das Klima ist unter den schönsten Europa's; nördlich des Balkan giebt es heiße Sommer und verhältnißmäßig strenge Winter; südlich des Balkan geringere Unterschiede der Jahreszeiten. Die Flüsse treten häufig aus, und da der menschliche Fleiß wenig oder gar nicht abhilft, so entstehen Sümpfe und ungesunde Ausdünstungen, deren Resultat die Pest und das Fieber sind. Die mannigfaltigen Produkte bleiben vielfach unbenutzt. Außer Getreide, Obst, Thieren aller Art liefert das Land viel Seide, auch Oel und Wein. Das Mineralreich wird vernachlässigt, und außer den Steinsalzen der Moldau und Wallachei sind seine vielleicht vorhandenen Reichthümer unbekannt.

V. Abschnitt.

Asien.

§. 116.

Weltstellung. Begrenzung.

Asiens äußerste Spitzen sind: das Cap Romania (1° 15′ N. Br.) und das Cap Severowostoschnoi (78° N. Br.).

Dieser Welttheil, die nordöstliche und größere Hälfte der alten Welt, hat mit den beiden anderen Theilen derselben Zusammenhang, und zwar nach West durch die 360 Meilen lange Land-Gränze mit Europa, nach Süd-West durch die Landenge von Suez mit Afrika. Die übrigen Grenzen werden durch Meere gebildet, und zwar grenzt Asien im Nord an das Arktische Polarmeer, nordöstlich an die Behringsstraße, östlich an den großen, südlich an den Indischen Ozean. Die Ozeanische Westgrenze wird südwärts der Landenge von Suez durch das Rothe Meer, nördlich derselben durch das Mittelmeer und das Schwarze Meer gebildet.

§. 117.

Bespülende Meere — Meerbusen — Wasserstraßen.

I. Das Arktische Polarmeer.

Hierher gehört der Karische=, Obische= und Jenisey=Busen vor den Sybirischen Flußmündungen und zwischen Halbinsel=Bildungen des Asiatischen Rußlands.

Die Khatanka=Bucht südöstlich vom Cap Severowostoschoi.

Die Kolyma=Bai an der gleichnamigen Fluß=Mündung.

II. Der große Ozean.

Die Behringsstraße als Verbindungs=Glied nach dem Arktischen Polarmeere.

Das Behringsmeer zwischen den Halbinseln Aliaschka (Amerika's) und Kamtschatka (Asiens). Hierher gehört der Anadyr=Golf (südlich der Behringsstraße).

Das Ochotzkische oder Lamutische Meer zwischen Tschukatschin, dem Festlande und dem Japanischen Archipel. Hier ist der Tenschinskische Meerbusen.

Das Japanische Meer innerhalb des Festlandes, des Japanischen Archipels und der Halbinsel Corea. Dieses Meer setzt sich mit dem Ochotzkischen, nach Nord hin, durch die Meerenge der Tartarei (zwischen Sachalien und dem Festlande), mit dem Chinesischen nach Süd=West durch den Corea=Kanal (zwischen Corea und Kiussiu), nach Ost mit dem übrigen großen Ozean durch die Straße la Perouse (zwischen Jesso und Sachalien), und die Sangari=Straße (zwischen Jesso und Niphon) in Verbindung.

Das Chinesische Meer. Von dem Japanischen Archipel und der Halbinsel Corea bis zu der Halbinsel Malakka und den Sunda-Inseln. Es zerfällt in ein Nord- und Süd-Chinesisches-Meer. Ersteres liegt nördlich, letzteres südlich der Insel Formosa. Der nördlichste Theil ist das gelbe Meer, mit dem Golf von Petschili, geradeüber von Peching. Nach Süd-West hin liegt zwischen beiden genannten Haupttheilen des Chinesischen Meeres der Kanal von Fukian (von dem Festlande und der Insel Formosa begrenzt).

Das Süd-Chinesische Meer enthält die Meerbusen von Tonkin und Siam. Die Formosa-Straße (zwischen Formosa und der Philippine Luzon) führt nach Ost in den großen, die Straße von Malakka (zwischen Sumatra und Malakka) nach Nord-West, und die große Sunda-Straße (zwischen Sumatra und Java) nach West in den Indischen Ozean.

III. Der Indische Ozean.

Hier findet man:
das Bengalische Meer zwischen den Halbinseln Hinter- und Vorder-Indien. In ihm liegt zwischen Malakka und dem westlichen Hinter-Indien der Golf von Martaban.. Die Palk-Straße führt nach Süd-West (zwischen Ceylon und Vorder-Indien) in das Indo-Persische-Meer.

Die Erstreckung dieses letztern kann bis an das Cap Guardafui nach West, bis an die Landenge von Suez und die Mündung des Schat-al-Arab nach Nord und bis an den Aethiopischen Archipel nach Süd angenommen werden. In ihm liegt der Golf von Cambay südlich, und der von Kutsch nördlich der Halbinsel Guzerate. Die nach Nord ausgehenden Glieder sind: der Persische und Arabische Meerbusen. In ersteren, welcher zwischen Iran und Arabien liegt, führt die Straße von Ormus, in letztern, der auch das Rothe Meer heißt, und zwischen Afrika und Arabien liegt, die Straße von Bab-el-Mandeb.

IV. Das Mittelmeer.

V. Das Schwarze Meer.

§. 118.

Halbinseln — Vorgebirge.

Die größten Halbinseln sind: die Halbinsel der Tschuktschen, das nordöstlichste Glied Asiens. Die Halbinsel Kamtschatka zwischen dem Behrings-Meere und dem Ochotzkischen Meere mit Süd-Erstreckung. Die Halbinsel Corea zwischen dem Japanischen und Gelben Meere. Die Halbinsel Hinter-Indien mit Malakka, zwischen dem Süd-Chinesischen und dem Bengalischen Meere. Ihre drei südlichsten Vorgebirge sind die Caps: Cambodja, Romania und Negrais. Sie sind zugleich die südlichsten Punkte von den verschiedenen Halbinseln, in welche sich Hinter-Indien spaltet, und von denen Malakka die mittelste und nach Süd zu lang gedehnteste ist.

Die Halbinsel Vorder-Indien zwischen dem Bengalischen und Indo-Persischen Meere. Sie spaltet von dem nördlichsten Theile ihrer Westküste die kleine Halbinsel Guzerate, welche zwischen den Meerbusen von Kutsch und Cambay liegt, ab.

Die Halbinsel Arabien. Diese geradlinigt geformte Halbinsel hat eine breite, in flachem Bogen sich darstellende Süd-Küste, und liegt zwischen dem Persischen und Arabischen Meerbusen.

Die Halbinsel Klein-Asien zwischen dem Mittelländischen und Schwarzen Meere, vom Continent aus betrachtet mit einer Nord-West-Richtung.

§. 119.

Inseln.

I. Im nördlichen Polarmeer.

Die Doppelinsel Novajia-Semblia. Durch die Matoschkin-Straße werden ihre beiden Haupttheile voneinander geschieden, und durch die Karische Straße der südlichere Theil vom Festlande.

Der Archipel von Neu-Sybirien, gegenüber dem Cap Swiätoi.

Die Bären-Inseln, gegenüber der Kolyma-Mündung.

II. Im großen Ozean.

Die Kurilen, zwischen Kamtschatka und Jesso.

Die Japanischen Inseln. Die größten derselben sind: Sachalien, Jesso, Nifon und Kiussiu.

Die Chinesischen Inseln zwischen Kiussiu und Formosa. Die nordöstlicheren führen den Namen: Lien-Khieu-

Inseln, die südwestlicheren den Namen: Madjeosimah-Inseln.

Die Philippinen. Die größten derselben sind: Luzon, Samar, Panay, Palavan und Mindanao.

Die Sundischen Inseln. Sie zerfallen in die großen und kleinen Sundischen Inseln. Die erstern sind: Sumatra, Borneo, Celebes und Java (die drei ersteren vom Aequator geschieden). Von den kleinen Sundischen Inseln sind die bedeutendsten: Sumbava, Lumba, Floris und Timor.

III. Im Indischen Ozean.

Die Andamanen und Nicobaren. Eine Inselgruppe längs der West-Küste Hinter-Indiens. Die Andamanen sind der nördlichere Theil dieses Archipels.

Die Insel Ceylon vor der Süd-Spitze Vorder-Indiens.

Die Lakediven (nördlicher), und Malediven (südlicher) längs der West-Küste Vorder-Indiens.

IV. Im Mittel-Meer.

Die Sporaden. Die wichtigsten derselben sind: Samotraki, Lemnos, Metelino (Mytilene), Skio, Skarpanto, Rhodus und Cypern.

§. 120.

Flüsse.

I. Zum nördlichen Eismeer.

Der Oby. Er entsteht aus der Katunga und Bjia, fließt nordwestlich, nördlich, wieder nordwestlich und nördlich und endlich nordöstlich in den Obischen Meerbusen. Er empfängt links: den Irtisch, welcher wiederum links: den Ischim und Tobol aufnimmt. Rechts empfängt der Oby noch den Tschulym.

Der Jenisey. Er strömt nordnordwestlich, dann fast nördlich bis zu seiner Mündung in den Jenisey-Busen. Er empfängt rechts die Obere, Mittlere und Untere Tunguska.

Die Lena strömt zuerst nordöstlich, dann nordnordwestlich bis zu der Mündung in dem gleichbenannten Meerbusen. Sie empfängt rechts den Witim, die Olekma und den Aldan, links den Wilui.

Küstenflüsse.

Zwischen Oby und Jenisey: der Taz. Zwischen Jenisey und Lena: die Khatanka, die Anabara und der Olenek.

Oestlich der Lena bis zur Behringsstraße: die Jana, die Indigirka und Kolyma.

II. Zum großen Ozean.

Der Amur. Er entsteht aus den beiden Quellarmen Schilka und Kherlon. Ersterer, der nördlichere von beiden, setzt sich wiederum aus der Jngoda (nördlicher) und den Onon (südlicher) zusammen. Der Amur fließt nach Süd-Ost, beschreibt einen großen südlichen Bogen, und strömt zuletzt bis zur Mündung nordöstlich. Diese Mündung erfolgt in die Meerenge der Tartarei, dem Nord-West-Ende der Insel Sachalien gegenüber. Der bedeutendste Zufluß des Amur ist der Songari, welchen er rechts empfängt.

Der Hoang-ho oder Gelbe Fluß fließt mit großer Nord-Krümmung und zuletzt nach Ost in das Gelbe Meer.

Der Yangt-se-Kiang oder Blaue-Strom beschreibt eine bedeutende Süd-Krümmung, und ist in seinem Mittel- und Unterlaufe hauptsächlich nach Ost-Nord-Ost gerichtet.

Der May-Kong oder Kambodja von Nord-West nach Süd-Süd-Ost.

Küstenflüsse.

Nördlich des Amur der Anadyr, welcher in den Golf gleiches Namens, südlich und benachbart der Behringsstraße, mündet.

Zwischen Amur und Ho-ang-ho der Muren. Südlich des Yangt-se-Kiang der Si-Kiang.

III. Zum Indischen Ozean.

Der Thalaaym fließt fast südlich und mündet in den Golf von Martaban.

Der Irawaddy strömt ebenfalls nach Süd, und mündet, dem vorigen Flusse benachbart, in denselben Meerbusen.

Der Burremputer oder Brahmaputra fließt in seinem Oberlaufe Ost-Nord-Oestlich, wendet sich dann nach West-Süd-West und zuletzt fast südlich. Er vereinigt sich mit dem Delta des Ganges. Dieser große Strom fließt südlich und südöstlich, empfängt hierauf rechts die Jumna, und wendet sich von deren Mündung an nach Ost. Im Unterlaufe strömt der Ganges wieder südöstlich und spaltet sich in sehr viele Mündungs-Arme, welche zusammengenommen den Namen Sundebund führen.

Das Delta des Ganges steht zwischen den beiden Indischen Halbinseln.

Der Godavery strömt südöstlich und mündet durch die Küste von Koromandel ohnweit Musalipatam in den Bengalischen Golf.

Der Kistnah fließt fast parallel mit dem vorigen Strome, und mündet auch verhältnißmäßig nicht fern von ihm.

Der Cavery gehört schon nach Mysore, strömt und mündet wie die vorigen.

Die Nerbudda fließt westsüdwestlich und mündet nördlich von Surate in den Meerbusen von Cambay.

Der Indus. Er fließt zuerst nordwestlich, dann allgemein südwestlich, und nimmt, als seinen bedeutendsten Zufluß, links den Satadru auf.

Der Schat-al-Arab. Dieser Strom entsteht aus den beiden Parallel-Strömen: Euphrat westlich) und Tigris (östlich). Beide vereinigen sich nördlich von Balsora. Südlich dieser Stadt mündet der aus jener Vereinigung hervorgegangene Strom in das Nord-Ende des Persischen Meerbusens.

Küstenflüsse.

Zwischen May-Kong und Thalaayn: der Menam.
Zwischen Ganges und Godavery: der Mahanaddy.

IV. In das Mittelmeer.

Der Orontes
Der Minder.
Der Sarabat.

V. In das Schwarze Meer.

Der Kisil Irmak.

Der Kuban.

§. 121.

Land-Seen.

Die bedeutendsten Land-Seen sind:

Das Kaspische Meer, in welches aus Asien auf der West-Seite der Kur, der Terek und die Kuma, auf der Nord-Ost-Seite die Emba mündet. Dieser große Land-See, der auch als Binnenmeer gelten könnte, ist als Land-See betrachtet der größte der ganzen Erde. Er hat von Nord nach Süd 157¾ und von West nach Ost 50 D. M. Dimension, und einen Flächenraum von 6060 □ M.

Der Aral-See, östlich vom vorigen. In ihn mündet von Süden her der Amu, und von Süd-Ost der Sirr.

Der Dzaisang-See an den Quellen des Irtisch (im Altai).

Der Balkasch-See, zwischen den beiden vorigen, empfängt von Süden her den Ili.

Der Baikal-See. An den Quellen der Lena, ein von Süd-West nach Nord-Ost langgestreckter See, in welchen die obere und untere Angara, sowie die Selenga mündet.

Bemerkenswerth sind noch in Vorder-Asien:

Das Todte Meer, ein See unweit Jerusalem, durch sein lebloses Wasser und seine schädlichen Ausdünstungen bekannt. In ihn mündet von Norden her der Jordan.

Der Urumia-See bei Tebris.

Der Wan-See, nordwestlich dem vorigen benachbart, bei Wan. Diese beiden letzteren Seen liegen zwischen dem Tur und Tigris.

§. 122.

Gebirge — Hochebenen.

Hochasien enthält zwei Fünftheile des ganzen Erdtheils. Es erstreckt sich vom großen Ozean bis an das Mittelmeer, von den Eingängen der drei Südasiatischen Halbinseln bis an das

Schwarze Meer, das Kaspische Meer und bis in die südlichen Theile des Russischen Asiens. Dies ist das Hochland des eigentlichen Continents, natürlich vor den peninsularen Gebirgsgliedern zu betrachten. Wir unterscheiden also zunächst die Hochländer von Hinter- und Vorder-Asien.

I. Das Hochland von Hinter-Asien.

Seine Grenzlinien können vom Indus bis zur Mündung des Yangt-se-kiang, von hier zur Amur-Mündung, darauf über den Baykal- zum Dzaisang-See, endlich nach Süd wieder bis an den obern Indus gezogen werden. Es gilt demnach, wie bei fast allen Hochländern, die Gebirgsränder und dann den innern Raum zu betrachten.

Der Süd-Rand.

Vom Indus bis an den Irawaddy gilt die Hauptbenennung: Himalaya-Gebirge.

Es ist in den angegebenen Grenzen 370 Meilen lang, das wichtigste Gebirge der Erde, aus vielen Parallel-Ketten zusammengesetzt, 40 bis 50 Meilen breit. Südlich liegt das terrassenförmig vom Himalaya und nach Indien hin fallende Indische Alpenland.

Der höchste Kamm des Himalaya erreicht die Durchschnitts-Höhe von 15,000′, welche von einzelnen Gipfeln noch bedeutend überragt wird. Die höchsten der letztern sind: der Bender-Petsch'h (Djumna-Quelle) 21,000′ — der Kedarnath (Ganges-Quelle) 23,000′ — der Dawa la Giri 26,000′.

Das gesammte Indische Alpenland, das Himalaya als höchsten Kamm mit eingeschlossen, wird von den Zuströmen des Ganges und Indus in zahlreichen Längen- und Querthälern bewässert. Es bilden sich durch die Beziehungen letzterer zum Gebirge herrliche Alpenlandschaften. Die bedeutendsten derselben von West nach Ost sind: das Alpenland des Indus mit der reizenden Hochebene von Kaschmire (zwischen Indus und Satadru). — Die Alpenlandschaft Syrinagur (im Quellbezirk des Ganges und der Djumna), die Alpenlandschaft Butan (bis zur Quelle des Burremputer). Oestlich vom Burremputer und Irawaddy ist der Süd-Rand Hoch-Asiens eine weit auseinander gelagerte Alpenmasse: das Süd-Chinesische Gebirgs-Land. Der westlichste Theil führt den Namen: Yün-nan, der östlichere den Namen: Nan-ling.

Der Ost-Rand.

Vom Yangt-se-kiang 450 Meilen weit nach Nord zur Amur-Mündung. Die südlichere Gebirgsmasse, mit Nan-ling verbunden, ist das Ost-Chinesische Alpenland oder das Gebirge Yün-ling.

Nördlich des Ho-ang-ho gilt der Name: Inschan- und Khingan-Dola-Gebirge. Der Alpen-Charakter dauert fort, und diese letztern Theile verzweigen sich nach Ost und Süd-Ost. Unter diesen Zweigen ist besonders das Tschang-pechan-Gebirge zu merken. Es liegt der Küste des Japanischen Meeres zunächst, und geht nach Süd herunter in die Halbinsel Corea, in der es schließt.

Der Nord-Rand.

Seine östliche Hauptmasse liegt zwischen Amur- und Baykal-See. Die südlichern Theile bilden das Mongolische Grenz-, die nördlichern das Daurische Alpen-Gebirge.

Nördlich dem Baykal-See, ihm unmittelbar vor, liegt das Baykal-Gebirge.

Das Gebirgs-System westlich vom Baykal-See bis an den Dzaisang führt den Hauptnamen: Altai. Wir unterscheiden, als Theile dieses Hauptbegriffs: das Soyanische Erzgebirge (zwischen Baykal und Jenisey), den großen Altai (zwischen Irtisch und Oby-Quelle), und den kleinen Altai als nördliche Vorstufe des vorigen. Der Altai ist ein Alpenland mit 5000′ Mittel- und 10,000′ Gipfel-Höhe. Die Thäler und Hochebenen erheben sich von 1200 bis 6000′. Die Süd-Westliche Fortsetzung des Altai heißt: Ulu-Tau.

Der West-Rand.

Das Südliche Ulu-Tau fällt an den linken Irtisch-Zuflüssen ins Flachland. Süd-Westwärts über den Balkasch-See hin ist wieder Gebirge, aber anderen Charakters. Es ist öfter unterbrochen, daher freiere Zugänge zum Innern Hinterasien. Es heißt zuerst: Dzungarisches Grenz-Gebirge, und wird weiter südlich, gegen den obern Amur und Indus hin, wo es den Namen Bolor-Tagh führt, wieder zu einer fast unburchbrochnen Mauer. Auf den Westgehängen dieser letzteren Gebirge liegt die Alpenlandschaft Turkestan.

Der innere Raum.

Hier sind Bergketten und zwischen ihnen Hochebenen. Die bedeutendsten Ersteren sind:

Das Murztagh-Gebirge, vom Bolor-Tagh rechtwinklich nach Ost, 360 Meilen weit, bis gegen das Mongolische Grenzgebirge hin.

Der Kulkun-Zug vom Süd-Ende des Bolor-Tagh nach Ost bis zu den Quellen der Chinesischen Ströme.

Zwischen diesen inneren und den Rand-Gebirgen liegen die Hochebenen, und zwar: die Hochebene der Dzungarei zwischen Altai und Murztagh.

Die Hohe Tartarei zwischen Murztagh und Kulkun.

Das Plateau von Tübet zwischen Kulkun und Himalaya. Dieses letztere hat 10,000′ Höhe und ist das erhabenste Plateau der alten Welt. Der ganze östliche Theil des innern Raums ist die Hohe Mongolei, durchschnittlich 6 bis 8000′ hoch. Auf ihrer Scheitelfläche liegt die Wüste Gobi, 400 Meilen lang und 100 Meilen breit.

II. Das Hochland von Vorder-Asien.

Als Verbindungsglied der Hochländer von Hinter- und Vorder-Asien, als Westverlängerung des Kulkun-Gebirges gleichsam, erstreckt sich das Hindu-Kuh-Gebirge, auf der Wasserscheide des Amur und Indus. Es fällt nach Nord in die Alpenlandschaft Sogdiana ab, und mit ihm sind der Nord- und Ost-Rand des östlichern Vorder-Asiens in Verbindung.

Der Ost-Rand wird durch das Indopersische Grenz-Gebirge gebildet, welches längs dem rechten Indus-Ufer, nach Süd, bis zur Mündung dieses Stroms, zieht. Es besteht aus mehreren Parallel-Ketten, und sein höchster Punkt ist der Tuk-te-Soliman mit 12,000′ absoluter Höhe. Die Abdachung dieses Gebirges nach Ost ist steil, nach West mehr allmählig. In dieser letztern Absenkung liegen die Hochebenen von Kandahar und Kelat.

Der Süd-Rand zieht längs der Küste von der Verzweigung mit dem Indopersischen Grenz-Gebirge und der Hochebene von Kelat westwärts bis zur Straße von Ormus. Dieses Gebirge erhebt sich landein terrassenförmig und führt den Namen: Hoch-Beludschistan.

Der West-Rand zieht in der Nord-West-Verlängerung Hoch-Beludschistan's zuerst längs der Ost-Küste des Persischen Golfs, dann längs dem linken Ufer des Schat-al-Arab und Tigris bis in das Quell-Land des letztern. Die Ostabdachung dieses etwa 7000′ hohen Systems erfolgt in die Hochebenen von Schiras und Ispahan. Ein gemeinschaftlicher Name fehlt. Den Tigris aufwärts wird das Gebirgs-System höher, und in der Umgebung seiner Quellen liegen die Hochländer von Loristan und Ost-Curdistan.

Der Nord-Rand bildet die West-Verlängerung des Hindu-Kuh, führt den Namen Paropamisus, und reicht bis zum Ost-Ende des Caspi-See's. Den westlichsten Theil des Paropamisus bilden unmittelbar am Caspi-See die Hochflächen von Khorassan und Kuhistan. An dieselben sich anschließend, umgiebt das Süd-Ende des Caspi-See's das Albors- oder Elbrus-Gebirge, dessen höchste Gipfel bis zu 8000′ aufsteigen. Zwischen dem Caspi- und dem Urumia-See sind Hochflächen mit einem Durchschnitts-Niveau von 3 bis 4000′, und mit Gipfel-Erhebungen bis zu 8000′. Es ist die Alpenlandschaft Asserbeidschan.

Der Raum innerhalb der als Ränder vorbezeichneten Gebirgs-Massen Vorder-Asiens ist ein Tafel-Land; es ist das Plateau von Iran. Seine östlichere Hälfte wird gewöhnlich das Plateau von Afghanistan, seine westlichere das von Persien genannt. Beide sind trockne Steppenländer.

Das Hochland von Armenien liegt in der nordwestlichen Fortsetzung Iran's und seiner Ränder, und erhebt sich allmählig aus den Urumia-Ebenen.

Nördlich des Van-See's liegt am Arras, einem rechten Zustrome des Kur, als Eingangs-Glied Armeniens gleichsam, der Arrarat. Er erreicht eine Höhe von 16,000′, und westlich von ihm sind in der Umgebung der Euphrat-Quelle grasreiche Plateau-Flächen. Ihre höchsten Theile reichen bis zu 7000′. Nördlich fällt Armenien steil zum Schwarzen Meere, und auch westwärts steiler ab, als es aus Asserbeidschan emporstieg.

Nach Süd geht es durch das Karbuchan-Gebirge zur Tigris-Terrasse über. Da demnach das Armenien umgebende Terrain ungleich tiefer ist, so ragt dieses Hochland daraus Insel-artig hervor.

Anaboli oder Natolien ist das westlichste Glied Vorder-Asiens. Es ist ein Gebirgs-Land, dessen Süd-Rand längs der Küste des Mittel-Meeres bis gegen die Insel Rhodus hinzieht und Taurus heißt. Zwischen diesem Taurus und dem vorerwähnten Karbuchan-Gebirge liegt die Tigris-Terrasse oder West-Kurdistan. Der Taurus fällt steil nach Süd (zum Mittel-Meere), allmähliger nach Nord, und zwar zum Tafel-Lande Natoliens. Aus letzterem erhebt sich am Kisil-Irmack der Ardschisch als höchster Punkt bis zu 10,000′. Zum Archipelagus sinkt das Tafel-Land durch mehrere Gebirgs-Zweige. Der Nord-Rand ist ein terrassenartig zum Schwarzen Meere fallendes Gebirge, welches sich mit Hoch-Armenien gegen den obern Euphrat hin verzweigt.

Die abgesonderten und getrennten Gebirgs-Glieder Asiens.

1) Tschukatschin. Von dem Alpen-Lande Daurien aus nach Nord-Ost erstreckt sich dieses Gebirgs-Glied zuerst als Wasserscheide der Lena und des Amur, sodann der Lena und des Ochozky-Meeres, endlich der Indigirka, Kolyma und des Behrings-Meers. Sein südwestlichster Theil ist das Jablonnoi-Khrebet-Gebirge. In seiner Nord-Ost-Fortsetzung folgt das Aldan-Gebirge, und endlich, als nordöstlichstes Glied dieser Halbinsel, das Stannowoi-Khrebet-Gebirge; dieses letztere scheint sich zu 6000′ Höhe zu erheben, während die südwestlichern Theile nicht über 3000′ hoch sind.

2) Hinter-Indien. Von dem Alpen-Lande Yün-an ziehen nach Süd fünf Parallel-Ketten und bilden den orographischen Charakter Hinter-Indiens. Die westlichste derselben liegt zwischen der Bengal-Küste und dem Irawaddy, die mittelste und bedeutendste zwischen Thalaaym und Menam, die östlichste zwischen den Kambodja und der Südchinesischen Küste. Die vorgenannte mittelste Gebirgs-Kette, in der die höchsten Gipfel des Halbinsel-Landes bis zu 5000′ aufsteigen, verlän-

gert sich, nach Süd hin, in die Halbinsel Malakka, und endigt mit dem Cap Romania.

3) Vorder-Indien oder Dekan. Es ist getrennt von dem übrigen Hoch-Asien, und seine Basis bildet das Vindihan-Gebirge, welches beinahe, dem Laufe der Nerbudda folgend, sich zwischen dem Ganges-Delta und dem Cambay-Golf, 200 Meilen weit, erstreckt.

Der Ost-Rand Dekans, längs der Küste Koromandel, heißt Ost-Ghats, und ist 300 Meilen, der West-Rand, längs der Küste Malabar, heißt West-Ghats, und ist 220 Meilen lang.

Da, wo im Süd sich die beiden letztern Theile verzweigen, liegt das Plateau von Mysore, welches, nach Süd, zu dem Nil-Gerri-Gebirge und in diesem zu 9000′ aufsteigt. Dieses Gebirge fällt südwärts in ein Tiefland, das Gap, und erhebt sich aus demselben zu dem noch 7000′ hohen Ali-Gerri-Gebirge, dessen Schlußpunkt das Cap Komorin ist.

Der innere Raum Dekan's ist ein Plateau zweiter Klasse, und enthält zwischen Kistnah und Kavery das berühmte Diamanten-Plateau von Hyderabad oder Golkonda. Die vorgenannten Rand-Gebirge Dekan's haben eine Durchschnitts-Höhe von 6000′.

4) Arabien. Dieses wenig gekannte Hochland giebt mindestens zu erkennen, daß es in seinem Innern eine weite Hochfläche mit nackten Berg- und Felsen-Zügen enthält, die bis zu 9000′ aufsteigen sollen. Im innersten Raum liegt die Landschaft Nadsched. Oestlich fällt dieses Hochland in die sandigen Küsten-Terrassen Bahrein und El-Assa, südöstlich und südlich in die Gebirgs-Landschaften Oman, Hadramauth und Aden. In der Südwest-Ecke Arabiens liegt das Gebirge Djebel-Sabber, von welchem das Gebirge Al-Jemen längs dem Rothen Meere nach Nord, als West-Rand Arabiens, zieht. Dieses letztere scheint 7000′ hoch zu sein, und endigt am Golf von Akaba. Der Nord-Rand Arabiens ist ungekannt.

5) Syrien. Vom Akaba-Golf an, gleichsam als Fortsetzung des Al-Jemen, erstreckt sich das Syrische Gebirge längs der Küste des Mittel-Meeres nach Nord. Sein südlichster Theil ist das Sinai-Gebirge, mit den Urgebirgs-Gipfeln Si-

nai und Horeb in seiner Mitte. Diese letztern werden jetzt gewöhnlich El-Tor genannt, und sollen 6 bis 7000′ hoch sein. Nach der Landenge Suez hin geht das Sinai-Gebirge in die Wüste El-Ti (Moses) über. Nördlich des Sinai-Gebirges liegt das Plateau von Soristan, und in seiner Mitte, zwischen Orontes und Jordan, das Libanon-Gebirge, dessen höchste Gipfel bis zu 12,000′ aufsteigen. Nach Nord hin verzweigt sich das Syrische Gebirge mit dem Taurus und dem Quell-Lande des Euphrat.

6) Der Kaukasus. Dieses Alpen-Land liegt zwischen dem Kaspischen- und Schwarzen-Meere, und andrerseits als Wasser-Scheide zwischen dem Kur (südlich), der Kuma und dem Kuban (nördlich). Ueber den Kur hin liegt die Landschaft Georgien als Vermittelungs-Glied nach Hoch-Armenien. Jenseits der Kuma und des Kuban findet in der Kaukasus-Steppe ein leiser Zusammenhang nach dem Europäischen Wolga-Gebirge statt. Der Kaukasus ist 150 Meilen lang, 30 Meilen breit, 8 bis 10,000′ durchschnittlich hoch. Seine höchsten Punkte sind: der Elbrus mit 16,800′, und der Kasbek (Terek-Quelle) mit 14,400′ Höhe.

§. 123.

Tief-Länder.

Nicht überall fällt das Gebirgs-System Asiens unmittelbar zum Ozean, sondern vielfach in Tief-Länder, die zwischen den Küsten und Gebirgs-Rändern liegen. Wir haben dergleichen in allen Richtungen dem Gebirge vorgelagert.

1) Im Süd. a) Vor den letzten Abfällen der Terrasse von Kurdistan liegt zwischen Euphrat und Tigris, und zu beiden Seiten des Schat-al-Arab bis an den Persischen Golf das Tiefland von Mesopotamien. Westlich des Euphrat ist dieses Tief-Land bis zu den Nord-Abfällen von Nadsched und zu den Ost-Abfällen Hoch-Syriens fortgesetzt. Dieses letztere Tief-Land ist die Syrisch-Arabische Wüste.

b) Der bewaldete Sumpf, welcher dem Himalaya südlich vorliegt, geht in die Kultur-Ebenen des mittlern und untern Indus (im Westen Hindostans), des mittlern und untern Ganges (im Osten Hindostans) über. Wir haben demnach hier zwischen dem Vindichan-Gebirge und dem Himalaya, zwischen dem Indischen und Bengalischen Meere, ein großes Tief-Land.

2) Im Ost: das Chinesische Tief-Land liegt an den Unter-Läufen des Yangt-se-kiang und Ho-ang-ho und erweitert sich nach Nord bis zum Golf von Petscheli. In seinem Innern ist eine hoch gesteigerte Kultur; es finden sich auch Sümpfe, Seen und Lagunen.

3) Im Nord: Sybirien. Dieses kolossale Tief-Land erstreckt sich von den Nord-Abfällen des gebirgigen Hinter-Asiens bis zur Küste des Polar-Meeres, durchschnittlich etwa von 55 bis 75° nördl. Breite, westwärts bis an den Ural und umfaßt die Mittel- und Unter-Läufe des Oby und des Jenisey, die Unter-Läufe der Lena, Indigirka und Kolyma.

4) Im West: Turan. Dieses Tief-Land liegt in der Umgebung des Aral-See's und wird in Süd-Ost von dem West-Abfall des gebirgigen Hinter-Asiens, im Süd von der Alpen-Landschaft Sogdiana und den Nord-Abfällen des Paropamisus, im West durch den Caspi-See, im Nord durch den Ural begrenzt. Nach Nord-Ost hin hängt Turan durch die Ischimsche Steppe mit dem Sybirischen Tief-Lande, nach Nord-West hin über den Ural-Strom hin durch die Kirgisische Steppe mit dem Tief-Lande der untern Wolga und über die Wolga hinweg mit der Kaukasus-Steppe zusammen.

Der Charakter von Turan ist: Steppe und Wüste. Der Theil Turans zwischen dem Aral-See, dem Caspi-See und der Kirgisischen Steppe, wird insbesondre der Truchmenen-Isthmus genannt.

§. 124.

Klima, Boden, Produktion.

Die Natur hat in Asien den Gang der Extreme gewählt. Von der tiefsten Verlassenheit und Oede bis zur üppigen Vollendung ist das Leben dieses Welttheils gestaltet. So ist es mit dem Klima, mit dem Boden und dem Produkten-Leben. Mit Vortheil lassen sich zum Behuf einer Produkten-Schilderung die drei Haupt-Abschnitte: Nord-, Mittel- und Süd-Asien annehmen.

I. Nord-Asien.

Es wird durch das Rußland dieses Erdtheils repräsentirt und hat rauhes Klima, welches nach Nord hin bis zu der wirksamsten Kälte sich steigert. Der Boden hat fast gar keine Agrikultur, nur Waide-Land, größtentheils arme winterliche Steppen und in den äußersten Küstenstrichen fast nur morastige und gefrorne Wüsten.

Die Sybirischen Gebirge halten Metalle (besonders Eisen), auch Marmor, Alabaster, Jaspis, Porphyr, Smaragden, Topase, Granaten und dergleichen. Die Quadrupeden Nord-Asiens sind wie im nördlichen Europa. Auch die Ornithologie bietet nichts Eigenthümliches.

II. Mittel-Asien.

Türkisch Asien ist mild und fruchtbar, sogar reich. Der Wein, die Südfrucht, der Seidenwurm, das alles gedeiht hier. Armeniens Hoch-Ebenen sind fast baumlos, aber ein reiches Waide-Land für die Armenier, die Viehzucht treibenden und kriegerischen, zum Theil nomadisirenden Kurden und Turkomannen. Mesopotamien, die Wiege früher Geschlechter, ist ein glückseliges Land, wie schon alte Sitten- und Religions-Bücher zum Theil symbolisch andeuten. Syrien hat in seinem Gebirge Kalk und Basalt, Höhlen, Klüfte und dauernden Schnee, in seinen Thälern und Ebenen Wein und Süd-Früchte, zwischen dem Sinai und der Landenge häufigen Wüsten-Sand.

Persien enthält auf der Scheitelfläche Irans Thon, Kies, Flugsand-Steppen. Die Terrassen sind fruchtbar, und die Jahreszeiten bieten grelle Gegensätze. Charakter-Merkmale des Ganzen sind: Trockenheit, Mangel an Thau, klarer Himmel, Waldlosigkeit. Feineres Obst und einige Arten Edelsteine werden hervorgebracht.

Die Tartarey ist sehr verschieden in ihrem Alpen- und in ihrem Tief-Lande. Letzteres bietet Salz-Seen, viel Sand, viel Lehm und Steppen-Klee, auch Bimstein und Nafta, dar. Die Berg-Abhänge allein sind fruchtbar und haben sogar Süd-Früchte. Das Klima ist demnach durchgängig gemäßigt, theilweise mild, hie und da rauh. Das Dschungarische Gebirgs-Land hat Steppen, Seen und Vulkane, das Plateau der Hohen Tartarey theils wüstes, theils fruchtbares Land, durchgängig viel Nebel.

Tübet ist ein trocknes, schon seiner Höhe wegen rauhes Gebirgs-Land mit vielen Alpen-Seen. Die Mandschurei und das eigentliche China haben mildes Klima, fruchtbaren kultivirten Boden und mehr als gewöhnliche Vegetabilien. Unter letztern sind besonders Thee, Zucker-Rohr und Heil-Kräuter zu erwähnen. Das Kupfer ist ein häufiges Metall, und Salz und Kampfer sind vielfach vorhanden. In der Mongolei liegt die Wüste Gobi, eine größtentheils baumlose, kalte, dürre, unbewässerte Oede, in den günstigsten Theilen nur kümmerlich mit Salz-Pflanzen, selten mit niedrigen Sträuchern bewachsen.

Das Kaiserthum Japan, dieses Inselreich, hat mildes, jedoch schnell verändertes Klima, Vulkane, Gipfel mit ewigem Schnee, schöne Thäler und Triften, edle und andere Metalle. Getreide, Reis, Thee, auch Obst, sind die gewöhnlichsten Vegetabilien. Die Viehzucht ist vernachlässigt.

Die Fauna Mittel-Asiens ist nur theilweise bekannt. Der Esel, das Maulthier, das Pferd, der Büffel, das wilde Schaf ist hier heimisch und in vorzüglicher Kraft und Schönheit. Wir wissen nicht viel über die Vögel Inner-Asiens, wohl aber, daß ihm viele Hühner-Geschlechter, auch besonders Fasanen, angehören.

III. Süd-Asien.

Arabien trägt den klimatischen Typus Afrika's. Sein inneres Tafel-Land ist trocken und baumlos, hat jedoch fruchtbare Stellen.

Die bedeutendste Land-Plage ist der Samum. Das Klima des ganzen Halbinsel-Landes ist meist der Lage entsprechend, d. h. warm, die Fruchtbarkeit daher nur von der Art und Bewässerung des Bodens abhängig. Die fruchtbaren Theile haben Süd-Früchte, Zucker-Rohr, Tabak, Wein, Oel, Aloe, Myrrhe, Gummi, Indigo, Kaffee, Senesblätter, Weihrauch u. dergl., an Mineralien: Edelsteine, Schwefel, Erdharz und Gold.

Vorder-Indien hat im höchsten Gebirge das Polar-Klima, in den Ebenen und Thälern das der Tropen. Der sumpfige Waldsaum, der dem Himalaya südlich vorliegt (Tarai), entwickelt eine feuchte Atmosphäre. Das eigentliche Dekan ist der Typus des Natur-Reichthums. Sein ganzes Sein und Hervorbringen ist bewunderungswürdig, und diese prächtige Natur-Einheit scheint zur Menschheit-Wiege, zu einem Aufenthalt der Glückseligkeit für primitive Geschlechter geschaffen. Bäume, Sträucher und Gewächse treiben zu unglaublicher Höhe und erreichen den Ausdruck einer nur unter den Tropen gekannten Vollkommenheit. Die Pflanzen-Geschlechter sind aber auch in unglaublicher Vielseitigkeit, und darunter die vielen Gattungen von Blumen in vollendeter Frische und Farbenpracht vorhanden. Die Palmen, die Bananen, das Zucker-Rohr, der Sago-Baum, der Zimmt, der Pfeffer, das Ebenholz sind besonders charakterisirende Gewächse. Durch seine Mineralien, besonders durch sein Gold und durch die unvergleichlichen Diamanten von Golkonda ist der Reichthum Indiens sprichwörtlich geworden.

Hinter-Indien ist dem Vorder-Indischen Nachbar- und Zwillings-Lande ähnlich. Es hat ein mildes Klima und ist besonders reich an Reis-Pflanzungen, an Zucker-Rohr, an Waldungen, an Gold und Silber.

Die Inseln des Indischen und Süd-Chinesischen Ozeans haben ein den benachbarten Kontinent-Theilen ähnliches, fast durchgängig warmes Klima und reichen Pflanzen-Wuchs. Häufige Vulkanitäten finden sich auf ihnen, auf den Großen, besonders den Sunda-Inseln, undurchdringliche Urwälder. Vorzüglich vulkanisch sind die Molucken und Philippinen.

Süd-Asien hat unter seinen Mammalien zahlreiche Affen-Geschlechter, Elephanten, Lämmings und Raub-Thiere, besonders Löwen, Tiger, Leoparden u. dgl. Die Schlangen und die schädlichen Insekten sind ebenfalls zahlreich. Die Vögel-Welt bietet viele Ameisen-Drosseln, Papageien, Kolibris, Pfauen u. dergl., dar.

Afrika.

§. 125.

Weltstellung — Begrenzung — Vorgebirge.

Afrika ist der südlichste Kontinent der alten Welt, zugleich der gerundetste, der Größe nach der mittelste. Es hat mit Europa nur eine ozeanische, mit Asien nach Nord-Ost hin eine kontinentale Verbindung (Landenge Suez), ist von Amerika durch die weiten Räume des Atlantischen Ozeans geschieden und liegt unter Einrechnung seiner äußersten Spitzen, etwa von 38° nördl. Br. bis 35° südl. Br. von $\frac{1}{2}$° bis 68° östlicher Länge.

Afrika grenzt im Norden an die Straße von Giberaltar, an das Mittel-Meer und den Golf von Aden, nordöstlich und östlich an die Landenge Suez, das Rothe Meer, die Straße Bab-el-Mandeb, östlich an den Indischen, südlich an den Indischen und Süd-Atlantischen, westlich an den Süd- und Nord-Atlantischen Ozean.

Die ausspringenden Spitzen bietet alle, da peninsulare Formen fehlen, der Hauptkörper des Kontinents. Die bemerktesten derselben sind:

An der Nord-Küste die Caps: Spartel, Blanc, Bon und Rezat. An der Ost-Küste die Caps: Guardafui, Delgado, Corientes, St. Lucie und die Natal-Spitze. An der Süd-Küste: das Nadel-Cap und das Cap der guten Hoffnung. An der West-Küste die Caps: Negro, Lopez, Formosa, der 3 Spitzen, Palmas, Sierra Leone, Verde, Blanco.

§. 126.

Bespülende Meere und Meeres-Theile.

1) Das Mittel-Meer. Es bildet da, wo Sicilien gegenüber sich die Küste Afrika's von Nord nach Süd zieht, zwischen Tunis und Tripolis den Meerbusen von Cabes; westlich von Barca (Morea gegenüber) den Meerbusen von Sydra.

2) Der Indische Ozean. Er bildet an der Afrikanischen Küste außer dem schon bei Asien erwähnten Meerbusen

von Aden, den Busen von Sofala und die Lagoa-Bai. Die Verengung des Meeres zwischen dem Kontinent und der Insel Madagascar wird der Kanal von Mozambique genannt.

3) Der Atlantische Ozean bildet unmittelbar nördlich des Aequators mit der Küste Afrika's den großen Meerbusen von Guinea. Derselbe zerfällt in die Busen von Biafra (südlicher) und Benin (nördlicher).

§. 127.

Inseln.

1) Im Indischen Ozean.

Die Insel Socotora, dem Cap Guardafui gegenüber. Die Seichellen und Amiranten zwischen 70 und 75° östl. Länge, 0 und 10° südl. Breite. Madagascar. Diese große Insel liegt in ihrer Hauptmasse etwa von 12 bis 25° südl. Br. und von 61 bis 68° östl. Länge. Ihr nördlichster Punkt ist das Cap Ambro, ihr südlichster das Cap St. Marie.

Die Comoren zwischen dem nördlichen Madagascar und dem Festlande von Afrika.

Die Mascarenen, östlich des mittlern Madagascar.

Unter denselben sind besonders die Inseln Roderigo, Isle de France und Bourbon zu merken.

Weiter südlich, etwa unter 26° südl. Br. liegt die Insel St. Juan de Lisboa.

2) Im Süd-Atlantischen Ozean.

Die Insel St. Helena, 16° südl. Br., 12° östl. Länge.
" " Ascension, nordwestlich von Helena.
" " Annabon, nahe dem Aequator, etwa 1½° südlich desselben und etwa unter 24° östl. Länge.
" " St. Tomas im Aequator, fast in derselben geographischen Länge wie Annabon.

3) Im Nord-Atlantischen Ozean.

Die Prinzen-Inseln (Isla-do-Principe) } im Golf von
Die Insel (Fernando-del-Po) } Biafra.

Die Capverdischen Inseln, dem Cap Verde gegenüber, zwischen 10 und 20° nördl. Br., 0 und 10° westl. Länge.

Die Canarischen Inseln, zwischen 25 und 30° nördl. Br.

durch den Meridian von Ferro, hinsichtlich ihrer geographischen Länge bezeichnet. Die bedeutendsten sind: Ferro, Palma, Teneriffa, Canaria, Lancerote und Fuertaventura.

Madeira und Porto Santo etwa 32° nördl. Br. und unmittelbar östlich am Meridian Ferro.

Die Azoren nordwestlich der vorigen, etwa unter 38° nördl. Br. und 8 bis 11° westl. Länge.

§. 128.

Flüsse.

1) Zum Mittelmeer.

Der Lebao, Die Matuvia, Der Schellif, Der Medjerdak,	Küstenflüsse, welche nach Marocco und Algier gehören; hier von West nach Ost gezählt.

Der Nil. Dieser klassische Strom entsteht im Alpenlande: „Abessinien“ mit seinem Hauptquellarme, dem Bahar-el-Azrek oder blauen Nil. Der westlichere Quellarm entspringt wahrscheinlich auf dem Nordrande des südlichen Hoch-Afrika's (Mond-Gebirge) und führt den Namen Bahar-el-Abyad oder weißer Nil. Beide Arme vereinigen sich bei Halfaya in Nubien, dem Mittel-Nil-Lande. Dieses durchfließt nun der Strom mit einer allgemeinen nordwestlichen Richtung, sehr bedeutenden Krümmungen und einer noch beträchtlichen Entfernung von der Küste des rothen Meeres. Bei Assuan betritt der Nil Aegypten, das Unter-Nilland, nähert sich mehr als bis dahin der Küste, bleibt ihr ohne wesentliche Krümmungen fast parallel und geht zuerst durch Wostani (Ober-Aegypten), dann durch Said (Mittel-Aegypten). Bei Cairo spaltet er sich in seine beiden Hauptmündungs-Arme: den östlicheren oder den Hauptarm von Damiette, und den westlichern oder den Hauptarm von Rosette. Beide umfassen Unter-Aegypten oder das Delta.

Der Nil ist der einzige Tropenstrom, der in ein Binnenmeer mündet. Sein Thal ist mit unfruchtbarem Boden umgeben, jedoch an sich fruchtbar. Er schwillt ungewöhnlich (daher sein befruchtendes Austreten) und hat an seinen Mündungen keine Ebbe und Fluth. Bis zur Grenze Aegyptens (bei Assuan) ist der Nil-Lauf durch Felsen und Inseln vielfach gebrochen; von hier an, wo er die Inseln Philae und Elephantine bildet, bleibt er bis Cairo ungetheilt. Von Assuan bis Denderah ist der Nil von unendlich vielen Denkmälern alter Architektur begleitet. Unweit dem alten Memphis stehen die Pyramiden (siehe politische Geographie).

Das Delta hat viel Kanäle, welche namentlich die beiden Hauptmündungs-Arme verbinden. Außerdem ist der Joseph-Kanal und der Kanal von Alexandrien zu merken. Ersterer geht in Wostani, da wo das Nil-Thal sich etwas erweitert, aus dem Strome, längs dessen linkem Ufer und in den Arm von Rosette. Aus diesem, durch Alexandrien in das Mittelmeer, geht nun der letzte Kanal.

Die im Alterthum wie in der Gegenwart wichtige Nil-Ueberschwemmung, welche der schmelzende Gebirgs-Schnee und der Aequinoktial-Regen herbeiführt, tritt in Mittel-Aegypten gewöhnlich im Juli, weiter oberhalb natürlich früher ein. Der höchste Wasserstand ist im September, der niedrigste erst wieder im Mai.

Der einzige bemerkenswerthe Zufluß des Nil ist der Tacazze, welcher ihm rechts in Nubien und zwar bei Damer zugeht.

2) Zum Indischen Ozean.

Der Zambeze. Der Oberlauf dieses Stromes liegt in dem unbekannten innern Afrika. Von dem Mittellaufe weiß man, daß er einen großen nördlichen Bogen beschreibt, von dem Unterlaufe, daß er nach Süd-Ost gerichtet ist, und daß die Mündung bei Guilmance in den Kanal von Mozambique, erfolgt.

3) Zum Süd-Atlantischen Ozean.

Der Orange-Strom oder Gariep. Er entsteht auf einer Hochebene nördlich des Cap-Landes aus den beiden Quell-Armen: Ky-Gariep (nördlicher) und Nu-Gariep (südlicher). Hierauf fließt er in westlicher Hauptrichtung, und mündet etwa unter 38° südl. Breite.

Der Coanzo.

Der Congo oder Zaire.

4) In den Nord=Atlantischen Ozean.

Der Nun. Dieser Strom mündet am Cap Formosa und kommt von Nord=Ost. Oberhalb Bussa verliert sich seine Spur, man glaubt jedoch, daß der in Bambarra und Timbuctu Niger genannte Strom, über dessen Quellen man noch zweifelhaft ist, dessen Oberlauf Djoliba, dessen weitere Fortsetzung Quorra heißt, mit dem Nun=Strome ein Ganzes bilde.

Der Gambia. Ein Strom Senegambiens von verhältnißmäßig kurzem Laufe. Seine Mündung erfolgt bei Gellifrey, südlich vom Cap Verde.

Der Senegal. Er entsteht aus mehreren Quellarmen, strömt allgemein nordwestlich und westlich, zuletzt südwestlich und mündet bei St. Louis, nördlich des Cap Verde.

§. 129.

Land=Seen.

Wir sind in Afrika mit nur wenigen beträchtlichen Seen bekannt, da die Mehrzahl in dem ungekannten Inneren liegen mag. Die wesentlichsten sind:

Die Seen der Berberei. Unter diesen zeichnet sich der Melgig=See (im südlichen Algier, an der Grenze von Tunis), der salzige Land=See Boghaz (zwischen der Stadt Tunis und dem Meere), der Low=Dea=See im südlicheren Tunis aus.

Die Aegyptischen Seen. In Aegypten sind außer dem schon vom Alterthum her berühmten See Möris die Seen der Nilmündung besonders wichtig. Unter diesen ist der See von Brulos, der See Edku und der See Mariotis vorzüglich zu merken.

Der Tschad=See. Ein sehr großer Land=See, ein wahres Binnen=Meer in Sudan, etwa unter 12° nördl. Br. und 32° östl. Länge. Man weiß, daß ihm mehrere bedeutende Flüsse zugehen. In seiner Umgebung sollen noch mehrere kleine Land=Seen liegen. Im südlichen Inneren Afrika, etwa zwischen 8 und 10° südl. Br., soll ein langgestreckter See, Namens Zembere, sein. Nordwestlich davon liegt der Kufua=See, in dessen Nachbarschaft man die Quellen des Zaire vermuthet.

§. 130.

Gebirge und Ebenen.

Süd-Afrika hat die Form eines Trapezoids, welches sich der Gestalt eines Triangels sehr nähert. Auf allen Rändern ziehen Gebirge, und es ist also ein Hochland.

Nord-Afrika hat nur da, wo sein Süd und sein Nord an die See stoßen, den Gebirgs-, übrigens den Tieflands-Charakter.

I. Süd-Afrika.

Die Nord-Grenze kann durch eine Linie zwischen den Caps Guardafui und Formosa bezeichnet werden. Die übrigen Umfangs-Linien ergeben sich durch die Küsten des Indischen und Atlantischen Ozeans.

Der Süd-Rand. Hierunter ist ein verhältnißmäßig kurzes Bergsystem zu verstehen, welches auf 3 Seiten von dem Ozean, auf der vierten im Nord, nämlich: vom Gariep begrenzt wird. Es ist dasselbe, was auch in der politischen Geographie gewöhnlich das Cap-Land heißt. Füglich lassen sich hier zwei Terrassen annehmen; die südlichere oder Küstenterrasse ist schmal, im West am breitesten. In ihr erheben sich am Atlantischen Ozean die Chamies- und Bokkevelds-Berge, am Indischen Ozean die Zwarte-Berge. Dieselben sind durchgängig 4 — 5000 Fuß hoch. Die nördlichere Terrasse ist eine wasserarme öde Berg-Ebene (Karroo), und hat höhere Bergketten als die vorige. Die bedeutendsten sind: die Roggevelds und Nieuvevelds-Berge, deren höchste Gipfel sich bis 10,000 Fuß erheben sollen. Das Niveau der Karroo ist etwa 3000′ über dem Meeresspiegel. Den Uebergang des Caplandes zu dem innern Süd-Afrika bildet die Hoch-Ebene des Gariep, die ein hohes Plateau ist, sich aber immer mehr in endlose Flächen verliert.

Der Ost-Rand. Er erstreckt sich von der Quelle des Nu-Gariep bis zum Cap Guardafui, etwa 750 Meilen weit. Hauptsächlich können hier nur die Bergküsten genannt werden. Die südlichste derselben ist die Kaffern- oder Natal-Küste, die nach West zur Gariep-Terrasse übergeht, nach Nord bis zur Lagoa-Bai reicht. Von hier bis zum Zambeze folgt nur die

Küste von Sofala, welche nach West mit der Berg-Landschaft Manika und nach Nord-West am mittlern und obern Zambeze mit dem Lande Monomotapa zusammenhängt. Nördlich des Zambeze, bis etwa 6° südl. Br., liegt die Küste von Mozambique. Wahrscheinlich zieht mit dieser Küste in einiger Entfernung westlich ein hohes Gebirge parallel (Lupata) und verlängert sich so weit nach Nord, bis es mit den Hoch-Ebenen von Schoa und Efat in Süd-Habessinien sich verzweigt. Nördlich der Küste von Mozambique folgen die Küsten von Zanguebar und von Ajan, letztere bis an das Cap Guardafui reichend.

Der Nord-Rand. Als Uebergangs-Glied von dem Ost- zu dem Nord-Rande dient die Küste von Aden oder Somauli, die an der Straße Babelmandeb endigt. Es können hierauf in diesem Nord-Rande zwei Haupt-Gebirgsmassen angenommen werden.

Das Alpen-Land von Habessinien ist die östlichere von beiden. Es lagert sich dem Golf von Aden und dem südlicheren Theile des rothen Meeres vor und reicht bis 15° nördl. Br. mit einem Areal von 8000 □Meilen. In seinem mittleren Theile der Terrasse von Tigre und Amhara entspringt der blaue Nil fast 10,000′ hoch. Den südlichsten Theil Habessiniens bilden die schon vorerwähnten Alpen-Landschaften von Schoa und Efat. Südwestlich Habessiniens liegt die Terrasse von Narea und Kaffa, mit welcher das nach West ziehende Mond-Gebirge (Gebel-al-Komri) in Verbindung zu sein scheint.

Die Westmasse des Nord-Randes ist nur wenig gekannt. Man weiß, daß südlich vom Tschad-See, etwa 10° nördl. Br., ein Bergland, Namens Mandara, liegt. Nach Süd soll es zu den noch höheren Gipfeln des Berglandes Adamova fortsetzen. Westlich von diesem Adamova soll noch das Bergland Jacoba und nordwestwärts dieser Gesammtmasse das Bergland Haussa liegen.

Der West-Rand. Südlich von Jacoba, damit zusammenhängend, findet sich südöstlich des Nun, unmittelbar am Golf von Biafra, das Amboser Hochland. Es scheint 13,000′ hoch zu sein. Weiter südlich kommen wieder nur Küstenterrassen, und zwar zuerst die Küstenterrasse von Loango und Cacongo bis an den Zaire, dann die Küste von Angola und Congo zwischen Zaire und Coanzo, endlich die Küste von Benguela, bis an das Cap Negro. Diese zuletzt betrachtete Küstengesammtheit heißt auch Süd-Guinea. Vom Cap Negro bis an den Gariep ist die West-Küste ganz unbekannt. Ueber den innern Raum Süd-Afrika's mangeln ebenfalls die Nachrichten.

II. Nord-Afrika.

Der Süd-Rand oder Sudan. Er beginnt an den Unterläufen des Senegal und Gambia und erstreckt sich als Gebirgsland und Hoch-Ebene bis zu den Landschaften Dar-Fur und Kordofan auf der Westgrenze Mittel-Nubiens.

Der West- oder Hoch-Sudan ist ein mächtiges Gebirgsland, ein Nord-West-Vorsprung Süd-Afrika's gleichsam. Dieses Gebirgssystem, dessen West- und Süd-Grenze der Ozean, umfaßt einen Flächenraum von 41,000 □Meilen, hat aber nur Gipfel von 5000′ absoluter Höhe. Der südlichste Theil ist die Küste von Nord-Guinea, zwischen dem Cap Leone und der Bai von Benin. Einzelne Theile sind hier: die Pfeffer-Küste zwischen den Caps Leone und Palmas, die Elfenbein-Küste bis zum Cap der drei Spitzen, die Gold- und Sclaven-Küste bis zur Benin-Bai.

Der Ost- oder Flach-Sudan breitet sich vom obern Niger bis zu den vorerwähnten Landschaften Dar-Fur und Kordofan, 750 Meilen lang, bei einer Breite von 50 bis 70 Meilen, aus. Dieses Plateau-Land, welches nach Süd zu dem Plattlande Hoch-Afrika's aufsteigt, nach Nord sich in ungeheure Wüstenräume verliert, hat etwa 1200′ absolute Höhe, und wird hinsichtlich seiner Bewässerung durch den Tschad-See charakterisirt. Die bedeutendsten hier liegenden Landschaften sind von West nach Ost gezählt; Bambasa und Timbuctu (am Niger), Bornu und Berghami (am Tschad-See), Dar-Fur und Kordofan (an der Grenze Nubiens).

Der Ost-Rand oder das Stufenland des Nil. Es ist ein von niedrigen Höhenzügen durchzogenes Flachland. In Nubien streichen diese Höhenzüge von West nach Ost, werden also vom Nil quer durchbrochen. Die bedeutendsten derselben sind: die Höhenzüge von Berber und Lamoule. Durch dieselben werden in Nubien 3 Stufen gebildet, deren südlichste die Landschaft Sennaar (am Zusammenfluß beider Quell-Arme des Nil), deren mittelste die Landschaft Dongola, und deren nördlichste das eigentliche Nubien (bis 24° nördl. Br.). Aegypten hat 2 dem Nil-Strome parallel ziehende Ketten, zwischen denen sein Thal eingeschlossen ist.

Die östlichere ist die Bergkette: Gebbel-Mokattam, die westlichere die Liebische Bergkette. Diese Ketten haben keine ausgezeichneten Gipfel und viel Unterbrechungen durch Querthäler.

Der Nord-Rand. Vom Nil-Delta aus zieht ein Plateauartiger Wüsten-Höhenzug längs der Küste des Mittelmeers bis an die Ost-Grenze von Tripolis, wo er sich mit einem hier beginnenden Plateau 2ter Klasse in Verbindung setzt. Dieses ist das Plateau von Barca und liegt von der Ost-Grenze des Staates Tripolis bis an den Golf von Sydra, in einem Flächenraume von 2000 □Meilen. Die Mittel-Höhe ist 1500′. Nach Nord fällt es steil zum Meere, nach Süd verflacht es sich zur Sahara.

Von der Süd-Ostspitze des Golfs von Sydra nach West-Nord-West zieht längs der Küste ein 130 Meilen langer, 30 Meilen breiter, 1500′ hoher Gebirgszug, der im Ost Karusch-Gebirge, in der Mitte Souvah-Gebirge und im West Gauriano-Gebirge heißt. Er fällt nach Süd zu den Landschaften Fezan und Biledulgerid ab und setzt sich am Golf von Cabes in Verbindung mit dem:

Hochlande der Berberei. Dieses nordwestlichste Gebirgsland Afrika's, das höchste in Nord-Afrika, das zweite nach seinem Areal (21,000 □Meilen), umfaßt die Landschaften Algier, Marocco und Fez, und erstreckt sich 300 Meilen von Ost nach West, 70 Meilen von Nord nach Süd. Es wird im Ost von dem Gebirge Megala, im Süd von dem großen Atlas, der in der Landschaft Biledulgerid abfällt, im West von dem hohen, im Nord von dem kleinen Atlas begrenzt. Die höchsten Gipfel des hohen Atlas erheben sich zu 13,000′ absoluter Höhe.

Der innere Raum Nord-Afrika's, die Wüste Sahara. Ihre Grenzen ergeben sich auf 3 Seiten durch die vorgenannten Ränder Nord-Afrika's; im West reicht sie bis an den Ozean. Sie ist, was ihr Name sagt, eine ungeheure Wüste, ein wahres Sandmeer von 80 — 100,000 □Meilen Flächeninhalt. Da die Hauptrichtung des Windes und Sandes von Ost nach West zu gehen scheint, so findet sich im Ost der Sahara mehr Kalkfläche und Felsen, im West durchgängig Flugsand vor. Von dem Winde hängt die Vertikalform der Wüste ab; heute sind Hügel, wo morgen der Wüsten-Wind, der den Flugsand an andere Stellen häufte, geebnet hat. In allen Theilen der Sahara sind Oasen, d. h. fruchtbare Landstriche, durch welche auch selbst den Räuberhorden und wilden Thieren die Existenz in der Wüste, den Karavanen das Reisen durch dieselbe möglich wird. Es soll im Ganzen an 32 Oasen geben, die angeblich im Westen der Wüste am seltensten und kleinsten sind.

§. 131.

Klima — Boden — Produktion.

Das Klima Afrika's ist einförmig, d. h. fast überall sehr heiß. Dies ist in der Lage des Erdtheils begründet, dessen größten Theil das Tropenland ausmacht. Die großen wüsten Räume des Innern haben, so weit man sie kennt, entsetzliche Tageshitze bei kühlen Nächten. Nur zwei Jahreszeiten giebt es durchgängig: die heiße trockne und die Regenzeit. Der Samum und zahllose schädliche Insekten sind gewöhnliche Plagen. Der Boden ist in den größeren Räumen, da wo nicht der absolute Wüstencharakter herrscht, meist steppenartig. Die Oasen, die Küstenstriche, die Flußthäler, die Bergabhänge, kleinere Räume überhaupt, entfalten ein blühendes Leben. Dort gedeihen die Palmen, der Kaffee, der Indigo, das Zuckerrohr, der Gummibaum, Farbehölzer, die Aloe, Südfrüchte u. a. m. Waizen und Maiß haben auch die mäßigern Striche, zahlreiche Haidekräuter die Steppen. Das Nil-Thal ist reich an Lotospflanzen.

Aus der vorherrschenden Trockenheit, dem animalischen Leben so ungünstig, folgt, daß Afrika's Zoologie einseitiger sein muß, als die anderer gleichräumiger Erdtheile.

In Nord-Afrika sind das Kameel, das arabische Pferd,

der Löwe, die Hyäne, die Antilope, die wilde Katze, gewöhnliche Quadrupeden, der ägyptische Geier, der Kranich, die Wachtel, der Ibis, häufig vorkommende Vögel.

Das Tropische Afrika hat Elephanten, Rinozerosse, Affen, Schuppenthiere, Antilopen, Giraffen, wilde Hunde, zahlreiche Raubthiere, Strauße, Kronadler (Guinea), Heuschrecken und Skorpione.

In Süd-Afrika (schon von Angola an) wohnt der schwarzmähnige Löwe, der kleine Tiger, das Flußpferd, das Zebra, der Springbock, die Giraffe. Antilopen kommen hier in großen Heerden vor, und unter den Vögeln erscheinen außer mehreren Geierarten zahlreiche Geschlechter schön gefiederter Spechte.

Unter den Insularen-Gliedern hat Madagaskar seinen eignen Charakter, besonders in Hinsicht des Thierreichs. Die großen Mamalien des Kontinents, und besonders die Affen, fehlen dort ganz. Das unbekannte Innere der Insel enthält unermeßliche Waldungen und in diesen viele edle Hölzer. Das Klima ist milde, die ganze Insel sehr gut bewässert und besonders in ihrem nördlichen Theile fruchtbar.

Amerika.

§. 132.

Im Allgemeinen.

Amerika erstreckt sich in einer Länge, wie kein anderer Kontinent, von der Magellans-Straße bis zur Behrings-Straße; letztere trennt den nordwestlichen Theil des Kontinents vom nordöstlichsten Asien, erstere die Insel Feuerland von Patagonien. Die Natur hat in Amerika zwei Kontinente gebildet, und sie durch die Landenge von Panama oder Darien zu einer großen Einheit verbunden.

§. 133.

Bespülende Meere und deren Theile.

Wir haben hier das Arktische Polarmeer und nächst ihm den Atlantischen Ozean, längs der Ost-Küste Amerika's, den großen Ozean längs der West-Küste. Beide Ozeane sind die Mittelglieder zu den Hauptheilen der alten Welt, ersterer zu Afrika, letzterer zu Asien.

Das Arktische Polarmeer. Es liegt Amerika nördlich, nordwestlich und nordöstlich vor, und ist nur theilweise bekannt. Wir wissen, daß in ihm der Kotzebue-Sund (an der Behrings-Straße), die Franklin-Bai, die Boothia-Bai, und endlich die große Baffings-Bai liegt, aus welcher letzteren nach Süd zwischen Grönland und Baffingsland die Davis-Straße führt.

Der Atlantische Ozean. Die Davis-Straße führt in den nördlichsten Amerikanischen Theil dieses Ozeans, in die Labrador-See. Westlich gelangt man aus dieser durch die Hudsons-Straße (zwischen Labrador und Baffings-Land) in die Hudsons-Bai, ein großes Nordamerikanisches Binnen-Meer, dessen südlichster Theil die James-Bai ist.

Von der Labrador-See aus sind die übrigen und südlicheren Atlantischen Ozeans-Theile bei Amerika (die bedeutendern) folgende:

Die St. Lorenz-Bai, welche von Labrador, Neu-Braunschweig, Neu-Schottland und den Inseln Cap Breton und Neu-Foundland, auch gleichsam wie ein Binnenmeer, eingeschlossen wird. Ihre Hauptverbindungen mit dem übrigen Ozean sind: die Straße von Belle-Isle (zwischen Neu-Foundland und Labrador) und die Breton-Straße (zwischen Breton und Neu-Foundland).

Das Antillen-Meer. Es reicht von der Halbinsel Florida bis zur Insel Trinidad und faßt den Meerbusen von Mexico mit der Apalachen- und Campeche-Bai, das Meer der großen Antillen mit der Honduras-Bai, das Caraibische Meer mit der Guatimala-Bai und dem Golf von Darien, endlich das Meer der kleinen Antillen in sich. Dieses ganze Antillen-Meer, welches auch das Westindische Meer genannt werden kann, liegt zwischen 10 und 30° nördl. Breite, und in seiner Hauptmasse zwischen 40 und 65° westl. Länge. Die Honduras-Bai und der Golf von Mexico erstrecken sich noch bis zum 80sten ° der westl. Länge, aber nur etwa bis 18° nördl. Br. (nach Süd hin).

Der Süd-Atlantische Ozean bei Amerika führt keine solchen Binnenmeere und Hauptttheile, wie der nördliche; wir bemerken in ihm nur verschiedene Meerbusen und Wasserstraßen, und zwar: den See von Maracaybo (10° nördl. Breite und 55° westl. Länge), einen an der Nord-Küste Süd-Amerika's tief eingeschnittenen gerundeten Meerbusen.

Den Paria-Golf und Drachenschlund, Wasserstraßen zwischen der Insel Trinidad und dem Festlande.

Den Busen der Marañon-Mündung (Aequator).

Die Allerheiligen-Bai (16° südl. Br.).

Den Busen von Rio Janeiro (22° südl. Br.).

Den Busen der La Plata-Mündung (35° südl. Br.).

Den Busen St. Martias (38° südl. Br.).

Den Busen St. George (47° südl. Br.).

Der große Ozean. In ihm liegen längs der West-Küste Süd-Amerika's die Meerbusen von Peñas, von Choco, von Guayaquil und von Panama. Hierauf folgt die Campeche-Bai, der Halbinsel Gucatan gegenüber, der Meerbusen von Tehuantepec, und weiter nördlich in seinem Südausgange durch den Wendekreis des Krebses geschnitten, der Meerbusen von Californien, zwischen der gleichnamigen Halbinsel und dem Festlande Nord-Amerika's, etwa bis 33° nördl. Br. reichend. An der Halbinsel Aliaschka findet sich endlich noch unter 60° nördl. Br. ein Meerbusen unter dem Namen: „Kook's Einfahrt" bekannt.

§. 134.

Halbinseln — Vorgebirge.

Grönland. Diese Halbinsel wird vom Arktischen Polarmeer im Nord-Ost durch seinen Theil: „die Baffings-Bai und durch die Davis-Straße im West, durch die Labrador-See im Süd und durch die sogenannte Grönland-See (zwischen Grönland und Island) im Ost begrenzt, der südlichste Punkt ist das Cap Farewell (60° nördl. Br.).

Baffings-Land. Es wird von der Baffings-Bai und Davis-Straße nördlich, von der Labrador-See südöstlich, von der Hudsons-Straße südlich, von der Hudsons-Bai südwestlich, von dem Boothia-Golf westlich begrenzt.

Labrador. Diese große Halbinsel bildet die Ost-Grenze der Hudsons-Bai, und ist im Süd-Ost durch den Lorenz-Strom und das Lorenzo-Seegebiet vom Festlande geschieden, so daß der Zusammenhang mit dem Hauptkörper Nord-Amerika's nur nach West auf der Landenge zwischen den Canadischen und Lorenzo-Seen, sowie nach Nord-West hin, auf der Ost-Canadischen Abdachung statt findet.

Florida. Dies ist eine peninsulare Süd-Verlängerung der vereinigten Freistaaten von Nord-Amerika, östlich vom Antillen-Meer, westlich von der Apalachen-Bai begrenzt. Eine merkwürdige Ozeanische Erscheinung nimmt in der Nähe von Florida ihren Anfang. Es ist dies der sogenannte Golfstrom, eine mächtige breite Strömung im Meere, welche nordöstlich gerichtet ist.

Yucatan. Zu der Landenge von Panama gehörig. Zu der Einschließung des Golfs von Mexico beitragend, zwischen der Campeche- und Honduras-Bai liegend.

Californien. Im Norden mit dem Festlande etwa unter 33° nördl. Br. zusammenhängend, und nach Süd-Süd-Ost bis zum Wendekreise des Krebses sich erstreckend. Südlichster Punkt ist das Cap St. Lucas.

Aliaschka. Das nordwestlichste peninsulare Glied Amerika's, lang und schmal, 60° nördl. Br., 135 — 145° westl. Länge.

Das südlichste Vorgebirge des Kontinents von Amerika ist das Cap Froward (an der Magellan's-Straße), etwa 54° südl. Br.

§. 135.

Inseln.

1) Im nördlichen Polarmeere.

Spitzbergen und der Archipel von Nord-Georgien.

2) Im Nord-Atlantischen Ozean.

Die Insel Neu-Foundland dicht an Labrador und dem St. Lorenz-Golf.

Die Inseln Breton und St. Johns, beide südwestlich von Neu-Foundland, und gleichsam eine natürliche Süd-Grenze der St. Lorenz-Bai bildend.

Die Insel Anticosti, nordwestlich der vorigen, also westlich von Neu-Foundland und von der Lorenz-Mündung.

Die Bermudas-Inseln, etwa 47° westl. Länge und 32° nördl. Breite.

Die Bahama-Inseln, gleichsam eine insulare Süd-Ost-Verlängerung der Halbinsel Florida und zu beiden Seiten des nördlichen Wendekreises. Die bedeutendsten Inseln dieses Archipels sind: Guanahani und St. Salvador.

Die Antillen. Diese zum Theil großen und fast sämmtlich blühenden Inseln sind einer der zahlreichsten Archipele. Sie zerfallen in die großen und kleinen Antillen. Die ersteren sind:

Cuba (die größte), zwischen 20 und 23½° nördl. Br., 56 und 67° westlicher Länge, nur durch eine Meerenge von Yucatan getrennt.

Jamaica, südlich der vorigen, etwa zwischen 18 und 19° nördl. Br.

St. Domingo oder Haiti, östlich von Jamaica, südöstlich von Cuba, zwischen 19 und 20° nördl. Br., nur durch den Windward-Kanal von Cuba getrennt.

Porto-Rico, östlich von Haiti, durch den Mona-Kanal davon geschieden. Die kleinen Antillen breiten sich von Porto-Rico aus bogenförmig bis gegen den Kontinent von Süd-Amerika, und zwar bis gegen das Orinocco-Delta (10° nördl. Br.) aus. Die bedeutendsten derselben sind: St. Christoph, Antigoa, Guadaloupe, Dominica, Martinique, St. Vincent, Barbados, Tabago, Trinidad, Curacao u. a. m.

3) Im Süd-Atlantischen Ozean.

Die Malouinen oder Falklands-Inseln. Sie liegen fast in gleicher Breite mit der Magellan's-Straße, östlich derselben, etwa zwischen 40 und 42° westlicher Länge.

Feuerland. Vor der Süd-Spitze Amerika's, nur durch die Magellan's-Straße davon geschieden. Südlichster Punkt ist das gefährliche Cap Horn.

Der Archipel von Neu-Süd-Georgien, südöstlich vom Feuerland zwischen 50 und 60° südlicher Breite.

Sandwichsland, ein äußerster südlicher Archipel, eben

so wie die weiter westlich liegende Powell's-Gruppe und der Archipel von Süd-Schottland.

4) Im großen Ozean.

Der Archipel de la Madre de Dios, längs der West-Küste Patagoniens.

Die Insel Chiloe, ebenfalls dicht an der West-Küste Süd-Amerika's (42 — 44° südlicher Breite).

Die Gruppe St. Juan Fernandez.

Die Gallopagos-Inseln. (Aequator.)

Die Revilla-Gigedo-Inseln, unmittelbar südlich an der Halbinsel und dem Meerbusen von Californien.

Die Vancouvers-Inseln, 50° nördl. Breite.

Die Charlotten-Inseln, 50 — 60° nördl. Breite.

Die Insel Kodjak, südlich von Aliaschka.

Die Fuchs-Inseln
Die Andreanowschen Inseln } ziehen sich bogenförmig von Aliaschka bis gegen Kamtschatka zu, werden zusammen Aleuten genannt.

§. 136.

Flüsse.

Eigenthümlich ist es in Amerika, daß alle Hauptströme dem Atlantischen Ozean gehören. Unter den Küstenflüssen des großen Ozeans sind auch nur in Nord-Amerika einige bemerkenswerth. Es ist dies in dem Vertikalbau des Erdtheils begründet.

I. Flüsse Nord-Amerika's.

1) Zum großen Ozean.

Der Colorado. Ein großer Küstenstrom, der von den Cordilleren kommt, und mit Süd-West-Richtung in die Nord-Spitze des Meerbusens von Californien mündet.

Der Columbia. Dieser kurze, aber breite Strom kommt aus einigen Seen der Nord-Amerikanischen Westküste, fließt zuerst südlich, dann westlich, und mündet ohngefähr unter 46° nördl. Br. Er empfängt links den Oregon oder Levis, der aus zwei Quellarmen entsteht.

2) Zum nördlichen Eismeer.

Der Mackenzie,
Der Kupferminenstrom, } Abflüsse des Kanadischen Seengebiets.

3) Zur Hudsons-Bai.

Der Curchill,	ebenfalls Abflüsse des Kanadischen Seengebiets.
Der Nelson,	
Der Hill,	
Der Severn,	
Der Albany,	

4) Zur Lorenz-Bai.

Der Lorenzo-Strom, der Abfluß des Lorenzo-Seengebiets. Derselbe fließt nordöstlich, und mündet unter 50° westlicher Länge und 49° nördl. Br., der Insel Anticosti gegenüber.

5) Zum Golf von Mexico.

Der Missisippi. Dieser größte Strom Nord-Amerika's entspringt auf den sogenannten schwarzen Hügeln, einer Cordilleren-Abzweigung, westlich des Oberen-See's. Er strömt in allgemeiner Süd-Richtung, und empfängt zuerst rechts den Missuri, dann links den Ohio, zuletzt wieder rechts den Arkansas. Die Mündung erfolgt unterhalb Neu-Orleans.

Der Rio del Norte. Er entspringt auf dem sogenannten Oregon-Gebirge der Cordilleren, und mündet unter 26° nördl. Br. nach einer allgemein südöstlichen Strömung.

II. Die Flüsse Süd-Amerika's.

Sie sind die zahlreichsten und bedeutendsten der neuen Welt.

Der Magdalenen-Strom. Er entspringt auf der Cordillere von Quindiu, strömt nach Nord, empfängt links den Cauca, und mündet zwischen der befestigten Stadt Carthagena und dem Schneegebirge von Santa Marta in das Caraibische Meer.

Der Orinocco. Er entspringt auf dem westlichsten Theile des Gebirges von Guiana, fließt nach Nord-West, Nord- und Nord-Ost, so gleichsam einen Bogen um sich selbst beschreibend. Die Mündung erfolgt in vielarmigem Delta, unter 10° nördl. Br., in den Paria-Golf.

Der Marañon oder Amazonen-Strom. Dies ist der bedeutendste Strom der neuen Welt. Er entspringt auf dem Cordilleren-System von Peru, nahe der Küste des großen

Ozeans, ohngefähr unter 9° südl. Br. Er strömt nun zuerst mit der Küste parallel, dann nordöstlich und ganz östlich. Nach einer Lauflänge von 700 Meilen erweitert er sich limanartig, und schließt viele Inseln ein. Zuletzt theilt er sich in mehrere Arme, von denen die große Insel Marajo umfaßt ist. Der Hauptmündungs-Arm des Marañon wird in seiner Vereinigung mit dem Meere (nördlich von Marajo) durch den Aequator bezeichnet. Die bedeutendsten Zuströme des Marañon sind rechts: der Ucayali, der Madeira, der Tapayos, der Xingu, der Tocantin. Der letztere Fluß geht in den südlichen Hauptmündungs-Arm des Marañon, und nimmt links den Araguay auf. Links empfängt der Amazonen-Strom den Napo, den Yapura und den Rio-Negro. Der letzte ist durch den Cassiquiare mit dem Orinocco verbunden.

Der Rio-Francisco. Er strömt, nach seinem Ursprunge auf Hoch-Brasilien, mit der Atlantischen Küste fast parallel, und wendet sich erst im Unterlaufe nach Ost und Süd-Ost. Seine Mündung erfolgt bei Sergine.

Der Rio de la Plata. Zwei große Ströme: Parana und Paraguay, ersterer von der Sierra de Espinhaco Hoch-Brasiliens, letzterer von dem nordwestlichsten Theile der Brasilischen Gebirge da, wo diese an die Tiefländer des Marañon stoßen, kommend, vereinigen sich etwa unter 27° südl. Br., nachdem sich noch vorher in den Paraguay die beiden Ströme Pilcomayo und Vermejo ergossen haben. Der vereinigte Strom heißt wieder Parana, und erhält erst, nachdem im äußersten Unterlauf links der Uruguay hinzugetreten ist, den Namen Rio de la Plata. Als solcher strömt er nun zwischen Buenos-Ayres und Montevideo in die See. Südwestlich der La Plata-Mündung gehen noch in das Meer die Küstenflüsse: Salado, Colorado, Cammerone und Segunda.

§. 137.

Land-Seen.

Eigentliche See-Zonen hat nur Nord-Amerika. Hier sind die Canadische und die Lorenzo-See-Zone bedeutend.

1) Die Canadische See-Zone. Man nennt so wegen der Landschaft, die ihn umfaßt, einen See-Zusammenhang

zwischen $66\frac{1}{2}$ und 48° nördl. Br. Die einzelnen Glieder dieses Zusammenhanges bilden eine nach Süd-Ost hin lang gestreckte Kette, und sind durch längere und kürzere Flüsse unter einander verbunden. Es verhält sich damit, wie folgt:

Der Bären-See ist der nördlichste dieser Seen, und hängt nach West hin mit dem Mackenzie zusammen. Da dieser letztere ebenso, wie der Kupferminenstrom, aus dem großen Sklaven-See kommt, so ist der Zusammenhang des Bären- und Sklaven-See's hieraus ersichtlich. Der Sklaven-Fluß stellt nun die Verbindung mit dem nächstsüdlichern Gliede, dem Athapescow-See, her. In diesen strömt von West der Friedens- und von Süd-West der Athapescow-Fluß. Der Stone-Fluß bildet hierauf den Zusammenhang mit dem Deer-See, und setzt südlich desselben noch fort. Hier vereinigt er sich (der Stone) mit dem Missinippi, und entsendet nach Ost den Churchill, welcher in seinem Laufe noch den Indianer-See bildet. Weiter südlich tritt zu dem vereinigten Stone und Missinippi der ebenfalls von West kommende, aus zwei Armen zusammengefügte Saskatschawayn. Der ganze See-Verbindungsfluß nimmt nun diesen letztern Namen an und geht in den zusammenhängenden großen und kleinen Winipeg-See, welchen der Hill und Severn zur Hudsons-Bai ableitet. In das Südende des großen Winipeg-See's mündet der auch aus zwei Quellarmen entstehende Rothe-Fluß.

Südöstlich des Winipeg-See's liegt noch der kleine Wälder-See, welcher durch den Winipeg-Fluß mit dem Winipeg-See und durch den Albany mit der Hudsons-Bai zusammenhängt.

2) Die Lorenzo-See-Zone. Sie liegt südöstlich der vorigen, und enthält fünf Seen, die aber größer als die Canadischen, auch viel dichter zusammen, als jene, und nicht durch Flüsse, sondern durch See-Engen unter einander verbunden sind.

Diese Seen sind: der Obere-See, der Michigan-See, der Huronen-See, der Erie-See und der Ontario-See. Zwischen Erie und Ontario ist der 180 Fuß hohe, breite und senkrechte Fall des Niagara.

Aus dem Ontario-See fließt der St. Lorenz-Strom nach Nord-Ost, und mündet unterhalb Quebek.

Außerdem sind noch die Columbia-Seen, mehrere Land-Seen nahe der Küste des großen Ozeans, etwa unter 50° nördl. Br., zu merken.

In Süd-Amerika ist vornehmlich der Titicaca-See wichtig. Er ist ein Alpensee von 250 □M. Flächen-Inhalt, zwischen 15 und 17° südl. Br., in einer absoluten Höhe von 12,700′. Die höchsten Regionen und Gipfel des Hochlandes Peru schließen ihn ein.

§. 138.

Gebirge — Hoch-Ebenen.

Amerika hat nicht, wie Asien, große Räume zu Hochländern gebildet; das Hauptgebirge, den orographischen Charakter des Erdtheils bestimmend, hat die Kettenform. Es ist das größte dieser Art und heißt: Cordilleras de los Andes, d. i. Metall-Gebirge. Dieses riesenhafte Kettensystem beginnt bei der Magellan's-Straße, und erstreckt sich bis nach Aliaschka und nach den nördlichsten Theilen Amerika's überhaupt. Seine Gesammtlänge wird auf 1900 Meilen angegeben. Durch den Isthmus von Panama, der an seiner schmälsten Stelle (bei Portobello) eine relative Niederung von 600′ Seehöhe ist, zerfällt das Cordilleren-System in zwei große Einheiten.

I. Die Cordilleren von Süd-Amerika.

Die Hauptkette bleibt der Küste des großen Ozeans nahe, und ist zwischen der Magellan's-Straße und Landenge 900 Meilen lang, bei durchschnittlich nur 15 Meilen Breite. Das südlichste Glied (bis 40° südl. Br.) ist die Cordillere von Patagonien. Sie ist durchgängig 9000′ hoch, aber ihr höchster Gipfel, der Nevado de Corcovado (Chiloe gegenüber), erhebt sich zu 11,700′.

Hierauf folgt die Cordillere von Chili (von 40 bis 20° südl. Br.). Sie spaltet in ihrem südlichern Theile Gebirgsglieder nach Ost ab, die gleichsam als Querjoche gegen das Tiefland des La Plata vorgeschoben sind. Es ist die Sierra de Cordova (zwischen Salado und Parana), die Sierra de

Salta (längs dem rechten Vermejo=Ufer), und die Sierra Nevado de Cochabamba zwischen dem Pilcomayo und dem südlichsten Quellarme des Madeira.

Von 20° südl. Br. an zeigt sich die Eigenheit eines öftern Spaltens und Wiedervereinigens der Cordillere. Dadurch entstehen natürlich Gebirgsknoten, Parallelketten und langgestreckte Hochländer. Diese Erscheinung repetirt bis 7° nördl. Br. 9mal, und die wichtigsten jener Gebirgsknoten sind:

Porco und Potosi (20 — 19° südl. Br.).
Cusco (15 bis 14° südl. Br.).
Loja (5 bis 3° südl. Br.).
Los Pastos (½ bis 1¼° südl. Br.).
Antioquia (5 bis 7° nördl. Br.).

Es liegen innerhalb der bezeichneten Knoten die schönsten Alpen=Landschaften der neuen Welt, deren Gesammtheit in 2 Hochländer: Peru und Quito, zu vereinigen ist.

Das Hochland von Peru, zwischen den Knoten von Porco und Loja, faßt jenen schon genannten Titicaca=See in sich. Die Gipfel liegen östlich und westlich der das Seebecken tragenden Hochebenen, die höchsten östlich und unter ihnen der Ilimani (22,000′), und der Nevado de Sorata (23,600′).

Das Hochland von Quito liegt zwischen Loja und Los Pastos, und hat in seinem innern Raum die Hochebenen von Hambato, Cuenca und Quito mit 8500′ Mittel=Höhe. Auf der einschließenden Westkette liegt der Chimborasso (20,100,), auf der östlichen der Cotopaxi (17,700′) und der Antisana (17,900′).

Der Knoten von Los Pastos ist ein 10,000′ hohes Plateau (mit Tubet vergleichbar), und läßt von sich drei Gebirgsketten ausgehen.

Die östlichste derselben ist die Cordillere von Summa-Paz, längs dem rechten Ufer des Magdalenen=Stroms, dann um das Südende des Marakaibo=See s und auf dessen Ostseite bis ans Meer gehend. Sie enthält in ihrem südlichern Theile das Plateau von Santa Fe de Bogota.

Die mittlere Kette ist die von Quindiu, die Wasserscheide des Magdalenen=Stroms und der Cauca. In ihr erhebt sich der Pic de Tolima zu 17,200′ Höhe.

Die westliche, die Kette von Choco, ist die fortgesetzte Haupt-Cordillere, aber niedriger als die vorige und selbst von 5000′, nach der Landenge hin immer mehr absteigend. An der früher erwähnten Stelle des Isthmos ist das Terrain, wie schon gesagt, nur noch 600′ hoch.

II. Die Cordilleren von Nord-Amerika.

Von jener Niederung der Landenge erhebt sich das Terrain wieder zum Cordilleren-Charakter. Zuerst kommt die 8400′ hohe Silla de Veragua, dann die Cordillere von Guatimala (bis zur Campeche-Bai), 10,000′ hoch. Sie enthält vulkanische Gipfel. Nordwestlich der Campeche-Bai und der ganzen Landenge wird die Cordillere ein mächtiger Bergrücken, die Cordillere von Mexico, auf seinem Scheitel mit einer Hochebene, dem Plateau von Anahuac. Schneeberge und thätige Vulkane stehen auf der 7000′ hohen Fläche. Die bedeutendsten dieser Gipfel sind: der Pic von Orizaba (16,300′), die Popoca Tepetl (16,600′), und der Vulkan von Toluca (14,200′). Oestlich liegt die Küsten-Terrasse von Vera-Cruz, westlich die von Acapulco. Unter 21° nördl. Br. theilt sich die Cordillere von Mexico in 3 Zweige und zwar: 1) die östliche oder Cordillere von Norda. Diese Kette zieht zum mittleren Rio del Norte, wird von ihm durchbrochen, und setzt als Sierra de Texas nordöstlich bis zum Arkansas fort. Von hier bis zur Missuri-Mündung führt das immer niedriger werdende System den Namen: Ozark-Gebirge. Vom Durchbruch des Rio del Norte setzt aber auch die Cordillere von Norda auf dessen linkem Ufer stromaufwärts fort, und vereinigt sich unter 40° nördl. Br. mit der Hauptkette.

2) Die mittelste oder Hauptkette führt zuerst den Namen: Sierra Madre (d. h. Muttergebirge), dann bis zur Vereinigung mit der Ostkette den Namen: Cordillere von Neu-Mexico. Sie setzt hierauf noch weiter und zwar als Wasserscheide des Columbia-Gebiets, der Columbia-Seen und der Canadischen See-Zuflüsse, etwa bis 69° nördl. Br., fort. Es ist dies das Hochland von Louisiana, und in ihm ist das Oregon- oder Felsengebirge vorzüglich bemerkbar. Von diesem theilt sich,

unter 42° nördl. Br., ein niederer Höhenzug ab, der nach Nord-Ost zum Missuri, dann nach Ost bis zum Oberer-See, geht. Es sind dies die schwarzen Hügel. Die Mittelhöhe Hoch-Louisiana's wird auf 7 — 8000′ abgegeben.

3) Die westlichste oder Cordillere von Sonora. Sie zieht längs der Westküste Mexico's bis zum Nord-Ende des Golfs von Californien, und hat längs des Colorado einen Höhenzusammenhang mit der Hauptkette. Als Fortsetzung dieser Cordillere von Sonora sind die See-Alpen Nord-Amerika's zu betrachten, ein mächtiges System, welches immer der Küste des großen Ozeans folgt, über den Columbia hinweg bis nach Aliaschka reicht, und auch südlich, Californien erfüllend, bis zum Cap Lucas fortsetzt. Höchster Gipfel dieser See-Alpen ist die Riesen-Pyramide des Elias-Berges mit 17,000′ absoluter Höhe.

Die abgesonderten und getrennten Gebirgs-Glieder Amerika's.

I. In Süd-Amerika.

Das Hochland von Brasilien. Durch die Tiefe des La Plata von den Cordilleren getrennt, liegt dieses Hochland zwischen der Atlantischen Küste, dem Marañon, dem Paraguay uud der Parana. Es besteht aus mächtigen Bergketten, der Atlantischen Küste fast parallel. Die östlichste derselben beginnt am oberen Uruguay, und heißt bis gegen die Parana-Quelle hin Sierra do Mar und Sierra Monteguera, dann zwischen der Küste und dem Rio Francisco Sierra do Espinhaco. Hier liegt der Itambe, 5600′ hoch.

Längs dem rechten Ufer der Parana und dem linken des Francisco zieht die Sierra dos Vertentes. Das Terrain zwischen Paraguay und Araguay wird von kleinern Gebirgszügen mannigfaltig erfüllt, von denen an den Quellen des Topayos ein einzelnes Glied, die Sierra de Geral, nach Nord-West zieht, und die Wasserscheide des Madeira und Topayos bildet.

Westlich des Sierra dos Vertentes über den Paraguay hin breiten sich die großen Flächen von Matto-Grosso aus.

Das Hochland von Guiana. Es liegt, ausschnittartig der Atlantischen Küste, zwischen Marañon und Orinoco, vor, außerdem noch vom Cassequiare westlich und vom Rio-Negro südwestlich begrenzt. Die nördlichsten der vielen Parallelketten sind kaum 2000′ hoch, während sich auf der südlichsten der Pic de Duida 7800′ hoch erhebt. Keine Verbindung mit den Andes ist bekannt.

Das Küsten-Gebirge von Venezuela. Zwischen dem Paria-Golf und dem Maracaybo-See, der Nord-Küste Süd-Amerika's entlang, zieht es 120 Meilen weit in zwei Parallelketten, südwestlich mit der Cordillere von Summa-Paz zusammenhängend, südlich noch durch sein Tiefland, vom Orinoco getrennt. Höchster Gipfel ist die Silla de Caracas, 8100′ hoch.

Die Sierra Nevada de Santa Marta, ein getrenntes, horizontal, kleinräumiges, aber hohes Gebirge zwischen dem Maracaybo-See und der Magdalenen-Mündung. Es hat nur drei Meilen Ost-West-Erstreckung, aber Gipfel bis 18,000′.

II. In Nord-Amerika.

Hier ist nur das getrennte Gebirgsglied der Aleghanis auf der Wasserscheide des Missisippi, Ohio, des Lorenzo-See's und des Atlantischen Ozeans. Zwischen 34° nördl. Br. und der Lorenzo-Mündung. Dies Gebirge ist in den bezeichneten Grenzen 350 Meilen lang, 30 Meilen breit, 3000′ durchschnittlich hoch.

Höchster Gipfel ist der Washington-Berg (44° nördl. Br.) mit 6300′ absoluter Höhe.

III. Insulare Glieder.

Feuerland. Es hat unregelmäßige Erhebungen mit schroffem Fall zu den Küsten, die überseeische Einleitung gleichsam zu den Cordilleren, durchgängig 3000′ hoch.

Die Antillen sind gebirgig. Die blauen Berge auf Jamaica erreichen 6 — 7000′. Das Gebirge der Insel Trinidad scheint gleichsam eine transozeanische Fortsetzung des Küsten-Gebirges von Venezuela zu sein. Höchster Punkt ist die Punta de Galera.

Die Aleuten erscheinen gleichfalls wie eine insulare Fortsetzung der Nord-Amerikanischen See-Alpen. Der höchste Gipfel ist auf der Insel Unimak mit 5500′ Höhe.

§. 139.

Stufenländer — Tiefländer.

In beiden Kontinenthalben sind weiträumige Tiefländer, in Süd-Amerika das Gebirge weit überwiegend, in Nord-Amerika mit demselben fast gleichgewichtig.

Am La Plata und seinen Quellströmen breitet sich ein Zusammenhang unabsehbarer Grasfluren aus, die nach Ost hin bis gegen das Meer reichen, und nach Hoch-Brasilien aufsteigen, im West von dem System der Cordilleren begrenzt werden, und nach Süd in die Steppen und Steinwüsten Patagoniens übergehen. Es sind die Pampa's von Süd-Amerika. Weiter nördlich an den Unterläufen der Marañon-Zuströme und an beiden Ufern des Amazonen-Stromes selbst, von Hoch-Brasilien südlich, von dem Cordilleren-System westlich, von Hoch-Guiana nördlich und von der Küste östlich begrenzt, liegen wieder große Tiefländer, die zum Theil reich bewässerte Grasfluren, zum Theil undurchdringliche Urwälder sind. Es sind die Llannos und Selvas des Amazonen-Stroms. Das nördlichste Tiefland von Süd-Amerika endlich ist dasjenige, welches zwischen dem Hochlande von Neu-Granada, dem Küsten-Gebirge von Venezuela und dem Orinoco-Strom sich ausbreitet. Es ist ein ganz wagerechtes Gras- und Kräuter-Meer, das Gebiet der Llannos des Orinoco.

In Betreff Nord-Amerika's ist besonders das große Savannenland des Missisippi und Missuri zwischen den Cordilleren, den Lorenzo-Seen, den Aleghanis und der Ostküste wichtig. Es ist dies ebenfalls eine baumlose, wasserreiche und üppig wuchernde Grasfluren-Einheit, wie am La Plata, nur nicht so wagerecht als jene. Nördlich dieses Savannenlandes endlich liegt das große Flachland der Canadischen Seen, eine wasserreiche, aber unter den polarischen Einflüssen stehende Steppe. Die beiden letztern Flachländer heißen, wegen der sich hie und da unterbrechenden Höhenformen und wegen ihres etagenförmigen Aufsteigens zu Hoch-Louisiana, auch Stufenländer.

§. 140.

Klima — Boden — Produkte.

Amerika ist der kälteste Erdtheil, denn das, dem Ackerbau günstige, Klima reicht kaum über 50° nördl. und 40° südl. Br. hinaus; auch die Kontraste der Jahreszeiten sind in den nördlichen Gegenden greller, als in den gleichliegenden der alten Welt. Dies scheint von den durch kein Gebirge unterbrochnen Einwirkungen der nordpolarischen Eisflächen herzurühren. Die Amerikanischen Tropenländer haben auch das warme belebende Klima dieser Zone, aber nicht die Gluth Afrika's. Als Grund davon läßt sich die verhältnißmäßig geringe Kontinents-Breite (daher wirksamerer ozeanischer Einfluß), die bedeutende absolute Höhe, endlich die reiche Landes-Bewässerung und die Vielfältigkeit der Urwaldungen angeben. Der Begriff, Wüste, wie ihn Afrika und Asien feststellen, ist der Amerikanischen Natur fremd. Wo sie ihre Vielseitigkeit sparte, ist doch immer üppiger Wuchs weniger Pflanzengattungen geblieben; in dem Gebiet der Canadischen See-Zone ist das Pflanzenleben nur durch den Frost gefesselt, und nur in Patagonien giebt es Steppen, die zu Wüsten, aber nicht zu Flugsand-Wüsten, ausarten. Amerika hat zahllose Kräuter und Bäume. Eichen, Tannen, Fichten, Cypressen, Cedern, Ahorn, Nuß- und Mahagoni-Bäume, Brasilienholz, Medicinal-Pflanzen, Vanille, Kakao, Tabak, Kartoffeln u. a. m. charakterisiren, der Hauptsache nach, das Pflanzenleben der verschiedenen Theile dieses Erdtheils. Das Mineralreich giebt in Süd-Amerika besonders reiche Ausbeute. Hier liefert Brasilien (Minas Geraes) Diamanten; Peru, Chili, Columbia, andre Edelsteine, Platina, Gold und Silber. Auch Mexico liefert Edelsteine und edle Metalle.

Um nach den bewohnenden Thieren Amerika in drei Hauptgebiete zu theilen, so findet sich in dem nördlichsten derselben, etwa bis an den Lorenzo-Strom nach Süd, das Pelzthier, also der Eis- und Land-Bär, das Hermelin, die Seeotter, der Fuchs, der Biber und der Wolf, außerdem der Sumpfvogel in vielen Geschlechtern.

Das gemäßigte Amerika, welches in dem Verstande wie hier die vereinigten Freistaaten von Nord-Amerika und den größten Theil von Mexico in sich faßt, enthält Hasen, Waschbären, Jaguar's, Lama's, Bisonochsen, Raubthiere, Elennthiere, Eichhörnchen. Die Vögelwelt hat hier viel eigenthümliches: zahlreiche Raubvögel und Insektenfresser, das gewöhnliche Truthuhn, Sumpfvögel aller Art und merkwürdige Singvögel sind hier heimisch. An den Küsten und in den Land-Gewässern sind viele Fische, aber anderer Art als die Europäischen. Der Stockfischfang bei Neu-Foundland ist besonders wichtig. Unter den Reptilien zeichnet sich die Klapperschlange aus.

Das Tropische Amerika, also Süd-Mexico, Guatimala, West-Indien, Columbia, Peru, Brasilien, Uruguay und Paraguay hat an Quadrupeden, besonders den Tapir, das Armadill, den Löwen, den Tiger, den Leopard, und vor allem zahllose Geschlechter geschwänzter Affen. Die Ameisenfresser leben besonders in Brasilien, während das Lama ein Eigenthum von Peru ist. An Vögeln ist dieses Tropenland reich, besonders an schön gefiederten Vögeln, an Papageien und Kolibri's.

Unter den Raubvögeln ist der Königsgeier und der Kondor zu merken. Fast alle Tropischen Ströme der neuen Welt haben zahlreiche Krokodile und Alligatoren. Die Insekten sind vielfältig und lästig, oft sogar gefährlich. Die Schmetterlinge erscheinen in den schönsten Farben. Der Skorpion, die Landkrabbe, der Holzkäfer, das Kochenillen-Insekt und die Brasilianische rothe Ameise charakterisiren das Insektenleben besonders. Unter den Amphibien sind zahlreiche Kröten und Schlangen, besonders die Boa constrictor, eine Riesenschlange, zu merken.

Australien.

§. 141.

Der Kontinent.

Neu-Holland ist gleichsam ein verjüngtes Afrika, indem es dieselbe Rundung und eine sehr ähnliche Form nur mit größter Ausdehnung von West nach Ost zeigt, so daß bei Vergleichung beider Afrika's West hier zum Süd, der Ost zum Nord wird.

Die Nord-Küste Neu-Hollands bildet in ihrem östlichsten Theile eine Halbinsel aus, deren nördlichstes Cap zugleich das nördlichste des ganzen Kontinents ist; es ist das Cap York. Es fällt zur Torres-Straße ab, welche die Insel Neu-Guinea vom Festlande trennt. Diesem Cap gerade entgegengesetzt steht als die Süd-Spitze Neu-Hollands das Cap Wilson, an der Baß-Straße jenseits deren Vandiemens-Land liegt. Vom Cap York und der vorerwähnten Halbinsel westlich folgt der Carpentaria-Golf und wieder eine Halbinsel, dann die Kings-Bai. Von letzterer an geht die Küste südwestlich bis zum Cap Vlaming, dann südöstlich bis etwa 35° südl. Br. Hierauf folgt die Süd-Küste, die zwischen 120 und 133° (östlich von Paris) eine bedeutende Landeinkrümmung und durch sie den Austral-Golf bildet. Unmittelbar östlich dieses letztern liegt die tief eingeschnittene Spencer-Bai. Von den Gewässern dieses Kontinents kennen wir nur in Neu Süd-Wales den Hastings-Fluß, den Hunter, den Hawkesbury und den Schoathaven, an der östlichern Süd-Küste den Lachlan und an der südlichen West-Küste den Schwan-Fluß. Von den orographischen Verhältnissen weiß man sehr wenig, nur von Neu Süd-Wales, daß etwa 20 Meilen von der Küste sich die höchstens 6000′

hohen blauen Berge erheben, und daß jenseits derselben ein Tafelland von vielleicht 2000′ Höhe liegt.

Das Klima ist trotz großer Wechsel und oft außerordentlicher Hitze doch im Ganzen gesund. Die Produktion ist wenig bekannt, doch weiß man, daß die Berge von Neu Süd-Wales Sandstein, Kalk, Steinsalz und etwas Eisen enthalten, und daß die Pflanzen- und Thier-Welt von den andern Welttheilen abweichend ist. Es giebt Gummi-Bäume, Sagopalmen, mittelmäßiges Obst, keine großen Raubthiere, keine Affen und keine wiederkauenden Thiere. Das Känguruh (Beutelratze) ist das größte Säugethier Das Schnabelthier (wohl als Uebergangsglied der Mamalien zu den Vögeln betrachtbar) ist eine Eigenthümlichkeit. Unter den Vögeln zeichnet sich besonders der blaue Bergadler, der Kasuar und der schwarze Schwan aus.

§. 142.

Die Inseln.

Diese Inseln zwischen Asien und Amerika, im großen Ozean gelegen, sind eine wahre Inselwelt, eine Einheit zusammenliegender Archipele, deren Glieder zahlreicher und gedrängter an Asien, zerstreuter und kleiner an Amerika sind. Da auch die Mehrzahl südlich, die Minderzahl nördlich der Linie sich befindet, so kann man also den südwestlichen Theil dieses Ozeanischen Raums als den inselreicheren betrachten. Den Uebergang von den Asiatischen zu diesen Australischen Inseln bilden die Archipele der Philippinen, Molucken und Sunda-Inseln, daher auch Austral-Asien genannt.

I. Die Inseln südlich des Aequators.

Vom Aequator in ihrem südlichsten Theile geschnitten, wird die Molucke Gilolo. Von hier aus, nur wenig ostsüdöstlich, gelangt man zu der großen Insel: Neu-Guinea. Sie erstreckt sich südöstlich bis 10° südl. Br., wo die Torres-Straße sie von Neu-Holland trennt.

In unmittelbarer Umgebung von Neu-Guinea liegen kleinere Inseln. Oestlich von ihr folgen nämlich: die Admiralitäts-Inseln, Neu-Irland, Neu-Britannien und südöstlich von diesen die Inseln des Salomons-Archipels. Der Süd-Ost-Spitze Neu-Guinea's, dem Cap Rochney, liegt die Gruppe Louisiade vor. Südöstlich von diesen sämmtlichen genannten Inseln befindet sich zwischen 10 und $23\frac{1}{2}$° südlicher Breite der Archipel der neuen Hebriden und die Insel Neu-Caledonien. Oestlich dieser zuletzt genannten kommen die Fidji-, Freundschafts- und Schiffer-Inseln, noch östlicher die Cooks-Inseln, die Gesellschafts-Inseln (unter letztern ist besonders Otahaiti zu merken) und endlich etwas nördlicher die niedrigen Inseln. Von den niedrigen Inseln nordöstlich aber ihnen benachbart liegen die Markesas- oder Mendoza- und die Mendañas-Inseln.

Südlicher als alle diese Archipele der Süd-See liegen die Inseln Vandiemens-Land und Neu-Seeland. Erstere befindet sich vor der Süd-Spitze Neu-Hollands an der Baß-Straße, und von ihr aus östlich gelangt man nach Neu-Seeland. Unter diesem Namen ist eine große Doppel-Insel zu verstehn, die etwa zwischen 34 und 46° südlicher Breite liegt. Ihre beiden Theile sind die Inseln: Tawai-Poenammu und E-ikana-Mauvi, letztere nördlicher. Beide werden durch die Cooks-Straße getrennt.

II. Inseln nördlich des Aequators.

Die Sandwichs-Inseln zwischen 24 und 10° nördl. Br. Die größte derselben ist O-Waihi.

Der Lord-Mulgraves-Archipel, ein lang gestreckter Insel-Zusammenhang, der in seinem südlichsten Theile vom Aequator durchschnitten wird.

Die Carolinen. Diese Inseln erstrecken sich von den vorigen aus westlich, etwa unter 8° nördl. Br. Ihre Süd-West-Fortsetzung gleichsam (bis zu den Molucken) sind die Pelev-Inseln.

Die Marianen. Dieser Archipel dehnt sich lang gestreckt von etwa 12° nördl. Br. nach Norden aus, und geht in den wieder zerstreutern Magellans-Archipel über, welcher erst bei den Japanischen Inseln aufhört.

Ende der Physischen Geographie.

Politische
Geographie.

Vor=Abschnitt.

§. 1.

Begriff der politischen Geographie.

Die Natur stellte den Menschen mit findendem Geist und siegender Thatkraft in die Reihe ihrer andern Werke. Dort hat er seine Gaben entwickelt und geltend gemacht, die eignen Schöpfungen an das ewige Natur=Reich gelehnt und dieses selbst unterworfen, getheilt, seinen Bedürfnissen angepaßt. So erhebt sich das künstliche in dem natürlichen Leben, vielfach wie der menschliche Geist selbst modifizirt. Auf dieser Grund=Idee ruht der Begriff der politischen Geographie. Er steht in seinem Wesen nicht fest wie der Begriff der reinen Erdbeschreibung, denn die Sterblichkeit der Menschen und ihrer Werke ändert natürlich auch die Art und den Umfang der Wissenschaft, die von ihnen handelt, von Jahr zu Jahr. Aber der Geist des Menschen ist unsterblich, erbt mit dem, was er dachte und erfand, fort, und trägt dadurch auch zu neuen Charakterbildern der Reiche und Nationen bei. Was eine Generation erschaute und festhielt, das empfingen die Söhne und Enkel, im Stein, im Bild, in Buchstaben, als einen Grund, auf dem sie fortbauen sollten, um der Völkerkunde neue Nahrung zu geben. Der Mensch, der zuerst allein in der Gottes=Welt stand, sah in kleinern, dann in immer größern Kreisen die Denkmäler der Kräfte seines Geschlechts um sich. Fähigkeiten und Werke nahmen gleichmäßig zu, aber nicht ohne Ge=

genwirkung. Natur und Menschen haben in der gewiß über unser Wissen und Glauben langen Geschichte beider manchen Vertilgungs-Kampf gestritten, und wer weiß, ob nicht schon früher, als die Sündfluth, Bildung und Wohlstand der Nationen in empörten Elementen verging.

Die seit dem Adamitischen Leben gewonnene geistige Entwickelung des menschlichen Geistes rettete sich in Noa's-Arche, und konnte nach diesem schmalen Wege durch das Reich der Zerstörung sich wieder freier fortbilden. Jetzt hat die Natur keine Total-Umwälzung mehr mit sich gebracht, aber der Mensch hat selbst seit jener Zeit seine Werke unzählig oft umgestürzt, die edelsten Schätze der Wissenschaft und Kunst muthwillig zertrümmert. So konnte das Fortschreiten nur auf angefochtner Bahn bis zur Gegenwart dringen. Es ist nun Sache der politischen Geographie, die Kindheit des Menschen-Geschlechts und jene allmählige Fortbildung bis zu den heutigen Zuständen der Völker und Reiche wenigstens anzudeuten und so eine skizzirte Geschichte der menschlichen Entwickelung zu ihrem Eingang zu wählen. Die Gegenwart ist hierauf ihr eigentliches Thema, und es kommt darauf an, das gesammte Menschenreich in ihr zu charakterisiren. Besitzthümer, Verfassung, Gesittung, Religion, Verwaltung, Beschäftigung, Mittel zur Erhaltung politischen Gleichgewichts und innere Harmonie der Staaten, alles so wie die Gegenwart es wirklich bietet, das sind Hauptsubstanzen einer solchen Charakteristik, in welcher zugleich der Begriff der politischen Geographie, d. h. der Zusammen-Begriff von Völker- und Staaten-Kunde sich verlebendigt.

§. 2.

Primitive Zustände.

Das Wort „primitiv" drückt das geistige Anfangen aus. Es ist bei dieser Bezeichnung wohl zu unterscheiden zwischen verschiedenen Völkern, die uns alle in einem Zustande der Unbildung erscheinen. Bei ihnen hat die Entwickelung oft nur einen falschen oder schwierigen Weg gewählt, aber sie ist gleichwohl vorhanden und der Anfang liegt vielleicht schon fern.

So erschien das Volk des Montezuma mit Kunst und Luxus, Verfassung, Religion, zahllosen feststehenden Gebräuchen, Tugend, Zwietracht, Kabale u. s. w. Das war kein primitiver Zustand, denn er setzte eine Volks-Geschichte voraus. So war und ist es mit manchen Völkern, die dennoch als Antipoden Europäischer Civilisation erscheinen. Wenn aber die Natur, je nach klimatischem Einfluß, ein kindliches oder auch barbarisches, in jedem Fall ganz ungeregeltes Volk zeigt, vor dem die Natur noch unentziffert, nur in ihren Rudimenten benutzt, liegt, da läßt sich keine Geschichte voraussetzen, da muß der Anfang nahe sein. So sind nur noch einzelne Zweige der menschlichen Gesellschaft oder Geschlechter, die unter einem hemmenden Drucke des Klima's unentwickelt blieben. Diese letztern haben vielleicht lange Geschlechts-Register, aber keine Geschichte, und wir erkennen bei ihnen den Körper und Geist in der Gefangenschaft äußerer Einflüsse. Das sind alles Ausnahmen von der Regel. Als Regel der Gegenwart erscheint der Zustand geistiger Entwickelung in allen seinen verschiedenen Stadien und Formen. Wenn wir von ihm aus auf den verschiedenen Wegen, die sie nahm, in der menschlichen Bildungs-Geschichte zurückgehen, so kommen wir zu dem Anfange, zu der Primitivität, als Regel. Da steht nach unsern Ueberlieferungen der Mensch in glückseliger Umgebung, trägt die Keime von Tugend und Laster unerkannt in sich, mißtraut nicht, fürchtet nur die schreckliche Außenseite, liebt was ihm wohl thut, findet in der Natur Befriedigung für sein Herz, in ihren rohen Erzeugnissen die Nahrung, auf grüner Erde die Ruhe des Körpers, unter dichtem Laube Schutz gegen die Witterung, in seinem arglosen Sinne das Gefühl der Sicherheit. Das ist der Adamitische Zustand, und wenn wir annehmen, daß die Erde an vielen Orten zugleich ihre ersten Bewohner hatte, so müssen sie alle mit einem solchen Zustande begonnen haben. Derselbe konnte aber nur kurz vorübergehend sein, denn es liegt in der menschlichen Natur das Nachdenken über sich selbst und die Umgebung. Hieraus folgt das Verlangen nach Religion, der Trieb zur Beschäftigung und Geselligkeit. Das sind die ersten Schritte zur Entwickelung.

§. 3.

Religion.

Die ersten Geschlechter schon realisirten jenes natürliche Verlangen nach Religion, d. h. sie bildeten sich Vorstellungen von unsichtbaren, Natur und Leben regierenden Kräften. Sie bildeten den in ihr liegenden Keim zu solchen Vorstellungen und diese selbst zu weiterer Entwickelung unter dem Einflusse der Umgebungen und ihrer Gemüther aus; und da erstere so verschieden als die Individualitäten sind, so ist der Begriff Religion so vielfach geworden.

Das menschliche Gefühl bedarf keiner Entwickelungs-Perioden wie der Geist. Es offenbart sich, wo die Natur es nicht versagte und dadurch eine Anomalie schuf, sobald die Sinne selbst thätig genug sind, um Eindrücke der Außen-Welt mit Bewußtsein aufzunehmen. Der Mensch spricht mit sich selbst dann eine wortlose, aber bedeutungsvolle Sprache, und schöpft aus der Natur vornehmlich den Stoff für diese Art von Seelenthätigkeit. Es müssen, so wie jetzt der ganz unentwickelte, nur nicht abgestumpfte Mensch, auch die ersten kindlichen Geschlechter empfunden haben. Ihre Kindlichkeit erhöhte den Reiz der Umgebung, steigerte die Bewunderung daran, das Gefühl der Wohlthat, und führte um so schneller zu inniger Dankbarkeit. Der einfachste Sinn schon folgert bei jeder Wohlthat auf einen Urheber, und so personifizirte sich auch der Mensch schon in den ersten Geschlechtern die hervorbringenden Natur-Kräfte, um jenen Personen oder Bildern, die er sich schuf, Dankbarkeit und Verehrung auszudrücken, sie um besondere Wohlthaten oder um Abwendung von Gefahren anzuflehn. Man dachte sich die Urheber des Guten und der Zerstörung meistentheils in verschiedenen Personen, weil der schwache menschliche Sinn nicht begreifen konnte, weshalb die Schöpfung der vorigen Stunde oft von der nächsten zertrümmert wird. Aus allem folgte der Naturdienst, gewiß als die erste und verbreitetste Religions-Form, und als die Basis der aus Phantasie-Reichthum später hervorgehenden mythologischen Vorstellungen der Griechen und Römer. Die erste Religion mit durchdachter Wahrheit, in welcher schon der Ernst einer vorgeschrittnern menschlichen Geistes-Natur erkannt wird, ist die Mosaische. Sie sprach zuerst die Einheit der Gottheit aus, und in ihrem Schooße erwuchs das beglückende Christenthum, und zwischen beiden der Mahomedanismus. Mit einem Worte, es bildete sich in dem Judenthum und durch dasselbe der Monotheismus, während der Natur-Dienst die verschiedenen Formen, den Polytheismus, hervorbrachte. Das sind die beiden Universal-Formen, welche alle Religionen der Gegenwart in sich fassen. Der Monotheismus, die höhere und reinere, die der Civilisation mehr gehörende, dieser beiden Formen begreift also das Judenthum, das Christenthum und den Islam in sich. Das erstere, die älteste dieser Religionen, schließt die Vermittelung der einigen Gottheit zu den Menschen aus, und glaubt nur das alte Testament und eine Sammlung heiliger Schriften, den Talmud. Viele der Jüdischen Religions-Gesetze beruhen auf lokalen und klimatischen Ursachen.

Das Christenthum, die wahre und belebende, die zur Tugend und Aufklärung einzige, die Religion höherer Gesittung, das Eigenthum der meisten und civilisirtesten Völker, hat in sich nur formelle Unterschiede. Man unterscheidet die römische und griechisch-katholische, und die evangelisch-reformirte Kirche. Von letzterer sind mehrere Sekten, als die der Menoniten, Herrnhuter, Quäker, Methodisten u. dgl., abgesondert.

Der Islam nimmt die Vermittelung der Gottheit zu den Menschen durch den Propheten Mahomed an. Sein Religionsbuch, der Koran, ist voll rednerischen Schmucks und voll allegorischer Ausmahlung des Jenseits.

Der Polytheismus (Viel-Götterei) begreift als seine Haupt-Religionen, die des Brama, des Buddha, des Confuzius und den Fethischismus in sich.

§. 4.

Erste Beschäftigungen — Familien — Völker.

Die Thätigkeit ist, so wie die Religion, von der menschlichen Natur unzertrennlich. Schon jenes Beschauen und Bewundern der ersten Menschen leitete zur Kenntniß, dann zum Gebrauch der verschiedenen Natur-Gegenstände hin. Hierdurch entstand Thätigkeit, und die Natur ist also gleichmäßig ihre und der Religion Grund-Ursache.

Man sammelte und bewahrte Früchte, man gewöhnte an sich gewisse Thiere, man nährte und beschützte sie, man verfolgte auch andere Thiere, erdachte und fertigte künstliche Werkzeuge, sie zu tödten, man benutzte den Körper der getödteten Thiere, man sann überhaupt auf Mittel zu annehmlicher Verwendung aller dargebotenen Produkte, und es bildeten sich dadurch die ersten Thätigkeits-Zustände, das Hirten-, Jäger- und Fischer-Leben. Das Naturgesetz führte beide Geschlechter zusammen, das beginnende Nachdenken und Thätigsein ließ sie Erleichterung des Lebens durch gegenseitige Unterstützung, der angeborne Geselligkeits-Trieb des Menschen stetes Zusammensein wünschen, und so entstand das Familienleben. Je mehr das Familienleben sich erweiterte, desto mehr Aussicht gewann der Mensch auf gegenseitige Hülfe und Unterhaltung. Es reihete sich in dieser Idee Familie an Familie, es entstanden dadurch Gemeinschaften, die zu gleicher Beschäftigung, in gleicher Sitte und Gewohnheit vereinigt waren, und man nannte sie Stämme. Sie führten meist ein nomadisirendes, d. h. ein herumziehendes Leben. Dies lag in der Natur ihrer Beschäftigung, als Hirten oder Jäger, die in jenen frühen Zeiten, durch kein Besitz-Recht daran gehindert, sich da niederließen, wo sich eine reiche Viehweide, oder zahlreiches Wild vorfand, und dann weiter zogen, wenn diese Quellen ihrer Nahrung erschöpft waren.

Mit der Erweiterung der Stämme zu Völkern begann auch eine größere Regelmäßigkeit ins Leben zu treten, und mit neuen Beschäftigungen verlor sich allmählig das Nomaden-Leben, um dem Leben in festen Wohnplätzen, dem geordneten Volks-Leben, Raum zu geben.

§. 5.

Sprache — Schrift.

Die Sprache ist das Mittel zum Ausdruck der Gedanken. Die Fähigkeit dazu ist dem Menschen einzig unter allen Geschöpfen der Erde gegeben, ebenso die Vernunst, deren Werkzeug sie ist. Mit dem ersten Denken beginnt auch die Articulirung des Tones nach Regeln, wie sie die Umgebung lehrt. Die ersten Anfänge des geselligen Lebens mußten schon ein Sprach-Vermögen voraussetzen, da ohne dies keine Mittheilung (der eigentliche Zweck der Geselligkeit) hätte stattfinden können. Jeder gesellige Verband erweiterte allmählig die mitgebrachten Sprach-Rudimente immer mehr, und da, wo sich Bildung herauszustellen begann, erfand man auch das Mittel, den menschlichen Gedanken in sichtbaren Zeichen festzuhalten. Man erfand also die Schrift, das heißt, sowohl die Buchstaben-Schrift, als auch jene allegorische Bilder-Schrift des Alterthums, die Hieroglyphen. (Aegypten.)

Als die Stämme zu Völkern und diese zu Nationen angewachsen waren, und die früher getrennten und verschiedenen Glieder solcher großer Vereine sich zu einer Gesittung und Sprache, der Hauptsache nach, verbunden hatten, blieben doch die Unterschiede im Einzelnen und Kleinen, vornehmlich die Sprache anlangend, in der Betonung und in einzelnen Ausdrükken. Durch solche Unterschiede ergaben sich die verschiedenen Dialekte.

Durch Auswanderung, durch mannigfaltige Völkermischung u. dergl. entstanden jüngere, auf den ältern beruhende, aber doch wieder in sich eigenthümliche Sprachen; dies wurden die Tochter-Sprachen im Gegensatze zu den Mutter-Sprachen, von denen sie hergeleitet sind.

Nachdem viele Völker von der Erde verschwunden sind, und nur noch die Quintessenz dessen, was sie dachten und thaten, durch die Schrift-Sprache blieb, sind jene Sprachen, welche sie redeten, dem Volks-Gebrauche entschwunden, als Mittel der gewöhnlichen Verständigung eines ganzen Volkes, gleichsam gestorben. Sie leben nur noch in jenen Büchern, in den Studien und dem Munde der Gelehrten, und heißen todte Sprachen. Ihr Gegensatz sind die lebendigen, d. h. diejenigen Sprachen, deren die jetzt lebenden Völker des Erdballs sich in Wort und Schrift bedienen.

Unsere Europäischen Sprachen können wir auf drei Haupt-Categorien: die Germanischen, Slavischen und Romanischen Sprachen, bringen.

Zum Stamme der Germanischen Sprachen gehört die

deutsche Schrift-Sprache, das Hoch-Deutsch, dann die Gesammtheit der deutschen Dialekte, hiernächst die Schwedische, Dänische und Niederländische Sprache.

Slavischen Ursprungs sind die Sprachen der Polen, Russen, Ungarn, Gallizier, Böhmen und Mähren.

Romanischen Ursprungs die Sprachen der Italiener, Franzosen, Spanier, Portugiesen und Engländer, sowie ihre verschiedenen Abarten.

Die Halbinsel des Balkan hat theils die Türkische, theils die Neu-Griechische Sprache. In Asien sind, außer der Türkischen Sprache, die Sprachen der Perser, der Araber, der Tartaren, der Russen, der Chinesen und der Hindus zu erwähnen. In Afrika sind, außer den durch Kolonisirung dahin verpflanzten Sprachen der Europäer und außer den verschiedenen Abarten Türkischer und Arabischer Sprachen, nur Sprachen Barbarischer Völker, also ohne Einfluß und Berühmtheit.

In Amerika sind die Sprachen der Engländer, der Spanier, Franzosen, Niederländer, Portugiesen und Dänen fast einzig die der Civilisation.

In Australien, da, wo die Europäer noch nicht kolonisirt haben, sind nur Sprachen wilder Völker, eben so zahlreich, als politisch und literärisch ohne alle Bedeutung.

Wenn eine Sprache durch ihre Geschichte darthat, daß sie große Geistes-Schöpfungen ausgezeichneter Männer klar und schön auszuprägen vermochte, so daß die Nachwelt noch sich an dem Gedanken, dem Gefühle der Väter erhob, und wenn sie solche triumphirende Denkmäler ihres Reichthums, ihrer Lebendigkeit, in zunehmender Vervollkommnung, mehrfach und vielfach aneinander reihte, so hat sie eine Literatur. Nur solche sind unter den todten Sprachen bis auf uns gekommen und der Betrachtung würdig. Es ist demnach, sobald wir todte Sprachen erwähnen, hauptsächlich von der Lateinischen, Alt-Griechischen und Hebräischen die Rede.

§. 6.

Gesetze — Verfassungen.

Schon Stämme fühlten das Bedürfniß gewisser Festsetzungen, und ebenso das Verlangen nach Ober-Häuptern. Der

Rath des Erfahrenen, der Schutz des Starken, war jedem wünschenswerth, und man begab sich gemeinschaftlich in die Obhut desjenigen, von dessen überwiegenden Gaben man überzeugt war. Er hielt die getroffenen Festsetzungen aufrecht, strafte die Schuldigen, schützte die Bedrängten, und wurde gleichsam ein Familien-Vater in höherem Sinne, und mit größerer Macht-Vollkommenheit.

Aus den Festsetzungen, die immer mehr Umfang und Ansehn gewannen, wurden Gesetze, aus den Stamm-Häuptern, bei Vergrößerung der unter ihnen stehenden Gemeinschaften, Fürsten, Könige. Man schmückte die gewählten Häupter auch mit äußeren Zeichen ihrer hohen Würde, mit Krone und Scepter, und so entstand das Königsthum, wie es schon die früheste Vorzeit darbietet.

Andere Völker regierten sich durch ihre Aeltesten, oder durch Abgeordnete des Volkes, und wurden dadurch die Ersten mit Republikanischer Regierungs-Form.

Die Art der höchsten Staats-Gewalt nun, und ihr Verhältniß zu Reich und Nation, ist die Verfassung. Sie ist auch in jetziger Zeit entweder monarchisch oder republikanisch. Zeit und Verhältnisse haben in diese beiden Hauptformen verschiedene Einzel-Arten eingeschoben, von denen, bei den betreffenden Reichen, die Rede sein wird.

§. 7.

Ackerbau — Gewerbfleiß — Handel.

Ackerbau und Gewerbfleiß waren erst spätere Beschäftigungen der Menschen, und hoben da, wo sie eintraten, das Nomaden-Leben auf. Der Mensch zwang den Boden, den eingepflanzten Saamen in tausendfältiger Frucht wiederzugeben, unterstützte ihn durch künstliche Bearbeitung, und fesselte sich an ein bestimmtes Eigenthum. Der Gewerbfleiß, welcher uns das regelrechte Erschaffen künstlicher Lebens-Hülfsmittel aller Art verstehen läßt, kam hinzu. Er hat sich aus der einfachen Bearbeitung der Länder-Produkte, durch das vielfältige und gemeinschaftliche Sinnen, Versuchen und Anwenden, durch lange Zeiträume hindurch, bis zu seinem gegenwärtigen Zustande herangebildet. Ein Resultat von Ackerbau und Gewerbfleiß ist der Handel. Er bestand zuerst im Austausch der verschiedenen natürlichen und künstlichen Erzeugnisse, und erhielt mit der Erfindung des Geldes einen neuen Hebel.

§. 8.

Kunst und Wissenschaft.

Beide Principe sind Theile desselben Wesens, das in verschiedener Form und Farbe aus den Geistern und Herzen hervor und in die Welt ging. Sie ruhen auf ungewöhnlichen Gaben, auf tieferem Nachdenken, und auf edeln menschlichen Gefühlen. Hieraus folgt, daß eine Regelung des Geistes, ein inniges Anschauen der Natur und des Lebens also bereits ein lauterer Zustand des Menschen, jeder Ausübung der Künste und Wissenschaften voraus gehen mußte. Wir erstaunen hiernach über das Frühe menschlicher Entwickelung, wenn uns schon Griechenland und Rom mit Blüthenaltern der Künste, mit Triumphen des erfindenden und schaffenden Geistes, die wir aus Schriften und Denkmälern erkennen, erscheint. Schriften und Denkmäler der Kunst sind es, welche uns mit den Völkern der Vorzeit verbinden und aus denen ihre Geschichte, ihr Charakter, ihre ganze Art und Weise uns hervorgeht. Wenn nun die Kunst und das Wissen als das Mittel zur geistigen Veredelung, dann aber auch als die Kette der Zeiten und Völker, als der Bothe von Jahrhundert zu Jahrhundert erkannt wird, so erhebt uns das historisch begründete Bewußtsein treulich, das unter allen Stürmen, unter allen Irrungen der Menschen, jene adeligen Kräfte, welche ihnen die Natur gab, doch in allen Perioden geblieben sind. Es haben einzelne Zweige des Wissens wohl ihren höchsten Standpunkt erreicht, und dann ihres Gleichen nicht mehr gefunden, es haben sich Geist und Geschmack der Menschen bald hier bald dorthin liebevoller gewendet, aber es ist in der Summe aller Bestrebungen und Resultate doch ein allgemeines Fortschreiten bis zu den heutigen Zuständen, in denen sich das Wissen über alle Zweige der Natur und des Lebens erstreckt, und die Kunst zahllose Mittel gefunden hat, sich der Sinnenwelt darzulegen, unverkennbar.

§. 9.

Das Kultur-Leben der Gegenwart.

Die Bildung der Menschen ging von Asien nach Europa über, und hat hier ihre Wohnsitze gebaut. Griechenland's und Rom's Civilisation war schon eine ungleich bessere, als die der Asiaten, und ging aus dem Süden auch allmählig nach dem Europäischen Norden über. Deutschland, Frankreich, England sind endlich die Länder geworden, welche als der Typus Europäischer Bildung uns erscheinen, und von denen der erleuchtende Geist auch in den Westen übergegangen ist.

Deutschland hat eine glorreiche Geschichte der Erfindungen, eine eben so herrliche der Literatur. Auf den Tabellen dessen, was der tief denkende Sinn und Ernst deutscher Männer fand, steht die Buchdrucker-Kunst mit unauslöschbarer Schrift. Sie ist der Flügel für den menschlichen Gedanken, das Mittel zur Belebung aller Herzen, zur Aufklärung aller Geister geworden. Die deutsche Sprache und Literatur ist immer kraftvoll, im letzten Jahrhundert aber verzehnfacht vorgeschritten. Wir erfreuen uns würdevoller Verfassungen, erhabener Geistes-Produkte, einer entwickelten Industrie, und aller Mittel zum Festhalten der Beglückung.

Frankreich zeichnet unter allen Merkmalen einer Civilisation des neunzehnten Jahrhunderts vornehmlich das Princip geselliger Verfeinerung, potenzirter Kunst-Industrie aus. Seine Macht ist nach fremden Welttheilen verzweigt, und auch die niedern Stände haben eine gewisse natürliche Geistesbildung. Die Französische Literatur hat durch viele klassische Werke ihre Meisterschaft, besonders in romantischen Stoffen, bewährt.

England ist der Heerd des Europäischen, wohl eigentlich des Welt-Handels. Es hat Macht und Reichthum vor allen Staaten, eine Welt von Besitzthümern außerhalb Europa, eine ruhlos-thätige Nation, welche in Gewerbfleiß und Fabrikthätigkeit kulminirt. England hat die größte und geregeltste Seemacht der ganzen Welt, und in ihr einen Hebel für Handel und Kolonialsystem. Auch die englische Literatur ist eine Fundgrube der Wahrheit und des Schönen.

England, Frankreich, Spanien, Portugal, Niederland, Rußland, Dänemark, Schweden und die Europäische Türkei, sind die sogenannten seefahrenden Mächte Europa's. Die meisten von ihnen haben ihre Nationalität und Sprache in die neue Welt, die sie sich unterwarfen, getragen. Die Zeit hat diese Nationalität dort unter klimatischen Einflüssen zu freier Eigenthümlichkeit entwickelt, und die Nationen Amerika's sind selbstständig geworden.

So sehen wir in Amerika jetzt eine Reihe zum Theil kolossaler Republiken mit einer schönen und immer mehr fortschreitenden Civilisation.

Asien ist stehen geblieben. Es ist jetzt der Erdtheil, dessen Völker, der Regel nach, zwischen der Barbarei und Civilisation stehen. Die Nord-Asiaten sind durch die klimatische Einwirkung, die Mittel-Asiaten durch das traurige Princip der Abschließung, welchem ihre Mehrzahl (China) von je her folgte, die Süd-Asiaten durch geistige Ruhe, der sie unter einem zu glücklichen Himmel sich hingaben, stehen geblieben.

Afrika ist nur in seinen Rändern bekannt. Hier haben größtentheils die Europäer kolonisirt, und die Eingebornen sind theils in ursprünglicher Vernachlässigung, theils durch den Druck der Sclaverei, zurückgeblieben.

Wo selbstständige Nationen sich finden, da sind es meist

Halb-Barbaren, nach Art der Süd-Asiaten, oder noch tiefer stehende Geschlechter: Nomaden und Räuber.

Australien ist nur theilweise kolonisirt, andern Theils noch von rohen Nationen bewohnt.

§. 10.
Menschenarten.

Die Menschen unterscheiden sich, wie in ihren Befähigungen und intellektuellen Zuständen, so auch vielfach im Bau ihres Körpers. Sie werden hiernach in viele Arten getheilt, die sich füglich in acht Haupt-Arten koncentriren lassen.

1) Die Europäische Art. Sie bewohnt ganz Europa (bis auf das nördlichste Skandinavien und Rußland), sowie den größten Theil West-Asiens, und zeichnet sich durch weiße Hautfärbung mit fleischrothem Zusatz, durch Ebenmaß der Glieder, edle Kopf- und Gesichts-Bildung und durch schlichtes Haar aus.

2) Die Hyperboreische Art. Zu ihr gehören die Bewohner des nördlichsten Skandinaviens und Rußlands (Lappen und Finnen), ferner die Bewohner Sybiriens, Kamtschatka's, Tschukatschin's, der Aleuthen, des Asiatischen Rußlands, Grönlands, Baffingslands und Labrador's. Die Menschen dieser Art sind klein, haben einen unverhältnißmäßig großen Kopf, platte Stirn, hervorstehende Backenknochen, schlichtes, aber hartes schwarzes Kopfhaar, dünnes Barthaar und feine Stimme. Beide Geschlechter sind gleich groß.

3) Die Mongolische (auch Skytische) Art umfaßt die Bewohner der Dschungarei, Bukharei, die Turkomanen, Kirgisen und Mongolen. Sie haben eine hell olivenbraune Hautfarbe, mittlere Größe, einen starken Körper, platte Nase, kleine tiefliegende, weit voneinander entfernte Augen, hervorstehende Backenknochen, schlichtes, dunkles Haar. Sie sind wilden Charakters, Krieger, Hirten, Jäger, Räuber u. dergl. Sie wachsen mit dem Pferde und der Waffe auf, und gewöhnen sich früh an die Mühseligkeiten eines herumschweifenden Lebens.

4) Die Chinesische Art. Hierzu werden die Bewohner Japans, Korea's, des eigentlichen China, Hinterindiens

und Tübets gezählt. Die Chinesen sind der Typus dieser Art. Sie sind mittlerer Größe, proportionirt, haben lang geschlitzte, nach untenhin konvergirende Augen, großen Mund, und ein kleines, häufig bartloses Kinn. Die Ohren stehen vom Kopfe ab, das Haar ist schlicht, und die Hautfarbe fast so weiß wie die der Europäer. Absonderungssinn und Geiz charakterisiren sie besonders.

5) Die Indische Art. Es sind die Hindus, die Ureinwohner Vorder-Indiens, von dunkelgelber Haut, Mittelgröße, zierlichem Wuchs, und einer, der Europäischen ähnlichen Gesichtsbildung. Das Volk ist gelehrig, industriös, zum Ackerbau geneigt, und hat sich auch über die Lakediven und Ceylon verbreitet.

6) Die Maurische Art. Sie findet sich in Arabien, Syrien, Abessinien, Nubien, Aegypten, in der ganzen Berberei, in Biledulgerid und in der Sahara. Größe der Männer, Kleinheit der Weiber, langes Gesicht, hohe Stirn, große schwarze Augen, wohlproportionirte Glieder, sind körperliche; Gastfreundschaft, Fähigkeit und Liebe zu den Wissenschaften, Muth, Stolz, Raubsucht und Grausamkeit gegen den Feind, moralische Kennzeichen dieser Raçe.

7) Die Afrikanische Art. Sie bewohnt das ganze mittlere und südliche Afrika, und begreift die eigentlichen Neger, die Kaffern und die Hottentotten in sich.

Die eigentlichen Neger bewohnen vornehmlich Ober- und Nieder-Guinea, und sind durch das wollige Haar, die schwarze Hautfarbe, die Form des Schädels (hinterwärts abgerundet), die platten Nasen und breiten Backenknochen kennbar.

Die Kaffern haben gewölbtere Schädel, gebognere Nasen und eine lichtere Hautfarbe, als die Neger. Sie bewohnen das südlichere Afrika, also vornehmlich die Terrasse des Orangenstroms, die Karroo und die Küste von Natal.

Die Hottentotten bewohnen das ganze Kapland, und sind die am tiefsten stehende Menschenart, gleichsam der Uebergang des Menschen zum Affen. Sie haben eine ähnliche Hautfarbe, wie die Kaffern, vermöge schräger Kinnladen, eine Art Rüssel und einen platten Scheitel. Sie leben in dumpfer Geistesloſigkeit und Trägheit, rauchen viel Tabak, salben sich mit

Talg, und waschen sich mit Urin. Von Dörfern, Gesetzen, Religion ist gar nicht die Rede.

8) Die Amerikanische Art. Wir verstehen darunter die Ureinwohner von Amerika. Es sind damit theils diejenigen gemeint, welche im Gebiete der Kanadischen Seen, im Stromgebiete des Mississippi, und auf Yucatan, oft in Mitten der Civilisation, in einzelnen Horden, im Zustande der Wildheit leben. Sie sind groß, stark, wohlgebildet, haben regelmäßige Köpfe, schwarzes schlichtes Haar, kupferartige Hautfarbe und ein wildes Gemüth („Cooper's rothe Häute"). Andererseits gehören zu der Amerikanischen Art auch die in Süd-Amerika zerstreuten Horden der Indianer, welche theils olivenbraun, theils lohgelb, weniger groß und stark als die Ersteren, ihnen aber in der Gemüths-Beschaffenheit ähnlich sind. Eine Abart der Amerikanischen Raçe sind die Patagonier, große Menschen (gewöhnlich 6'), die nur in geringer Zahl, längs der Ostküste Patagoniens, friedlicher als die andern wilden Amerikaner leben.

I. Abschnitt.

Europa.

§. 11.

Frankreich.

Grenzen — Größe.

Frankreich grenzt im Nord an das Aermel-Meer, die Straße von Calais, die Nord-See und Belgien; im Ost an Belgien, das Großherzogthum Luxemburg, den Preußischen Staat, Rhein-Baiern, das Großherzogthum Baden, die Schweiz und das Königreich Sardinien; im Süden an das Mittel-Meer und Spanien; im Westen an Spanien und den Golf von Biscaya. Die Größe kann nach der genauesten Angabe (von 1838) auf ein Areal von 9617 deutschen □Meilen angegeben werden.

Volk.

Die Bevölkerung Frankreichs beläuft sich nach der Angabe von 1836 auf 33,540,910 Seelen. Das Volk trägt Spuren einer verschiedenen Abstammung an sich, die in Sprache, Sitten, Charakter zu erkennen sind. Die eigentlichen Franzosen (in der Mitte und im nördlichen Theil) stammen von den Celten, Römern und Franken. Die Bewohner der Normandie sind von den Normännern, die der Bretagne von den Britten, die Gascogner von den Basken herzuleiten. Bei den Provençalen ist eine Vermischung mit den Italienern, und bei den Bewohnern von Elsaß und Lothringen der deutsche Typus nicht zu verkennen. Außerdem lebt eine nicht geringe Anzahl von Fremden aller Nationen in Frankreich, besonders in Paris. Die Franzosen sind ihrem National-Charakter nach lebhaft, muthig, leichten Sinnes, mehr witzig als tief, neuerungssüchtig, gesellig, patriotisch.

Die bedeutende Mehrzahl gehört der katholischen Religion an, so daß nur etwa 6½ Million Protestanten und 70,000 Juden sich vorfinden. Vor dem französischen Gesetz bildet die Nation nur einen Stand. Die politischen Rechte sind nicht erblich, und der Adel, welcher seiner früheren Privilegien entbehrt, ist nur eine titulare Auszeichnung. Drei Viertheile der Nation beträgt die den Ackerbau betreibende Klasse.

Die technische Kultur steht bei der französischen Nation im höchsten Flor. Die Baumwollen-Manufakturen liefern die feinsten und schönsten Arbeiten, und in Seiden-Arbeiten, sowohl Güte des Stoffs, als Färbung anlangend, sind die Franzosen unübertroffen. Die Fabrikation der Metall-Waaren ist in neuster Zeit nach dem Vorbilde Englands mächtig vorwärts geschritten, und alles, was die Ausübung der Buchdrucker-Kunst vorbereitet und erleichtert, wird höchst zweckmäßig gearbeitet, so daß diese Kunst selbst den schnellsten und besten Fortgang findet. Alle schönen Künste finden in dem Sinne der Nation reichliche Unterstützung.

Verfassung und Verwaltung.

Die Königliche Macht ist durch die Charte von 1814 (Freiwilliger Akt Ludwigs XVIII.), welche durch die konstitutionelle Charte von 1830 im Wesentlichen modifizirt worden, beschränkt. Der König, gegenwärtig (seit 1830) Philipp Louis aus dem Hause Orleans, hat die vollziehende Gewalt, das

Recht der Milderung und Begnadigung. Das Recht der Gesetzgebung und Besteuerung theilt er mit den Ständen, die in den Kammern, der Pairs-Kammer und Deputirten-Kammer, die Nation repräsentiren. Die Mitglieder der erstern werden vom Könige, die der letzteren vom Volke ernannt. Zum Behuf der Verwaltung hat jedes Departement einen Präfekten, und jeder Bezirk (arrondissement) einen Unterpräfekten. Der polizeiliche Vorstand jeder einzelnen Ortschaft heißt: „Maire."

Zur Gerechtigkeitspflege sind die Friedensrichter, über ihnen die Tribunale (d. h. Departements-Gerichtshöfe), in Kriminal-Sachen die Institute der Geschwornen.

Die 3te Instanz sind die Königlichen Gerichtshöfe, in Kriminal-Sachen Assisenhöfe genannt. Die höchste Gerichtsstelle ist der Cassations-Hof zu Paris.

Zur Finanzverwaltung sind in jedem Departement Directoren für die verschiedenen Branchen, aus denen die Staats-Revenue fließt. Diese letztere betrug 1838 in ihrer Totalität: 1,110,483,320 Franks. Die Staats-Schuld wird auf 4626 Millionen Franks angegeben.

Alle Zweige der Landes-Verwaltung vereinigen sich in der höchsten Staatsbehörde dem (incl. Präsidenten) aus 8 Gliedern bestehenden Minister-Conseil.

Land- und Seemacht — Orden.

Die Landmacht beläuft sich nach dem Friedens-Etat auf 420,000 Mann Linien-Truppen, in 21 Divisionen. Außerdem hat Frankreich eine starke Nationalgarde (d. h. Landesbewaffnung), angeblich bis auf 1 Million zu verstärken.

Die Seemacht belief sich 1839 auf nur 40 Linienschiffe und höchstens 50 Fregatten, außerdem viele kleinere Fahrzeuge. Seit dem Jahre 1814, wo sie ihren höchsten Stand mit 103 Linienschiffen und 52 Fregatten hatte, ist sie demnach bedeutend vermindert.

An Orden hat Frankreich außer dem Orden der Ehrenlegion den Militair-Verdienst-Orden, den St. Ludwigs Militair-Orden, den Orden des Heiligen Michael und den des Heiligen Geistes.

Münze — Maaß — Gewicht.

Die Münz-Einheit ist seit 1795 der Frank, d. i. etwa $7\frac{1}{2}$ Sgr. nach unserem Gelde. Der Frank zerfällt in 100 Centimen, deren 5 einen Sou abgeben. Die höchste Silbermünze sind die Fünffrankenstücke. An Goldmünzen giebt es einfache und doppelte Louis und Napoleons.

Als Längen-Maaß ist der Mètre, der etwas über 3 Pariser Fuß, als Flächen-Maaß die Acre, die 100 □Mètres + 26,32 □Toisen beträgt, als Körper-Maaß die Stère d. i. 1 Kubik-Mètre + 29,1739 Pariser Kubikfuß die Einheit.

Eintheilung.

Vor der Revolution wurde Frankreich in 17 Provinzen getheilt. Um alle Verschiedenheiten dieser Provinzen in die einzige Französische Nationalität einzuschmelzen, hob man diese ältere Eintheilung auf und theilte Frankreich in 86 Departements. Gleichwohl sind die Provinzen-Unterschiede im Volke geblieben, und da jene Eintheilung nun zugleich die historisch wichtige ist und auch die verschiedenen Nationalitäten Frankreichs uns bezeichnet, so mag sie zu schnellerer Uebersicht des Ganzen hier ihren Platz finden.

1) Isle de France (Departements: Seine, Seine u. Oise, Oise, Aisne, Seine u. Marne) mit der Hauptstadt Paris 900,000 Einw. an der Seine, über welche 16 Brücken führen. Unter den Gebäuden dieser Hauptstadt des ganzen Reiches zeichnet sich besonders das Palais de Tuilleries, das Palais royal, das Louvre, die Kirche von Notre Dame, das Palais de Justice, das Hôtel des Invalides, das Pantheon, das Hôtel de Luxembourg aus.

Unter den öffentlichen Plätzen ist besonders der place Vendôme, mit der Statue Napoleons, zu erwähnen. Der bedeutendste Spaziergang sind die Champs Elysées. Unter den höheren Instituten für geistige Bildung ist besonders die Universität, die Akademie der Wissenschaften und die Bauschule wichtig. — St. Cloud (Königl. Lustschloß); — Versailles (Königl. Schloß und Gärten); dicht an Versailles sind die Königl. Lustschlösser: Groß- und Klein-Trianon.

2) Picardie. (Dep. der Somme, ein Theil von Pas

de Calais und Aisne), mit der Hauptstadt Amiens an der Somme, 40,000 E.

3) Champagne. (Dep. Ardennes, Marne, Aube, Haute Marne und Theile von Aisne, Seine u. Marne und Yonne.) Die Champagne hat in ihrem Innern Unfruchtbarkeit und Armuth, einen Boden aus Kreide und Feuersteinen zusammengesetzt und unreinliche Bewohner.

Die Ufer der Flüsse sind fruchtbar, besonders das nördliche Ufer der Marne, wo allein, also nur in einem kleinen Theile der Provinz (besonders bei Epernay und Sellery) der bekannte Champagner-Wein wächst. — Hauptstädte sind: Rheims an der Veselle, 33,000 E., und Troyes an der Seine, 30,000 E.

4) Franche Comté (Dep. Jura, Doubs, Haute Saone), auch Hoch-Burgund genannt, mit der Hauptstadt Besançon am Doub, 30,000 E. Zu dieser Provinz gehört die Grafschaft Mömpelgard, die bis zur Revolution das Eigenthum Würtembergs war.

5) Lothringen (Dep. Vosges, Meurthe, Moselle, Meuse), seit 1766 französisch. (Früher Herzöge v. Lothringen.) Es hat nur theilweise französische Sitten und Sprache; — im östlichen Theile ist es ganz deutsch. Hauptstädte: Metz an der Mosel, 40,000 E. — Nancy an der Meurthe, 30,000 E.

6) Elsaß. (Dep. Haut Rhin und Bas Rhin), ursprünglich deutsches Land, seit 1648 an Frankreich; noch jetzt in Sprache und Nationalität größtentheils deutsch. Hauptstadt Straßburg am Ill, 50,000 E.

7) Burgund. (Dep. Ain, Saone et Loire, Côte d'or und ein Theil von Yonne.) Hauptstadt: Dijon am Kanal von Burgund, 22,000 E.

8) Lyonnois mit Bourbonnois, Marche, Auvergne. (Dep. Rhone, Loire, Allier, Puy de Dôme, Cantal und Theile von Creuse, Haute Vienne und Haute Loire.) Die Hauptstadt ist Lyon (Lugdunum), am Zusammenfluß der Rhone und Saone, 180,000 E. Diese große und sehr alte Stadt hat bedeutende Seiden-Manufakturen.

9) Dauphiné. (Dep. Drôme, Hautes Alpes, Isère.) Sie hatte früher eigene Grafen, Dauphins. Seit 1340 ist

sie bei Frankreich, dessen Kronprinzen sich nach ihr nennen. Hauptstadt: Grenoble an der Isére, 22,000 E.

10) Provence. (Dep. Bouche du Rhône, Var, Basses Alpes und Vaucluse.) Hier war eine frühe wissenschaftliche Bildung (im 13ten Jahrhunderte schon die Troubadours). Hauptstadt Marseille am Meere, 100,000 E. Frankreichs älteste Stadt, das Massilia der Römer. Sie ist die erste Handelsstadt Frankreichs, und hat einen bedeutenden Hafen, jedoch nicht für Kriegs-Schiffe. — Toulon, 30,000 E. (Hafen, Bagno.) — Avignon an der Rhone, 30,000 E.

11) Languedoc. (Dep. Pyrénées orientales, Aude, Tarn, Herault, Garde, Ardèche, Lozère, Theile von Haute Loire, Tarn u. Garonne, Haute Garonne und Arriège.) Hauptstadt: Toulouse an der Garonne, 70,000 E. — Montpellier, 36,000 E. (Medizinische Fakultät.)

12) Guienne und Gascogne, zur Zeit der Karolinger Aquitanien. (Dep. Gironde, Landes, Basses Pyrénées, Hautes Pyrénées, Haute Garonne, Ger, Lot u. Garonne, Lot Aveiron, Corrèze, Dordogne und Theile der Dep. Charente inférieure, Haute Vienne, Creuse, Tarn und Arriège.) Diese Provinz ist die westlichste des südlichen Frankreichs. Hauptstädte sind: Bordeaux an der Garonne, 100,000 E., (starker Wein- und Kolonial-Waaren-Handel.) — Bayonne am Adour, (ebenfalls bedeutender Handel).

13) Orleanais mit Anjou, Poitou, Touraine u. s. w. (Dep. Vendée, Deux Sevres, Charente, Vienne, Mayenne u. Loir, Mayenne, Sarthe, Eure u. Loir, Loiret, Loir u. Cher, Indre u. Loir, Indre, Cher u. Nièvre. Hauptstadt ist: Orleans an der Loire mit 45,000 E.

14) Bretagne, seit 1532 mit Frankreich vereinigt, noch jetzt eigenthümlich in Sprache und Nationalität seiner Bewohner (Bretons). (Dep. Finisterre, Côtes du Nord, Morbihan, Ille u. Vilaine, Loire inférieure. Hauptstadt: Nantes an der Loire, 80,000 E. (bedeutender Handel). — Rennes an der Vilaine, 30,000 E. — Brest am Meere (mit einer Rhede), 30,000 E.

15) Normandie. (Dep. Manche, Calvados, Orne, Eure und Seine inférieure). Hauptstadt ist: Rouen an der

Seine mit 100,000 E. (bis hierher fahren große Schiffe). — Caen an der Orne, 40,000 E. (Fabriken.)

16) Die Französischen Niederlande, d. i. die Grafschaften Artois und Hennegau. (Dep. du Nord und Theile der Dep. Pas de Calais und des Ardennes), unter Ludwig dem XIV. mit Frankreich vereinigt. Die Hauptstadt ist: Lille oder Ryssel, an der Deule, 72,000 E.

17) Die Insel Corsika, im Alterthume Cyrnus. Sie enthält 180 □M. und 200,000 E. und stand schon im Alterthume, wegen eines üblen Charakters ihrer Einwohner, im Verruf. Die Insel gehörte nach und nach den Römern, den Arabern und den Genuesern, und gehört seit 1768 den Franzosen. Unter den wenigen bedeutenden Städten zeichnet sich Ajaccio (an der Westküste) mit 8000 E., der Geburts-Ort Napoleons, und Bastia (an der Nord-Ostküste) mit 10,000 E. aus. Beide Städte haben Häfen, und letztere auch eine Citadelle.

Festungen.

A. Von der Nord-See bis an die Maas, 3 Linien, und zwar:

1ste Linie. Dünkirchen (See) — Condé (Haine-Mündung) — Valenciennes (Schelde) — Maubeuge (Sambre).

2te Linie. Lille (Deule) — Douay (Scarpe) — Meziérs (Maas).

3te Linie. St. Omer (Aa) — Arras (Scarpe) — Verdun (Maas).

B. Von der Maas bis zum Mittel-Rhein auch 3 Linien.

1ste Linie. Givet und Sedan (Maas) — Montmedy und Longwy (Chiers) — Thionville (Mosel) — Bitsch — Weißenburg (Lauter).

2te Linie. Metz (Mosel) — Hagenau — Fort Louis (Rhein).

3te Linie. Toul (Mosel) — Straßburg (Ill).

C. Rhein-Linie von Straßburg bis zur Schweiz. Schlettstadt (Ill) und Neu-Breisach (Rhein).

D. Gegen die Schweiz.

Besançon (Doubs).

E. Gegen Italien.

Grenoble (Isère) — Briançon (Durance).

F. Am Mittel-Meere.

Toulon.

G. An den Pyrenäen.

Perpignan (Teta) — Bayonne (Adour).

H. Am Biskayschen Meere.

Rochefort (Charente) — La Rochelle (Sevre Niortaise) — L'Orient (Blavet) — Brest (Golf gl. N.)

J. Am Aermel-Meere.

Cherbourg — Havre de Grâce — Dieppe (Bethune) — Boulogne — Calais.

Häfen.

Antibes — Toulon — Marseille — Cette — Bayonne — Bordeaux — Rochefort — La Rochelle — Nantes — L'Orient — Brest — Morlai — St. Brieux — St. Malo — Cherbourg — Havre de Grâce — Dieppe — Boulogne — Calais.

Eisenbahnen.

1) Die Bahn von St. Etienne nach Lyon zum Transport der Steinkohlen von St. Etienne, andrerseits der Kolonial-Waaren von Lyon aus.

2) Die Bahn von Alais nach Beaucaire. Auf der Thalfahrt zum Transport der Braunkohlen und Eisenprodukte von Alais, auf der Bergfahrt zum Transport von Kolonial-Waaren, Getreide, Wein, Bauholz, nach den Sevennen.

3) Die Bahn von Epinac nach dem Kanal von Burgund. Sie hat den Transport der Braunkohlen von Epinac, die dann zu Wasser weiter befördert werden, zum Zweck.

4) Die Bahn von Montpellier nach Cette zum Personen- und Güter-Transport.

5) Die Bahn von St. Etienne nach Andrézieux. Zum Transport von Steinkohlen, Eisen, auch Kalkstein, Holz u. dgl.

6) Die Bahn von Andrézieux nach Roanne, zur Beförderung von Personen und Waaren.

7) Die Bahn von Paris nach St. Germain, zur Beförderung der Pariser Spazierfahrer.

Historisch denkwürdige Orte.

Aix (Marius und die Teutonen, 102 v. Chr.) — Chalon sur Marne (Attila und Aetius, 451 nach Chr.) — Soisson (Clodwig und Siagrius, 486 nach Chr.) — Tours und Poitiers (Carl Martel und die Mauren, 732 nach Chr.) — Cressy (Eduard III. von England und die Franzosen, 1346 nach Chr.) — Azincourt (Heinrich II. von England und die Franzosen, 1415 nach Chr.) — Orleans (Jeanne d'Arc und die Engländer unter Bedfort 1429). — Montcontour (Anjou und Coligny 1569). — Paris (Bartholomäus-Nacht 1572, — Revolution 1789, -- Schlacht 1814, — 1ster und 2ter Friede 1814 und 15, Juli-Tage 1830). — La Rothière (Blücher und Napoleon 1814). — Montmirail (Napoleon — York — Sacken — 1814.

Montereau (Napoleon und der Kron-Prinz von Würtemberg 1814).

Laon (Blücher und Napoleon 1814).

Arcis sur Aube (Schwarzenberg und Napoleon 1814).

Kolonieen.

1) In Asien. Hier sind Frankreichs Hauptbesitzungen in Vorder-Indien. Es sind daselbst auf der Küste Koromandel die Städte: Pondichery, Carrical und Yanaon, nebst Gebiet und die Faktorei Masulipatam; in Bengalen die Stadt Tschandernagore nebst Gebiet und die Faktoreien zu Patna Cassimbasar, Balasore und Dacca, auf der Küste von Malabar die Stadt Mahé nebst Gebiet und einer Faktorei zu Calicut; am Golf von Cambay eine Faktorei zu Surate zu nennen. In Arabien unterhalten die Franzosen außerdem noch Faktoreien zu Mascate und Mokha.

2) In Afrika. Der Besitz von Algier (seit 1830) ist von den Völkern Europa's noch nicht anerkannt, auch zu unsicher; demnach sind als wirkliche Französische Kolonieen in diesem Erdtheil nur zu rechnen:

a) Die Besitzungen am Senegal, welche aus den beiden Arondissements von St. Louis und Gorée bestehen. St. Louis ist eine Insel (von anderen kleineren Inseln umgeben), mit der Hauptstadt gl. N. — Gorée, ebenfalls eine Insel und zwar unweit des Cap Verde. Zu diesem letzteren Arondissement gehören noch die felsigen Magdalenen-Eilande und der Posten Albedra, an der Gambia.

b) Die Inseln Bourbon und St. Marie. Erstere gehört zu den Mascarenen, und ist nächst den Antillen die wichtigste Kolonie Frankreichs. Sie gehört den Franzosen seit 1642, und bemerkenswerthe Städte auf ihr sind: St. Denis (9000 Einw.) und St. Paul. — St. Marie ist ein Eiland an der Ostküste Madagascars und gehört der Verwaltung nach zur Insel Bourbon. Seitdem Frankreichs Besitzungen auf Madagascar weg sind, verfällt auch die Handelswichtigkeit dieser Inseln.

3) In Amerika.

a) In Nord-Amerika die kleinen Fischer-Inseln: St. Pierre und Miquelon, an der Südküste Neu-Foundlands, Stationen zum Stock-Fischfang.

b) In Süd-Amerika. Ein Antheil an Guiana (seit 1624) mit der Hauptstadt Cayenne (Exil während der Revolution).

c) In West-Indien: die Antillen.

Martinique mit der Hauptstadt Fort Royal auf der West-Seite.

Guadeloupe. Bedeutend und blühend (durch den Salz-Fluß eines Meer-Arms, 2 Inseln) mit der Hauptstadt: Basse terre. — Zu Guadeloupe werden noch 2 Eilande, les Saintes hinzugezählt. Desiderade.

Marie-Galante. Seit 1648 von Guadeloupe colonisirt.

Ein Theil der Insel St. Martin, deren anderer Theil seit 1648 den Niederländern gehört. Der französische Antheil umfaßt etwa 2 Drittheile der Insel. Die vornehmste Ortschaft ist Marigot. Die gesammten außereuropäischen Besitzungen der Franzosen, Algier ausgeschlossen, umfassen 660 Deutsche □M.

Zur Kolonial-Verwaltung befinden sich in Martinique, Guadeloupe, Guiana und Bourbon Gouverneurs. — St. Pierre und Miquilon, so wie die Arabischen Faktoreien haben Administrators.

Französisch Ost-Indien hat einen General-Administrator.

§. 12.

Das Königreich Belgien.

Das Königreich Belgien ist erst seit 1830 aus den abgefallenen südlichen Provinzen des Königreichs der Niederlande organisirt worden, ist nach der Verfassungs-Urkunde vom 3ten März 1831 eine erbliche constitutionelle Monarchie, und enthält nach dem Conferenz-Beschluß vom 15. October 1831 $542\frac{1}{2}$ □Meile.

Die Einwohner, deren Zahl sich auf etwa 4 Millionen beläuft, sind ein Mischvolk aus deutscher und französischer Nationalität, dessen Charakter dem der Franzosen sehr ähnlich ist. Sie sprechen in flemmischen, wallonischen und französischen Dialekten, sind größtentheils katholisch und betreiben Bergbau, Viehzucht, Ackerbau und Manufakturen. In letzter Beziehung ist besonders die Spitzen-Fabrikation (Brüssel) berühmt. Die ganze Industrie ist im Zunehmen, eben so der Handel. Der König Leopold I. regiert unter dem Einflusse von 2 Kammern, die aus den Repräsentanten der Nationen zusammengesetzt sind; die eine heißt der Senat, die andere die Repräsentanten-Kammer. Staats-Einkünfte und Armee schwankten der Zahl nach in letzter Zeit zu sehr, um mit Bestimmtheit angegeben werden zu können. Die Marine ist im Entstehen.

Das ganze Land wird in neun Provinzen eingetheilt, diese sind:

1) Süd-Brabant, mit der Hauptstadt Brüssel an der Senne, 106,000 Einw.
2) Antwerpen, mit der Hauptstadt gleichen Namens an der Schelde, 75,000 Einw.
3) Ost-Flandern, mit der Hauptstadt Gent an der Schelde, 85,000 Einw.

4) West-Flandern, mit der Hauptstadt Brügge, 43,000 Einw.
5) Hennegau, mit der Hauptstadt Mons an der Haine, 23,000 Einw.
6) Namur, mit der Hauptstadt gleichen Namens an der Vereinigung der Sambre und Maas, 20,000 Einw.
7) Lüttich, mit der Hauptstadt gleichen Namens an der Vereinigung der Ourte und Maas, 60,000 Einw.
8) Limburg, mit der Hauptstadt Hasselt, 7000 Einw.
9) Luxemburg, mit der Hauptstadt Arlon, 4000 Einw.

Festungen.

Antwerpen (Schelde), Mons (Haine), Philippeville, Namur (Maas), Charlerois (Sambre), Tournay (Schelde), Ostende (Nord-See).

Häfen.

Antwerpen (Kriegs-Hafen), Ostende und Nieuport.

Eisenbahnen.

Es ist die Bahn, welche von Brüssel über Mecheln nach Antwerpen führt, zu erwähnen.

Universitäten.

Löwen, Gent und Lüttich.

Historisch denkwürdige Orte.

Löwen (Dyle), Kaiser Arnulph und die Normannen 891 n. Chr. — Das Schloß Bouillon (bei Arlon) als das Stammgut Gottfrieds des Kreuzfahrers. — Oudenarde (Schelde), Eugen und Marlborough gegen die Franzosen 1708. — Belle Alliance und Waterloo (Wellington, Blücher und Napoleon 1815). — Antwerpen (Chasse's Vertheidigung der Citadelle 1832).

§. 13.

Das Königreich der Niederlande.

Das Königreich der Niederlande grenzt im Norden und Westen an die Nord-See, im Osten an Hannover und die Preußischen Rhein-Provinzen, im Süden an diese letztern und an das Königreich Belgien. Es enthält nach dem Abfalle Belgiens 617 □M. mit 2,800,000 Einw., steht also in der

Volksdichtigkeit Belgien bedeutend nach. Die Einwohner sind Holländer, Friesen und Deutsche, welche in verschiedenen Dialekten sprechen, durch Ruhe und Beharrlichkeit, durch Ordnungsliebe, Reinlichkeit und Thatkraft charakterisirt sind.

Die Verfassung ist die einer durch zwei Kammern beschränkten Monarchie, welche in männlicher und weiblicher Linie erblich ist.

Der König Wilhelm II., aus dem Hause Oranien, ist wegen dem Besitz von Luxemburg Mitglied des deutschen Bundes.

Der Handel ist nicht mehr so, wie er war, aber noch immer bedeutend. Die Staats-Einkünfte belaufen sich auf 53,893,000 Gulden.

Die Land-Macht ist incl. der Milizen über 100,000 Mann stark. Die See-Macht besteht aus 12 Linien-Schiffen, 26 Fregatten und noch über 30 kleinern Kriegs-Fahrzeugen, zu denen noch mehrere Kriegs-Dampfboote und Transport-Schiffe kommen.

Das ganze Königreich zerfällt in 12 Provinzen:

1) Nord-Holland, mit der Hauptstadt Amsterdam an der Verbindung des Zuider-See's und Harlemer Meers, 200,000 Einw., eine der ersten Handelsstädte des Europäischen Kontinents.

2) Süd-Holland, mit der Hauptstadt Haag, 56,000 Einw., an der Nord-See, Residenz des Königs. — Leyden, am alten Rhein, 55,000 Einw. — Rotterdam, an der Mervede, 80,000 Einw.

3) Utrecht mit der Hauptstadt gleichen Namens am alten Rhein (da wo die Vechte abgeht), 44,000 Einw.

4) Geldern, mit der Hauptstadt Nimwegen an der Wahl, 20,000 Einw.

5) Over-Yssel, mit der Hauptstadt Zwoll unfern der Yssel, 16,000 Einw.

6) Friesland, mit der Hauptstadt Leuwarden, 17,000 E.

7) Gröningen, mit der Hauptstadt gleichen Namens an der Hunse, 30,000 Einw.

8) Drente, mit der Hauptstadt Köverden an der kleinen Vechte.

9) Seeland (die Maas- und Schelde-Inseln), mit der Hauptstadt Mittelburg auf der Insel Walchern, 18,000 E.

10) Nord-Brabant, mit der Hauptstadt Herzogenbusch an der Aa und Dommel, 20,000 Einw.

11) Limburg, mit der Hauptstadt Mastricht an der Maas, 22,000 Einw.

12) Luxemburg, mit der Hauptstadt Luxemburg an der Alzette, welche eine deutsche Bundesfestung ist.

Festungen.

1) An der Nord-See: Sluis, Vliessingen, Bergen-op-Zoom, Briel, Harlingen und Delfzyl (am Dollart).

2) An der Ost-Grenze: Köverden, Zwoll (Vechte), Arnheim (Rhein), Nimwegen (Maas) und Venloo (Maas).

3) An der Süd-Grenze: Mastricht (Maas), Herzogenbusch (Dommel) und Breda (Mark).

Universitäten.

Leyden, Gröningen und Utrecht.

Häfen.

Amsterdam, Zaardam, Haarlem, Leyden, Haag, Rotterdam, Mittelburg und Vließingen.

Kolonieen.

Die Niederländer haben Besitzungen in Asien, Afrika, Süd-Amerika und West-Indien.

1) Asiatische Besitzungen.

a) Theile von Java, auf welcher Insel die Holländische Stadt Batavia, die Residenz des Holländischen General-Gouverneurs mit 54,000 Einw. besonders zu merken.

b) Besitzungen auf Sumatra mit der Hauptstadt Padang, 30,000 Einw.

c) Besitzungen auf Celebes mit der Hauptstadt Macassar.

d) Die Molucken-Inseln, Banda und Amboina, so wie Niederlassungen auf der Sundischen Insel Timor.

2) In Afrika. Viele Handels-Faktoreien auf den Küsten von Guinea.

3) In Süd-Amerika. Holländisch Guiana oder Surinam mit der Hauptstadt Paramaribo am Flusse Surinam, 20,000 Einw.

4) In West-Indien. Ein Theil der Antille Martinique und die Antillen Curassao, St. Eustaz und St. Martin.

5) In Australien. Besitzungen auf der West-Küste von Neu-Guinea.

§. 14.

Deutschland.

Deutschland hat einen Flächenraum von 11,590 □M., und liegt in der Mitte Europa's, so zwar, daß es im Norden an die Nord-See, Jütland und die Ost-See, im Ost an West-Preußen, Posen, Polen, Galizien, Ungarn, im Süd an Dalmatien, das Adriatische Meer, die Lombardei und Schweiz, Frankreich, Belgien und Niederland grenzt.

Die Volksmenge wird auf 38 Millionen angegeben. Das Volk besteht aus Deutschen und Slaven, dergestalt, daß das numerische Verhältniß der letztern zu erstern sich wie 1 zu 6½ stellt. Die Slaven leben, unter den verschiedenen Namen: Kassuben, Wenden, Czechen, Slavaken, Hanaken u. dergl., in Pommern, Ober-Schlesien, Mähren, Böhmen und in der Lausitz.

Die deutsche Nation bezeichnet ihren Charakter durch Ernst und Ruhe, Arbeitsamkeit, Ueberlegung, Biederkeit, Sitteneinfachheit, Liebe zum Wissen, Erfindungs-Geist, Ausdauer bei schwieriger Arbeit, gemüthliche Vaterlandsliebe und Tapferkeit im Kriege.

Die Schrift-Sprache ist das Hochdeutsche, und bleibt ohne Modification. Das platte Deutsch hingegen zerfällt in Mundarten, unter denen die Allemannische, Schwäbische, Bayersche, Fränkische, Ober- und Nieder-Sächsische besonders hervorragen.

Bei der Volks-Klasse gilt in Ober-Schlesien ein schlechtes Polnisch; in Mähren und Böhmen das Czechische.

In Süd-Deutschland herrscht die Katholische, in Nord-Deutschland die Evangelisch-Reformirte Religion vor. In Betrachtung des ganzen Deutschlands ist die Katholische Religion die der Mehrzahl, da sie etwa 22 Millionen Bekenner zählt. Der Handel ist blühend, und es wird besonders Getreide, Holz, Leinwand (auch Pferde und Rindvieh) ausgeführt, während Süd-Früchte und Kolonial-Waaren Haupt-Gegenstände der Einfuhr sind. Der Verkehr im Innern wird durch Kanäle, Landstraßen und Eisenbahnen sehr erleichtert. Die ersten Städte für den Binnen-Handel sind: Wien, Augsburg, Frankfurt a. M. und Leipzig. Die bedeutendsten Seehandel-Städte sind: Hamburg und Triest. Das intellektuelle Fortschreiten überflügelt die meisten andern Länder, und findet sichre Stützpunkte in vielen öffentlichen Bibliotheken und 24 deutschen Universitäten. Auch der deutsche Kunst-Sinn beurkundet sich durch Kunst-Akademien und Museen. Die deutsche Literatur hat im 18ten und bisherigen 19ten Jahrhundert nicht nur ihre glänzende Emanzipation gefeiert, sondern auch die andrer Nationen überwachsen. Gellert ist der Grundstein dieser literärischen Größe. Die politische Geschichte Deutschlands zeigt es uns zuerst mit den Stamm-Herrschaften der Cherusker, Markomannen, Katten u. s. w., dann theils bei dem Reiche der Franken, theils unter Wendischen und Slavischen Regierungen. Die deutschen Kaiser unterwarfen sich letztere, und Deutschland wurde ein Wahl-Reich. In dieser Verfassung durchlebte es viele Jahrhunderte, sah den Wechsel von Dynastieen und viele blutige Schauspiele. Am ersten August 1806 löste Napoleon mit der Bekanntmachung des deutschen Rhein-Bundes das deutsche Wahl-Reich auf. Seitdem besteht Deutschland aus einer Anzahl von Staaten, die jeder in sich selbstständig ohne ein gemeinsames Oberhaupt sind. Das Jahr 1815 brachte den deutschen Bund mit sich, der nach der Akte vom 8. Juni d. J., zum Behuf äußerer und innerer Sicherheit, als ein Schutz- und Trutz-Bündniß besteht. Er begreift folgende Staaten in sich:

1 Kaiserthum: Oestreich.

5 Königreiche: Preußen, — Baiern, — Hannover, — Würtemberg, — und Sachsen.

1 Kurfürstenthum: Hessen (Kassel).

7 Großherzogthümer: Baden, — Mecklenburg-Schwerin, — Hessen (Darmstadt), — Oldenburg, — Sachsen-Weimar-, Eisenach, — Mecklenburg-Strehlitz, — Luxemburg.

10 Herzogthümer: Holstein-Lauenburg, — Nassau, — Braunschweig, — Sachsen-Meiningen, — Limburg, Sachsen-Coburg-Gotha, — Sachsen-Altenburg, — Anhalt-Dessau, — Anhalt-Bernburg, — Anhalt-Köthen.

10 Fürstenthümer: Waldeck, — Lippe-Detmold, — Schwarzburg-Rudolstadt, — Schwarzburg-Sondershausen, — Reuß (jüngere Linie), — Hohenzollern-Sigmaringen, — Schaumburg-Lippe, — Reuß (ältere Linie), — Hohenzollern-Hechingen, — Lichtenstein.

1 Landgrafschaft: Hessen (Homburg).

4 freie Reichsstädte: Hamburg, — Lübeck, — Bremen und Frankfurt a. M.

Summa 39 Staaten.

Diese Staaten besorgen die Angelegenheiten ihres Bundes auf der deutschen Bundes-Versammlung (zu Frankfurt). Den Vorsitz führt Oestreich in der engern und weitern Versammlung. In ersterer haben alle Staaten zusammen 17 Stimmen, so daß die größern Staaten jeder nur 1 Stimme, die kleinern, je nach ihrer Größe, mehrere zusammen eine Stimme haben. In der weitern Versammlung besteht die Gesammtheit aus 69 Stimmen, von denen Oestreich, Preußen, Baiern, Sachsen, Hannover, Würtemberg à 4, Baden, Kurhessen und das Großherzogthum Hessen, Holstein und Luxemburg à 3, Braunschweig, Mecklenburg-Schwerin und Nassau à 2 Stimmen, die übrigen Staaten à nur 1 Stimme haben.

Das Bundesheer beträgt über 300,000 Mann, und wird aus Contingenten gebildet, die zu Armee-Corps organisirt sind. Oestreich giebt das 1ste, 2te und 3te, Preußen das 4te, 5te und 6te, Baiern das 7te Armee-Corps, so daß die übrigen Staaten noch zusammen 3 Armee-Corps stellen. Bundes-Festungen sind: Luxemburg (Alzette) — Mainz (Rhein) —

Landau (Queich) — Germersheim (Queich und Rhein), letztere noch unvollendet.

§. 15.

Das Kaiserthum Oestreich.

Grenzen — Größe.

Der Oestreichische Staat grenzt im Norden an die Schweiz, an Baiern, das Königreich Sachsen, den Preußischen Staat und die Russische Monarchie, im Ost an Rußland und an die Moldau, im Süd an die Walachei, Bosnien, Servien, das Adriatische Meer, den Kirchenstaat, Modena, Parma, Sardinien, im West an Sardinien, die Schweiz, Baiern, das Königreich Sachsen. Die Totalfläche wird auf 12,162 □M. angegeben, und es kommen hiervon auf die Deutschen Lande 3590 □Meilen

auf die	Deutschen Lande	3590	□Meilen
" "	Ungarischen "	6164	" "
" "	Polnischen "	1582	" "
" "	Italienischen "	826	" "
	Summa	12162	□Meilen.

Volk.

Die Volksmenge beläuft sich, nach der Angabe von 1839, auf 36,519,560 Seelen.

Hiervon enthalten:

die Deutschen Lande	11,742,630	Seelen
" Ungarischen "	15,397,490	"
" Polnischen "	4,671,810	"
" Italienischen "	4,707,630	"
Summa	36,519,560	Seelen.

Die Bewohner dieser verschiedenartigen Länder, welche unter dem Scepter Oestreichs vereinigt sind, geben eine mannigfaltige Gesittung und Sprache zu erkennen, die mit ihrer verschiedenen Nationalität unzertrennbar ist. Die Vertheilung der Volksstämme anlangend, gilt zunächst Folgendes: Die Bewohner der Deutschen Lande sind Süddeutsche, mit den schon im vorigen §. bezeichneten Wenden und Slaven in Böhmen und Mähren, mit Italienern und Griechen in Illyrien gemischt; in Ungarn sind die Magyaren der Hauptstamm. Zu ihnen gesellen sich Deutsche, als Nachkommen früherer Kolonisten, Armenier als Handelsleute, Zigeuner als wahrscheinliche Nachkommen der Indischen Parias. In West-Galizien sind Polen, in Ost-Galizien Rußniaken (Stammverwandte der Groß-Russen), in Siebenbürgen Szekler, Walachen, Bulgaren, Armenier, in der Bukowine Slaven und Moldauer, in Kroatien Kroaten, in Slavonien Serbier, in Dalmatien größtentheils eingewanderte Serbier und Bosniaken, in der Lombardei Italiener und Deutsche. Juden sind überall.

Herrschend ist die Römisch-Katholische Religion, so zwar, daß sich die Zahl ihrer Bekenner auf 28 Millionen beläuft. Der Ueberrest besteht theils aus Protestanten, theils aus Griechisch-Katholiken und aus einer verhältnißmäßig kleinen Anzahl Juden. Die Protestanten werden in den Deutschen und Polnischen Landen nur geduldet, haben aber in den Ungarischen Landen und in der Lombardei gleiche staatsbürgerliche Rechte mit den Katholiken. Die Sprache geht mit der Nationalität. Deutsche Sprache mit verschiedenen Dialekten, Czechisch, Polnisch, Ungarisch mit seinen Abarten, Griechisch und Italienisch, herrschen besonders vor.

Die deutschen Unterthanen Oestreichs sind im Sinn deutscher Allgemeinheit treu und fröhlich, bieder, gastfrei und heitern Gemüthes; am meisten thun sich in diesen Eigenschaften und in einer gewissen unbefangenen Treuherzigkeit die Alpen-Bewohner (Steuermärker und Tiroler) hervor. — Die Slaven sind scharfsinnig, gewandt, talentvoll, besonders in Hinsicht der Musik. Die Slavischen Böhmen sind hierinn berühmt. Die sogenannten Goralen (d. i. Gebirgspolen) sind kühn und gelehrig, zu Handarbeiten geschickt, aber dem Trunke zugeneigt. Die Magyaren sind kräftig, bieder, enthusiastisch, fähig und stolz. Die Italiener haben viel Anlage, sind einfach in ihrer Lebensweise, beweglich, aber sinnlich und eigennützig. Die Walachen sollen rachsüchtig und unwissend, die Rußniaken geistesarm und roh sein.

Um das Volk seiner Kultur nach zu betrachten, kommt es

auf physische Kultur, Gewerbfleiß und Technik, Handel, geistige Bildung, an.

Ein Merkmal der physischen Kultur zunächst ist es, daß bei gewisser Wohlbehaltenheit im Allgemeinen die Agrikultur dennoch nicht ganz nach Verhältniß der Bodengüte entwickelt ist. Es liegt in der Vertheilung des Bodens unter verhältnißmäßig wenige Grundbesitzer, in der Abhängigkeit der Besitzthümer und ähnlichen Umständen, die dem Landmanne die Sorge für das Bedürfniß der Gegenwart so nahe legen, daß er nicht zu thätiger Sorge für die Zukunft kommt. Das kräftige Thun der Regierung, bedeutender Grundherren und einflußreicher Vereine für den Nährstand, wird mit seiner Emanzipation die Zeit höchster Blüthe der Landwirthschaft herbeiführen. Der Bergbau erfreut sich einer bedeutenden Vorgeschrittenheit. Den Weinbau unterstützt die Natur, zumeist in Ungarn.

Ueber die technische Kultur ist zu sagen, daß die Leingarnspinnereien in Böhmen, Mähren, Schlesien, Oestreich, die Seidenfilatorien in der Lombardei, in Illyrien und Süd-Tirol, die meisten und besten Resultate liefern. Die Papier- und Glas-Fabrikation, so wie die Verarbeitung des Zinnes, thut sich besonders in Böhmen, die Tuch-Fabrikation in Böhmen und Mähren, hervor. — Oestreich — besonders Wien — liefert die feinsten Tischler-Arbeiten. Alle Hauptstädte, und unter ihnen wieder Wien zumeist, fertigen kunstvolle Arbeiten in Gold und Silber. Der Hütten-Betrieb unedler Metalle ist in Steiermark, Kärnthen und Krain am weitesten vorgeschritten.

Der Handel ist zu Lande wichtiger, als zur See. Der Landhandel muß natürlich aus demjenigen der Monarchie in sich und dem Handels-Verkehr mit dem Auslande bestehen.

In der Monarchie, welche von einer das Ganze umschließenden Zoll-Linie umgeben ist, ergiebt sich aus den Zwischen-Kordons, welche (Behufs der Versteuerung) Ungarn und Siebenbürgen wieder haben, die Theilung in zwei Zoll-Gebiete. Beide sind in lebendigem Wechsel-Handel, so zwar, daß rohe Schaafwolle und wollene Fabrikate, Wein, Feldfrüchte, Vieh und Material-Waaren sich in jüngster Zeit als Hauptgegenstände desselben ergaben.

Blickt man auf den Handels-Verkehr der Oestreichischen Monarchie mit dem Auslande, so behaupten unter den Einfuhr-Artikeln Kolonial-Waaren, Oliven, Oel und italienische Weine, unter den Ausfuhr-Artikeln die Fabrikate in Wolle, Eisen, Kupfer und Glas, außerdem rohe Seide, Ungarischer Wein und Tabak den ersten Rang.

Für den See-Handel sind die beiden Haupthäfen von Triest und Venedig fast einzig. Ersterer hat es besonders mit England (Einfuhr) und der Türkei (Ausfuhr), letzterer mit den Jonischen Inseln (Einfuhr) und dem Kirchenstaate (Ausfuhr) zu thun. Der Triester Hafen hatte jüngst mehr Ausbeute, und in beiden wurde die Ausfuhr von der Einfuhr übertroffen.

In der geistigen Kultur sind die Deutschen zumeist, die Slaven zumindest vorgeschritten. Neun Universitäten: Wien, — Prag, — Grätz, — Olmütz, — Innsbruck, — Pesth, — Lemberg, — Pavia, — Padua, — außerdem Gymnasien und Realschulen, Kunst-Akademien, Berg- und Forst-Akademien, Militair-Schulen, medizinische Institute, National- (Ungarn) und Elementar-Schulen befördern die geistige Entwickelung.

Verfassung und Verwaltung.

Die Verfassung, je nach verschiedenen Landen auch verschiedenen Grundsätzen folgend, vereinigt doch alle erstern zu einem Ganzen, unter einem Scepter dem des Hauses Habsburg-Lothringen, welches in männlicher und seit der Pragmatischen Sanction (1713) auch in weiblicher Linie regiert. Der Kaiser (seit 1835 Ferdinand I.) wird bei seinem Regierungs-Antritt in Böhmen, Ungarn und der Lombardei besonders gekrönt, und führt den Titel: „Kaiserlich-Königliche Majestät." Die Prinzen des Kaiserhauses werden Erzherzöge genannt. Die Regierungsform ist in Deutschland, Galizien, Dalmatien und der Lombardei unumschränkt monarchisch, unter nur einigem Einflusse der Landstände. In Ungarn besteht die alte Verfassung, die den Adel außerordentlich begünstigt. Mit ihm theilt der König, welcher die alte Verfassung beschwört, und nur durch den von ihm zu berufenden Reichstag wirken kann, die Gesetzgebung. Auf dem Reichstage versammeln sich die Magnaten und die hohe Geistlichkeit (Oberhaus), die adeligen Deputirten der Komitate und die Deputirten der Königlichen Freistädte (Unterhaus). Das sind die Stände, welche die Gewalt haben, während alles übrige Volk, trotz dem, daß es einzig die Lasten trägt, ganz ohne Einfluß bleibt.

Aehnlich ist die Verfassung Siebenbürgens, wo aber, anstatt der Magnaten, die Regalisten (d. i. vom Landesherrn berufene Edelleute) auf dem Reichstage, der hier Landtag heißt, zusammentreten.

Die Verfassung der Militair-Grenze ist eigenthümlich; — der Boden ist Staats-Eigenthum, der Bewohner, Bauer, Bürger und Soldat zugleich, jedes Eigenthum ein erbliches unveräußerliches Staats-Lehn.

Zur Verwaltung des Ganzen steht die Staats-Konferenz (oberste Berathungs-Behörde), dann der Staats-Kanzler (Haupt der Verwaltung) oben an. Der Begriff der Ministerien für die verschiedenen Zweige der Verwaltung ist gleichfalls, aber unter andern Bezeichnungen (z. B. Kanzlei, Präsidium u. dgl.) vorhanden. Unter dem Kanzler und den Ministerien stehen in Galizien, Deutschland, Dalmatien und der Lombardei die Landes-Regierungen oder Goubernien. Solche Behörden sind zu Lemberg, Brünn, Prag, Wien, Grätz, Innsbruck, Laibach, Triest, Zara, Venedig und Mailand. Außerdem hat Galizien einen General-Gouverneur, die Lombardei einen Vice-König. Unter den Landes-Regierungen stehen die Kreis-Aemter (Kreis-Hauptleute), in der Lombardei die Delegations-Aemter.

Für Ungarn, Slavonien und Kroatien ist eine Statthalterei, deren Haupt der Palatin, zu Ofen. Unter ihr stehen die Behörden der Komitate (Obergespann — Vicegespann). Der Justiz-Verwaltung des Ganzen steht die oberste Justiz-Stelle zu Wien (Ober-Justiz-Präsident), zugleich als Tribunal letzter Instanz für die Galizier, Deutschen und Dalmatier, vor. Die andern Justiz-Behörden der unumschränkt beherrschten Provinzen (Lombardei ausgenommen) sind theils Civil-, theils Criminal-Gerichte. Zu den ersten gehören die Landrechte und Orts-Gerichte, zu den letztern die Bannrichter und Landgerichte. Die zweite Instanz in Criminal-Sachen sind die Appellations- und Criminal-Ober-Gerichte. Dergleichen sind zu Lemberg, Prag, Brünn, Wien, Klagenfurt, Innsbruck und Zara.

In der Lombardei ist noch französische Gerichts-Verfassung. Der höchste Gerichts-Hof ist zu Verona, und unter ihm stehen die Appellations-Gerichte zu Mailand und Venedig.

In Ungarn ist die Königliche Tafel, unter dem Vorsitze des Palatins und dem Beisitze hoher Stände, erster Gerichts-Hof. Darunter stehen fünf Districtual-Tafeln.

Die Militair-Grenze hat nur Militair-Gerichte, und betrachtet das Militair-Ober-Appellations-Gericht zu Wien als höchste Instanz.

Land- und See-Macht — Orden.

Das permanent stehende Landheer Oestreichs beläuft sich auf 271,400 Mann. Die deutschen Lande, Galizien, Dalmatien und die Lombardei haben hierzu noch eine Landwehr, die auf 497,000 Mann kommen kann. Die Armee ist in 12 Corps getheilt, deren Stäbe zu Prag, Brünn, Wien, Grätz, Lemberg, Verona, Peterwardein, Agram, Temeswar, Hermannstadt, Zara und Ofen sind.

Die kleine Kriegs-Flotte Oestreichs besteht aus 3 Fregatten, 17 größern und 50 kleinern Kriegsfahrzeugen.

Die Ritter-Orden der Monarchie sind: 1) das goldne Vlies — 2) der Maria-Theresien-Orden — 3) der Orden des heiligen Stephan — 4) der Leopold's-Orden — 5) der Orden der eisernen Krone — 6) der Elisabeth-Theresien-Orden. Außerdem ist noch die Militair-Tapferkeits-Medaille, das geistliche Verdienst-Kreuz und die Civil-Ehren-Medaille zu nennen.

Münze — Maaß — Gewicht.

Die Münz-Einheit ist der Konventions-Gulden = 60 Kreuzer (das ist nach unserm Gelde etwa 20 — 21 Sgr.).

Außerdem sind gangbare Münzen: einfache und doppelte Dukaten (à 9 und 4½ Gulden C.). Reichsthaler (à 2 Gulden C. und 12 Kreuzer). Species-Thaler (à 2 Gulden C.). Zwanzig-, Zehn-, Fünf- und Drei-Kreuzer-Stücke. Die letztern werden auch Böhmen genannt. Der Kreuzer ist eine Kupfermünze, welche unbedeutend mehr als 4 Preußische Pfennige gilt. An Papier-Geld giebt es im Conventions-Werthe: Banknoten von 5 bis 1000 Gulden, ferner Wiener Anticipations-Scheine. (5 Gulden Anticipation = 2½ Gulden Convention.)

Die Lombardei hat an Münzen:

Die Lira (à ⅓ Gulden) (Einheit).
Scudis (à 6 Lir's).
Souverains (à 40 Lir's).

Für das Längen-Maaß ist der Wiener Schuh (à 12 Zoll), für das Flächen-Maaß das Oestreichische Joch (à 1600 □ Klaftern, d. i. = 14,400 Wiener □', oder etwas über 2 Preußische Morgen. Als Körper-Maaß ist der Wiener Kubik-Schuh die Einheit.

Das Grund-Maaß für Flüssigkeiten ist: „die Maaß", welche in 4 Seidel zerfällt. 40 Maaß geben einen Eimer.

Die Einheit des Handels-Gewichts ist das Wiener Pfund, d. i. = 1,1973 Preuß. Pfund.

Eintheilung.

A. Die deutschen Lande.

1) Das Königreich Böhmen.

Es grenzt im Nord an das Königreich Sachsen und den Preußischen Staat, im Ost an denselben und Mähren, im Süd an Oestreich, im West an Baiern, und wird, der Hauptsache nach, von der obern Elbe, dem Adler, der Eger, der Moldau, der Sazava, Luschnitz, Beraun und Wotava, der Quelle des weißen Regen, von der Böhmischen Iser und von der Bila bewässert.

Bedeutende Städte und Flecken:

Prag an der Moldau, auf deren rechtem Ufer die Alt-, Neu- und Juden-Stadt, so wie die Bergstadt Wissehrad, während auf dem linken Ufer der Hratschin und die Kleinseite liegt. Prag ist der Brennpunkt des Böhmischen Handels und der Industrie. — Budweis (Eisenbahn) — Reichenberg (große

Tuch-Fabrikation) — Melnick (Moldau-Mündung) — Karlsbad (Heilquelle) — Eger (früher bedeutende Grenz-Festung) — Töplitz (Heilquelle) — Pilsen (Handel).

2) Die Markgrafschaft Mähren mit Oestreichisch Schlesien.

Beides, als ein Ganzes betrachtet, grenzt im Nord an Preußisch Schlesien, im Ost an Galizien und Ungarn, im Süd an Ungarn und Oestreich, im West an Böhmen und Preußisch Schlesien.

Die Haupt-Bewässerung geschieht durch die obere Oder, Oppa, Ostrau, Olsa, die obere March, Theile der Thaya und durch die Iglava, Zwittava und Schwarza.

Wir betrachten die beiden Haupt-Theile einzeln.

a) Mähren.

Städte:

Brünn, an der Vereinigung der Zwittava und kleinen Schwarza, 40,000 Einw. — Olmütz, an der March, 15,000 Einw. — Iglau, an der Iglava (Tuch-Fabrikation).

b) Schlesien.

Es besteht aus den beiden Kreisen: Troppau und Teschen, von denen ersterer die Herzogthümer Troppau und Jägerndorff, den Oestreichischen Antheil an dem Fürstenthum Neisse und die Minder-Herrschaften Freudenthal und Olbersdorff, letzteres die Herzogthümer Teschen und Bielitz, und die Minder-Herrschaften Freistadt, Friedeck, Oderberg, Deutsch-Leuthen und Dombrau enthält.

Städte:

Troppau, an der Oppa, 13,000 Einw. — Jägerndorff, an der Oppa. — Jauernick (Fürst-Bischöfliche Residenz: Johannisberg). — Teschen, an der Olsa, 7000 Einw. — Bielitz. — Oderberg. — In dem Fürstenthum Neisse ist noch bei Freiwaldau auf dem Grävenberge die Wasser-Heil-Anstalt des V. Priesnitz, in der Minder-Herrschaft Freudenthal das Bad Hinnewieder zu merken.

3) Das Erzherzogthum Oestreich.

Es grenzt im Nord an Baiern, Böhmen und Mähren, im Ost an Ungarn, im Süd an Ungarn, Steiermark, Illyrien und Tirol, im West an Illyrien, Tirol und Baiern.

Die Haupt-Bewässerung geschieht durch einen Theil der Donau (von Passau bis Preßburg), die Traun, den Ober- und Unter-Lauf der Ens, die Ips, die Trasen, die Salzach, die obere Luschnitz und Theile der Leitha.

Der untere Inn bildet westlich, gegen Baiern, die untere March östlich gegen Ungarn eine Natur-Grenze.

Diese Provinz zerfällt in die Regierungs-Bezirke: Oestreich unter der Ens und Oestreich ob der Ens.

a) Oestreich unter der Ens.

Städte:

Wien, die Hauptstadt der ganzen Monarchie, Residenz des Kaisers und aller höchsten Staats-Behörden, Vereinigungs-Punkt vieler Kunst und Industrie, historisch merkwürdig durch bedeutende Thatsachen, liegt an einem Arme der Donau, in welchem das Flüßchen Wien mündet, und zählt über 370,000 E. Außer dem Kaiserlichen Schlosse sind die Gebäude der Universität und National-Bank, die Paläste vieler Fürsten und Grafen, die Metropolitan- und Stephans-Kirche wichtig. Unter den öffentlichen Plätzen ist vornehmlich der Hof, der Stephans-Platz, der hohe Markt, der Graben, der neue Markt und der Josephs-Platz zu merken. —

Wiener-Neustadt (Militair-Akademie), St. Pölten an der Trasen — Groß-Enzersdorff — Krems an der Donau (Alaun — Kremser Weiß).

b) Oestreich ob der Ens.

Städte:

Linz, an der Donau, 25,000 E. — Steier, an der Ens, 10,000 E. (Eisen-Fabrikation.)

4) Das Herzogthum Steiermark.

Es grenzt nördlich an Oestreich, östlich an Oestreich, Ungarn und Croatien, südlich an Croatien, Illyrien und Oestreich, westlich an die letztern beiden.

Zur Haupt-Bewässerung dienen: die mittlere Ens, die Salza (Ens), der größte Theil der Mur, die Quellarme der Raab und ein Theil der mittlern Drau. Die Sau bildet im Südwest eine Strecke lang die Grenze gegen Illyrien.

Städte:

Grätz, an der Mur, 40,000 E. — Maria-Zell, an der Salza (Wallfahrtsort — Mineral-Bad). — Marburg, an der Drau (Speditions-Handel).

5) Das Königreich Illyrien.

Es grenzt im Nord an Oestreich und Steiermark, im Ost an Steiermark, Croatien und den Golf von Quarnero, im Süd an Croatien, das Adriatische Meer und die Lombardei, im West an letztere beiden und Tirol.

Das Wesentlichste der Flußbewässerung geschieht durch die obere Donau und Sau, die Laibach, die Gurk und den Isonzo.

Es zerfällt in die Gubernien von Laibach und Triest, von denen ersteres (das nördlichere) die Herzogthümer Kärnthen und Krain, letzteres, außer dem Triester Gebiet, das ehemalige Friaul und die Halb-Insel Istrien enthält.

Städte:

Triest, am Golf gleiches Namens, 76,000 E. (große Hafen- und Handelsstadt). — Rovigno, auf einer Landzunge, 10,000 E. (Schiffbau). — Capo d'Istria, auf einem Felsen im Wasser. — Görz, am Isonzo. — Zirknitz, an dem See, welcher den periodischen Ab- und Zu-Fluß des Wassers hat. — Idria (Quecksilber). — Adelsberg (Tropfstein-Höhle). — Laibach, an dem Flüßchen Laibach (Hauptstadt von Krain — Handel). Klagenfurt, am See gleiches Namens, (früher Hauptstadt von Kärnthen).

6) Die gefürstete Grafschaft Tirol.

Sie grenzt im Nord an Baiern und Oestreich, im Ost an Oestreich, Illyrien und die Lombardei, im Süd an die Lombardei und Schweiz, im West an diese beiden und an Baiern.

Die Haupt-Bewässerung Tirols geschieht durch den obern

Inn (von Finstermünz bis Kufstein), durch den obern Lech, die obere Drau, die obere Etsch, die Eisach und Rienz.

Städte:

Innsbruck, am Inn (Hauptstadt der Provinz), 11,000 E. — Hall, am Inn (wichtige Salzwerke). — Bregenz, am Bodensee (Getreide- und Holz-Handel). — Botzen, an der Eisach (deutsch-italienischer Handel). — Trient, an der Etsch.

B. Die italienischen Lande.

7) Die hierunter verstandene Lombardei grenzt im Nord an die Schweiz, Tirol, Illyrien, im Ost an Illyrien und das Adriatische Meer, im Süd an letzteres, den Kirchenstaat, Modena, Parma und Sardinien, im West an die Schweiz und Tirol.

Bewässert wird die Lombardei durch den Tagliamento, die Piave, die Brenta, die mittlere und untere Etsch, den nördlichen Theil des Po-Delta, einen Theil des untern Po, den Mincio, Oglio und die Adda, die Seen, durch welche die 3 letztern Flüsse strömen, und den äußersten Unterlauf der Secchia. Der Lago Maggiore und der ihn durchströmende Tessino stehen auf der Westseite der Lombardei, gleichsam als deren Natur-Grenze gegen Sardinien.

Die Lombardei zerfällt in die beiden Gubernien von Mailand und Venedig.

a) Das Gubernium von Mailand.

Städte:

Mailand (Milano — Mediolanum), bedeutendste Stadt, am Kanal des Tessino, volkreich, prächtig und wohlhabend, mit 180,000 E. — Bergamo, (Künste und Wissenschaften), 30,000 E. — Brescia, (Gewehre). — Como, am Süd-Ende des See's gleiches Namens, (Geburts-Ort Plinius des Jüngern). — Cremona, am Po, (Herrliche Kathedrale — guter Senf — vorzügliche Geigen). — Monza, (eiserne Krone). — Pavia, am Tessino, (alte Hauptstadt der Longobarden).

b) Das Gubernium Venedig.

Städte:

Venedig (Venetia), 100,000 E., auf einem Rost in den Lagunen des Adriatischen Meeres gebaut — ehemals wichtige

Republik — Welt-Handel — Meer-Herrschaft. — Bassano, an der Brenta (Maret). — Belluno, an der Piave (Holz-Handel). — Padua, an der Brenta, 35,000 E. (ehemalige Größe und Bevölkerung). — Treviso (Mortier). — Verona, an der Etsch, (Sitz der höchsten Behörden). — Vicenza (Garten Venedigs — Seiden-Bereitung — Caulincourt).

C. Das Königreich Dalmatien.

8) Es besteht aus einem schmalen, nach Süd hin sich spitzwinklich verengenden Küstenstriche, welcher nördlich an die Militair-Grenze, östlich an die Europäische Türkei, westlich an das Adriatische Meer grenzt. Als zweiter Bestandtheil sind die Inseln: Pago, Melada, Ugliano, Grossa, Bratza, Lessina, Kurzola, Lagosta u. a. m., anzusehen.

Städte:

Zara, auf einer Land-Zunge. — Cattaro, am Golf gleiches Namens. — Ragusa, (Marmont). — Spalato, (Diocletians Palast).

Zur Bewässerung Dalmatiens dienen hauptsächlich die Cettina und die untere Narenta.

D. Die Ungarischen Lande.

9) Das Königreich Ungarn. Es grenzt im Nord an Galizien und Mähren, im West an Mähren, Oestreich, Steiermark, Croatien und Slavonien, im Süd an Croatien, Slavonien, die Militair-Grenze und Siebenbürgen, im Ost an die Militair-Grenze, Siebenbürgen und Galizien.

Zur Bewässerung Ungarns dient ein bedeutender Theil der Donau (von Preßburg bis Neusatz), die Waag, die Arve, die Neitra, die Hernath, die Theiß. Hiernächst gehören die Mittel- und Unter-Läufe der aus Siebenbürgen kommenden linken Theiß-Zuflüsse, der Unter-Lauf der Drau, der Mur, der Mittel- und Unter-Lauf der Raab und der Ober-Lauf des Dunajec und Poprad hierher; — der Neusiedler- und Platten-See liegen gleichfalls im westlichen Ungarn, ersterer an der Grenze Oestreichs, letzterer südöstlich davon unweit der Croatischen und Slavonischen Grenze.

Man theilt Ungarn in vier Haupttheile: diesseits und jenseits der Donau (Nieder-Ungarn), diesseits und jenseits der Theiß (Ober-Ungarn).

a) Diesseits der Donau.

Städte:

Ofen und Pesth, erstere am rechten, letztere am linken Donau-Ufer; erstere mit 30,000, letztere mit 75,000 Einw. (Weinbau — Handel — Manufakturen). — Preßburg, an der Donau, 35,000 E. (Krönung).

b) Jenseits der Donau.

Oedenburg, westlich vom Neusiedler-See, (Weinbau). — Comorn, (auf der Donau-Insel: Schütt), 17,000 E.

c) Diesseits der Theiß.

Kaschau, an der Hernath, 15,000 E. (Fabrikstadt). — Erlau, 17,000 E. (Weinbau — Handel). — Tokai, an der Theiß, (berühmter Wein).

d) Jenseits der Theiß.

Debretschin, 45,000 E. (Handel und Fabriken). — Groß-Wardein, an der Körösch, (Handel — Weinbau — warme Bäder). — Vásárhely, unweit der Theiß, 25,000 E.

E. Die Königreiche Croatien und Slavonien.

10) Sie liegen im Süd-West Ungarns, also zwischen Ungarn, der Militair-Grenze, Steiermark, Illyrien und dem Adriatischen Meere, und werden von Theilen der Drau und Sau bewässert. Die Hauptstadt Croatiens ist Agram, an der Sau, 17,000 E.; die Hauptstadt Slavoniens: Esseck, an der Drau, mit 10,000 E.

F. Das Großfürstenthum Siebenbürgen.

11) Siebenbürgen grenzt im Nord an Ungarn, Galizien und die Moldau, im Ost an Galizien und die Moldau, im Süd an die Walachei und Militair-Grenze, im West an die Militair-Grenze und an Ungarn.

Die Bewässerung Siebenbürgens bilden die Ober-Läufe der Szamos, der Maros, Körösch und Aluta.

Nach den drei Nationen, welche in dem Großfürstenthum landständische Rechte genießen, zerfällt Siebenbürgen in das Land der Ungarn, der Szekler und der Sachsen.

a) Das Land der Ungarn.

Klausenburg an der Szamos, 20,000 Einw. — **Karlsburg** an der Marosch.

b Das Land der Szekler.

Marosch Väsárhely an der Marosch.

c) Das Land der Sachsen.

Hermannstadt am Cibin, einem Zufluß der Aluta, 18,000 Einw. — Cronstadt (Haupt-Handelsstadt), 22,000 E.

G. Die Militair-Grenze.

12) Man versteht darunter einen schmalen Streifen Landes, der sich vom Adriatischen Meer aus, längs dem Süd-Rande von Ungarn, bis zu den Transilvanischen Alpen, in seinem letzten Theile, der an Siebenbürgen stößt, nordnordöstlich erstreckt und durch seine militairische Organisation eine Schutzwehr gleichsam gegen die Türkei giebt. Man könnte, wie es oft geschieht, die Militair-Grenze zu den Ländern der Krone Ungarn hinzuzählen; es würde indeß nur in Rücksicht auf geographische Lage, aber durchaus nicht wegen der Verfassung, da diese absolut verschieden ist, sein.

Die Militair-Grenze zerfällt gegenwärtig in die Croatische, Slavonische und die Banatische Militair-Grenze, welche 3 Theile auch gewöhnlich Generalats-Bezirke genannt werden. Alle Männer sind hier zum Kriegsdienst und zur Grenzbeschützung verpflichtet, und es steht nach den getroffenen Einrichtungen bei drohender Gefahr sogleich eine ziemlich bedeutende Truppenmacht unter den Waffen. Die bedeutendsten Städte sind:

Peterwardein an der Donau, Semlin an der Sau-Mündung und Alt-Gradisca an der Sau.

H. Die Polnischen Lande.

13) Das Königreich Galizien mit der Bukowina. Galizien grenzt im Norden an Rußland, im Ost an Rußland und die Moldau, im Süd an die Moldau, Siebenbürgen und Ungarn, im West an Ungarn, Mähren, den Preußischen Staat, das Gebiet der freien Reichsstadt Krakau und Rußland.

Die Bewässerung geschieht durch den Dunajec, die Wisloca, den Sann, den obern Dniester und seine Zuflüsse. Im Norden bildet die Weichsel eine natürliche Grenze dieser Provinz.

a) Galizien.

Städte: Lemberg, 54,000 Einw. — Bochnia (Bergverwaltung und Salinen-Administration). — Brody, 21,600 E. (viele Juden — große Handelsthätigkeit). — Tarnapol am Sireth. — Wiliczka (merkwürdiges Salz-Bergwerk).

b) Die Bukowina, mit der Hauptstadt Czernowitz, 9700 Einw.

Festungen.

In Böhmen:

Josephstadt und Königsgrätz, an der Elbe, Theresienstadt, an der Egermündung.

In Mähren:

Olmütz, an der March.

In Oestreich:

Linz, an der Donau (nach Montalembert befestigt). — Hohen-Salzburg, an der Salza.

In Illyrien:

Gradiska, am Isonzo.

In Tirol:

Kuffstein mit der Berg-Festung Geroldseck, am Inn. — Brixen, an der Vereinigung der Eisach und Rienz.

In der Lombardei:

Mantua, auf einer Insel des untern Mincio. — Verona, an der Etsch.

In Dalmatien:

Zara, Ragusa, Cattaro.

In Ungarn, Slavonien und Croatien:

Kaschau, an der Hernath. — Comorn, auf der Insel Schütt. — Szigeth. — Munkacz (Berg-Festung). — Szegedin, an der Marosch-Mündung. — Temeswar, am Bega-Kanal. — Agram, unweit der Sau.

In Siebenbürgen:

Hermannstadt, am Cibin (alte Befestigung). — Klausenburg, an der Szamosch. — Karlsburg, an der Marosch.

In der Militair-Grenze:

Peterwardein, an der Donau. — Semlin, an der Sau-Mündung und Alt-Gradisca, an der Sau.

Häfen.

Venedig — Triest — Cattaro — Spalato — Ragusa.

Eisenbahnen.

1) Die Bahn von den Gmünder Salinen (Oestreich ob der Ens), nach Linz und von hier nach Budweis in Böhmen. Sie wird mit Pferde-Kraft befahren und ist 26 Meilen lang.

2) Die Kaiser-Ferdinands-Nord-Bahn. Sie führt von Wien über Brünn und Olmütz nach Bochnia in Galizien, wird mit der Kraft des Dampfes befahren und ist 60 Meilen lang.

Historisch denkwürdige Orte.

In Böhmen:

Eger (Wallensteins Tod 1634). — Czaslau (Schlacht 1742). — Sohr (Schlacht 1745). — Lowositz (Schlacht 1756). — Collin (Schlacht 1757). — Culm und Nollendorff (Schlacht 1813).

In Mähren und Oesterreichisch Schlesien:

Iglau (Husitten-Vertrag 1436). — Teschen (Friede 1779). — Austerlitz (Schlacht 1805).

In Oestreich:

Wien (Türken-Belagerung 1683 — Friede 1809 — Kongreß 1814 — 15). — Wagram, Aspern und Eslingen (Schlachten 1809).

In Tirol:

Innsbruck (Karl der V. und Moritz von Sachsen 1552) — Trient (Kirchenversammlungen von 1545 — 1563).

In der Lombardei:

Mailand (Friedrich Barbarossa 1162 — Carl V. und Franz I. 1516, 1521). — Pavia (Franz I. 1525). — Lodi (Bonaparte 1796). — Campo-Formio (Friede 1797).

In den Ungarischen Ländern und der Militair-Grenze:

Mohacz (Soliman II. und Ludwig II. von Ungarn 1526).

— Zentha (Mustapha II. und Prinz Eugen 1697). — Peterwardein (Prinz Eugen und der Groß-Vezier Kumurdschi 1716). — Raab (Eugen Beauharnois und Johann von Oestreich 1809).

§. 16.

Der Preußische Staat.

Grenzen — Größe.

Da der Preußische Staat in zwei durchaus getrennte Haupttheile, in einen östlichen und einen westlichen, zerfällt, so muß jeder von beiden nach seiner Begrenzung besonders betrachtet werden.

1) **Der östliche Haupttheil** grenzt im Nord an Hannover, Braunschweig, Mecklenburg und die Ostsee, im Ost an das Russische Reich, das Gebiet der freien Reichsstadt Krackau und das Königreich Galizien, im Süd an Mähren, Böhmen, das Königreich Sachsen, die Groß-Herzoglich- und Herzoglich-Sächsischen Lande, im West an letztere beiden, die Anhaltischen Lande, Churhessen, Braunschweig, Hannover und Mecklenburg.

2) **Der westliche Haupttheil** grenzt im Nord an Niederland, Hannover und die Lippeschen Lande, im Ost an diese letztern, an Braunschweig, beide Hessen und Rhein-Baiern, im Süd an Rhein-Baiern, Frankreich und das Groß-Herzogthum Luxemburg, im West an Luxemburg, Belgien und Niederland.

Außer diesen beiden Haupttheilen und den Inseln, welche zu dem östlichen derselben gehören, ist noch das Fürstenthum Neufchatel mit der Grafschaft Valengin Bestandtheil der Preußischen Monarchie.

Der östliche Haupttheil ist bedeutend größer. Er umfaßt einen Flächenraum von $4222{,}_{31}$ □M., während der westliche nur $855{,}_{10}$ □M. enthält und auf Neufchatel nebst Valengin $13{,}_{96}$ □M. kommen.

Das Größen-Verhältniß der deutschen und der nichtdeutschen Provinzen stellt sich, wie folgt:

1) Deutsche Provinzen	3362,87	□M.
2) Beide Preußen, Posen und Neufchatel nebst Valengin	1728,50	□M.
Totalfläche des Preußischen Staats	5091,37	□M.

Volk.

1) Zahl und Vertheilung.

Die Totalsumme der Bevölkerung belief sich 1839 auf 14,331,800 Seelen. Hiervon kommen auf die deutschen Provinzen: 10,908,010, auf die übrigen 3,423,790 Einw.

2) Nationalität, Sprache und Standesverhältnisse.

Die Preußische Nation, welche das Nord-Deutschthum repräsentirt, besteht größtentheils aus Deutschen, deren Zahl sich etwa auf 11 Millionen beläuft, trotz dem, daß in den außerdeutschen Provinzen die slavische Nationalität überwiegt. Was zunächst diese letztere anbetrifft, so besteht die Volks-Klasse Ostpreußens, im Regierungs-Bezirk Gumbinnen, größtentheils aus Masuren, Litthauern und Kuren, im Regierungs-Bezirk Königsberg mehr aus Deutschen.

In Westpreußen giebt es Deutsche, und Kassuben im Regierungs-Bezirk Danzig, während im Regierungs-Bezirk Marienwerder eben so wie im ganzen Großherzogthum Posen polnische Sprache und Gesittung vorherrschend ist.

In Betreff der deutschen Provinzen ist zu sagen, daß sich nur im östlichen Pommern Kassuben, in der Lausitz, Wenden, in Brandenburg und Schlesien czechische Kolonieen, in Ober-Schlesien aber noch durchgängig Slaven (polnischer Sprache und Sitte) vorfinden.

Die Juden, ihrer Zahl nach etwa 200,000, sind überall, zumeist in Posen, Westpreußen und Ober-Schlesien verbreitet.

Der Staat hat einen Geburts- und einen Schrift-Adel; letzteren ertheilt der Landes-Herr. Ersterer zerfällt in den hohen und niedern Adel. Der Bürgerstand besteht aus den Bewohnern der Städte und den nichtadeligen Ritterguts-Besitzern. Die keinem andern Stande zugehörigen Bewohner der Dörfer bilden den Bauernstand. Die vierte Klasse endlich ist die der Dienstboten.

3) Religion.

Die Mehrzahl der Preußischen Unterthanen bekennt sich gleich dem Königlichen Hause zur evangelisch-reformirten Kirche, überwiegt jedoch die Zahl der Katholiken nur so, daß sich das numerische Verhältniß zu dieser letztern etwa wie 8 : 5 ergiebt.

Die Bekenner beider Konfessionen sind überall gemischt, dergestalt, daß in Ostpreußen, Brandenburg, Pommern, Sachsen und Nord-Schlesien die evangelische, in Süd-Schlesien, Posen und der ganzen Westhalbe der Monarchie die katholische Kirche vorherrscht. In Westpreußen ist sich die Zahl beider Glaubensbekenner fast gleich.

Die Angelegenheiten der evangelischen Kirche werden unter der obersten Leitung des Ministeriums durch die Konsistorien versehen, an deren Spitze immer ein General-Superintendent steht. Unter den Konsistorien stehen die Superintendenten, die Vorsteher der Kirchenkreise, deren es mehrere in jeder Provinz giebt.

Die katholische Kirche hat vier Kirchen-Provinzen: Posen und Gnesen — Ermeland — Breslau und Cöln. An der Spitze einer jeden Kirchen-Provinz, welche wieder in Bisthümer zerfällt, steht ein Erz-Bischof oder Fürst-Bischof.

4) Kultur.

Die physische Kultur, an deren Betrachtung es zunächst liegt, muß sich natürlich auf Klima, Boden, Produktion gründen. Es wird deshalb hierüber noch etwas eingeschaltet.

Das Klima der Monarchie ist durchgängig mäßig, an den Küsten kühler, neblicht und unter dem Einflusse öfteren Niederschlags feucht.

Im Allgemeinen ist eine Verminderung der Wärme von West nach Ost zu merken. Was den Boden anlangt, so findet sich das beste Ackerland, der Weizenboden nämlich, hauptsächlich in der Memel-Niederung Ostpreußens, an einzelnen Stellen Westpreußens und Posens, im Regierungs-Bezirk Breslau (besonders am östlichen Oderufer), dann in dem ganzen Theile Schlesiens zwischen der Oder und dem Gebirge, in der Uckermark, im Regierungs-Bezirk Erfurt und im südlichen

Theile des Regierungs-Bezirks Magdeburg, im Süd und in der Mitte des Regierungs-Bezirks Minden, am Nord-Rande des Regierungs-Bezirks Arnsberg und in der ganzen flachen Nord-Hälfte der Rhein-Provinz.

Der Mittelboden ist vornehmlich im Regierungs-Bezirk Bromberg, im nördlichen Schlesien, in Brandenburg, im nördlichen Theil des Regierungs-Bezirks Magdeburg, im östlichen Regierungs-Bezirk Minden, im Regierungs-Bezirk Münster und im Regierungs-Bezirk Koblenz. Der meiste Sand ist an den Küsten Ostpreußens, in Westpreußen, Posen, in einem Theile Ober-Schlesiens und in Brandenburg. Der Steilboden nimmt den meisten Raum in Westphalen, besonders im Regierungs-Bezirk Arnsberg (Sauerland) ein.

Nach dieser Vorausschickung über Klima und Boden der Monarchie, wenn auch nur in allgemeinsten Umrissen, erhellt, daß die freiwillige Leistung der Natur hier, wenn auch noch immer annehmlich, doch nicht so reich als im Oestreichischen Staate ist.

Die Thätigkeit der Nation und das Wohlthätige der Preußischen Gesetzgebung wirkt indeß so kraftvoll und erfolgreich, daß dadurch ein blühendes Leben der physischen Kultur hergestellt wird. Namentlich hat die Preußische Regierung durch Ablösung von Frohnen, Feststellung gutsherrlicher und bäuerlicher Verhältnisse, durch ein zweckmäßiges und geregeltes Einrichten der Dorf-Schulen u. s. w., auf die Emancipation des Bauernstandes schon vielseitig und segensreich hingewirkt.

Die technische Kultur steht im Preußischen Staate auf einer hohen Stufe der Vollkommenheit. Preußen, Posen und Pommern zeichnen sich besonders in der Verarbeitung der Urstoffe des Pflanzen- und Thier-Reichs aus. Im ganzen Staate, dessen alle Theile so viel Technik und Industrie aufweisen, ist wiederum die Hauptstadt Berlin der Brennpunkt alles industriösen Lebens. In ganz Brandenburg zeichnet sich besonders die Tuchfabrikation und die Verarbeitung der Seide aus; hiernächst sind auch die Zucker-Raffinerien und Bierbrauereien in großem Flor. Alle Metall-Waaren werden am meisten und besten in Berlin und Neustadt-Eberswalde geliefert. Die Porzellan-Manufaktur in Berlin ist hiernächst noch besonders zu erwähnen.

In Schlesien wird im Gebirge die Leinwand-Weberei mit vielem Erfolg betrieben. In Oberschlesien ragen besonders die Hüttenwerke von Gleiwitz und Malapane durch Lieferung vieler und guter Eisenwaaren, sogar durch Konstruktion von Dampf-Maschinen hervor.

Im Allgemeinen sind noch in Schlesien die Töpfer-Waaren von Bunzlau, die Glas-Waaren von Warmbrunn und Schreiberau, die Steingut-Fabriken von Breslau und Proskau als ausgezeichnet zu nennen. In Sachsen ist unter vielen Zweigen der technischen Industrie, außer der Tuch-Fabrikation, besonders die Fabrikation der Eisen- und Stahl-Waaren (Klingen von Suhl) hervorleuchtend. In Westphalen erwähnen wir vornehmlich die Leinwand-Webereien, die Kupfer- und Messing-Hämmer und die Papier-Mühlen. Die Rhein-Provinz hat ihre höchste Industrie in der Mitte, im Ost und West, und zeichnet sich vorzüglich durch Zeug-Fabriken, dann auch durch Metall-Arbeiten (Solinger Klingen) aus.

In Betreff des Handels ist zu sagen, daß der Preußische Staat, außer vielen Handels-Städten, besonders zwei Meßplätze, Frankfurt a. d. O. und Naumburg an der Saale hat. Beide zeigen ein Steigen der inländischen Waaren.

Durch die Häfen der Städte Memel, Danzig, Königsberg, Elbing, Stolpe, Kolberg, Swinemünde, Stettin, Greifswald und Stralsund wird ein lebhafter See-Handels-Verkehr, der zuletzt zu Danzig und Stettin am lebhaftesten war, erhalten. Die meisten Schiffe gingen im Jahre 1837 von Dänemark ein, eben so wie die meisten dahin ausgingen. Der nächst größte Seehandels-Verkehr war mit Groß-Britannien.

Den Verkehr im Innern der Monarchie befördern, außer den bekannten Flüssen und Kanälen, besonders Landstraßen und Eisenbahnen. Wiewohl von letztern erst die beiden Bahnen: von Potsdam nach Berlin und von Magdeburg über Leipzig nach Dresden (letztere natürlich nur theilweise zum Preußischen Staate gehörig) fertig und die Bahnen von Düsseldorf nach Elberfeld und von Cöln nach Aachen noch in Arbeit sind, so liegen doch mehrere bedeutende Entwürfe vor, deren Realisirung nicht fern steht.

Andererseits trägt auch besonders die vortreffliche Organisation des Preußischen Post-Wesens zur Beförderung des geselligen und merkantilischen Verkehrs wesentlich bei.

Die geistige Kultur im Preußischen Staate, wie sie theils in der Nation sich vorfindet, theils durch die weisesten Einrichtungen bezweckt wird, ist musterhaft und vielen Staaten ein würdiges Vorbild. Als die in ihrer Zeitgemäßheit und richtigen Manier vortreffliche Basis der Geistes-Kultur ist das Unterrichts-Wesen wie natürlich anzusehen.

Die Beobachtungen scharfsinniger Statistiker ergaben in neuester Zeit, daß von den schulpflichtigen Kindern, (um das Elementar-Schulwesen zuerst zu betrachten) etwa im Durchschnitt der ganzen Monarchie vier Fünftheile wirklich den Unterricht besuchten. Am günstigsten stellte sich dieses Verhältniß in jüngster Zeit in der Provinz Sachsen.

Für die Heranbildung der Volks-Schullehrer wirkten im Jahr 1837 45 Seminarien.

An die Elementar-Schulen schließen sich die Taubstummen-Institute zu Berlin, Königsberg, Breslau, Münster und Cöln, die Blinden-Institute zu Berlin und Breslau und die Waisen-Häuser, unter denen vorzüglich das Militair-Waisenhaus zu Potsdam zu nennen ist.

Ueber den Elementar- und Mittel-Schulen stehen die Gymnasien, deren es zu Ende d. J. 1837 in der ganzen Monarchie 113 gab; die meisten davon waren in Schlesien (27), die wenigsten in Pommern (7). Sie haben den Zweck, außer einer fürs Leben nöthigen allgemeinen intellectuellen Bildung, auch für die gelehrten Stände die Vorbildung zu ertheilen. Neben den Gymnasien stehn jetzt die Real-Schulen, d. h. diejenigen Anstalten, welche mehr von jener Vorbildung für die gelehrten Stände abstrahiren und auf eine den Künsten und den höhern bürgerlichen Betrieben entsprechende Geistes-Entwickelung hinwirken.

Ganz besonders sind in dem Preußischen Staate die Militair-Erziehungs-Anstalten zu erwähnen. Zu ihnen gehören die Kadetten-Anstalten zu Berlin, Potsdam, Bensberg, Wahlstadt und Culm, hiernächst 18 Divisions-Schulen, und endlich die für die elementare geistige Ausbildung des gemeinen Mannes bestimmten Regiments-, Bataillons- und Kompagnie-Schulen.

Als höhere Bildungs-Anstalten für verschiedene Fächer und Stände müssen als die bedeutendsten erwähnt werden:

Die Bau-Schule (Berlin). — Die Thier-Arznei-Schulen (Berlin und Münster). — Die medizinisch-chirurgische Akademie (Berlin). — Die vereinigte Artillerie- und Ingenieur-Schule (Berlin). — Die Kriegs-Schule (Berlin). — Die Akademie der Künste (Berlin). — Die Maler-Akademie (Düsseldorf).

Die 6 vollständig organisirten Universitäten des Preußischen Staates sind:

Berlin — Breslau — Halle — Königsberg — Greifswald und Bonn.

Außerdem ist noch der Akademischen Lehr-Anstalt zu Münster (theologische und philosophische Fakultät) zu gedenken.

Verfassung und Verwaltung.

Die Verfassung des Preußischen Staates ist die einer absoluten Monarchie. Alle höchste Macht vereinigt sich in dem Oberhaupte des Staats, dem Könige. Unter den Grundgesetzen der Monarchie ist außer dem Manifest wegen Annahme der Königs-Würde (Friedrich III. 1700), der Städte-Ordnung (1808) ganz besonders noch die Allerhöchste Königliche Ordre wegen Organisation der Provinzial-Stände (1815) und das allgemeine Gesetz wegen Anordnung derselben (1823) zu nennen. Die gedachten Stände bestehen aus den Domkapiteln und Standes-Herrn, den Abgeordneten der Ritterschaft, der Städte und der ländlichen Gemeinden. Ihre Versammlung (der Landtag) geschieht unter dem Präsidio eines Landtags-Marschalls in den betreffenden Hauptstädten der Provinzen, zum Behuf der Berathung und Meinungs-Aeußerung über Angelegenheiten, die man von Seiten Allerhöchsten Orts ihnen übertrug.

Das Organ der Gesetzgebung ist der Staats-Rath, welcher aus den majorennen Prinzen des Königlichen Hauses und dazu berufenen höchsten Staats-Dienern besteht.

Die Verwaltung koncentrirt sich in der Person des Königs, von dem jede Anordnung ausgeht. Der Thron ist nach dem Rechte der Erstgeburt erblich, die Majorennität der Königlichen Prinzen mit dem 18ten Jahre erreicht.

Die höchste Verwaltungs-Behörde ist das Staats-Ministerium, welches sich aus den Ministerien des Königlichen Hauses, der Justiz, der Finanzen, des Krieges, des Cultus, der auswärtigen Angelegenheiten und des Innern zusammensetzt.

1) Das Ministerium des Königlichen Hauses. Unter ihm stehen außer den Angelegenheiten der Königlichen Familie die höhern Hof-Aemter, die Staats-Lehne und die Verwaltungs-Behörden der Krongüter und Königlichen Forsten.

2) Das Justiz-Ministerium ist zur obersten Rechtspflege nach Maaßgabe dreier Gesetznormen, des Landrechtes, des gemeinen deutschen Rechtes und des französischen Gesetz-Buches. Letzteres steht im größten Theile der Rhein-Provinz in Wirksamkeit. Unter dem Justiz-Ministerium stehen die Ober-Landes-Gerichte, das Kammer-Gericht zu Berlin, die Standesherrlichen Gerichte, die Friedens- und Land-Gerichte. Die höchsten Gerichtsstellen sind das Geheime Ober-Tribunal zu Berlin und der Rheinische Revisions- und Kassations-Hof eben daselbst.

3) Das Finanz-Ministerium. Es hat sowohl mit der Steuer-Verwaltung als mit den Kassen und Etats, als auch mit dem Handel und der Lotterie und überhaupt mit allem demjenigen, woraus der Staat seine Einkünfte bezieht, es zu thun. Zur Steuer-Verwaltung sind in den Provinzen die Provinzial-Steuer-Direktionen verordnet. Die Lotterie hat eine besondere General-Direktion. Der Gesammt-Betrag der Staats-Einkünfte wird auf $51\frac{3}{4}$ Millionen Thaler angegeben.

4) Das Kriegs-Ministerium. Dieses findet seine Wirksamkeit in der Organisation, Ausbildung und Verpflegung des Heeres. Die beiden Haupt-Departements, in die es zerfällt, sind: das allgemeine Kriegs-Departement und das Militair-Oekonomie-Departement. Alle Militair-Behörden stehen unter dem Kriegs-Ministerium.

Die Zergliederung des vaterländischen Militair-Systems ist zu bekannt und durch andere Bücher, deren Tenden lediglich darauf hingerichtet ist, zu klar ins Licht gestellt, als daß man sie hier nicht voraussetzen oder auf jene Bücher (Rangliste, Militair-Instruktionen u. dgl.) verweisen sollte.

Es sei demnach in Hinsicht der Militair-Verwaltung hier nur noch gesagt, daß jeder körperlich dazu taugliche Unterthan eine 19jährige Militair-Dienstpflicht hat. Er dient davon 2 Jahre im stehenden Heere (der Freiwillige nur 1 Jahr), 3 Jahr in der Kriegs-Reserve und hierauf in dem ersten Aufgebot der Landwehr 7, in dem zweiten Aufgebot auch 7 Jahr; nach Vollbringung dieser 19 Dienstjahre tritt er zum Landsturm.

5) Das Ministerium des Kultus. Hierunter ist dasjenige Ministerium, welches die oberste Leitung der kirchlichen und Schulangelegenheiten hat, verstanden. Alle Unterrichts-Anstalten, welche bereits bei der Betrachtung der geistigen Kultur genannt wurden und alle an den Bildungs-Anstalten der Nation angestellten Personen haben in diesem Ministerio ihre höchste Behörde.

6) Das Ministerium der auswärtigen Angelegenheiten. Es leitet allen politischen Verkehr sowohl mit dem deutschen Bunde, als auch mit allen denjenigen Staaten, die überhaupt mit unserm Vaterlande in einer diplomatischen Verbindung stehen. Alle Gesandten, Residenten oder Geschäftsträger an auswärtigen Höfen stehen demnach eben so, wie die verschiedenen Handels-Agenten des Staates unter demselben, und alle Gesandtschaften und Residenturen der fremden Höfe haben es damit zu thun.

7) Das Ministerium des Innern. Es hat zugleich es mit der Polizei des ganzen Landes, also außer dem Ober-Censur-Collegio und der Immediat-Kommission, so wie der General-Kommission zur Regulirung der gutsherrlichen und bäuerlichen Verhältnisse, zunächst mit den Polizei-Präsidien zu thun.

Außer diesen Ministerien und den von ihnen ressortirenden Behörden ist noch die Verwaltung des Staats-Schatzes, das Post-Departement, die Haupt-Bank, das Seehandlungs-Institut und die Oberrechnungs-Kammer besonders zu erwähnen. Zur Provinzial-Verwaltung sind die Ober-Präsidenten, deren jeder mit der obersten Civil-Verwaltung einer Provinz beauftragt ist. Unter ihnen stehen die Regierungen, und unter diesen letzteren die Landräthe.

Münze — Maaß — Gewicht.

Die gewöhnliche Münz-Einheit ist der Thaler, welcher 30 Silbergroschen, à zu 12 Pfennigen, enthält. Wir haben Gold-Münzen und zwar doppelte und einfache Friedrichsd'or, à 11 Thaler und $5\frac{1}{2}$ Thaler. An Silber-Münzen giebt es noch Stücke zu: à $\frac{2}{3}$, $\frac{1}{2}$, $\frac{1}{3}$, $\frac{1}{4}$, $\frac{1}{6}$ und $\frac{1}{12}$ Thaler, überdies noch außer den schon erwähnten Silbergroschen die halben Silbergroschen und an Kupfer-Münzen Stücke zu à $\frac{1}{3}$, $\frac{1}{4}$, $\frac{1}{6}$ Silbergroschen.

Die Längenmaaß-Einheit ist der Preußische Fuß, beim Zeugmessen die Elle. Ersterer hat 12, letztere $25\frac{1}{2}$ Preußischen Zoll. Ferner wird beim Feldmaaß die Ruthe (à 12 Fuß), beim Seewesen der Faden (à 6 Fuß) als Einheit zur Anwendung gebracht.

Die Einheit des Flächenmaaßes ist die □Ruthe, bei größeren Messungen der Preußische Morgen (à = 180 □Ruthen).

Für das Körpermaaß bedient man sich (beim Getreidemessen) des Scheffels (à 16 Metzen), ferner (bei Holz, Steinen und dgl.) der Klafter (à 108 Kubik-Fuß), endlich auch (für Flüssigkeiten) des Preußischen Quartes (à 64 Preußische Kubik-Zoll) als Einheit.

Die übliche Gewichts-Einheit ist das Pfd. (à = 32 Lth.)

Eintheilung.

I. Der östliche Haupttheil.

A. Die deutschen Provinzen.

1) Die Provinz Brandenburg.

Brandenburg grenzt im Norden an Mecklenburg und Pommern, im Ost an Pommern, Westpreußen, Posen und Schlesien, im Süd an Schlesien, das Königreich Sachsen und die

Provinz Sachsen, im West an die Provinz Sachsen, die Anhaltischen Lande und Hannover.

Zu ihrer Bewässeruug dienen:

Ein Theil der Oder (von Crossen bis Schwedt), die untere Warthe und Netze, der Unterlauf des Bober, der Mittel- und Unterlauf der Lausitzer Neisse, die Finow, die Welse, die obere Uekker, die Havel, der Rhin, die Doße, die Stepenitz, die Nute, die Plaue, die Spree (mit Ausschluß des äußersten Oberlaufs), die Dahme und ein Theil der schwarzen Elster, außerdem die bereits in dem physischen Theile dieses Werks als Brandenburgisch bezeichneten Seen.

Die Größe der Provinz beträgt 730,94 □M., und die Volksmenge beläuft sich auf 1,765,072 Einw.

Wir unterscheiden hier die beiden Regierungs-Bezirke Potsdam und Frankfurt. Der Stadt-Bezirk der Haupt- und Residenz-Stadt Berlin bildet eine Einheit für sich.

Berlin, welches aus dem eigentlichen Berlin, Alt-Cöln, dem Friedrichswerder, der Spandauer Vorstadt, der Neustadt, Neu-Cöln, der Louisenstadt, der Friedrichsstadt, der Friedrich-Wilhelmsstadt, der Oranienburger- und Potsdamer Vorstadt besteht, enthält im Ganzen etwa 283,000 Einw. (das Militair mit eingeschlossen).

Berlin hat 16 Thore, unter denen besonders das Brandenburger, mit seiner imponirenden Zierart, ein Meisterstück der Baukunst. Von den Straßen werden besonders die Linden und die große Friedrichsstraße, von den öffentlichen Plätzen der Gensd'arm-Markt, der Opern-Platz, der Belle Alliance-Platz, der Döhnhofs-Platz, der Alexander-Platz, der Wilhelms-Platz, der Schloß-Platz, von Gebäuden das Schloß, das Zeughaus, das Museum, die Akademie der Künste, das Palais des Königs, die Universität, das Opernhaus, die Bauschule, die Domkirche und das Schauspielhaus erwähnt.

In den Polizei-Bezirk von Berlin ist noch besonders Charlottenburg (6000 Einw.) mit einem Königlichen Schlosse und einem dazu gehörigen Garten, worin das Königliche Mausoleum (marmornes Denkmal der Königin Louise von Rauch) zu erwähnen.

Berlin, so wie Charlottenburg liegen an der Spree.

a) Der Regierungs-Bezirk Potsdam.

Potsdam an der Havel, 25,500 Einw., zweite Residenz (Königliches Schloß — Hofkirche mit den Särgen F. W. I. und F. II.) — unweit Potsdam liegt das Königliche Lustschloß Sans-souci. — Schwedt an der Oder (Tabaks-Bau). — Angermünde (Tuchweberei). — Brandenburg an der Havel, 13,200 Einw. (lebhafter Gewerbe-Betrieb). — Luckenwalde an der Nute (große Tuchfabrik). — Prenzlau an der Uekker, 10,500 Einw. (Korn- und Viehhandel). — Neu-Ruppin (Irren-Anstalt — Meubel-Fabriken — Geburtsort Schinkels).

b) Der Regierungs-Bezirk Frankfurt.

Frankfurt an der Oder, 23,300 Einw. (3 Handels-Messen — großer Verkehr). — Guben (Weinbau). — Kottbus an der Spree (Waisenhaus — Speditions-Handel). — Königsberg (Marienkirche). — Crossen an der Oder und am Bober, — Landsberg an der Warthe, 10,000 Einw. (Gewerbfleiß und Handel). — Sorau (Irren-Anstalt). — Züllichau (ausgezeichnete Bildungs-Anstalten).

II. Die Provinz Pommern.

Pommern, die nördlichste von den Preußischen Provinzen des deutschen Bundes, grenzt im Nord an die Ostsee, im Ost an Westpreußen und Brandenburg, im Süd an Westpreußen, Brandenburg und Mecklenburg, im West an Brandenburg, Mecklenburg und die Ostsee. Sie enthält einen Flächenraum von 574,46 □M., mit einer Bevölkerung von 1,007,195 E.

Die Bewässerung geschieht der Hauptsache nach durch die untere Oder, die Plöne, die Ihna, die mittlere und untere Uekker, die Pene, den Mittel- und Unter-Lauf der Tolense, durch die Persante, Radue, Grabow, Wipper, Stolpe, Lupow und Leba, außer den in der physischen Geographie schon, als nach Pommern gehörig, bezeichneten Seen. — Die Reckenitz ist der Grenzfluß zwischen dem nördlichen Pommern und Mecklenburg.

Pommern enthält die drei Regierungs-Bezirke: Stettin, Cöslin und Stralsund.

a) Der Regierungs-Bezirk Stettin.

Stettin an der Oder, 32,000 Einw. (Großer Seehandelsplatz — öffentliche Standsäule Friedrichs des Großen). — Anclam an der Pene (kleiner Seehafen). — Treptow an der Rega (Leinwand-Fabrikation). — Pieritz (Wollmärkte). — Stargard an der Ihna, 11,000 Einw. — Pasewalk an der Uekker. — Uekkermünde an der Uekker-Mündung.

Der Kreis Usedom-Wollin umfaßt die beiden gleichnamigen Inseln, auf deren ersterer Swinemünde als beträchtliche Hafenstadt und auf deren letzterer die kleine Stadt Wollin, an der Divenow, zu merken ist.

b) Der Regierungs-Bezirk Cöslin.

Cöslin, 7000 Einw. (Handel — Manufakturen). — Kolberg an der Persante (Hafen — Handel — Saline — Seebad-Anstalt). — Stolpe, am Fluß gleiches Namens (Bernsteinhandel — Invaliden-Haus).

c) Der Regierungs-Bezirk Stralsund.

Er ist der westlichste Bezirk Pommerns und begreift zugleich die Insel Rügen, mit der Hauptstadt Bergen, in sich.

Städte:

Stralsund, die Hauptstadt des Regierungs-Bezirks, liegt an der Meerenge Gellen, Rügen gegenüber. Sie hat einen Seehafen, eine Rhederei und eine Bevölkerung von 15,000 E. — Barth (Seehafen — Schiffbau). — Greifswald, 10,000 E. (Universität — Seehafen — Salzwerke — Handel). — Wolgast an der Pene (Hafen — Schiffbau — Seehandel).

III. Die Provinz Schlesien.

Sie grenzt im Nord an Brandenburg, Posen und die Russische Monarchie, im Ost an Posen, die Russische Monarchie, das Gebiet der freien Reichsstadt Krakau und Galizien, im Süd an Mähren mit Oesterreichisch Schlesien und an das Königreich Böhmen, im West an Böhmen und Brandenburg.

Der Flächenraum der Provinz trägt 741,74 □M. aus, die Bevölkerung beläuft sich auf 2,708,851 Einw.

Zur Bewässerung dient der Hauptsache nach vornehmlich die Oder, welche das Preußische Schlesien bei Oderberg betritt und nordwestlich von Grünberg verläßt. Von den Nebenflüssen der Oder gehören hierher die Clodnitz, die Malapane, die Stobera, die Weide und der größte Theil der Bartsch, von den rechten; die Glätzer Neisse, die Ohlaw, die Lohe, die Weistritz, die Katzbach, der Queis, der obere und mittlere Bober von den linken Zuflüssen.

Die Provinz zerfällt in die drei Regierungs-Bezirke: **Breslau, Liegnitz** und **Oppeln.**

a) Der Regierungs-Bezirk Breslau.

Breslau an der Oder, 100,000 Einw. (bedeutender Handel — Universität — Rathhaus — Dom — ausgezeichnete Promenaden — Wollmärkte). — Brieg an der Oder, 11,000 E. (Ober-Bergamt — Arbeits-Haus — Irren-Anstalt). — Oels (Herzogliches Schloß — Waisenhaus). — Reichenbach (lebhafter Gewerbe-Fleiß). — Schweidnitz, 10,000 Einw. (Corrections-Haus). —

Außer diesen genannten Städten sind in dem Regierungs-Bezirk Breslau noch mehrere andere, theils durch Gesundbrunnen, theils anderweitig wichtige Orte zu merken. In ersterer Beziehung erwähnen wir namentlich die Gesundbrunnen von Cudowa, Reinerz im Kreise Glatz, von Landeck und Nieder-Langenau im Habelschwerdter, von Charlottenbrunn und Salzbrunn im Waldenburger Kreise. Eine merkantilische Wichtigkeit hat das Dorf Langen-Bielau im Reichenbacher Kreise, welches über 8000 E. zählt, durch seine bedeutenden Leinwand-Manufakturen, außerdem die Herrnhuther Kolonie Gnadenfrei, durch die gewöhnliche rege Gewerbthätigkeit dieser Secte.

b) Der Regierungs-Bezirk Liegnitz.

Liegnitz, an der Katzbach, 11,600 E. (Ritter-Akademie). — Bunzlau (Denkmal Kutusoff's — bedeutende Töpfereien — Waisenhaus). — Groß-Glogau, an der Oder, 11,600 E. — Görlitz, an der Lausitzer Neisse, 13,600 E. (Haupt-Verkehr zwischen Böhmen und der Ober-Lausitz). — Goldberg, an der Katzbach, (wichtige Tuch-Fabrikation). — Grünberg, 10,000 E. (Weinbau). — Hirschberg, am Bober, (Taubstummen-Institut — Gesundheits-Geschirr-Fabrik). — Jauer, 6000 E. (Zuchthaus — Bratwurst). — Lauban, am Queis,

(Waisenhaus). — Löwenberg, am Bober. — Sagan, am Bober (Getreide-, Vieh- und Garn-Handel). — Außerdem ist noch im Hirschberger Kreise der Marktflecken Warmbrunn durch seine berühmten Schwefelbäder, das Dorf Erdmannsdorf mit seinem Schlosse, als Privat-Besitzung des Königs und durch öftern Besuch der Königlichen Familie, das Dorf Fischbach durch das Schloß des Prinzen von Preußen; im Liegnitzer Kreise das Dorf Wahlstadt durch seine Kadetten-Anstalt wichtig.

c) Der Regierungs-Bezirk Oppeln.

Oppeln, an der Oder, 6800 E. — Neisse, am Flusse gleiches Namens, 10,700 E. (Gewehr- und Pulver-Fabrik). — Ratibor, an der Oder, 6500 E. (Schiffbarkeit der Oder — Ober-Landes-Gericht von Ober-Schlesien). — Tarnowitz (wichtiger Bergbau). Kreuzburg, an der Stobera (Land-Armen-Haus). — Neustadt (Haupt-Zoll-Amt — Kapellenberg). — Rybnik (Invaliden-Haus). — Gleiwitz, an der Clodnitz, 6200 E. (wichtige Eisenhütten-Werke und Gießereien).

In Ober-Schlesien, welches durch den Regierungs-Bezirk Oppeln bezeichnet wird, sind noch einige kleinere Oerter, als namentlich: Königshütte im Beuthner Kreise, wegen seines Zink-Hammers und Hütten-Amtes; Gnadenfeld im Kreise Cosel, wegen seiner äußerst industriösen Herrnhuther-Gemeinde; Malapane im Kreise Oppeln, wegen seiner Königlichen Eisenhütten-Werke, zu merken.

IV. Die Provinz Sachsen.

Sachsen grenzt im Nord an Hannover und Brandenburg, im Ost an Brandenburg und die Anhaltischen Lande, im Süd an die Anhaltischen Lande, die Großherzoglichen und Herzoglich-Sächsischen Lande und das Königreich Sachsen, im West an die Großherzoglichen und Herzoglich-Sächsischen Lande, an Kurhessen, Braunschweig und Hannover.

Die Größe der Provinz beträgt 460,63 □ M., die Zahl der Bewohner 1,582,620. Die hauptsächlichste Bewässerung geschieht durch die Elbe (zuerst von Mühlberg bis Wittenberg, dann von Barbi bis Havelberg). Von Havelberg an bis ober halb Dömitz bildet die Elbe die Grenze Brandenburgs und Sachsens. Von Wittenberg bis Barbi gehört sie den Anhaltischen Landen. Von den Zuflüssen der Elbe sind hier zu nennen:

Die mittlere und untere (schwarze) Elster, ein Theil der untern Mulde (von Eilenburg bis Bitterfeld), ein Theil der Saale (von Naumburg bis an die Grenze von Anhalt-Bernburg, und sodann der äußerste Unterlauf nebst der Mündung), die Unstrut und die Gera. Die Provinz Sachsen zerfällt in die 3 Regierungs-Bezirke: Magdeburg, Merseburg und Erfurt.

a) Der Regierungs-Bezirk Magdeburg.

Magdeburg an der Elbe, 42,500 E. (wichtige Handelsstadt). — Quedlinburg an der Bode, 13,000 E. (Grabmal Heinrichs des Vogelstellers). — Halberstadt an der Holzemme, 17,200 E. — Salzwedel an der Jeze. — Stendal (Waisenhaus).

b) Der Regierungs-Bezirk Merseburg.

Merseburg an der Saale, 9400 E. — Naumburg an der Saale, 12,000 E. — Halle an der Saale, 26,400 E. (Universität — Salinen — Soolbad — Irren-Anstalt). — Wittenberg an der Elbe (Luthers Standbild auf dem Markte).

c) Der Regierungs-Bezirk Erfurt.

Erfurt an der Gera, 24,300 E. (Akademie der Wissenschaften — Taubstummen- und Blinden-Institut — große Glocke). — Mühlhausen an der Unstrut, 12,000 E. (ansehnlicher Handel). — Nordhausen, 12,000 E. — Suhl (Klingen- und Gewehr-Fabrikation).

V. Die Provinz Westphalen.

Westphalen grenzt im Nord an Niederland und Hannover, im Ost an die Lippeschen Lande, an Hannover, Braunschweig, beide Hessen und Nassau, im Süd an Nassau und die Rhein-Provinz, im West an die Rhein-Provinz, Niederland und Hannover. — Es enthält 367,96 □ M., und eine Bevölkerung von 1,341,627 Einw.

Die vorzüglichsten Flüsse sind: die obere Sieg, die obere

und mittlere Lenne, Ruhr und Lippe, die obere und mittlere Ems, die westphälische Werra und ein kleiner Theil der Weser. Westphalen zerfällt in die 3 Regierungs-Bezirke: Münster, Minden und Arnsberg.

a) Der Regierungs-Bezirk Münster.

Münster an der Aa, 19,700 E. (Lambertus-Kirche — Brauereien — Westphälischer Schinken — Pumpernickel). — Bockold an der Aa (Waisenhaus und Armen-Anstalt). — Warendorf an der Ems.

b) Der Regierungs-Bezirk Minden.

Minden an der Weser, 7800 E. — Bielefeld, 6000 E. (Leinwand-Handel). — Herford an der Werra, 6800 E. — Paderborn, 7800 E.

c) Der Regierungs-Bezirk Arnsberg.

Arnsberg an der Ruhr. — Dortmund, 6800 E. (Ober-Berg-Amt). — Soest, 7600 E.

VI. Die Rhein-Provinz.

Die Rhein-Provinz grenzt im Nord an Niederland, Westphalen und Nassau, im Ost an Westphalen, Nassau, das Großherzogthum Hessen und Rhein-Baiern, im Süd an Rhein-Baiern, Frankreich und das Großherzogthum Luxemburg, im West an Luxemburg, Belgien und Niederland.

Sie enthält 487,14 □M. mit einer Bevölkerung von 2½ Million Menschen, und besteht aus Jülich, Cleve, Berg und Nieder-Rhein.

Zur Bewässerung der Rhein-Provinz dient hauptsächlich der Rhein, welcher von Rüdesheim bis Coblenz die Grenze der Rhein-Provinz gegen Nassau bildet, und dann bis unterhalb Emmerich in nordwestlicher Richtung die Provinz durchströmt, außerdem die Mosel im Unterlaufe, die Aar, die Erft, die Röhr, die Würm, die Kill, die Sieg, die Agger, die Unterläufe von Ruhr und Lippe und die Niers. Die Rhein-Provinz zerfällt in fünf Regierungs-Bezirke: Coblenz, Cöln, Düsseldorf, Aachen und Trier.

a) Der Regierungs-Bezirk Coblenz.

Coblenz an der Mündung der Mosel, 13,700 E. (Schiffbrücke). — Neu-Wied am Rhein, 6000 E. (Herrnhuther

Gemeinde — Waisenhaus). — St. Goar am Rhein (Ruinen von Rheinfels — Lurleifelsen). — Wetzlar an der Lahn, in einem abgesonderten Kreise (ehemaliges Reichs-Kammer-Gericht).

b) Der Regierungs-Bezirk Cöln.

Cöln am Rhein, 70,000 E. (berühmter Dom — Erzbischöfliche Residenz — bedeutender Handel — Dampfschifffahrt — Schiffbrücke). — Bonn am Rhein, 14,000 E. (Universität — Münster).

c) Der Regierungs-Bezirk Düsseldorf.

Düsseldorf am Rhein, 22,000 E. (Maler-Akademie). — Elberfeld an der Wupper, 27,000 E. — Crefeld, 23,000 E. (große Fabrikstadt). — Wesel an der Lippe-Mündung, 10,600 E. — Solingen (Klingen-Fabrik).

d) Der Regierungs-Bezirk Aachen.

Aachen an der Würm, 40,000 E. (Münster — Fabrikthätigkeit — warme Schwefel-Quellen). — Eupen, 11,600 E. (große Fabrikstadt).

e) Der Regierungs-Bezirk Trier.

Trier an der Mosel, 15,000 E. (älteste Stadt der Monarchie — römische Alterthümer — Fabrikthätigkeit — Cathedrale — Land-Armenhaus). — Saarbrück an der Saar, 7500 E. (Steinkohlen-Bau — Fabrikation in Tuch, Eisen, Tabak-Handel).

Die nichtdeutschen Provinzen des Preußischen Staates.

VII. Die Provinz Preußen.

Sie besteht aus Ost- und West-Preußen, und grenzt im Nord an die Ostsee, im West an Pommern, Brandenburg und Posen, im Süd an Posen und die Russische Monarchie, und im Ost an letztere allein.

Die Bewässerung geschieht, außer den schon in der physischen Geographie dieses Werks bezeichneten Haupt-Seen und vielen kleinern Seen, durch die untere Weichsel (von Thorn an), die Reda, die Radaune, die Modlau, die Ferse, das Schwarzwasser, die obere und mittlere Brahe, die Ossa, den

Drevens, die Elbing, die Passarge, den Frisching, die Alle, die Rominte, die Pissa, die Angrab, die Inster, den Pregel, die Deine, die Nemonin und den mittlern und untern Niemen.

Die Provinz enthält 1178,03 □ M. und 2,172,550 E., und zerfällt in die 4 Regierungs-Bezirke: Königsberg, Gumbinnen, Danzig und Marienwerder, von denen erstere zwei nach Ost-, letztere beiden nach West-Preußen gehören.

a) Der Regierungs-Bezirk Königsberg.

Königsberg am Pregel, 64,000 E. (alterthümlicher Bau — Universität — Handel und Schifffahrt). — Memel am Kurischen Haff (Handelsort und Seehafen). — Braunsberg an der Passarge (Lyceum mit 2 Facultäten). — Tapiau (Land-Armenhaus).

b) Der Regierungs-Bezirk Gumbinnen.

Gumbinnen an der Pissa (Standbild F. W. I.). — Insterburg am Zusammenfluß der Angrab und Inster. — Tilsit am Niemen, 11,000 E. (lebhafter Handel).

c) Der Regierungs-Bezirk Danzig.

Danzig am westlichen Hauptmündungs-Arm der Weichsel, 56,200 E. (Navigations-Schule — bedeutender Handelsplatz — Handlungs-Akademie). — Elbing am Fluß gleiches Namens, 18,700 E. (Schiffbau — Seehandel). — Marienburg an der Nogath (alte Residenz der deutschen Hochmeister).

d) Der Regierungs-Bezirk Marienwerder.

Marienwerder am Flüßchen Liebe, ½ St. östlich der Weichsel. — Thorn an der Weichsel, 7600 E. (Gewerbthätigkeit — Kopernikus Geburt 1473 — Honigkuchen). — Culm (Kadetten-Anstalt).

VIII. Die Provinz Posen.

Posen grenzt im Nord an Brandenburg und West-Preußen, im Ost an West-Preußen und die Russische Monarchie, im Süd an Schlesien und Brandenburg, im West an Schlesien, Brandenburg und West-Preußen, und enthält 536,51 □ M. mit 1,200,000 E.

Zur Bewässerung dieser Provinz dienen, außer der mittlern Warthe, (von Peisern bis unterhalb Schwerin) die obere und mittlere Netze, die untere Brahe und Kuddow, die Obra und obere Bartsch.

Die Provinz Posen zerfällt in die beiden Regierungs-Bezirke: Posen und Bromberg.

a) Der Regierungs-Bezirk Posen.

Posen an der Warthe mit 32,400 E. (Taubstummen- und Blinden-Institut — Fabrikation von Gold- und Silber-Waaren). — Fraustadt. — Lissa, 8600 E. — Rawitsch, 8300 E. — Krotoschin. — Kempen.

b) Der Regierungs-Bezirk Bromberg.

Bromberg an der Brahe (Speditions-Handel durch den Bromberger Canal). — Gnesen (älteste Stadt der Provinz).

IX. Das Fürstenthum Neufchatel mit der Grafschaft Valengin.

Es ist der Königlichen Souverainität untergeben, unveräußerlich, hat Landstände, welche durch den Gouverneur zusammenberufen werden, und wird durch einen Staats-Rath verwaltet. Das Departement für die Angelegenheiten des Fürstenthums, zu Berlin, steht unter der obersten Leitung des Ministers der auswärtigen Angelegenheiten. Der König von Preußen ist, als Fürst von Neufchatel, Mitglied der Helvetischen Eidgenossenschaft. Die Hauptstadt ist Neufchatel, am gleichnamigen See, mit 5000 E. Sie enthält ein akademisches Kollegium für Jurisprudenz und schöne Wissenschaften.

Festungen.

Die Festungen des Preußischen Staates sind in den Stromgebieten des Rhein, der Mosel und Maas, der Weser, Elbe, Oder und Weichsel und an den Küsten der Ostsee vertheilt, und füglich nach diesen ihren natürlichen Lagenverhältnissen zu nennen, da ihre Lage in den verschiedenen Provinzen theils schon aus der vorhergegangenen Topographie hervorgeht, wo sie größtentheils als Städte nach ihrer anderweitigen Bedeutung eingeführt wurden, theils als bekannt vorauszusetzen ist. Es verhält sich demnach mit den Preußischen Festungen, wie folgt:

1) Im Stromgebiete des Rhein.

Saarlouis an der Saar, — Koblenz mit Ehrenbreitenstein am Rhein (Mosel-Mündung), — Cöln mit Deutz am Rhein, — Jülich an der Roer, — Wesel am rechten Rhein-Ufer (Lippe-Mündung).

2) Im Stromgebiete der Weser.

Minden am linken Weser-Ufer.

3) Im Stromgebiete der Elbe.

Erfurt an der Gera, — Torgau, Wittenberg und Magdeburg an der Elbe, — Spandau an der Havel (Spree-Mündung).

4) Im Stromgebiete der Oder.

Glatz und Neisse an der Glätzer Neisse, — Cosel, — Glogau, — Küstrin (Warthe-Mündung), und Stettin (Dammscher See) an der Oder.

5) Im Stromgebiete der Weichsel.

Thorn, Graudenz und Danzig, sämmtlich an der Weichsel selbst.

6) Die Ostsee-Festungen.

Als solche sind: Pillau (am frischen Haff), — Weichselmünde (an der Mündung des östlichen Hauptarms der Weichsel), — Colberg (an der Persante-Mündung), und Stralsund (an der Meerenge Gellen) zu nennen.

Historisch-denkwürdige Orte.

In Brandenburg.

Fehrbellin am Rhin und Rathenau an der Havel (Fr. W. d. G. Churfürst und die Schweden 1675). — Perleberg, (Friede mit den Mecklenburgern 1425). — Wittstock an der Doße (Schlacht 1636). — Zorndorf (den 25. Aug. 1758). — Kunersdorf (22. Aug. 1759). — Groß-Beeren (23. Aug. 1813). — Dennewitz (6. Sept. 1813).

In Pommern.

Colberg (heldenmüthige Vertheidigung im siebenjährigen Kriege und 1813). — Stralsund (Schill 1809).

In Schlesien.

Mollwitz (10. Apr. 1741). — Hohenfriedeberg und Striegau (5. Juni 1745). — Leuthen (5. Decbr. 1757). Wahlstadt (1241 und den 26. Aug. 1813).

In Sachsen.

Quedlinburg (Grab Heinrichs des Vogelstellers und Geburtsort Klopstocks). — Staßfurt (Otto IV. von Ascanien erhielt den Pfeil). — Frohse (Otto IV. und Günther von Schwalenberg). — Mühlberg (Schlacht 1547). — Magdeburg (Zerstörung 1631). — Eisleben (Luthers Geburt und Tod). — Roßbach (den 5. Novbr. 1757). — Torgau (d. 3. Novbr. 1760). — Auerstädt (1806). — Lützen (1632 und den 2ten Mai 1813).

In Westphalen.

Kloster Corvey (Desiderius). — Münster (Wiedertäufer 1533 — 1534 — Friede 1648). — Minden (Ferdinand v. Braunschweig und Contades 1759).

In der Rhein-Provinz.

Zülpig (Clodwig und die Alemannen 496). — Aachen (Carl d. G.). — Xanten (Vergleich um die Jülichische Erbschaft 1614). — Crefeld (Schlacht 1758).

In Preußen.

Kloster Oliva (Friede 1660). — Groß-Jägerndorf (Lehwald und Apraxin, den 30. Aug. 1757). — Pr. Eylau (den 8ten Febr. 1807). — Friedland, (den 14. Juni 1807).

§. 17.

Das Königreich Baiern.

Baiern besteht, gleich dem Preußischen Staate, aus zwei getrennt liegenden Theilen, deren östlicher auch der bedeutend größere ist, indem er 1293 □ M. enthält, während der westliche, die Pfalz, nur 105 □ M. in sich faßt.

Der östliche Hauptheil grenzt im Nord an Sachsen-Weimar-Eisenach, Meiningen, Hildburgshausen, Coburg-Gotha, die Reußischen Lande und das Königreich Sachsen; im

Ost an dieses letztere, an Böhmen, Oestreich und Tirol; im Süd an Tirol und den Bodensee; im West an den Bodensee, Würtemberg, Baden und beide Hessen.

Die Fluß-Bewässerung dieses östlichen Haupttheils geschieht durch die Donau (von Ulm bis Passau), durch die Wernitz, Altmühl, Nab, die obere Iller, die Ammer, die Isar, einen Theil des Inn, den Main (von der Quelle bis Würzburg), die Quellen der Saale (Elbe) und Eger, die Fränkische Saale, die Regnitz, die Pegnitz, die Aisch und Schwarzbach. Die untere Iller bildet die Grenze gegen Würtemberg, der untere Inn gegen Oestreich.

Die Pfalz grenzt im Nord an die Preußische Rhein-Provinz und das Großherzogthum Hessen, im Ost an den Rhein, welcher sie von Baden trennt, im Süd an Frankreich, im West an die Preußische Rhein-Provinz.

Die Fluß-Bewässerung der Pfalz geschieht durch den Queich, die Speyer, die Glan und Blies. Der Rhein ist im Ost, die Lauter im Süd, die Nahe im Nord eine Naturgrenze.

Auf der Gesammtfläche beider Haupttheile, welche demnach 1398 □M. austrägt, lebt eine Volkszahl von 4,315,000 Menschen.

Die Mehrzahl dieser letztern bekennt sich zur katholischen Religion. Die Zahl der Katholiken kann auf etwa 2,989,000 angegeben werden, während der Ueberrest, 60,000 Juden ausgenommen, aus Protestanten besteht. Die katholische Kirche hat 2 Erzbischöfe (zu München und Bamberg) und 6 Bischöfe.

Der Ackerbau ist überall, nach Verhältniß des Bodens, in gutem Gedeihen, die Kartoffel sehr verbreitet, der Weinbau in den Main-Gegenden und in der Pfalz (vorzüglich) blühend. Die Forstzucht ist wichtig und in zweckmäßiger Verfassung. Die Viehzucht ist in den Alpen-Gegenden der alleinige ökonomische Betrieb, während sie in den übrigen Theilen sich in richtiger Art mit der Agrikultur verbindet, und überall sich einer vorzüglichen Entwickelung freut. Die vornehmsten Bergproducte des Königreichs sind: Eisen, Kochsalz und Steinkohlen. In Hinsicht der technischen Kultur ist zu sagen, daß die Glas- und Porzellan-Fabrikation ausgezeichnet, die Bereitung des Bieres fast einzig in seiner Art ist. Auch durch seine Tabak-Fabrikation, durch die Anfertigung hölzerner Uhren und besonders durch die Nürnberger Spielwaaren, tritt der Baiersche Gewerbefleiß vortheilhaft und für den Handel wichtig hervor.

Der Handel, welchen die Theilnahme Baierns am Zollvereine wesentlich fördert, ist ein lebhafter Binnen-Handel. Es werden besonders Getreide, Pferde, Rindvieh, Schafe, Schweine, Bier, Wein, Holz, Spielwaaren, aus-, Kolonial-Waaren, Oel, Fische, Wolle, Papier, Seide u. dgl. eingeführt. Die Ausfuhr war zuletzt bedeutender, als die Einfuhr.

Die wichtigsten Handels- und zugleich Manufaktur-Städte sind: Augsburg und Nürnberg.

Die geistige Kultur wird, außer den vielen Volks-Schulen und 22 Gymnasien, außer Akademien und Bibliotheken, durch die 3 Universitäten: zu München, Erlangen und Würzburg, befördert. München besitzt eine der größten Bibliotheken, und ist der Brennpunkt eines regen literärischen Lebens.

Die Verfassung Baierns ist die einer im Mannsstamme erblichen Monarchie, deren Oberhaupt, der König, die volle Souverainität ausübt. Das Volk wird durch 2 Kammern, die der Reichs-Räthe und der Abgeordneten, welche den Zweck der Berathung haben, ohne die Königliche Gewalt einzuschränken, vertreten. Die höchste Verwaltungs-Behörde ist das Staats-Ministerium. Die Provinzial-Verwaltung erfolgt unter der obersten Leitung des Ministeriums des Innern, durch die Kreis-Regierungen. Die Justiz-Behörden sind: das Ober-Appellations-Gericht zu München nebst dem Kassationshofe für die Pfalz und 8 Kreis-Appellationshöfen. Die Stärke des Heeres ist auf 53,600 Mann (Friedens-Etat) anzugeben.

Eintheilung.

Baiern zerfällt in acht Kreise.

1) Der Kreis Ober-Baiern, (früher Isar-Kreis) mit der Hauptstadt München an der Isar, 95,000 E. (Landes-Hauptstadt — Residenz des Königs — Universität — Akademie der Wissenschaften).

2) Nieder-Baiern, (Unter-Donau-Kreis), mit der Hauptstadt Passau an der Inn-Mündung, 10,000 E.

3) Ober-Pfalz und Regensburg, (Regen-Kreis),

mit der Hauptstadt Regensburg an der Donau, 25,000 E. (Reginum — Ratisbona — Denkmal Kepplers — Thurn und Tarischer Palast).

4) Schwaben und Neuburg, (Ober-Donau-Kreis), mit der Hauptstadt Augsburg am Lech, 35,000 E. (Augusta Vindelicorum — lebhafter Handel — ehemaliger Reichthum).

5) Mittel-Franken, (Rezat-Kreis), mit den Städten: Anspach an der Rezat, 15,000 E. — Nürnberg an der Pegnitz, 41,000 E. (bedeutender Handel). — Erlangen an der Regnitz, 11,000 E. (Universität).

6) Ober-Franken, (Ober-Main-Kreis), mit den Städten Baireuth am rechten Main, 12,000 E. — Bamberg an der Regnitz, 20,000 E. (alter Dom, mit den Gräbern der Kaiser Heinrich II., Conrad III. und des Papstes Clemens II.

7) Unter-Franken und Aschaffenburg, (Unter-Main-Kreis), mit der Hauptstadt Würzburg am Main, 22,000 E. (Universität — Weinhandel).

8) Die Pfalz, (Rhein-Kreis), mit den Städten: Speyer am Rhein, 8000 E. (Dom mit Kaiser-Gräbern). — Zweibrücken, 6000 E. (schöne Ausgaben der alten Griechischen und Römischen Klassiker).

Der innere Verkehr Baierns hat in jüngster Zeit ein neues Hülfsmittel in den beiden Eisenbahnen: von Nürnberg nach Fürth (erste deutsche Eisenbahn), und von Augsburg nach München, gefunden.

Die wichtigsten Festungen sind: Passau, Ingolstadt an der Donau, Lindau (auf drei Inseln des Bodensee's) und Frauenberg (bei Würzburg, am linken Main-Ufer).

Historisch-denkwürdige Orte.

Speyer (Reichstag 1529). — Nürnberg (Hans-Sachs — Albrecht Dürer — Taschen-Uhren). — Augsburg (Confession von 1530). — Kaiserslautern (Schlachten 1793 — 94). — Regensburg (Keppler's Tod 1630 — fünftägige Schlacht von Abendsberg und Eckmühl, vom 19 — 23. April 1809).

§. 18.

Das Königreich Hannover.

Es ist der nordwestlichste Staat Deutschlands, und zerfällt, durch das dazwischen liegende Herzogthum Braunschweig, auch in 2 getrennte Theile, deren nördlicher, der Haupttheil, das Großherzogthum Oldenburg, wie ein Enclave größerer Art, in sich faßt. Dieser Haupttheil Hannovers grenzt im Nord an das Großherzogthum Oldenburg, an die Nordsee, die untere Elbe, die es von Holstein trennt, und an Mecklenburg; im Ost an Mecklenburg, den Preußischen Staat und Braunschweig; im Süd an Braunschweig, die Lippeschen Lande und Westphalen; im West an Westphalen und Niederland. Der südliche Theil wird von Braunschweig, der Preußischen Provinz Sachsen, Churhessen und Westphalen eingeschlossen.

Die Bewässerung des Königreichs geschieht in dem Haupttheile durch die obere Vechte, die mittlere und untere Ems, die obere Hunte, einen Theil der Weser, die mittlere und untere Aller und Leine, die untere Ocker, die Wümme, Hamme, Oste, Schwinze, Ilmenau und Jetze; im kleinern Theile durch die obere Leine und die Unterläufe von Werra und Fulda.

Die Totalfläche trägt 696,27 □M. aus; die Volkszahl beläuft sich auf 1,741,000 Menschen, von welchen die Mehrzahl sich zum Protestantismus bekennt.

Die Agrikultur ist zwar Hauptnahrungszweig, wird aber nicht überall durch die Bodenbeschaffenheit begünstigt; besonders thun Gebirge und Haiden Eintrag. Die Viehzucht ist sehr preiswürdig, und nimmt in den Gebirgsgegenden gleichsam den Schweizer-Charakter an.

Der Solling und Harz haben eine reichhaltige Mineral-Production, als deren Hauptsubstanzen besonders Silber, Blei, Zink, Kupfer, Schwefel und Alaun zu nennen sind.

In der technischen Kultur ist das Hüttenwesen und jede Fabrikation in Metall erheblich. Alle Werkzeuge der Mechanik und Optik werden zahlreich und zweckmäßig gefertigt, und auch die Gewehr-Fabrikation thut sich hervor. Die bedeutendsten Industrie-Zweige des Königreichs sind Flachsgarn-Spinnereien und Leinwand-Webereien.

Der Handel ist ansehnlich. Kolonial-Waaren, Färbestoffe, Luxus-Artikel sind besonders bei der Einfuhr, Hanf, Leinsaamen, Leinwand, Vieh, Metalle bei der Ausfuhr zu erwähnen. Besonders wichtig ist in Hannover die Handels-Vermittelung (Speditions-Handel) von Bremen und Hamburg nach dem mittlern und südlichen Deutschland. Die vornehmsten Plätze des Speditions-Handels sind: Hannover, Celle, Lüneburg, Osnabrück und Münden. Für den Seehandel sind die beiden Städte: Emden und Papenburg, wichtig.

Die höchste gelehrte Bildungs-Anstalt ist die Universität Göttingen.

Seit dem Jahre 1827 ist Hannover von England unabhängig geworden, und hat in der Person des Königs, Ernst August (früher Herzog von Cumberland), sein Oberhaupt. Die Krone erbt im Mannsstamme, und geht erst nach dem Erlöschen des Hauses Braunschweig auf die weibliche Linie über. Die Verfassung ist ständisch. Die Verwaltung geschieht durch das Staats-Ministerium, das Ober-Appellations-Gericht, die Domainen-Kammer, die Kloster-Kammer, die Kriegs-Kanzlei, das Ober-Schul-Collegium und die Provinzial-Behörden.

Eintheilung.

Das Königreich Hannover zerfällt in 6 Landdrosteien und eine Berghauptmannschaft.

1) Landdrostei Hannover.

Hannover an der Leine, 24,000 E. (Hauptstadt der Monarchie und Residenz). — Hameln an der Weser. — Nienburg.

2) Die Landdrostei Hildesheim.

Hildesheim an der Innerste, 15,000 E. — Goslar an der Gose (früher deutsche Reichsstadt — das Bier: die Gose — Getreide-Magazine — Bergbau). — Münden (Werra und Fulda). — Göttingen an der Leine, 11,000 E. (Universität).

3) Die Landdrostei Lüneburg.

Lüneburg an der Ilmenau, 12,000 E. (wichtiges Salzwerk). — Celle an der Aller, 11,200 E. (Aller-Schifffahrt und Speditions-Handel.

4) Die Landdrostei Stade.

Stade an der Schwinge, 6000 E. — Burtehude. — Verden an der Aller, 5000 E.

5) Die Landdrostei Osnabrück.

Osnabrück an der Hase, 11,500 E. (Waisen-Anstalten). Hier ist auch die Stadt Papenburg, welche mitten in großen Moorstrecken liegt und wegen ihres Seehandels schon genannt wurde, zu merken.

6) Die Landdrostei Aurich (Ostfriesland).

Aurich an einem Ems-Kanal. — Emden an der Ems-Mündung, 12,000 E. (Seehandel). Hierzu gehört die wegen ihres Seebades wichtige Insel Norderney.

7) Die Berghauptmannschaft Clausthal (Oberharz).

Clausthal (bedeutende Bergstadt), 9000 E. — Zellerfeld. — Andreasberg (Silbergruben).

Als Festungen des Königreichs sind: Stade an der Schwinge und das feste Schloß von Haarburg; als besonders historisch-denkwürdige Oerter: Verden an der Aller (Carl d. G.), — Osnabrück (1648) und Hastenbeck bei Hameln (d'Etrée und Cumberland, den 26. July 1757), zu merken.

§. 19.

Das Königreich Würtemberg.

Das Königreich mit einem Flächenraum von 362,4 □ M. grenzt im Nord an Baden und Baiern, im Ost an Baiern, im Süd an Baiern, den Bodensee und Hohenzollern-Hechingen, im West an Baden.

Es wird bewässert durch 2 verschiedene Stücke des obern Donau-Laufs, durch die obere Murg, den obern und mittlern Neckar, die Enz und Nagolt, die Vils, Rems, Kochel und Jart und durch die obere Tauber.

Die Volkszahl beläuft sich auf 1,645,000 Seelen. Die Bewohner sind, bis auf einige tausend Franzosen und Wallonen, Deutsche, und bekennen sich in der Mehrzahl zur evangelischen Kirche.

Der Ackerbau ist blühend und ansehnlich, so daß noch jährlich Getreide-Ausfuhr statt finden kann. Der Weinbau ist beträchtlich und zumeist durch die Natur gefördert, am Bodensee, im Neckar-Thale (Eßlingen), in den Thälern der Enz, Rems und Tauber. Die Wälder nehmen große Räume, daher durch die Nothwendigkeit vorgeschrittene Forstwirthschaft. Die Viehzucht, besonders die Schafzucht, ist sehr preiswürdig. Die Wollmärkte zu Kirchheim, Heilbronn und Göppingen sind wichtig. Alle Oekonomie des Königreichs wird durch den landwirthschaftlichen Verein zu Stuttgart gefördert. Der Schwarzwald hat Mineralquellen, und als wichtigen Ausfuhrartikel vornehmlich das sogenannte Holländer-Holz.

Die technische Kultur der Einwohner hat die meisten gewöhnlichen Industriezweige zum Gegenstande; die Gebirgsbewohner beschäftigen sich vorzüglich mit Verfertigung von Holzwaaren aller Art. Der Handel ist im Zunehmen. Vieh, Wolle, Getreide, Obst, Wild, Torf, Stein und Leinwand, Tabak, Schwarzwälder Uhren und Holzwaaren werden besonders ausgefahren. Die wichtigsten Handelsplätze sind: Stuttgart, Ulm, Tübingen, Heilbronn, Cannstadt und Friedrichshafen. Die einzige Landes-Universität ist zu Tübingen.

Die Verfassung ist nach dem Grundgesetz vom 25. September 1819 festgestellt. Der König, als Haupt, vereinigt in sich die Rechte der Staatsgewalt, und übt sie, unter den Bestimmungen der Verfassung, aus. Die Monarchie erbt in männlicher und, nach deren Erlöschen, in weiblicher Linie.

Zur Verwaltung steht unmittelbar unter dem Könige der Geheime-Rath, der aus den Ministern und den Vorstehern der verschiedenen Verwaltungs-Branchen besteht. Zur innern Verwaltung sind, unter dem Minister des Innern, die Landes-Regierungen.

Eintheilung.

Das Land zerfällt in 4 Kreise.

1) Der Neckar-Kreis.

Stuttgart im Neckar-Thale, 38,500 E. (Sitz aller Central-Staats-Behörden — Residenz — Mittelpunkt aller intellektuellen Bildung des Königreichs — Pflege der Kunst und

Wissenschaft). — Eßlingen am Neckar (bis 1803 freie Reichsstadt). — Heilbronn am Neckar, 10,200 E. (hier saß Götz v. Berlichingen 1525 im Diebsthurm). — Ludwigsburg (2te Residenz).

2) Der Schwarzwald-Kreis.

Reutlingen, 11,500 E. (ehemals freie Reichsstadt — reger Gewerbfleiß). — Tübingen (Universität), am Neckar, 7200 E. — Wildbad an der Enz, (stark besuchter Badeort). — Tuttlingen an der Donau, (alte Stadt — gewerbreicher Ort). — Urach (Hauptsitz der Würtembergischen Leinwand-Fabrikation).

3) Der Donau-Kreis.

Ulm an der Donau, 14,600 E. (ehemals freie Reichsstadt — großer Münster — Leinwand-Bleichen — Schiffbarkeit der Donau). — Bieberach (Getreide-Märkte — in der Nähe das Mineral-Bad Jordansbad). — Göppingen an der Vils (unweit der Marktflecken und das berühmte Schloß Hohenstaufen).

4) Der Jaxt-Kreis.

Ellwangen an der Jaxt. — Aalen an der Kocher (Eisengießerei). — Hall an der Kocher (Saline).

Als Festungen Würtembergs sind zu merken: die Bergfestung Hohen-Asperg (Staats-Gefängniß) und das feste Schloß Hohen-Tübingen. — Historisch-denkwürdige Orte sind vornehmlich: Weinsberg mit den Trümmern der Burg Weibertreu (Belagerung 1140). — Burg Hohenstaufen, Wiege deutscher Kaiser, seit der Zerstörung 1525 Ruine.

§. 20.

Das Königreich Sachsen.

Sachsen, mit einem Areal von 272,16 □M., grenzt im Nord an die Reußischen Lande, Altenburg und den Preußischen Staat, im Ost an den Preußischen und Oestreichischen Staat, im Süd an den Oestreichischen Staat und Baiern, im West an Baiern, die Reußischen Lande, Altenburg und den Preußischen Staat.

Die Bewässerung geschieht durch die Elbe (von oberhalb Königstein bis oberhalb Mühlberg), durch beide Mulden und die vereinigte Mulde, durch Theile der weißen Elster und Pleisse und durch die obere Spree.

Die Bevölkerung ist auf 1,656,000 Seelen anzugeben.

Die gewöhnliche Getreide-Kultur, d. h. der Anbau von Roggen, Weizen, Gerste und Hafer, auch der Anbau der Kartoffeln hat in den flächern Landestheilen guten Fortgang. In den höhern Gegenden, namentlich im Erzgebirge, wird viel Leinwand gewonnen. In einzelnen fruchtbaren Niederungen, namentlich im Elbe-Thal (besonders zwischen Pillnitz und Meissen), findet sich auch Weinbau. Die Viehzucht ist von großer Wichtigkeit, vornehmlich die Zucht der Schafe. Die Zucht feinwolliger Schafe hat sich erst von Sachsen aus über andere deutsche Länder verbreitet, und die sogenannte Electoral-Wolle (d. i. feine Wolle der Sächsischen Stammschäfereien) ist berühmt. Dresden, Leipzig, Bautzen, haben die bedeutendsten Wollmärkte. Auch der Bergbau ist bedeutend und beschäftiget viele Menschen.

Zur technischen Kultur des Landes ist namentlich die mannigfaltigste Verarbeitung der Schafwolle zu zählen. Es giebt für diese Art Industrie viele und große Fabriken. Die Spitzen-Klöppelei hat in Annaberg und Marienberg ihren Hauptsitz. Die Papier-Fabrikation (Maschinen-Papier), die Strohflechterei, die Fabrikation von Musik-Instrumenten u. a. m. steht ebenfalls im Flor, so auch die Fabrikation von Holzwaaren aller Art und die Porzellan-Industrie (Meißen).

Der Handel im Innern wird durch die Elbe und außerdem durch viele und gute Landstraßen, so wie auch durch die Eisenbahn von Leipzig nach Dresden, sehr befördert. Zur Vermittelung des auswärtigen Handels ist besonders die große Handelsstadt Leipzig, zugleich die einzige Universität des Königreichs, indem alle Zweige intellektueller Bildung sich einer schönen Entwickelung freuen und das literärische Leben und Treiben durch einen äußerst vielseitigen und lebhaften Buchhandel sehr befördert wird. Für die Kunst und ihre Schöpfungen ist Dresden das eigentliche Asyl des Königreichs.

Die Verfassung ist die einer durch Volksvertretung und

Verfassungs-Urkunde beschränkten Monarchie. Die Mehrzahl der Einwohner gehört dem Protestantismus, der Hof dem katholischen Glauben an.

Eintheilung.

Das Königreich zerfällt zum Behuf der Verwaltung in 5 Kreise:

1) Der Meißensche Kreis.

Dresden an der Elbe, 72,000 Einw. (Hauptstadt des Landes — Residenz — Grünes Gewölbe — Gemälde-Galerie — Unweit Dresden der Plauensche Grund). — Meissen an der Elbe (Porzellan-Fabrik).

2) Der Lausitzer Kreis oder die Sächsische Ober-Lausitz.

Bautzen oder Budissin an der Spree, 11,000 Einw. — Camenz an der schwarzen Elster. — Zittau an der Lausitzer Neisse.

3) Der Leipziger Kreis.

Leipzig an der Pleiße, 50,000 Einw. (Universität, viele Buchhandlungen, darunter auch auswärtige Häuser).

4) Der Erzgebirgische Kreis.

Freiberg an der Mulde, 12,000 Einw. (Berg-Akademie — Hüttenwerke). — Chemnitz, 21,000 Einw. (Fabriken — Steinbrüche). — Annaberg — Zwickau.

5) Der Voigtländische Kreis.

Plauen an der weißen Elster, 7000 Einw.

Als die einzige Festung des Landes ist Königstein auf einem hohen Felsen am linken Elb-Ufer zu nennen.

Historisch denkwürdige Orte.

Leipzig (1631, 1642 und vom 16. — 19. Octbr. 1813). — Kesselsdorf bei Dresden (15. Decbr. 1745). — Pirna (den 16. Octbr. 1756). — Hochkirch zwischen Bautzen und Löbau (den 14. Octbr. 1758). — Freiberg (den 29. Octbr. 1762). — Schloß Hubertsburg im Leipziger Kreise (Friede

1763). — Bautzen (den 21. Mai 1813). — Dresden (den 26. und 27. Aug. 1813). —

§. 21.

Das Churfürstenthum Hessen.

Churhessen grenzt im Nord an Westphalen und Hannover, im Ost an Hannover, Preußisch Sachsen, die Großherzoglich und Herzoglich Sächsischen Lande und Baiern, im Süd an Baiern und Hessen-Darmstadt, im West an Hessen-Darmstadt, Waldeck und Westphalen.

Die Hauptbewässerung geschieht durch einen Theil der obern Lahn, die Fulda, einen Theil der obern und hierauf die mittlere und untere Eder, durch die Schwalm, Diemel, Kinzig (Main) und durch Theile der obern und mittlern Werra.

Der Flächenraum des Staates, welcher 208,9 □M. austrägt, wird von einer Volkszahl von 704,900 Einw. bewohnt. Diese letztern sind Deutsche, mit Ausnahme einiger Abkömmlinge französischer Emigranten (seit dem Edict von Nantes); auch diese sind jetzt schon deutsch nationalisirt.

Die Mehrzahl aller Einwohner ist evangelisch. Die Landwirthschaft steht als Hauptnahrungszweig da und ist besonders in den südwestlichen Theilen blühend und entwickelt. Nächst allen Getreidearten wird hauptsächlich die Kartoffel, der Flachs und der Tabak gebaut. Letztern Zweig der physischen Kultur finden wir besonders im Hanauischen. Auch die Viehzucht wird mit Sorgfalt betrieben, welche sich dem Rindvieh, dem Schwarzvieh und den veredelten Schafen vorzüglich zuwendet. Die Pferdezucht ist mehr untergeordnet. An Mineralien findet sich Kupfer in Nieder-Hessen, Blei und Kobald in Hanau und Schmalkalden. Aus den Salinen von Radenberg und Soldorf wird viel Kochsalz gewonnen. Steinkohlenlager sind besonders im Schaumburgischen, Braunkohlen im Habichts- und Kaufunger Walde, Alaun und Salpeter bei Cassel. Die Mineralquellen zu Schwalheim und Wilhelmsbad sind zu erwähnen.

Die Garnspinnereien und Leinwebereien sind, letztere besonders im Fuldaischen, beträchtlich. Die Spitzenklöppelei zeichnet sich in Ober-Hessen aus. Hanau hat eine bedeutende

Teppich-Fabrik. Stahl-, Eisen- und Blech-Fabriken sind besonders wichtig in der Herrschaft Schmalkalden. Schmalkalden selbst zeichnet sich durch eine Gewehr-Fabrik, so wie Fulda durch eine Maschinen-Fabrik aus.

Außer dem Handel der Ein- und Ausfuhr, wovon sich die Resultate fast gleich sind, ist der Speditions-Handel, durch schiffbare Flüsse und gute Landstraßen, wichtig. Die Hauptplätze für diesen letztern Handel sind Wanfried und Carlshafen, während für den Binnen-Handel Cassel und Hanau fast einzig sind.

Die geistige Kultur der Hessen ist jetzt sehr emancipirt. Das höchste Institut für intellectuelle Bildung ist die Universität Marburg, zu der eine sehr große Bibliothek gehört. Unter den Künsten ist die Architectur zumeist vorgeschritten.

Die Verfassung ist die einer durch Landstände beschränkten Monarchie. Das Oberhaupt, der Churfürst, übt die Staats-Gewalt verfassungsmäßig aus, und die Thronfolge ist nur in männlicher Linie nach dem Rechte der Erstgeburt erblich.

Eintheilung.

Das Churfürstenthum zerfällt in 4 Haupttheile:

1) Nieder-Hessen und die Grafschaft Schaumburg.

Cassel an der Fulda, 27,000 Einw. (Residenz — Landes-Hauptstadt und bedeutende Fabrikstadt — bei Cassel die Wilhelmshöhe).

2) Ober-Hessen.

Marburg an der Lahn, 8000 Einw. (Universität).

3) Fulda.

Fulda an der Fulda, 10,000 Einw. (Grab des heiligen Bonifacius). — Schmalkalden an der Schmalkalde, am südlichen Abhange des Thüringer Waldes, 5000 Einw. (Bund der protestantischen Fürsten Deutschlands 1531).

4) Hanau.

Hanau an der Mündung der Kinzig in den Main, 15,000 Einw. (Gewerbfleiß — Fabriken — Schlacht 1813).

§. 22.

Das Großherzogthum Baden.

Baden grenzt im Nord an Hessen und Baiern, im Ost an Baiern, Würtemberg und den Bodensee, im Süd an den Bodensee und die Schweiz, im West an Frankreich, Rhein-Baiern und Hessen-Darmstadt.

Die bedeutendsten Flüsse sind: Stockach, Wutach, Wiesen, Elz, Treisam, Murg, Pfinz, ein Theil des Neckar (von Wimpfen bis zur Mündung), ein Theil der Enz, die untere Tauber, Brigach, Brege und Theile der vereinigten Ober-Donau.

Der Rhein bildet zuerst die natürliche Südgrenze (gegen die Schweiz), dann die Westgrenze (gegen Frankreich und die Pfalz).

Das Großherzogthum hat einen Flächenraum von 275,5 □M. und eine Volkszahl von 1,263,100 Einw. Die Mehrzahl der letztern bekennt sich zur evangelischen Kirche.

Der Ackerbau ist Hauptbeschäftigung, und die Rhein-Ebene liefert die meisten Feldfrüchte; durchschnittlich ist außer dem Getreide auch der Anbau von Hanf und Tabak als beträchtlich zu erwähnen. Auch die Kultur des Weines ist ansehnlich und lieferte im Jahre 1835 den meisten Erfolg. Alle Waldungen zusammengerechnet nehmen einen Raum von etwa 85 □M. ein, und unter ihnen zeichnen sich die schönen Nadelholzwaldungen des Schwarzwaldes besonders aus. Der Bergbau ist wesentlich und findet durch Blei-, Silber- und Kobald-Gruben dauernde Nahrung. Im Rhein-Sande findet sich Gold und giebt daher Veranlassung zu der sogenannten Goldwäscherei. Unter vielen Mineralquellen ist besonders die von Baden-Baden zu nennen. Zur Förderung der Oeconomie und des Bergbaues sind der landwirthschaftliche Verein und die Bergwerks-Gesellschaft zu Carlsruh.

In der technischen Kultur hat Baden seit seinem Anschlusse an den deutschen Zollverein große Fortschritte gemacht. Viele Baumwollspinnereien, Tabaks- und Papier-Fabrikation, bedeutender Flor der Mahlmüllereien und Brauereien, Verfertigung von Strohhüten und hölzernen Uhren (im Schwarzwald), dies alles muß zur Charakter-Skizze der Industrie dieses Staates genannt werden.

Zur Beförderung des Handels dient nächst den schiffbaren Flüssen besonders der Bodensee, auf welchem eben so wie auf dem Rhein eine lebendige Dampfschifffahrt statt findet. Der Handel Badens ist hauptsächlich Speditionshandel. Die bedeutendsten Handelsplätze, in denen auch Messen statt finden, sind: Mannheim und Heidelberg.

Die Bewohner Badens stehn in Bildung und Aufklärung sehr hoch. Eine vorzügliche Allgemeinbildung durchdringt alle Stände, und alle Elementar-, so wie auch höhere Schulen befinden sich in der günstigsten Verfassung. Die 2 Universitäten zu Heidelberg und Freiburg gehören zu den ausgezeichnetsten Deutschlands. Ueberall ist ein reges Leben für die geistige Kultur.

Verfassung.

Baden ist eine untheilbare und unveräußerliche Monarchie, welche im Mannsstamme und nach dessen Erlöschen auch in weiblicher Linie erblich und deren Oberhaupt der Großherzog an eine ständische Verfassung gebunden ist.

Eintheilung.

Baden zerfällt in 4 Kreise:

1) Der See-Kreis.

Constanz, an der Seeenge des Boden- und Zeller-Sees, 6000 Einw. (Johann Huß). — Donau-Eschingen an der Vereinigung der Brigach und Brege.

2) Der Ober-Rhein-Kreis.

Freiburg am Schwarzwalde, 15,000 Einw. (Universität). — Alt-Breisach am Rhein (früher eine der wichtigsten Festungen Deutschlands, seit den Revolutions-Kriegen vernichtet).

3) Der Mittel-Rhein-Kreis.

Carlsruhe in der Rhein-Ebene, am Hardtwald (Haupt- und Residenz-Stadt), 21,000 Einw. — Rastadt an der Murg, 6000 Einw. (Friede 1714 — Congreß 1797—98). — Pforzheim an der Enz, 6300 Einw. (die 400 von Pforzheim 1622). — Baden (berühmte Heilquellen). — Kehl, an der Mündung der Kinzig in den Rhein (Speditions-Handel).

4) Der Unter-Rhein-Kreis.

Mannheim an der Neckar-Mündung, 21,000 Einw. (2te Residenz — Handel). — Heidelberg am Neckar, 14,000 E. (Universität).

§. 23.

Mecklenburg-Schwerin.

Es grenzt im Nord an die Ostsee und Pommern, im Ost an Pommern und Mecklenburg-Strelitz, im Süd an Brandenburg und Hannover, im West an Holstein, das Gebiet von Lübeck und die Ostsee.

Zur Bewässerung sind außer den Mecklenburgischen Seen (physikalische Geographie) die Elbe, die Warnow, die Recknitz und Tollense, so wie die obere Havel zu erwähnen. Die Elbe bildet im Süd-West (gegen Hannover), die untere Recknitz im Nord-Ost (gegen Pommern) eine Natur-Grenze.

Das Großherzogthum enthält 228 □M. und 478,800 Einw.; fast sämmtliche Einwohner bekennen sich zur evangelischen Kirche.

Die Landwirthschaft ist die Beschäftigung der Mehrzahl und zugleich die Grundlage des Wohlstandes im Lande. Mecklenburgs sorgfältiger Ackerbau ist berühmt. Selbst der Weizenbau ist umfangsreich. Der Obstbau ist sparsam und von Wein-Kultur fast nicht die Rede.

In der Abneigung gegen kleine Besitzthümer läßt sich ziemlich sicher ein Grund der dünnen Landes-Bevölkerung finden. Landesherr, Ritterschaft, Klöster und Städte sind nur Besitzer, sämmtliche Bauern Pächter. Die Viehzucht entspricht dem Ackerbau und vorzüglich die Pferdezucht ist ausgezeichnet.

Die technische Kultur ist noch ziemlich einförmig, da besonders die Fabrikthätigkeit gering und einflußlos erscheint. Die Landes-Fabrikate in Wolle, Glas, Leinwand, Metall ꝛc. reichen für den Bedarf der Einwohner nicht aus, daher findet eine sehr bedeutende Einfuhr statt. Da nun die Ausfuhr aller landwirthschaftlichen Artikel sehr beträchtlich ist, so gestaltet sich überhaupt ein lebhafter Handelsverkehr. Die wichtigsten Handelsstädte sind: Rostock und Wismar.

Die geistige Kultur steht trotz der günstigsten, auch frühere Hinwirkung der Regierung, noch in der Entwickelung. Fünf Gymnasien und die Universität zu Rostock sind die hauptsächlichsten Anstalten für intellectuelle Bildung. In der Verfassung ist Mecklenburg-Schwerin mit Mecklenburg-Strelitz, trotz der Selbstständigkeit jedes von beiden Staaten und der Souverainität ihrer Regenten, durch alte Hausverträge verbunden. Die Landstände beider Staaten sind eine Körperschaft und versammeln sich zu einem Landtage, den der Großherzog von Mecklenburg-Schwerin ausschreibt, wovon jedoch der Groß-Herzog von Mecklenburg-Strelitz unterrichtet werden muß. Jeder Großherzog kann seine Stände auch besonders einberufen.

Eintheilung.

Das Großherzogthum zerfällt in 5 Hauptheile und die Klostergüter. Erstere sind:

1) Das Herzogthum Schwerin (Mecklenburgischer Kreis).

Schwerin (Altstadt), an der Westseite des gleichnamigen Sees, 13,000 Einw. (Residenz).

2) Das Herzogthum Güstrow (Wendischer Kreis).

Güstrow, 8500 Einw. (Binnen-Handel — Wollmärkte). Boitzenburg an der Elbe (Schiffbau — Elb-Schifffahrt).

3) Der Rostocker Distrikt.

Rostock, am linken Ufer der Warnow, 18,000 Einw. (Universität — Handel — Gewerbfleiß — Ausfuhr nach England).

4) Das Fürstenthum Schwerin.

Hierher gehört der andere Theil der Stadt Schwerin nämlich die Neustadt.

5) Die Herrschaft Wismar.

Wismar, an einem Ostseebusen, südlich der kleinen Insel Pöhl, 10,000 Einw. (Seehandel — Schiffbau).

§. 24.

Das Großherzogthum Hessen.

Es grenzt im Nord an Nassau und Churhessen, im Ost an Churhessen und Baiern, im Süd an Churhessen, Baden und die Pfalz, im West an die Pfalz, die Preußische Rhein-Provinz, Nassau und Westphalen.

Die Flußbewässerung geschieht hier durch den Rhein (von Worms bis Mainz), die Nidda, die Wetter, Theile der obern Eder und mittlern Lahn. Der südlichere Theil des Großherzogthums wird im Norden (gegen Nassau) durch den Rhein und Main, durch ersteren von Bingen bis Mainz, durch letzteren von Mainz bis Frankfurt natürlich abgegrenzt.

Hessen-Darmstadt enthält 152¾ □M. und 783,400 E. Die Mehrzahl der Bewohner gehört zur evangelischen Kirche.

Die physische Kultur wird durchgängig, bedeutend, der Kunst-Industrie voraus, gepflegt. Weizen, Raps, Gemüse und Wein werden besonders in Rheinhessen und Starkenburg, Roggen wird zumeist in Oberhessen gebaut. In der Weinkultur ist wieder Rheinhessen besonders ausgezeichnet. Die berühmten Gewächse von Nierenstein, Laubenheim u. s. w. sind hier heimisch. Die Viehzucht, besonders die Rindviehzucht im Vogelsgebirge, ist gut. Unter den Mineralien sind besonders (bei theilweiser Holzarmuth) die Steinkohlen- und Braunkohlen-Lager Gegenstand reger Bergwerksthätigkeit. Haupt-Objecte der Industrie sind Spinnereien und Webereien in Leinen, weniger jedoch fabrikmäßig als handwerkmäßig betrieben.

Der Handel hat es bei der Ausfuhr besonders mit Getreide, Vieh, Leinwand, Raps, bei der Einfuhr mit Kolonial-Waaren, Pferden, Tabak, Leder ꝛc. zu thun. Der Speditionshandel wird durch Rhein, Main und Neckar sehr begünstigt. Die wichtigsten Plätze für Speditionshandel und Fluß-Schifffahrt sind: Mainz, Worms, Bingen, Offenbach. Die Dampfschifffahrt belebt sehr den Verkehr.

Für Geistes-Kultur wurde besonders in letzter Zeit sehr viel gethan. Es giebt viele und sorgfältig geleitete Schul-Anstalten, ebenso wie Anstalten für höhere geistige Zwecke. Die einzige Landes-Universität ist zu Gießen. Der Großherzog übt alle Rechte der höchsten Staats-Gewalt unter den Bestimmungen der von ihm selbst 1820 gegebenen Verfassungs-Urkunde aus.

Eintheilung.

Das Großherzogthum zerfällt in 3 Provinzen:

1) Starkenburg.

Darmstadt, 23,000 Einw. (Haupt- und Residenzstadt). Offenbach am Main, 8000 Einw. (Messen).

2) Ober-Hessen.

Gießen an der Lahn, 7400 Einw. (Universität).

3) Rhein-Hessen.

Mainz, auf dem linken Rhein-Ufer, der Main-Mündung gegenüber, 28,000 Einw. (deutsche Bundes-Festung — Rhein-Schifffahrt). — Worms am Rhein, 8300 Einw. (Rhein-Schifffahrt — Weinbau — Reichstag 1521). — Ober- und Nieder-Ingelheim (Carl d. G.). — Bingen an der Nahe-Mündung (Binger Loch).

§. 25.

Das Großherzogthum Oldenburg.

Es grenzt im Nord an die Nordsee, vornehmlich die Busen der Jahde und Weser, im Ost an Hannover und Bremen, im Süd und West an Hannover. Die Weser bildet von ihrem Austritt aus dem Gebiete von Bremen an die Naturgrenze gegen Hannover.

Die Bewässerung Oldenburgs geschieht durch die Jahde, Soeste, einen Theil der obern Hase, die Hunte und die untere Weser.

Dies alles bezieht sich auf den Haupttheil Oldenburgs. Außerdem giebt es noch zwei getrennt liegende Theile, nehmlich das Fürstenthum Birkenfeld (zwischen Nieder-Rhein, Lichtenberg und Hessen-Homburg) und das Fürstenthum Lübeck, ein Enclave Holsteins.

Ersteres wird von der Nahe, die auch hier entspringt, letzteres nur von mehreren kleinen Landseen bewässert.

Die Gesammtfläche Oldenburgs trägt 113,8 □M. mit einer Bevölkerung von 265,000 Einw. aus. Auf Birkenfeld kommen 6,75 □M. und es enthält mit Lübeck zusammen 27,600 Einwohner.

Die Zahl der Protestanten ist fast durchgängig, in Birkenfeld und Lübeck aber entschieden und bedeutend überwiegend.

Ackerbau und Viehzucht sind auch in diesem Staate Haupt-Beschäftigung. Ueberall, mit Ausnahme Birkenfelds, wird der hinreichende Bedarf an Getreide erbaut. Die Oldenburgische Mastviehzucht und Milchwirthschaft ist, mit Niederland übereinstimmend, berühmt. Auch die Pferde sind gut und werden vielfach ausgeführt. Der Obstbau ist zurück und die Seefischerei vernachlässigt. Das einzige Mineralprodukt ist der Torf. In den vielen Mooren des Landes finden sich unzählige Blutegel, die ein nicht unwichtiger Handelsgegenstand sind.

Die technische Kultur ist noch ziemlich unentwickelt. Die Flachsspinnereien in Birkenfeld, die Leinwebereien und Holzarbeiten auf der Geest sind außer den gewöhnlichen Handwerken fast die einzigen Industriezweige.

Der Handel ist beträchtlicher als die Industrie, da die Ausfuhr landwirthschaftlicher Artikel ziemlich bedeutend ist. Der Mangel an guten Landstraßen wirkt dem Binnenhandel entgegen. Auch die Schifffahrt Oldenburgs ist nicht bedeutend und geht nicht viel über die transoceanischen Nachbarländer hinaus. Am meisten beschäftigen sich noch die Bewohner der Insel Wangeroge mit der Schifffahrt. Die Einwohner Oldenburgs sind größtentheils aufgeklärt und gebildet. Außer den guten Bürgerschulen, Gymnasien und Seminarien trägt die Militair-Schule, die öffentliche Bibliothek und die landwirthschaftliche Gesellschaft zu Oldenburg viel zur allgemeinen Fortbildung bei.

Die Regierungsform ist absolut monarchisch; der Großherzog wird durch kein Grundgesetz beschränkt.

Eintheilung.

Die 3 Haupttheile des Landes sind:

1) Das Herzogthum Oldenburg mit den Herrschaften Jever und Knipphausen.

Oldenburg an der Hunte, 7700 Einw. (Haupt- und Residenzstadt). — Elsfleth an der Hunte-Mündung. — Die Insel Wangeroge befindet sich etwa eine Meile weit vom Lande.

2) Das Fürstenthum Lübeck.

Eutin am gleichnamigen See (schöne Umgebung — Schloß — Mineralquelle).

3) Das Fürstenthum Birkenfeld.

Birkenfeld an der Nahe (ehemalige Residenz der Pfalzgrafen von Zweibrücken).

§. 26.

Sachsen - Weimar - Eisenach.

Es besteht aus mehreren durch andere Länder von einander getrennten, größern und kleinern Theilen, von denen die östlichen Hauptteile (Weimar und der Neustädter Kreis) durch Preußisch Sachsen, Rudolstadt, Altenburg, der westliche Haupttheil (Eisenach) von Churhessen, Preußisch Sachsen, Coburg-Gotha, Meiningen-Hildburgshausen und Baiern begrenzt ist.

Die Bewässerung der verschiedenen Theile geschieht durch die Werra, Ulster, Hersel, Ilm, Saale, Unstrut und Elster (weiße). Von allen diesen Flüssen gehören natürlich nur Stücke hierher.

Das ganze Land enthält 66,8 □M. und 244,000 Einw., welche in bedeutender Mehrzahl Protestanten sind. Obwohl der Boden nur mäßige Production gewährt, so ist der Ackerbau doch kultivirt und Hauptzweig der physischen Kultur. Die Viehzucht und namentlich wieder die Schafzucht ist durchgängig, am meisten aber im Ilmenauischen und im Eisenacher Oberlande, in hohem Flor.

Die Einwohner beschäftigen sich viel mit Wollenweberei, Leinweberei, Strumpfwirkerei, Eisenwaaren-Fabrikation.

Die Geistes-Kultur freut sich unter den Weimarschen Unterthanen einer blühenden Entwickelung. Der Großherzog Carl August (starb 1828) hat durch segensreiches Wirken seinem Volke einen würdigen Standpunkt intellectueller Bildung, seinem Lande eine literärische Berühmtheit in Deutschland gegeben. Er schützte Kunst und Wissenschaft, umgab sich mit erleuchteten deutschen Männern, Heroen gleichsam unserer neuesten Literatur-Epoche (Göthe), und so wurde Weimar sprichwörtlich als deutsches Athen bezeichnet.

Der Volksunterricht ist unvergleichlich, sowohl in Vollständigkeit als zweckmäßigen Einrichtungen. Für die gelehrte Bildung ist nächst den Gymnasien zu Weimar und Eisenach die Universität Jena. Das Theater zu Weimar war einst (durch Göthe) die Hochschule deutscher Schauspielkunst.

Das Großherzogthum ist eine constitutionelle Monarchie, deren Grundgesetz Carl August 1816 gab. Die Verfassung steht unter Garantie des deutschen Bundes.

Eintheilung.

Es zerfällt in die beiden Fürstenthümer Weimar und Eisenach.

1) Das Fürstenthum Weimar.

Es besteht aus dem eigentlichen Fürstenthum Weimar mit Jena und dem Neustädtischen Kreise.

a) Der Weimar-Jenaische Kreis.

Weimar an der Ilm, 11,200 Einw. (Haupt- und Residenzstadt — Höchste Staats-Behörde — Literärische Anstalten — Schauspielhaus). — Jena an der Saale, 6000 Einw. (Universität).

b) Der Neustädtische Kreis.

Neustadt, 4100 Einw.

2) Das Fürstenthum Eisenach.

Eisenach, 9300 Einw. (unweit Eisenach die Wartburg).

§. 27.

Mecklenburg-Strelitz.

Mecklenburg-Strelitz grenzt im Nord an Mecklenburg-Schwerin und Pommern, im Ost an Pommern, im Süd an Brandenburg, im West an Mecklenburg-Schwerin. Das dazu gehörige Fürstenthum Ratzeburg grenzt im Nord an Lübeck, die Buhre, die Trave-Mündung und Schwerin, im Ost an Schwerin, im Süd an Holstein, im West an Holstein, den Ratzeburger See und Lübeck.

Die Bewässerung geschieht hauptsächlich durch mehrere kleine

Landseen, namentlich den Tollen-See, durch die obere Havel und Tolense.

Mecklenburg-Strelitz hat mit Einschluß des Fürstenthums Ratzeburg einen Flächenraum von etwa 52 □M. Die Volksmenge läßt sich auf 92,000 Seelen angeben. Am volkreichsten ist das Fürstenthum Ratzeburg. Mit Ausnahme sehr weniger Katholiken und einer kleinen Anzahl Juden sind sämmtliche Bewohner Protestanten.

Ackerbau und Viehzucht ist im höchsten Flor; dagegen ist die technische Kultur hier ebenfalls unbedeutend. Sie hat nur einige Lederbereitung, Brantweinbrennerei, Brauerei und verschiedene Metallarbeiten zum Gegenstande. Der Handel des Landes beschränkt sich auf einigen Korn-, Vieh- und Holz-Handel.

Das Unterrichtswesen ist in einem günstigen Zustande und die Großherzogliche Bibliothek ist eben so wie die Sammlung Obotritisch-Wendischer Alterthümer zu Neu-Strelitz wichtig.

Ueber die Verfassung ist bereits bei Mecklenburg-Schwerin das Nöthige gesagt worden.

Eintheilung.

Das Großherzogthum zerfällt in 2 Hauptttheile.

1) Das Herzogthum Mecklenburg-Strelitz.

Neu-Strelitz am Zierker See, 7000 Einw. (Residenz — Thiergarten). — Neu-Brandenburg am Tollen-See, 6000 E. — Alt-Strelitz.

Am Tollen-See ist noch das Dorf und Großherzogliche Schloß Hohenzieritz (Tod der Königin Louise v. Preussen, geb. Prinzessin von Mecklenburg-Strelitz, den 19. Juli 1810).

2) Das Fürstenthum Ratzeburg.

Nur der Domhof und Palmberg der Stadt Ratzeburg, die übrigens auf Lauenburgischem Gebiete liegt, gehört hierher. Außerdem ist noch das Städtchen Schönberg zu nennen.

§. 28.

Das Großherzogthum Luxemburg.

Es grenzt im Nord an Belgien und die Preußische Rhein-Provinz, im Ost an diese letztere, im Süd an Frankreich, im West an Belgien.

Die Bewässerung geschieht durch die Süre und Alzette. Our, Süre und Mosel bilden eine natürliche Ostgrenze.

Dieses Großherzogthum, welches seit dem Wiener Congreß 1815 dem Könige der Niederlande überwiesen wurde, ist nach der Abtrennung Belgiens, durch den Endvertrag vom Jahre 1839, bedeutend verkleinert. Es hat innerhalb seiner jetzigen Grenzen einen Flächenraum von etwa 47,2 □M. und eine Volksmenge von 184,760 Seelen.

Die physische Kultur ist so weit, daß aller Bedarf an Nahrungspflanzen gebaut, auch der Obstbau nicht vernachlässigt und im Mosel-Thale sogar Wein gebaut wird. Rind- und Schwarz-Viehzucht ist blühend und das Mineralreich liefert Eisen, Gyps und Thon.

Der Handel ist nicht bedeutend, und die Industrie beschäftigt sich mit Leinweberei, Tuchmacherei, Eisenverarbeitung u. dgl.

Die Einwohner sind fast durchgängig Katholiken, ihrer Nationalität nach Deutsche und Walonen. Die geistige Kultur ist mäßig.

Die Verfassung ist die des Königreichs der Niederlande. An der Spitze der Verwaltung steht ein Gouverneur. Ueber die Hauptstadt des Landes wurde bereits früher das Nöthige gesagt.

§. 29.

Das Großherzogthum Holstein-Lauenburg.

Es grenzt im Nord an die Nordsee, Schleswig und die Ostsee, im Ost an die Ostsee, Lübeck und Mecklenburg-Schwerin, im Süd an Mecklenburg-Schwerin, Hannover, Hamburg und die untere Elbe.

Die Bewässerung geschieht durch Theile der Eider, durch die Stöhr, Alster, Steckenitz, Trave und die schon in der physischen Geographie erwähnten Holsteinischen Seen.

Holstein-Lauenburg, die Einheit aus den beiden Herzogthümern Holstein und Lauenburg, hat einen Flächeninhalt von 175,55 □M. und eine Bevölkerung von etwa ½ Million Menschen.

Die herrschende Religion ist in beiden Herzogthümern die evangelisch-lutherische. Außer einigen katholischen Gemeinden giebt es Menoniten und eine griechische Gemeinde zu Kiel. Juden sind ebenfalls und besonders in Glückstadt und Altona.

In Ackerbau und Viehzucht ist Holstein ausgezeichnet. Außer allem nothwendigen Getreide wird auch viel Raps gebaut. Die Rindviehzucht, die Pferdezucht, die Fluß- und See-Fischerei ist wichtig. Das Mineralreich unterstützt durch Salz, Kalksteinbrüche, Torf, Bernstein (an der westlichen Küste) die industriöse und Handelsthätigkeit der Bewohner. Altona zeichnet sich vorzüglich durch Gewerbthätigkeit aller Art aus. Der auswärtige Handel ist bedeutend, und die Städte: Altona, Kiel und Glückstadt, von denen erstere beiden freie Häfen, sind für den Seehandel besonders wichtig. Der Binnenhandel wird zwar durch den Eider- und Steckenitz-Kanal gehoben, andererseits aber durch den Mangel an guten Landstraßen wieder gehemmt.

Für die geistige Kultur sorgen viele und gute Bildungs-Anstalten aller Art, unter denen die Universität Kiel den ersten Rang behauptet.

Beide Herzogthümer gehören zu der Dänischen Monarchie und nehmen an deren Verfassung Theil.

Eintheilung.

1) Das Herzogthum Holstein.

Altona an der Elbe, 30,000 Einw. (Handel — Schifffahrt — Gewerbfleiß — Fabrikthätigkeit). — Glückstadt an der Elbe, 5300 Einw. (guter Hafen — Sitz der Oberbehörden — Schifffahrts-Schule — Geschleifte Festungswerke). — Kiel am Golf gleiches Namens, 11,000 Einw. (Universität). — Rendsburg an der Eider (starke Festung).

2) Das Großherzogthum Lauenburg.

Ratzeburg, auf einer Insel des gleichnamigen Sees. (Der Domhof und Palmberg zu Mecklenburg-Strelitz gehörig.) — Lauenburg an der Elbe (Transito-Handel).

§. 30.

Das Herzogthum Nassau.

Nassau grenzt im Nord an die Preußische Rhein-Provinz und das Großherzogthum Hessen, im Ost an beide Hessen, im

Süd an Hessen-Darmstadt, im West an die Preußische Rhein-Provinz.

Die Bewässerung geschieht durch die Lahn, ihre Nebenflüsse, den untersten Lauf der Nidda, den Oberlauf der Wied und mehrere andere kleine Flüsse. Der Rhein bildet im West, der Main im Süd die natürliche Grenze.

Nassau hat ein Areal von 84,73 □M. und eine Bevölkerung von 379,262 Menschen. Die Einwohner bekennen sich theils zur katholischen, theils zur evangelischen Kirche, so zwar, daß die Verhältnißzahlen nicht sehr unterschieden sind.

In den Ebenen werden alle Getreidearten überflüssig gezogen, während in den höhern Gegenden nur der hinreichende Bedarf des Nothwendigsten gebaut werden kann. Der südliche Abhang des Taunus zeigt eine reiche Obstkultur, und die Hügel am Rhein, so wie die Ufer des Main und der Lahn zeigen den blühendsten Zustand der Weinkultur, so daß Nassau wohl als das erste Weinland Deutschlands erscheint. Die Reben des Rhein-Ufers (Rüdesheim — Johannisberg) sind besonders herrlich.

Die Waldungen enthalten viel Wild, die Gewässer sind reich an Fischen. In den Gebirgen finden sich Metalle, Braunkohlenlager, Kalk, Schiefer und sogar Marmor (an der Lahn). So ist Nassau ein wahrhaft gesegnetes Land. Der Gewerbfleiß wendet sich hauptsächlich den Landesprodukten zu. Der Binnenverkehr wird durch den Rhein, Main und die Lahn und durch viele und gute Landstraßen sehr gefördert. Der Außenhandel gewinnt nur in Rücksicht auf die Ausfuhrs-Artikel (namentlich Wein und Mineralien) einige Bedeutsamkeit.

Für die geistige Kultur wirken nächst den Volksschulen und den Gymnasien auch 2 Realschulen. Die Verfassung ist monarchisch constitutionel, die Landstände wirken bei der Gesetzgebung mit.

Eintheilung.

Nassau zerfällt in 28 Aemter. Die wichtigsten Städte sind: Wiesbaden am Fuße des Taunus, 10,000 E. (Residenz — Mineralquellen). — Hochheim unfern des Main, 2000 E. (Wein). — Königstein am Taunus (hohe Lage — demolirte Bergfestung). — Limburg an der Lahn. — Nassau an der Lahn (Kettenbrücke). — Rüdesheim am Rhein (Wein). — Aßmannshausen am Rhein und Johannisberg am Rhein (Wein). — Weilburg an der Lahn (Schloß — Kettenbrücke).

§. 31.

Das Herzogthum Braunschweig.

Braunschweig ist ein aus 3 größern Theilen bestehendes Land, welches von Hannover, Preußisch Sachsen, Westphalen und den Lippeschen Landen eingeschlossen wird.

Die hauptsächlichsten Gewässer der verschiedenen Theile sind Stücke der Aller, Ocker, Innerste, Leine, Bode und Weser.

Das ganze Herzogthum enthält 72,08 □ M. und 270,000 Einw. Die meisten der letztern sind evangelische Christen.

Auf der Landwirthschaft ruht der National-Reichthum; sie ist demnach in allen Zweigen beträchtlich, und auch der Gartenbau bedeutend. Die Forstwirthschaft hat es mit großen Laub- und Nadelholz-Waldungen zu thun.

Die technische Kultur beschäftigt sich hauptsächlich mit Garn-Spinnerei und Leinweberei.

Da der Harz viele metallische Produkte liefert, so ist Bergbau, Hüttenbetrieb, Verarbeitung der Metalle ebenfalls im Flor. Die Bierbrauerei (Mumme) ist noch immer bedeutend. Der Handel ist bedeutend, besonders auch durch die jährlichen zwei Messen zu Braunschweig. Der innere Verkehr wird durch gute Landstraßen und durch die Eisenbahn von Braunschweig nach Wolfenbüttel sehr befördert.

Für die geistige Kultur ist zweckmäßig gesorgt, und Braunschweig zählt, außer seinen vielen und wohleingerichteten Volksschulen, 5 Gymnasien.

Die Verfassung ist constitutionell-monarchisch. Das Land zerfällt in die 6 Kreise: Braunschweig, Wolfenbüttel, Helmstädt, Holzminden, Gandersheim und Blankenburg. Die gleichnamigen Hauptstädte dieser Kreise sind zugleich die bedeutendsten Oerter.

Braunschweig an der Ocker, 35,000 E. (Haupt- und Residenzstadt — Landwirthschaft — Gewerbthätigkeit, besonders

Bierbrauerei — Honigkuchen — Schlagwurst — Messen). — Wolfenbüttel an der Ocker, 9000 E. — Helmstadt (ehemals Universität). — Holzminden an der Weser. — Gandersheim (Fräulein-Stift). — Blankenburg am nördlichen Fuße des Harzes (hoch gelegenes Schloß).

Der Herzog von Braunschweig besitzt die Preußische Standesherrschaft Oels in Schlesien, die jedoch mit der Braunschweigischen Regierung in keiner Verbindung steht.

§. 32.

Das Herzogthum Sachsen-Meiningen.

Sachsen-Meiningen grenzt im Nord an die Preußische Provinz Sachsen, an Sachsen-Eisenach, Schwarzburg-Rudolstadt und Altenburg, im Ost an Sachsen-Weimar (Neustädter Kreis), Rudolstadt, Preußisch Sachsen und Coburg-Gotha, im Süd an Baiern und Sachsen-Eisenach.

Die Bewässerung geschieht durch die obere Werra, die Quellbezirke und äußersten Oberläufe von Itz, Rodach und durch einen kleinen Theil der Saale.

Der Flächeninhalt des Landes beträgt 44,42 □M., und die Bevölkerung beläuft sich auf 150,000 Einw.

Die herrschende Kirche ist die lutherische.

Der vorzüglichste Reichthum dieses Landes liegt in der reichen Obst-Kultur des Werra-Thales, in den Forsten und der Viehzucht. Das Getreide ist nicht ganz ausreichend. Der Gewerbfleiß wendet sich besonders der Verarbeitung des Eisens zu, obwohl auch die Leinwand- und Wollweberei beträchtlich ist.

Für die Geistes-Kultur ist durch das Schulwesen gut gesorgt.

Die Verfassung ist constitutionell-monarchisch. Das Land zerfällt, außer den getrennt liegenden Herrschaften Camburg und Kranichfeld, in 4 Haupttheile:

1) Das Meiningesche Unterland.

Meiningen an der Werra, 6000 Einw. (Residenz — Bibliothek).

2) Das ehemalige Herzogthum Hildburghausen.

Hildburghausen an der Werra (Schloß).

3) Das Meiningesche Oberland.

Sonneberg (Gewerbthätigkeit).

4) Das Fürstenthum Saalfeld.

Saalfeld an der Saale, 4300 Einw. (Fabriken — Münze).

§. 33.

Das Herzogthum Sachsen-Coburg-Gotha.

Gotha grenzt im Nord an Eisenach und Preußisch Sachsen, im Ost an Preußisch Sachsen, Rudolstadt und Ilmenau, im Süd an Preußisch Sachsen, Ilmenau, Rudolstadt und Altenburg, im West an Eisenach. Getrennt von dem Herzogthum Gotha liegt Coburg, nördlich an Hildburghausen, östlich an dieses und Baiern, westlich ebenso, und südlich an Baiern allein grenzend.

Bewässert wird Gotha durch die Leine, Hörsel, Gera und einen kleinen Theil der Unstrut, Coburg durch die Itz und Rodach.

Das Areal trägt 37,6 □M., und die Bevölkerung 138,000 Einw. aus, welche letztern größtentheils Protestanten sind.

Ackerbau, Viehzucht und etwas Weinbau, hiernächst Leinweberei, Wollweberei, Fabrikation von Metall- und Holzwaaren, setzt die Einwohner in Thätigkeit.

Die geistige Kultur entspricht derjenigen in Weimar, da das Unterrichts-System sehr gut, das literärische Leben lebendig, und die Benutzung vieler Schätze der Kunst und Wissenschaft eine sehr weise ist. Das Salzmannsche Erziehungs-Institut zu Schnepfenthal ist berühmt.

Die Verfassung ist constitutionell-monarchisch, und jedes der beiden Herzogthümer hat seine eigenen Stände.

Eintheilung.

1) Das Herzogthum Coburg.

Coburg an der Itz, 10,000 Einw. (Industrie).

2) Das Herzogthum Gotha.

Gotha, 14,000 Einw. (2te Residenz — schöne Stadt — Thüringscher Handel — Industrie).

§. 34.

Sachsen = Altenburg.

Altenburg, aus zwei getrennten ziemlich gleich großen Haupttheilen bestehend, grenzt im Nord an Sachsen=Weimar, an Preußisch Sachsen und das Königreich Sachsen, im Ost an das Königreich Sachsen, Weimar (Neustädter Kreis) und die Reußischen Lande, im Süd an das Königreich Sachsen, Sachsen=Weimar (Neustädter Kreis) und Meiningen=Hildburghausen, im West an Preußisch Sachsen, die Reußischen Lande, Sachsen=Weimar und Schwarzburg=Rudolstadt.

Die Bewässerung geschieht in dem westlichen Haupttheile durch ein Stück der Saale, im östlichen hauptsächlich durch einen Theil der obern und mittlern Pleiße.

Das Areal beträgt 24,41 □ M., die Bevölkerung 122,000 Seelen. Die Mehrzahl der Bewohner gehört zur evangelischen Kirche.

Der östliche Haupttheil (Abfälle der Voigtländischen Terrasse) ist in hohem Grade fruchtbar, und in entsprechender Weise von den wohlhabenden Landleuten benutzt. Der westliche Haupttheil ist weniger fruchtbar, dafür aber mit beträchtlichen Waldungen versehen. Rindviehzucht und Schafzucht werden mit dem Ackerbau zugleich sehr kultivirt.

Die technische Kultur ist weniger bedeutend, doch giebt es Wollwebereien, Porzellan=Fabriken und gute Töpferarbeiten.

An Schulen und gemeinnützigen Anstalten fehlt es nicht.

Die Verfassung ist eine ständische, nach den Principien derjenigen in Weimar.

Eintheilung.

1) Der Altenburger Kreis.

Altenburg, 14,000 Einw. (Residenz).

2) Der Saal=Eisenbergische Kreis.

Eisenberg, 5000 Einw.

§. 35.

Die Anhaltischen Lande.

Die 3 Anhaltischen Lande sind als ein Enclave der Preußischen Provinz Sachsen zu betrachten, so zwar, daß nur Anhalt-Dessau östlich an Brandenburg und Anhalt-Bernburg, westlich an Braunschweig grenzt.

Sie werden durch die Elbe, Mulde, Saale und Selke, Bode und Mannsfelder-Wipper bewässert.

Die Totalfläche der Anhaltischen Lande trägt 41,58 □M. aus, so zwar, daß auf Dessau 15,32, auf Bernburg 14,19, und auf Cöthen 12,07 kommen. Die Bevölkerung aller 3 Länder kann etwa auf 144,000 Menschen angegeben werden.

Ackerbau und Viehzucht, ersterer vornehmlich durch die Bodengüte auf dem linken Elb-Ufer befördert, sind im Flor. Spuren von Weinbau zeigen sich an der Saale. Dessau zeichnet sich außerdem noch durch viele Lustgärten, Bernburg durch die meisten Waldungen aus.

Hütten- und Hammerwerke (in Bernburg) abgerechnet, ist die technische Kultur nicht bedeutend.

Für die Förderung der geistigen Kultur ist hier immer eifrig gesorgt worden.

Die Verfassung dieser Herzogthümer ist rein monarchisch, nur in Hinsicht der Besteuerung etwas durch die Landstände beschränkt.

Eintheilung.

1) Anhalt-Dessau.

Dessau an der Mulde (Residenz), 12,000 Einw. — Wörlitz (berühmter Park). — Zerbst, 9200 Einw.

2) Anhalt-Bernburg.

a) Das Ober-Herzogthum.

Ballenstädt (Residenz — Denkwürdiges Geschlecht, von hier seinen Namen).

b) Das Unter-Herzogthum.

Bernburg an der Saale, 6000 Einw. (Schloß — Handel). — Pletzkau, Marktflecken an der Saale (Hilperich und Conrad von Pletzkau).

3) Anhalt-Cöthen.

Cöthen, 6200 Einw. (Residenz). — Roßlau an der Elbe (Elb-Brücke — Uebergang der Verbündeten 1813).

Dem Herzoge von Cöthen gehört, außer einem bedeutenden Strich Landes im südlichen Rußland, auch noch das Fürstenthum Pleß in Oberschlesien, welches letztere gegenwärtig sein Bruder inne hat.

§. 36.

Das Fürstenthum Waldeck.

Es grenzt im Nord an Westphalen und Churhessen, im Süd ebenso, im Ost an Churhessen und im West an Westphalen allein.

Zur Bewässerung dient, außer einigen kleinen Flüssen, die Eder. Nördlich von diesem eigentlichen Waldeck liegt, als ein zweiter Bestandtheil zwischen Westphalen, Hannover und Lippe-Detmold, das Fürstenthum Pyrmont, welches von einem kleinen Theile der Emmer bewässert ist.

Waldeck enthält 20,17, Pyrmont $1\frac{1}{2}$ □ M., so daß also die Totalfläche 21,67 □ M., bei einer Bevölkerung von 54,000 Menschen, austrägt.

Ackerbau und Viehzucht werden von den Einwohnern mit Erfolg betrieben, aus dem Sande der Eder werden Goldkörner gewaschen, und Pyrmont ist, nächst einem bedeutenden Salzwerke, besonders durch seine Mineralquellen berühmt.

In der technischen Kultur ist, nachdem sich der Hüttenbetrieb sehr vermindert hat (Lichtung der Wälder ist die Ursache), Leinweberei und Wollenzeugweberei besonders zu erwähnen.

Die Staatsform ist monarchisch-constitutionell.

Eintheilung.

1) Das Fürstenthum Waldeck.

Arolsen (Hauptstadt — Residenz). — Landau. — Waldeck. — Corbach.

2) Das Fürstenthum Pyrmont.

Pyrmont (Schloß — Mineralquellen).

§. 37.

Lippe-Detmold.

Es grenzt im Nord an Westphalen und einen Theil Churhessens, im Ost an letztern, an Hannover, Pyrmont und Braunschweig, im Süd und West an Westphalen.

Die Werre und Emmer dienen hier zur Bewässerung.

Das Land enthält 21,5 □ M. und 83,000 Einw., deren Hauptnahrungszweig die Landwirthschaft ist, und welche sich außerdem mit Leinweberei und mit Fabrikation von Meerschaumköpfen viel beschäftigen. Zahlreiche Waldungen und geregelte Forstzucht tragen zum National-Reichthum bei.

Das Schulwesen ist ausgezeichnet.

Die Verfassung ist constitutionell monarchisch.

Die Hauptstadt des Landes ist Detmold an der Werre, mit dem Residenz-Schlosse des Fürsten.

§. 38.

Die Schwarzburgischen Lande.

Beide Fürstenthümer bestehen aus ihren beiden Oberherrschaften und ihren beiden Unterherrschaften. Erstere beiden liegen südlicher auf dem Thüringer Walde, letztere beiden nördlicher im Flachlande. Die Oberherrschaften werden von Gotha, Weimar, Altenburg, Meiningen-Hildburghausen und den Reußischen Landen eingeschlossen, von der Gera, Ilm, Saale bewässert, während die Unterherrschaften, gleichsam ein Enclave der Preußischen Provinz Sachsen, durch die Sondershäuser Wipper und Helbe hauptsächlich bewässert sind.

Beide Unterherrschaften sind reiche Kornländer, während die waldreichen Oberherrschaften zwar Waldprodukte ausführen, Getreide aber einführen müssen.

Die lutherische Confession ist in beiden Ländern die herrschende. Für den Volksunterricht ist durchgängig gut gesorgt.

1) Schwarzburg-Rudolstadt.

Es hat einen Flächeninhalt von 15,57 □ M. und 67,500 E. Die Staatsform ist constitutionell-monarchisch.

a) Die Oberherrschaft.

Rudolstadt an der Saale, Hauptstadt und Residenz, 5000 Einw.

b) Die Unterherrschaft.

Frankenhausen, 5000 Einw. (Mineralquelle).

2) Schwarzburg-Sondershausen.

Es enthält 15,44 □ M. und 55,000 Einw. Der Fürst regiert ganz unumschränkt.

a) Die Oberherrschaft.

Arnstadt an der Gera, 5000 Einw.

b) Die Unterherrschaft.

Sondershausen an der Wipper, 4000 Einw. Hauptstadt und Residenz.

§. 39.

Die Reußischen Lande.

Sie werden von den Schwarzburgischen Landen, von Saalfeld, Altenburg, dem Neustädter Kreise Weimars, dem Königreiche Sachsen und der Preußischen Provinz Sachsen umgrenzt, von der Saale und Elster (weiße) bewässert.

Sie haben zusammen einen Flächenraum von 21,43 □ M. und etwa 100,000 Einw.

Wegen gebirgiger Lage ist der Ackerbau für die Bedürfnisse nicht ganz ausreichend, dagegen blühende Viehzucht und viele Waldungen vorhanden.

Die lutherische ist die vorherrschende Kirche, und das Unterrichts-Wesen ist gut.

Die Fürsten der ältern und der jüngern Linie von Reuß bilden zwar ein Gesammthaus, sind aber jeder für sich souverain.

1) Das Fürstenthum Reuß der ältern Linie besteht aus den Herrschaften Greiz und Burgk; — die Hauptstadt und Residenz des Fürsten ist Greiz an der weißen Elster mit 7000 Einw.

2) Das Fürstenthum Reuß jüngerer Linie besteht aus den Fürstenthümern: Schleiz, Lobenstein und Ebersdorf, so wie aus der Herrschaft Gera.

Die bedeutendsten Städte sind:

Schleiz, 5000 Einw. (Residenz). — Lobenstein, 3000 Einw. — Gera an der weißen Elster, 9100 Einw.

§. 40.

Die Hohenzollernschen Lande.

Die Fürstenthümer Hohenzollern-Hechingen und Hohenzollern-Sigmaringen, von denen ersteres das nördlichere, letzteres das südlichere, werden im Süd und West von Würtemberg und Baden, im Nord und Ost von Würtemberg allein, begrenzt.

Hechingen wird durch einen kleinen Theil des Neckar und einige seiner kleinen rechten Zuflüsse, Sigmaringen durch einen kleinen Theil der Donau und einige kleine rechte und linke Zuflüsse derselben, bewässert.

1) Hohenzollern = Hechingen.

Es enthält 5,88 □ M. und 20,000 Einw. — Die Landes = Produktion stimmt mit Würtemberg überein. — Da nun die Viehzucht gut ist, und das Land viel Waldung hat, so ist erstere ein Hauptnahrungszweig, letztere die Veranlassung zu einem nicht unbedeutenden Holzhandel.

Die Einwohner sind Katholiken, und die Volks = Bildung ist gut.

Die Verfassung ist eine landständische.

Die Hauptstadt und Residenz des Fürsten ist Hechingen an der Starzel.

2) Hohenzollern = Sigmaringen.

Es enthält 13,33 □ M. und 42,000 Einw., welche sämmtlich katholisch sind.

Die Produktion und Industrie stimmt mit derjenigen in Hechingen vollkommen überein. Zu erwähnen ist noch, daß Bergbau auf Eisen betrieben wird.

Die Verfassung ist ebenfalls landständisch.

Die Hauptstadt und Residenz des Fürsten ist Sigmaringen an der Donau.

§. 41.

Lippe = Schaumburg.

Es grenzt im Nord an Hannover und Westphalen, im West an letzteres, im Süd an Westphalen und Churhessen, und im Ost an Churhessen allein.

Zur Bewässerung ist vorzüglich das Steinhuder Meer, in der Nordost = Ecke des Fürstenthums, zu nennen.

Schaumburg = Lippe enthält $9\frac{3}{4}$ □ M. und 27,600 Einw. Ein fruchtbarer Boden fördert die Landwirthschaft; die

Kultur aller Art ist wie in Lippe-Detmold, und nur noch ein bedeutender Steinkohlenbau besonders zu erwähnen.

Die Verfassung ist monarchisch-repräsentativ, und die Hauptstadt des Landes und Residenz ist Bückeburg, mit etwa 3000 Einw.

§. 42.

Lichtenstein.

Dieses Ländchen, von 2,5 □ M. und mit 6300 Einw, liegt südlich des Bodensee's, zwischen Tirol und der Schweiz, und wird gegen letztere im West durch den Rhein natürlich abgegrenzt.

Getreide, Flachs, Wein und Obst werden gebaut, die Rindviehzucht ist jedoch Hauptnahrungszweig der Bewohner. Die Einwohner sind fast sämmtlich Katholiken. Der Fürst hat seinen gewöhnlichen Wohnsitz zu Wien, und die Verwaltung ist in den Händen eines Oberamts.

Das Fürstenthum besteht aus den Herrschaften: Vaduz und Schellenberg. Der hauptsächlichste Ort ist der Marktflecken Vaduz, im Rhein-Thale, mit dem Schlosse Lichtenstein.

§. 43.

Die Landgrafschaft Hessen-Homburg.

Sie gehört der jüngern Linie des Hauses Hessen-Darmstadt, liegt zwischen Rhein-Baiern, Niederrhein, Lichtenberg und Birkenfeld, und wird von der Nahe im Nord, von der Glahn im Ost natürlich begrenzt, von einigen kleinen Nebenflüssen beider bewässert. Sie besteht aus den Herrschaften Homburg und Meissenheim, und enthält 5 □ M. mit 23,600 E., welche deutsche und französische Refugiés, dabei größtentheils Protestanten sind.

Der Boden ist fruchtbar, das Klima gesund, daher Ackerbau, Viehzucht und Weinbau blühend.

Die Regierung des Landgrafen ist unbeschränkt. Hauptörter sind:

Homburg vor der Höhe (Residenzschloß), 3600 Einw. — Meissenheim an der Glahn, 23,000 Einw.

§. 44.

Die freien Reichsstädte.

1) Frankfurt am Main, mit einem Gebiet von 1,78 □ M. zwischen Nassau und beiden Hessen. Die Bevölkerung beträgt 64,000 Einw., wovon 51,000 allein auf Frankfurt kommen. In der Stadt blühen technische Gewerbe aller Art; sie steht mit an der Spitze des deutschen Binnenhandels und hinsichtlich der geistigen Kultur sehr hoch.

Die Verfassung ist democratisch, die oberste Behörde der Senat.

2) Bremen an der untern Weser, zwischen Hannover und Oldenburg, mit einem Gebiet von 5 □ M. und einer Bevölkerung von 58,400 Einw. Das Gebiet ist fast durchgängig Marschboden, daher vortheilhafte Vegetation und auch gute Viehzucht.

Die Industrie ist besonders durch Bierbrauereien und Tabakfabriken ausgezeichnet. Der Seehandel ist bedeutend, die Verfassung, unter dem obersten Vorsitz eines Senates, ebenfalls democratisch.

3) Hamburg an der untern Elbe, zwischen Holstein und Hannover. Das Gebiet liegt theilweise auf Werdern der Elbe, theils an den Ufern dieses Stromes, und ist reich bewässert, am linken Elbufer ein reicher Marschboden.

Das industriöse Leben der Hauptstadt ist bedeutend, und im Handel ist diese Stadt colossal. Sie ist die erste Handelsstadt auf dem Continente Europa's, und erstreckt sich mit ihrem Handel über alle Lebensbedürfnisse. Der bedeutende Hafen Hamburgs wird von den Schiffen aller Nationen besucht, und Hamburg selbst hat über 200 Seeschiffe.

Die republikanische Verfassung ist ein Muster politischer Einrichtungen. Die höchste Gewalt ruht in den Händen des Rathes und der Bürgerschaft, die gemeinschaftlich zu beschließen und Gesetze zu geben haben.

Das ganze Gebiet von Hamburg umfaßt 7 □ M. mit einer Bevölkerung von 153,000 Einw., von denen auf Hamburg allein 120,000 kommen.

4) Lübeck. Es liegt zwischen Mecklenburg und Holstein, hat ein Gebiet von 3 □ M. und eine Volksmenge von 47,200 Seelen.

Der Boden ist sehr ergiebig, und die Hauptnahrungszweige dieser Republik sind Schifffahrt und Handel. Die Stadt Lübeck, an der Trave, hat 26,000 Einw.

Die Verfassung ist durch Vereinigung von Senat und Bürgerschaft democratisch.

§. 45.

Nachtrag zu Deutschland.

Das Herzogthum Limburg.

Nach dem Friedens-Abschluß zwischen Belgien und Niederland (1839) wurde dieses Herzogthum, auf Proposition des Königs der Niederlande, zum Deutschen Bunde mit aufgenommen. Es enthält 83,94 □ M. und 147,527 Einw.

Die Bewässerung geschieht durch die Maas, Röhr und Niers.

Die Einwohner treiben Ackerbau und Viehzucht mit Erfolg, während ihre Kunst-Industrie nur unbedeutend ist. Sie gehören zum deutschen Volksstamme, und sprechen deutsch und flammländisch. Die Mehrzahl der Einwohner ist katholisch, und die wenigen Protestanten wohnen im nördlichen Theile des Landes.

Obgleich Limburg jetzt ein deutsches Land, so gehört es doch, der Verfassung, Verwaltung und Besteuerung nach, zum Königreich der Niederlande. Der bedeutendste Ort ist Rörmonde an der Maas.

§. 46.

Rußland.

Das Europäische Rußland grenzt im Nord an die Schwedischen Finn- und Lapp-Marken und an das nördliche Eismeer, im Ost an Asien und den Caspi-See, im Süd an den Caspi-See, Asien, das Schwarze Meer, die Europäische Türkei und den Oestreichischen Staat, im West an die Europäische Türkei, den Oestreichischen und Preußischen Staat, die Ostsee und Scandinavien.

Es hat einen Flächenraum von 96,000 □ M. mit einer Bevölkerung von 54 Millionen Menschen. Wenn nun das Russische Asien 262,000 □ M. und das Russische Amerika 17,000 □ M. enthält, so trägt die Totalfläche dieser unermeßlichen Monarchie 375,000 □ M. aus. Die Bevölkerung jener großen Räume in Asien und Amerika ist äußerst gering.

Obgleich nun hier nur von dem Europäischen Rußland die Rede ist, so gilt doch auch von diesem, daß seine Bevölkerung sich aus den Elementen der verschiedensten Nationalität zusammensetzt. Die Bewohner der Ostseeländer, Letten, Ingermannländer, Esthländer, Kuren u. dgl. sind ganz im Europäischen Zeitgeiste emancipirt und theilweise Protestanten. Die Religion des Hofes und der meisten Einwohner Rußlands ist übrigens die Griechisch-Katholische. Nur die Polen sind Römisch-Katholisch, und einzelne Tartaren-Stämme in Kasan und Astrachan Mahomedaner. An den Küsten des Polar-Meeres giebt es noch hie und da Heiden.

Was die außerhalb der völligen Emancipation liegenden Völker Rußlands anlangt, so ist mehr und weniger der Typus Asiens in ihrer Sprache, ihrem Charakter und ihrer Gesittung zu erkennen. Bei ihnen prägt sich der National-Charakter durch Kraft und einfache Sitte, aber auch durch Stumpfheit der Gefühle, durch Liebe zum starken Getränk, durch Hang zur Feierlichkeit und zum Aberglauben aus.

Eigenthümlich unter den Europäischen Russen sind die Kosaken, besonders die Donischen und Zaporoger, von denen erstere die Don-Steppe, letztere die Gegenden hinter den Dnieper-Fällen bewohnen. Der Kosak wächst in freier soldatischer Uebung, in der Gewöhnung zum Pferd und zur Lanze, auf; er ist in der leichten Kriegführung, seinem eigentlichen Element, wie der Mongole und Beduin, ausgezeichnet.

In der Krimm leben Abkömmlinge der Genueser, und an den Ufern der untern Wolga findet sich eine Herrnhuther Kolonie (Sarepta). Etwa eine halbe Million Ausländer, unter denen viele Deutsche und Franzosen, leben in Rußland. Juden, etwa 700,000 an der Zahl, finden sich in allen, besonders in den westlichen Theilen.

Die Griechische Kirche, deren Existenz sich von der Trennung der Patriarchen zu Rom und Constantinopel herschreibt, erkennt den Papst nicht als Oberhaupt, vertheilt das Abendmahl in beiden Gestalten, und gestattet die Priesterehe. Alle Angelegenheiten der Kirche stehen unter der höchsten Autorität des Kaisers und der Synode zu Petersburg. Die Geistlichkeit zerfällt in die hohe, niedere und Kloster-Geistlichkeit. Zu ersterer gehören die Metropoliten und Bischöfe, zu der zweiten die Popen. Die Kloster-Aebte heißen Archimandriten.

Etwa 750,000 Köpfe der Bevölkerung gehören zum Adel. Die Leibeigenschaft des niedern Volkes ist noch, und zwar in dem Verhältnisse vorherrschend, daß auf 10 Leibeigene etwa ein persönlich freier Mann kommt. In den Ostsee-Provinzen und auf den Krongütern ist die Leibeigenschaft aufgehoben.

Die Ostsee-Provinzen sind durch Bodengüte und Thätigkeit ein reiches Kornland. Spärlicher ist die Agrikultur des Innern, und an den Küsten des Eismeeres hört sie allmählig ganz auf. Bergbau ist in Finnland und am Ural, etwas Weinbau und feineres Obst bei Astrachan zu finden. Die Taurischen Landstriche sind ein reiches Weideland, besonders der Pferdezucht günstig.

Mit Peter d. G. kamen die Anfänge der Kunst-Industrie nach Rußland. Jetzt erfreut sich das Land durch die weisen Maßregeln Catharina II., Alexanders und des jetzigen Kaisers, einer ziemlich vorgeschrittenen Fabrik-Thätigkeit, besonders in Leder, Leinen, Wolle und Metall.

Der Handel jeder Art ist bedeutend. Der Binnenverkehr wird durch viele schiffbare Flüsse und Kanäle, so wie durch die Schlittenfahrt im Winter, befördert. Der äußere Landhandel geht besonders nach Preußen, Oestreich und der Türkei, hiernächst auch durch Karavanen nach Persien und den Grenzen China's. Für den Seehandel sind: Petersburg, Riga, Archangel und Odessa die wichtigsten Plätze; er ist vornehmlich auf der Ostsee bedeutend.

Verfassung und Verwaltung.

Rußland ist eine völlig unumschränkte Monarchie. Der Kaiser, das höchste geistliche und weltliche Oberhaupt, spricht seinen Willen durch Ukase (d. i. Befehle) aus. Die höchsten

Verwaltungs-Behörden sind: der dirigirende Senat, der Reichsrath und die Synode. Die Regenten waren in frühester Zeit nur Großfürsten, nahmen später den Titel: „Czar," an, und heißen seit Peter d. G. Kaiser und Selbstherrscher der Reussen. Die Prinzen und Prinzessinnen des Kaiserhauses werden Großfürsten und Großfürstinnen genannt. Der Thron erbt, nach dem Rechte der Erstgeburt, in männlicher und weiblicher Linie.

Zur Special-Verwaltung dienen die Statthalter der Gouvernements und die vorstehenden Behörden der Kreise, in welche diese letztern zerfallen.

Land- und Seemacht.

Die Russischen Streitkräfte genau anzugeben ist sehr schwierig, doch läßt sich mit einiger Sicherheit annehmen, daß das stehende Landheer nicht über 600,000 Mann stark ist, wenn es gleich auf 800,000 Mann und darüber, mit Ausschluß der sehr bedeutenden Nationalmiliz, gebracht werden kann. Die irregulairen Truppen, besonders Kosaken und Baskirn, erhalten keinen Sold, und rüsten sich im Kriege auf eigne Kosten. Die sogenannten Militair-Kolonieen lassen uns Krongüter (zwischen Cherson und Nowgorod) verstehen, deren Insassen zugleich Soldaten und Landbauer sein sollen.

Die Russische Seemacht wurde von Peter d. G. gegründet. Sie besteht gegenwärtig aus 2 Hauptflotten, in der Ostsee und im Schwarzen Meere. Die ganze Seemacht besteht etwa aus 310 größern und kleinern Fahrzeugen.

Münze — Maaß — Gewicht.

Die gangbarsten Goldmünzen sind die ganzen und halben Imperialen (à 10 und 5 Rubel), so wie die Dukaten in Gold und Platina. Als größte Silbermünze und eigentliche Münz-Einheit Rußlands ist der Silber-Rubel (à 1 Thlr. 10 Sgr.), als eine gewöhnliche Kupfermünze die Kopeke (à $\frac{1}{100}$ Rubel) zu nennen. Seit 1768 ist Papiergeld in Scheinen, von 5 — 100 Rubel, im Umlauf.

Das bekannteste Längenmaaß ist die Werst (à $\frac{1}{7}$ deutsche Meile). Für das Flächenmaaß bedient man sich der □ Werst; die übrigen Flächenmaaße sind nicht genau festgestellt. Das

Getreidemaaß ist der Tschetwert (à 3 Berliner Scheffel), das Flüssigkeits-Maaß der Wedro (à $\frac{1}{13}$ Orhoft), die gewöhnliche Gewichts-Einheit das Russische ℔ (à $\frac{7}{8}$ Leipziger ℔).

Eintheilung.

Obgleich Rußland in Gouvernements eingetheilt wird, welche den Namen der Hauptorte führen, und diese Gouvernements wieder in Kreise zerfallen, so reflectiren wir doch, der schnellern Uebersicht und der historischen Wichtigkeit wegen, auf die ältere Eintheilung in 8 Haupttheile. Diese letztern sind:

1) Die Ostsee-Provinzen.

a) Ingermannland, mit der Hauptstadt Petersburg an der Newa, 475,000 Einw. (Neue Hauptstadt der Monarchie — Residenz — Pracht und Schönheit — Höchste Kunst-Industrie — 9000 Häuser, darunter viele Paläste und Kirchen — Prachtvolle Sommerhäuser und Gärten in der Umgebung Petersburgs.)

b) Esthland, mit der Hauptstadt Rewal am Finnischen Meerbusen, 16,000 Einw.

c) Liefland, mit der Hauptstadt Riga an der Düna, 65,000 Einw. — Dorpat an der Embach, 11,000 Einw.

d) Kurland, mit der Hauptstadt Mitau, 16,000 Einw.

2) Finnland, eine felsige, von Seen zerrissene, mit Wäldern und Sümpfen bedeckte Plateaubildung, mit den Städten: Helsingfors am Finnischen Meerbusen, und Abo am Bothnischen Meerbusen.

3) Groß-Rußland.

Moskau an der Moskwa, 330,000 Einw. (Alte Hauptstadt Mannigfaltige Schicksale — Der Kreml — Lage auf einem hügelichten Boden — 10,000 Gebäude, darunter viele Paläste und Kirchen — Centrum des Binnenhandels). — Orel an der Oka, 30,000 Einw. — Kaluga an der Oka, 26,000 Einw. — Tula an der Upa, 20,000 Einw. (Gewehr Fabrik). — Smolensk am Dniepr, 12,000 Einw. — Twer an der Wolga, 22,000 Einw. — Jaroslaw an der Wolga, 24,000 Einw. — Nischney-Nowgorod an der Oka-Mündung, 20,000 Einw. (Messen). — Archangel an der Dwina-Mündung, 20,000 Einw. (Schiffswerfte — Handel).

4) West-Rußland.

a) Podolien, mit der Hauptstadt Kaminiec am Dniestr, 15,000 Einw.

b) Volhynien, mit der Hauptstadt Schitomir, 20,000 Einw. (Weinhandel).

c) Litthauen, mit Sümpfen und Urwäldern, gutem Weide- und schlechtem Ackerlande. Darin:

Wilna an der Wilia, 55,000 Einw. (Hauptstadt von Litthauen — Handel). — Witebsk an der Düna, 15,000 Ew. (Handel). — Mohilef am Dniepr, 21,000 Ew. — Borissow an der Beressina — Minsk, 15,000 Ew. (Messe). — Grodno am Niemen, 9000 Einw.

5) Süd-Rußland mit Bessarabien.

Ersteres hat Ackerbau und besonders der vielen Steppen wegen, Viehzucht, letzteres, auch die Russische Moldau genannt, kräftigen Pflanzenwuchs und Sumpf.

Bender am Dniester — Odessa am Schwarzen Meere, 55,000 Ew. (bedeutender Handel). — Cherson an der Dniepr-Mündung, 24,000 Einw. (bedeutende Werfte).

6) Klein-Rußland oder die Ukraine.

Kiew am Dniepr, 55,000 Einw. (Messen). — Pultawa, 10,000 Einw. — Charkow, 30,000 Einw. (Seidenbau).

7) Kasan, mit der Hauptstadt gleiches Namens, an der Wolga, 50,000 Einw. (großer Gewerbfleiß).

8) Astrachan, mit Kaukasien. Hier findet sich theilweise südlicher Pflanzenwuchs. Die Hauptstadt Astrachan, mit 40,000 Einw., liegt auf einer Wolga-Insel, nahe der Mündung. — Saratow an der Wolga (Salzhandel). — Orenburg am Ural, 21,000 Einw. (Asiatische Karavanen — Kirgisen-Horden).

Zu diesen 8 Haupttheilen kommt noch als 9ter das Königreich Polen, dessen Einwohner, wie schon erwähnt, Katholiken, und mit Litthauen, Russen, Griechen und Deutschen gemischt sind. Die ganze Bevölkerung, welche schon in derjenigen Rußlands mit inbegriffen war, beläuft sich auf etwa 4 Millionen Menschen. Der Kaiser von Rußland ist König von

Polen und hat hier einen ihn vertretenden Statthalter. Das Land zerfällt in 8 Woywodschaften. Die bedeutendsten Städte sind: Warschau an der Weichsel, 125,000 Einw. (Hauptstadt und Sitz des Statthalters). — Kalisch an der Prosna, 15,000 Einw. (Grenzstadt). — Lublin, 14,000 Einw. (Messen — Viele Juden).

Festungen Rußlands.

1) An der Ostsee: Kronstadt (auf einer Insel des Finnischen Golfs). — Sweaborg (bei Helsingfors). — Riga.

2) In Polen: Praga und Modlin an der Weichsel.

3) Gegen den Oestreichischen Staat: Kaminiec, Chozyn und Bender, sämmtlich am Dniestr.

4) Gegen die Türkei: Ismael an der Donau.

5) Am Schwarzen und Azowschen Meere: Akierman, Odessa, Cherson, Taganrog und Azow.

6) Am Ural: Orenburg am Ural-Fluß.

7) Im Innern: Weliki Nowgorod (unweit des Ilmen-Sees), und Smolensk am Dniepr.

Häfen.

Kronstadt (Kriegs). — Petersburg — Rewal (Kriegs- und Handels-Hafen). — Riga — Odessa (Freihafen). — Sewastopol — (Kriegs). — Archangel.

Universitäten.

Petersburg, Dorpat, Helsingfors, Moskau, Kasan, Charkow, Wilna und Warschau.

Geschichtlich denkwürdige Orte.

Narva (Carl XII. und die Russen 1700). —

Kliszow (Carl XII. und August II. 1702). —

Pultusk (Carl XII. und die Sachsen 1703). —

Holosczin (Carl XII. und Menzikof 1708). —

Pultawa (Carl XII. und Peter I. 1709). —

Smolensk (Napoleon und Barklai de Tolli den 17. Aug. 1812). — Borodino (Schlacht an der Moskwa den 7. Sept. 1812). — Moskau (Brand). — Borisow, Weselow und Stuzianka (Uebergang über die Beresina den 27. und 28. Novbr. 1812).

§. 47.

Die freie Stadt Krakau.

Dieser Freistaat entstand 1815, liegt zwischen den Oestreichischen, Preußischen und Russischen Landen, enthält außer der Stadt Krakau nur ein kleines Gebiet und steht unter dem Schutze Preußens, Rußlands und Oestreichs. Die Stadt Krakau liegt an der Weichsel und enthält 26,000 Einw. Sie hat eine Universität und bedeutenden Handelsverkehr.

§. 48.

Das Königreich Schweden.

Schweden mit Norwegen zusammen ist die Einheit, welche schon in der physischen Geographie als Scandinavien betrachtet wurde. Es hat nur mit Rußland den uns bekannten Landzusammenhang und wird also übrigens ganz vom Meere, nördlich vom Polar-Meere, westlich von der Scandinavischen See, südlich von der Nordsee, vom Scager-Rack und vom Kattegat, östlich von verschiedenen Theilen der Ostsee, namentlich auch dem Bothnischen Meerbusen, begrenzt.

Beide Länder enthalten 13,783 □M. (davon 7900 □M. auf Schweden) mit der sparsamen Bevölkerung von kaum 5 Millionen Einwohnern. Diese letztere sind ursprünglich alle dem deutschen Typus verwandt, größtentheils kraftvoll und wohlgebildet, tapfer und einfach in ihren Sitten. Im nördlichsten Scandinavien wohnt ein von den Schweden wie dem Norwegern verschiedener Volksstamm, der der Finnen und Lappen. Beide Namen bezeichnen dieselbe Nationalität, ein kleines mongolisch construirtes, in seinem Geisteszustande primitives Volk, welches erstern Namen in Norwegen, letztern in Schweden führt. Man hält die Finnen für noch weniger untergeordnet.

Die herrschende Religion in Schweden und Norwegen ist die lutherische. Die Lappen und Finnen sind jetzt alle zum Christenthume bekehrt. Der Fabrikthätigkeit der Einwohner ist die Natur des Landes und die sparsame Bevölkerung hinderlich, und es erhalten daher die inländischen Produkte, namentlich die vielen und guten Mineralien, im Lande selbst nur die erste Bearbeitung.

Die Agrikultur hat einen geringen, die Jagd, der Fischfang und die Viehzucht einen beträchtlicheren Umfang. Der Handelsverkehr ist bedeutend, da die Mineralien (besonders das Eisen) viel exportirt werden und da andererseits die meisten Artikel des feinern Lebens einzuführen sind.

Die Lappen und Finnen scheuen Regelmäßigkeit und festes Wohnen und leben daher als Nomaden von Fischfang oder Viehzucht in elenden Hütten. Ihr größter Reichthum ist das Rennthier.

Schweden ist gegenwärtig eine durch Stände beschränkte, nur in männlicher Linie erbliche Monarchie unter dem Scepter des Hauses Pontecorvo (Carl XIV.). Der Adel genießt einige Vorrechte, die Bauern sind, wie sie es stets waren, alle persönlich frei.

Die Verfassung Norwegens stimmt mit derjenigen Schwedens bis auf einige vorausbabende Freiheiten überein. Seit 1821 hat Norwegen keinen Adel mehr.

Die Landmacht der ganzen Monarchie besteht aus etwa 50,000 Mann Linientruppen, unter denen einige sogenannte Schneeschuhläufer-Bataillone; außerdem giebt es eine National-Miliz, eine Art Landwehr gleichsam. Die Seemacht besteht außer der etwa 200 Segel starken Skären-Flotte noch aus 51 Kriegsschiffen.

Eintheilung.

I. Das Königreich Schweden.

Es werden füglich 3 Hauptheile angenommen.

1) Gothland (der südlichste Theil mit 12 Landschaften).

Gothenburg an der Götha-Elf, 27,000 Einw. (Seehandel). — Helsingborg am Sund (Ueberfahrt nach Seeland). — Landscrona — Lund — Ystadt (Ueberfahrt nach Deutschland). — Carlscrona (Seehandel). — Calmar (Seehandel).

Zu Gothland müssen auch noch die beiden Inseln Oeland und Gothland mit hinzu gezählt werden.

2) Swealand ((das eigentliche Schweden) mit 8 Landschaften).

Stockholm am Mälar-See, 82,000 Einw. (Hauptstadt

und Residenz — Ueberfahrt nach Finnland). — Upsala — Falun (Kupferbergwerke).

3) Nordland (der nördlichste Theil mit 4 Landschaften).

Geffle am Bothnischen Meerbusen, 7000 Einw. (Fabriken — Handel). — Hernösand (auf einer Insel im Bothnischen Meerbusen).

Zu Nordland gehören die Lappmarken mit den Städtchen: Umea, Pitea u. a. m. mit hinzu.

II. Das Königreich Norwegen.

Es zerfällt in 5 Stifter.

1) Aggerhuus (der südlichste Theil).

Christiania am Christians-Fiord, 21,000 E. (Hauptstadt — Handel). — Friedrichsstadt — Friedrichshall — Kongsberg (Silberbergwerk).

2) Christianssand, mit der Hauptstadt gleiches Namens am Meere, 7000 Einw.

3) Bergen, mit der Hauptstadt gleiches Namens an der Westküste, 21,000 Einw.

4) Drontheim, mit der Hauptstadt gleiches Namens, 12,000 Einw.

5) Nordland und die Finnmarken, wozu die Loffoden gehörig und worin keine eigentlichen Städte.

Festungen.

1) In Schweden.

Carlscrona an der Ostsee — Landscrona am Sund — Die Citadelle Elfsburg bei Gothenburg, und in deren Nähe die Festung Nya-Elfsburg — Calmar.

2) In Norwegen.

Friedrichsstadt an der Glommen-Mündung. — Friedrichshall (am Scager-Rack, südöstlich von Friedrichsstadt und an der Schwedischen Grenze). — Bergenhuus (Felsenfestung an der Westküste). — Drontheim.

Häfen.

Gothenburg — Landscrona — Carlscrona (Hauptstation

der Schwedischen Kriegsflotte). — Geffle — Christiania — Christiansfand — Arendal — Bergen.

Universitäten.

Christiania — Upsala und Lund.

Historisch denkwürdige Orte.

Calmar (Union 1397). — Stockholm (Blutbad 1520). — Friedrichshall (Carl XII. Tod 1718).

Die einzige Kolonie der Schweden ist die kleine Insel Barthelemi in West-Indien.

§. 49.

Das Königreich Dänemark.

Die Dänische Monarchie ist aus den in ihrer Natur verschiedensten Theilen zusammengesetzt. Sie umfaßt außer den beiden Herzogthümern Holstein und Lauenburg, welche bereits bei Deutschland beschrieben wurden, die Halbinsel Jütland, die Inseln im Kattegat, einige östlicher gelegene kleine Ostsee-Inseln, die Farör-Inseln und Island. Die erstern Theile, als eigentliches Dänemark zusammengenommen, umfassen 1047 □M., während Island 1800 □M. enthält.

Die Bevölkerung, von welcher auf Island etwa 50,000 Einw. zu rechnen, beläuft sich auf wenig über 2 Millionen.

Die Dänen, Stammverwandte der Schweden und Norweger, also auch ursprünglich zu dem Germanischen Volksstamme gehörig, sind größtentheils Lutheraner. Sie sind gleich den Schweden hoch gewachsen und kraftvoll, besitzen Religiosität, Verstand und Tapferkeit, sind aber häufig phlegmatisch, welcher Fehler besonders den niedern Klassen eigen ist. Da die Leibeigenschaft aufgehört hat, so ist der Bauer freier Grundeigenthümer, lebt aber dennoch in gedrücktem Verhältniß. Der Ackerbau ist auf Jütland mäßig, auf den Inseln des Kattegats dagegen in solchem Flor, daß jährlich viel Getreide exportirt wird. Die 25 Farör-Eilande sind schon durch ihre Oberflächenbeschaffenheit Ursache, daß ihre Bewohner lediglich von der Viehzucht, von Vogel- und Fischfang leben.

Island wurde von Norwegen aus bevölkert, und trug lange ein Volk von Seeräubern, welches, trotz seiner Unbändigkeit, doch durch eine Art Ritterlichkeit und Poesie romantisch erschien. Dies verfiel, seitdem Island von Norwegen aus unterworfen wurde. Die Bevölkerung ist bedeutend vermindert. Das Christenthum ist seit dem 10ten, die Reformation seit dem 16ten Jahrhundert hier eingeführt.

Das monarchische Princip ist in der Dänischen Monarchie uneingeschränkt und die Krone erbt auf beide Geschlechter. Die Landmacht besteht aus 39,000 Mann, die Seemacht, welche früher bedeutender war, aus etwa 110 Segeln.

Eintheilung.

I. Die Herzogthümer Holstein und Lauenburg,

siehe §. 29.

II. Die Halbinsel Jütland.

1) Schleswig (Süd-Jütland).

Schleswig an der Ostsee, 11,000 Einw. — Flensburg an der Ostsee, 16,000 Einw.

2) Nord-Jütland.

Es zerfällt in 4 Stifte und zwar:

a) Aalborg, mit der Hauptstadt gleiches Namens, 7000 Einw. (Seehandel).

b) Aarhuus, mit der Hauptstadt gleiches Namens, am Kattegat, 7000 Einw.

c) Ribe, mit der Hauptstadt gleiches Namens.

d) Viborg, mit der Hauptstadt gleiches Namens (Messen).

III. Der Dänische Archipel, welcher in 3 Stiften zusammen begriffen wird.

1) Das Stift Seeland, aus den Inseln Seeland, Bornholm, Mön, Samsöe und noch mehreren kleinern bestehend. Die Hauptstadt ist Copenhagen, auf der Ostküste Seelands, zugleich die Hauptstadt der ganzen Monarchie, mit 120,000 Einw.

2) Das Stift Fünen, die Inseln Fünen und Langeland, außer mehreren kleinern, enthaltend. Die Hauptstadt

ist Odense, an einem der größern Fiorde, im nordöstlichen Fünen.

4) Das Stift Laland, dessen größte Inseln Laland und Falster sind. Die Hauptstadt ist Mariböe auf der Insel Laland.

Anmerkung. Die Inseln Femern, Arröe und Alsen werden zu Schleswig gezählt.

IV. Die Farör-Inseln.

Nur 17 derselben sind bevölkert und enthalten etwa 6600 Einw. Der Hauptort, der gleichzeitig Hauptmarktplatz dieser Inseln und Sitz des Landvogtes ist und auch einen guten Hafen hat, ist Thorshavn, auf der Insel Strömöe.

V. Die Insel Island.

Die ganze Insel wird nach den 4 Hauptthimmelsgegenden in 4 Viertel zerlegt, welche wieder in Distrikte zerfallen. Der bedeutendste Flecken ist Reikiawik, an der Westküste, mit 500 Einwohnern.

Festungen.

Copenhagen — Kastell Kronenburg bei Helsingör, am Sund (Sund-Zoll). — Korsör (auf Seeland und am großen Belt). — Friedericia (auf Jütland und am kleinen Belt). — Friedrichsort (sonst Christianspreis), in Schleswig und am Eingange des Kieler Meerbusens.

Häfen.

Copenhagen — Ribe — Flensburg — Husum und Beszestödr (auf Island).

Universitäten.

Copenhagen und Kiel.

Geschichtlich denkwürdige Oerter.

Friedericia (Schweden unter Wrangel 1657). — Cronborg bei Helsingör (Sieg der Niederländischen über die Schwedische Flotte 1659). — Copenhagen (Heldenmüthige Vertheidigung 1801 — Beschießung und Einnahme durch die Engländer 1807).

Kolonieen.

1) In Asien.

Die Stadt Trankebar, auf der Küste Coromandel, einige Factoreien auf Malabar und 3 Nicobarische Inseln.

2) In Afrika.

Die beiden Forts Christiansburg und Friedensburg auf Guinea.

3) In Nord-Amerika.

Einige Niederlassungen auf Grönland.

4) In West-Indien.

Die Antillen: St. Thomas, St. Croix, St. Jean.

Alle diese außereuropäischen Besitzungen enthalten zusammen etwa 340 □M. bei einer Bevölkerung von 100,000 E.

§. 50.

Das Königreich Groß-Britannien.

Britannien hat unter den Hauptstaaten Europa's seine eigenthümliche Größe. Es ist hier namentlich die politische Größe auf dem Geiste der Nation ruhend gemeint. Die unermüdeten Britten haben außerordentliche Staatskräfte erzeugt und die Bildung, mehr mit geistiger als materieller Gewalt, in alle Erdtheile getragen. Die industriösen und sittlichen Zustände eines solchen Volkes sind auch einer ausführlicheren Beschreibung würdig.

Obgleich alle Besitzungen außerhalb Europa Theile des Reichs sind, so ist, politisch betrachtet, doch das Brittische Indien ein Reich für sich. Es hat sich aus einer Faktorei mehrerer Kaufleute gebildet und ist jetzt das Reich der Englisch-Ostindischen Kompagnie.

Wir betrachten vorläufig nur das Mutterland, das Europäische Britannien; sämmtliche Kolonieen aber, welche am Schluß dieses § bezeichnet werden, jetzt nur nach dem Flächenraum ihrer Gesammtheit und nach ihrer Totalbevölkerung, um sogleich eine richtige Anschauung des Ganzen, nach Größe und Volkszahl, zu verschaffen.

Das Europäische Britannien, also England, Schottland

und Irland, nebst den benachbarten kleinern Inseln, außerdem Helgoland, Gibraltar und die Maltagruppe, hat zusammen einen Flächeninhalt von 5676 □M. mit einer Bevölkerung von 24,481,700 Einw. Da nun sämmtliche Kolonieen zusammen 248,889 □M. mit 105,558,370 Einw. austragen, so würde also das ganze Brittische Reich 254,565 □M. und 130,040,070 Einw. enthalten.

Das Volk.

Schon die Englische Sprache lehrt es, daß das Brittenthum aus verschiedenen Elementen des alten Europa zusammengesetzt ist, die sich jetzt nur noch in den Hauptnationalitäten der Engländer, Schotten und Iren unterschiedlich ausdrücken. Die alten Britten oder Kymmern waren der Grundstamm, zu welchem bald Angeln und Sachsen die deutsche, Dänen und Normänner die nordische und französische Nationalität brachten, und mit denen sich die Pikten und Scoten, diese frühen Bewohner Schottlands, vermischten.

Die Brittische Nation genießt große staatsbürgerliche Rechte, ist aber einer geselligen Despotie, dem Resultate großer Ständeverschiedenheit, untergeben. Die beiden Hauptstände, der Adel und die Comonalty's, zerfallen in sehr viele einzelne Abstufungen. Prinzen des Hauses, Herzöge, Lords, Erzbischöfe und Bischöfe, so wie alle andern gewöhnlicheren Adelsstufen, repräsentiren die Aristocratie. Die Comonalty's sind entweder Gentry's, d. h. Ritter Königlicher Orden, Baronets, nachgeborne Söhne des hohen Adels, Advokaten, Gelehrte, höhere Kaufleute, oder sie sind niederes Volk, d. h. Krämer, Pächter, Bauern, Handwerker, Matrosen und Tagearbeiter.

Die Britten sind düster und nachdenkend, von Stolz und Freiheitsliebe, von Muth und dem Geiste der Unternehmung und ruhelosen Thätigkeit beseelt. In den äußern Lebensmerkmalen giebt sich wenig Unterschied der Stände zu erkennen. Das häusliche Leben ist durch Stille, das gesellschaftliche durch Zurückhaltung und Etikette bezeichnet.

Egoismus, methodischer und speculativer Geist, Reizbarkeit und kalter Muth bei vielem Stolze, sind bei den Engländern nicht zu verkennen und würden schon in ihren originellen Wetten, in blutigen Zweikämpfen u. dgl. erkannt werden.

Der Britte ist aber auch in seinem Selbstgefühle kein Prahler, überdies freimüthig und rechtlich im Geschäfte. Große Extreme in der Moral entspringen aus dem Gefühle der Unabhängigkeit, welches die Nation in sich trägt. Keine Nation übrigens, so wie sie, giebt solche Wirkungen einer Gesammtmoral, einer allgemeinen Liebe für Menschenwohl, zu erkennen. Wir sehen dies aus der großen Zahl milder Vereine und aus bedeutenden Summen, die für wohlthätige Zwecke disponibel gemacht werden.

Die Liebe zum Landleben giebt den höhern Ständen eine gewisse Frische und Kräftigkeit, die sie vor denen anderer Nationen voraus haben. Die Schotten sind eben so ernst, so standes- und nationalstolz, eben so großartig, als die Engländer, mit dem Unterschiede, daß ihr niederes Volk weniger zum Verbrechen geneigt ist, als das in England, wo Armuth und Uebervölkerung namentlich als Ursache von Diebstahl und Räuberei angesehen werden müssen, und wo dieses Uebel im Einzelnen und in dem niedern Stande einen grellen Gegensatz mit dem edlen Charakter des Ganzen bildet. Die Irländer sind tapfer und gastfreundlich, dabei lebhafter als die Engländer und Schotten. Sie sind wißbegierig und warmen Herzens, aber weniger geistig entwickelt, weniger überlegt und legal gesinnt.

Nach diesen ganz allgemeinen Bemerkungen über den Charakter der Brittischen Nation müssen ihre Kulturverhältnisse betrachtet werden. Der Ackerbau ist, trotz des meistentheils guten Bodens, doch in keiner verhältnißmäßigen Ausdehnung. Theils der hohen Grundsteuern, theils der vielen Fabrikthätigkeit wegen, bleiben oft ganze Landstrecken unbenutzt; in den Grenzen jedoch, in welchen die Agrikultur sich befindet, ist sie durchaus nicht unvollkommen. Die Viehzucht ist ein sehr entwickelter Zweig der Landwirthschaft, und die Gartenkultur ist beinahe unübertroffen. Fast alle Umgebungen ländlicher Wohnplätze ordnet der Schönheitssinn und die geübte Hand des Engländers zu sinnreichen Parkanlagen und vertheilt Licht und Schatten, Blumen und Bäume eben so freundlich als zweckmäßig. Das ganze Landleben hat eine gewisse heitere Ruhe und Glückseligkeit, die sich als das schöne Resultat tieferer Gemüther uns darstellt. Die Mineralproduction, namentlich die unglaubliche Menge vorhandener Steinkohlen, veranlaßt einen lebhaften Bergbau, durch den sehr viele Menschen beschäftigt sind.

Die Wollmanufacturen, der älteste Zweig technischer Kultur in England, sind bedeutend und über die ganze Monarchie verbreitet. Ungeheure Quantitäten Wollfabrikate gegen große Summen gehen in jedem Jahre nach dem übrigen Europa und nach den Kolonieen. Die verarbeitete Wolle ist nicht im Lande allein erzeugt, sondern auch von dem Kontinente Europa's (in jüngster Zeit, besonders aus Norddeutschland) eingebracht. In Irland und Schottland ist dieser Zweig der Industrie bedeutend geringer. Die Metallwaaren-Fabrikation ist eben so umfangsreich als ausgezeichnet; die feinsten Metallwaaren werden von Birmingham geliefert. Auch die Töpfereien, deren Hauptsitz Staffordshire, sind sehr vorgeschritten. Die Glas-Fabrikation in allen Stadien, vom Gröbsten bis zum Feinsten, ist besonders in London und Liverpool, so wie in der Grafschaft Lancaster, heimisch. In der Anfertigung wissenschaftlicher Instrumente aller Art sind die Engländer Lehrmeister der Deutschen und Franzosen. Die Papierfabrikation ist noch unerreicht, und ihr Hauptsitz in Wales. Dies Alles ist nur eine kurze Hindeutung auf die blühendsten Industriezweige eines auch technisch so hoch stehenden Volkes.

Der Handel Englands ist riesenhaft, fast ohne Gleichen. Rohe Baum- und Schafwolle, Getreide, Kolonialwaaren, Wein, werden besonders ein-, die Fabrikate in Leder, Metall, Glas, Wolle, außerdem Pferde, Instrumente und Maschinen aller Art, Papier und Steinkohlen, werden besonders ausgefahren. Die Einfuhr wird von der Ausfuhr durchschnittlich um 7 Millionen Thaler übertroffen. Die Handelsflotte besteht aus mehr als 15,000 Schiffen, von denen London allein 2800 besitzt. London, Liverpool und Bristol sind für den Handel Englands die 3 ersten Kapitalen; nach ihnen folgt Hull und Newcastle.

In Schottland stehen Greenock und Glasgow, in Irland Dublin und Belfast als Handelsstädte oben an.

Unter den Beförderungsmitteln des Binnenhandels sind die vortrefflichen Landstraßen, die vielen Eisenbahnen (siehe am Schluß des §.) und die großartigen Kanalbauten vorerst wichtig. Die Erfindungen im Reiche der Mechanik (besonders die der Dampfmaschine) geben dem Lande bewegende Kräfte, durch welche sich jedes Hinderniß des Raumes unendlich verkleinert. England hat die Kräfte des Dampfes zuerst benutzt, und von hier aus erst verbreitete sich Theorie und Anwendung der glorreichsten Erfindung unsers Jahrhunderts nach den Kontinenten von Europa und Nord-Amerika. Auf den Verkehr nach Außen influiren Schifffahrt und Kolonial-System, erstere wieder als Ursache des letztern. Die Schifffahrt wurde theils schon durch die Zahl der Handelsschiffe angedeutet und wird durch Angabe der Englischen Seemacht noch mehr bezeichnet werden. Unter den Schiffen spielen die vielen Dampfschiffe der Engländer, unter denen einige sehr groß, eine bedeutende Rolle.

Als Beförderungsmittel des innern und äußern Verkehrs der Nation sind die Banken, sowohl des Staats, als der Privatleute, die Assecuranzgesellschaften und die Handelsgesellschaften, unter denen die Englisch-Ostindische Compagnie den ersten Rang behauptet, anzusehen.

Englands Volk steht auch in geistiger Kultur sehr hoch. Für das Unterrichtswesen sorgt weniger der Staat, als es Privatsache ist; die Erfindung des wechselseitigen Unterrichts von Bell und Lancaster hat den Mangel an Volkslehrern günstig ersetzt. Die gelehrten Schulen sind außerordentlich gut und lehren besonders sehr gründlich, daher die Bekanntschaft der Engländer mit dem Alterthum und ihre fast durchgängig klassische Bildung. Die Universitäten weichen auch von unsern deutschen wesentlich ab, indem sie gleichsam nur die höchste Potenz der gelehrten Bildung und der Uebergang zum Fachstudiren, nicht das Mittel zu diesem selbst sind. Die Kriegs-Marine hat zu Portsmouth und Plymouth ihre beiden höhern Unterrichtsanstalten. Alle Künste und Wissenschaften sind in Britannien würdig repräsentirt, vornehmlich die Naturwissenschaften, die Dicht- und Redekunst. Die Parlaments-Redner sowohl, als die Englischen Dichter und erzählenden Schriftsteller beurkunden Letzteres hinlänglich. Der Buchhandel steht durchgängig und wieder zumeist in London und Edinburgh auf hoher Stufe. Endlich muß noch erwähnt werden, daß kein Land so viele öffentliche Blätter, theils politischer, theils literärischer Tendenz, und mit ihnen das Mittel zu allgemeiner Theilnahme an den Interessen der Zeit hat, als England.

Was die Religion anbetrifft, so ist es bekannt, daß der größte Theil der Bewohner Englands und Schottlands sich zum Protestantismus, die Mehrzahl der Irländer dagegen zur katholischen Kirche bekennt.

Die protestantische Kirche Englands zerfällt in die Anglicanische oder Episcopalkirche und in die Presbyterianische Kirche. Erstere, die Staatskirche, und der katholischen in vielen Gebräuchen ähnlich, hat den Souverain selbst zu ihrem Oberhaupt; außerdem ist in ihr der Erzbischof von Canterbury Primas des Reichs. Die Geistlichen sind Erzbischöfe, Bischöfe, Dechanten, Pfarrer, Vicarien, Rektoren u. dgl. Die meisten Bewohner von England und Wales sind als Bekenner dieser Kirche in die beiden Erzbisthümer Canterbury und York (mit 25 Bisthümern) eingetheilt.

In Schottland hat die Episcopalkirche neben der vorherrschenden Presbyterianischen 6 Bisthümer, in Irland neben dem vorherrschenden Katholicismus 4 Erzdiözösen. Unter den vielen christlichen Secten der vereinigten Königreiche treten besonders die Methodisten hervor.

Verfassung und Verwaltung.

Die Staatsform ist beschränkt monarchisch. Der Souverain, welcher Gesetze beantragt und vollzieht, Krieg führt und Frieden schließt, und jedem Gesetze erst durch seine Beistimmung Wirksamkeit giebt (außer wenn es 3 Mal vom Parlament genehmigt worden), läßt Standeserhöhung und Begnadigung von sich ausgehen, und ist heilig und unverletzlich. Die gesetzgebende Gewalt theilt er mit dem Parlamente, welches aus dem Oberhause, d. i. der Versammlung der Peers, (unter dem Vorsitze des Lord Großkanzlers) und dem Unterhause, d. i. den vom Volke gewählten Abgeordneten, besteht. Außerdem ruht die Verfassung England's auch noch auf Reichsgrundgesetzen. Die bekanntesten derselben sind:

Die magna charta libertatum, d. h. der Freiheitsbrief des englischen Volks, vom 15. Juni 1215.

Die habeascorpus-Akte, von 1679, wegen Verhörung des Gefangenen nach 24 Stunden und seiner Entlassung gegen Bürgschaft, bei unerwiesenem Verbrechen.

Die Unions-Akten mit Schottland und Irland, von 1707 und 1800, wegen gleicher staatsbürgerlicher Rechte der Schotten und Irländer mit den Engländern.

Die Emancipations-Akte der Katholiken, vom 29sten April 1829.

Die Reformbill, vom 6ten Juni 1832. (Beseitigung von Mißbräuchen bei der Wahl von Volksvertretern.)

Ein eigenthümliches Symptom der Verwaltung ist, daß England verhältnißmäßig nur wenig besoldete Beamten hat. Jeder Grafschaft steht ein Lord-Lieutenant als repräsentirendes, ein Scherif als ausführendes Haupt vor. Die Rechtsangelegenheiten werden durch die Friedensrichter und Scherif's besorgt; der höchste Gerichtshof ist das Oberhaus.

Die Staats-Einnahme Englands betrug 1840 an 48 Millionen Pfund Sterling; die Ausgabe war bedeutender, und die Staatsschuld hat eine ungeheure Höhe erreicht.

Münze — Maaß — Gewicht.

Das Pfund Sterling, früher nur eine Rechnungs-Münze, seit 1817 aber auch eine Gold-Münze (Sovereign), beträgt 7 Preußische Thaler. Dies ist bei allen größern Zahlungen und Berechnungen die eigentliche Münz-Einheit.

Eine ältere Gold-Münze ist die Guinee, welche etwas mehr als ein Pfd. Sterling austrägt. Sovereign's und Guineen sind auch halb, letztere sogar zu $\frac{1}{4}$, ausgeprägt. Die gewöhnlichen Silber-Münzen sind: die Krone, d. i. 1 Thlr. 22 Sgr. 6 Pf., und der Schilling, d. i. $\frac{1}{5}$ Krone, also $10\frac{1}{2}$ Sgr., außerdem der Penny, d. i. $\frac{1}{12}$ Schilling. Kupfer-Münzen sind: die halben Penny's und die Farthing's, d. i. à $\frac{1}{4}$ Penny. Eine wichtige Rolle spielt das Papiergeld, welches in vielen Banknoten, mit verschiedenstem Betrage, cirkulirt.

Die Einheit des Längenmaaßes ist der Englische Fuß (etwas kleiner als der Preußische Fuß), und die Englische Meile, letztere etwas weniger, als $\frac{1}{4}$ Deutsche Meile. 3 Englische Fuß geben einen Yard. Die Einheit des Flächenmaaßes ist der □ Yard. Beim Körpermaaß wird als Einheit der Gallon, d. i. à = 299,0466 Pariser Kubikzoll, gewöhnlich angewendet. Die Einheit des Handelsgewichts ist das Pfund (Pound), d. i. à = $31\frac{2}{200}$ Preuß. Loth.

Land- und See-Macht.

Das active Heer ist in den vereinigten Königreichen, den übrigen Europäischen Besitzungen und in den Kolonieen vertheilt, und beläuft sich auf etwa 120,000 Mann. Eine eben so große Zahl steht auf halbem Solde, und eine Art Landesbewaffnung findet überdies statt. Die Seemacht beläuft sich auf 436 Kriegsschiffe, außer 64 Dampfschiffen und einer großen Anzahl Packetboote. Hiervon waren 1840 171 Schiffe, und darunter 6 große Linienschiffe, vollständig gerüstet.

Eintheilung.

I. Das Königreich England.

Es zerfällt in 40 Grafschaften, welche wir jedoch nicht, sondern nur die historisch-wichtigen Haupttheile, nennen.

1) Essex.

London an der Themse, $1\frac{1}{2}$ Million Einw. (9000 Straßen — 180,000 Häuser — 80 freie Plätze — Haupttheile der Stadt: das eigentliche London, die City und die Stadt West-Münster — Welthandel — höchste Industrie — viele Verbrechen — die wichtigsten Königlichen Paläste: der James-Palast — York-House — der Kensington-Palast — der Tower — 5 große Park's — 2 Universitäten — 40 Gelehrten-Vereine — 12 Theater — sehr viele Schulen und Wohlthätigkeits-Anstalten).

2) Ost-Angeln.

Norwich an der Yare, 60,000 Einw. (Handel — Fabriken). — Yarmouth an der Yare-Mündung, 18,000 Einw. (Hafen — Handel — Seebad). — Cambridge, 14,000 Einw. (Universität).

3) Merzia.

Oxford an der Themse und am Oxford-Kanal, 15,000 Einw. (Universität). — Gloucester an der Saverne, 10,000 Einw. (Grab Wilhelms des Eroberers). — Birmingham am Trent, 145,000 Einw. (große Handels- und Fabrikstadt). — Nottingham am Trent, 50,000 Einw. (Strumpf-Fabriken).

4) Nord-Humberland.

Hull an der Humbermündung, 45,000 Einw. (Schiffbau — Handel — Greattrunk-Kanal). — Leeds, 125,000 Einw. (große Fabriken — Kanal nach Liverpool). — York an der Ouse, 40,000 Einw. (große Erzbischöfliche Cathedrale). — Sheffield, 100,000 Einw. (große Stahl-Fabrik). — Liverpool am Leeds-Kanal und der Mersey-Mündung, 200,000 Einw. (Welthandel — Hafen — Leuchtthurm). — Manchester am Bridgewater-Kanal, 240,000 Einw. (erste Fabrik-Stadt, besonders für Baumwollen-Fabrikate). — Newcastle, 50,000 Einw. (Steinkohlen).

5) Kent.

Canterbury (Residenz des Primas). — Dover am Aermelmeer, 20,000 Einw. (Ueberfahrt nach Frankreich). — Greenwich an der Themse, 20,000 Einw. (erster Englischer Meridian — Eisenbahn).

6) Sussex.

Brighton am Aermelmeer, (Seebäder — Ueberfahrt nach Frankreich).

7) Wessex.

Portsmouth, 60,000 Einw. (See-Akademie — Schiffswerfte). — Plymouth am Aermelmeer, 70,000 Einw. — Bristol am Aermelmeer, 104,000 Einw. (Fabriken — Handel). — Bath am Avon, 50,000 Einw. (warme Bäder). Zu Wessex gehört auch das Herzogthum Kornwallis, der südwestlichste Theil Englands, mit der Hauptstadt Fallmouth.

II. Das Fürstenthum Wales,

mit den Grafschaften Glamorgan uns Pembroke, als denjenigen, worin die beiden Hauptstädte des Landes, nehmlich in ersterer Swansea, am Kanal von Bristol, mit 13,600 Einw., in letzterer Pembroke, fast an der südwestlichsten Spitze von

Wales, liegen. Zu Wales gehört auch die Insel Anglesea, als Grafschaft für sich, mit der Hauptstadt Beaumaris.

III. Das Königreich Schottland,

mit 33 Grafschaften, die wir füglich in 2 Hauptheile, nehmlich in die Niederlande und Hochlande, zusammenfassen können.

1) Die Niederlande, d. i. der südlichere Theil, wie dies, nach Kenntniß der physischen Geographie, sich von selbst versteht.

Edinburg am Forthbusen, 162,000 Einw. (Hauptstadt — Handel — die kleinere und nördlichere Stadt Leith, gleichsam ein Zubehör von Edinburg). — Glasgow an der Clyde-Mündung, 202,000 Einw. (bedeutender Handel und große Fabriken). — Dundee an der Tay-Mündung, 32,000 Einw. (Grönlands-Fischerei und Ostsee-Handel). — Aberdeen, 40,000 Einw. (Handel und Fabriken).

2) Die Hochlande.

Perth, 20,000 Einw. — Invernes, 12,000 Einw. (Caledonischer Kanal und Murrey-Busen).

IX. Das Königreich Irland,

mit 32 Grafschaften, die wiederum in 4 Haupttheile zusammengefaßt werden.

1) Leinster.

Dublin an der Irischen See, 250,000 Einw. (Hauptstadt — Handel).

2) Ulster.

Belfast, 53,000 Einw. (Gewerbfleiß und Handel). — Londonderry, 10,000 Einw. (Cathedrale).

3) Connaught.

Galway am Busen gleiches Namens, 33,000 Einw. (Erzbischöfliche Residenz). — Sligo an der Bay gleiches Namens, 9500 Einw. (Handel und Schifffahrt).

4) Munster.

Limmerik an der Shannon-Mündung, 70,000 Einw. (Handel — Schiffahrt). — Cork, 120,000 Einw., an der Südküste am Golf gleiches Namens, und westlich der Mündung Blakwater (Schlächterei — Rhederei). — Waterford an der Mündung des Barrow, 30,000 Einw. (Handel und Fischerei).

V. Die Normannischen Inseln.

Diese Gruppe, welche bereits in der physischen Geographie bezeichnet wurde, ist sehr felsig, gleichwohl aber sehr fruchtbar, und sowohl dem Ackerbau, als der Viehzucht und dem Obstbau günstig. Die fruchtbarste unter diesen Inseln, welche schon oft dem Schleichhandel als Stationen gedient haben, ist Jersey. Die Einwohner sind reformirte Franzosen, und sprechen englisch und französisch, letzteres in einem altnormännischen Dialekte. Sie haben ihre eigne Verfassung, gehören also nur indirekt zu England. Der Hauptort ist St. Helier.

VI. Die Insel Man.

Eine Insel von unbedeutender Fruchtbarkeit, jedoch mit beträchtlicher Viehzucht und Fischerei. Die Einwohner sind alte Britten, und bekennen sich zur Episcopalkirche; die Hauptstadt ist Douglas.

VII. Gibraltar.

Wir verstehen darunter nur einen Kalkberg, Afrika gegenüber, der mit Festungswerken bedeckt ist. Der Berg ist mannigfaltig und üppig bewachsen und von 15,000 Seelen bewohnt, von denen innerhalb der Ringmauern der Stadt Gibraltar 12,600 leben. Das Englische Gesetz gilt hier unter dem Schutz und der obersten Verwaltung eines Gouverneurs.

VIII. Die Malta-Gruppe.

Malta selbst, die Hauptinsel, enthält 95 Englische □ M. Sie ist durch Betriebsamkeit der Bewohner, trotz weniger Fruchtbarkeit, sehr kultivirt, und enthält mit Gozzo zusammen 122,000 Einw. Die Einwohner sind gute Seeleute, patriotisch, und sprechen theils italienisch, theils in einem kauderwälschen Gemisch aus vielen Sprachen. Die Gruppe wird von einem Militair-Gouverneur regiert. Die Hauptstadt ist La Valetta (1566 gegründet), eine prachtvolle und stark befestigte Stadt mit 46,000 Einw.

Anmerkung. Die Inseln in der unmittelbaren Umgebung der 3 vereinigten Königreiche, außer den genannten, sind bei England und Schottland mit inbegriffen. Die kleine Insel Helgoland in der Nordsee wird nur von etwa 2000 protestantischen Friesen, welche größtentheils Lootsen sind, bewohnt. Die Jonischen Inseln sind eine selbstständige Republik, welche nur unter der Schutzhoheit Englands steht, und daher, als ein Reich für sich, später beschrieben werden wird.

Festungen.

1) In England.

Yarmouth, Dover, Chatam, Portsmouth, Plymouth, Falmouth, Southampton.

2) In Wales.

Pembroke.

3) In Schottland.

Die Citadelle von Edinburg.

4) In Irland.

Londondery, Galway, Limmerik, Cork und die Kastelle von Kinnaird und Kinsale.

Häfen.

London, Yarmouth, Ipswich, Boston, Berwick, Dundee, Aberdeen, Invernes, Glasgow, Liverpool, Chester (Ueberfahrt nach Irland), Bristol, Plymouth (Kriegs- und Handels-Hafen), Dover, Dublin, Belfast, Londondery, Galway, Limmerik, Cork (Kriegs-Hafen), Waterford, Douglas, (J. Man).

Universitäten.

1) In England.

London — Oxford und Cambridge.

2) In Schottland.

Edinburg — Glasgow und Aberdeen.

3) In Irland.

Dublin.

Eisenbahnen.

Unter den vielen Eisenbahnen Englands, welche theils fertig, theils im Werke sind, werden hier nur die bekanntesten hervorgehoben, und zwar:

1) Die Bahn von Greenwich nach London.
2) Von London nach Birmingham.
3) Von Birmingham nach Manchester.
4) Von Manchester nach Liverpool.
5) Von Newcastle nach Carlisle.
6) Von Darlington nach Stockton.
7) Von Leeds nach Selby.

8) Von Bristol nach Glocester.

9) Von Dublin nach Kingstown.

10) Von Limmerick nach Waterford.

Die längsten von den genannten Bahnen sind die Nr. 2 und 3, à mit 23 Meilen, und die beiden kürzesten die Nr. 1 und 9, à etwa eine deutsche Meile lang.

Geschichtlich merkwürdige Orte.

1) In England.

Stamford (Angeln und Sachsen, unter Hengist und Horst, gegen die Picten und Scoten, 449). — Aschford (Horst bleibt gegen die Britten 455). — Hastings (Wilhelm v. d. Normandie und Harald, 1066). — Berwick (Edward III. und die Schotten unter Douglas, 1333). — Bosworth (Heinrich v. Lancaster und Richard III., 1485). — London (Pulververschwörung, 1605 — Englische Revolution).

2) In Schottland.

Falkirk (Edward I. und Wilhelm Wallace, 1298). — Bonokburn (Edward II. und Robert Bruce, 1314).

3) In Irland.

Der Boyne-Fluß (Wilhelm I. und Jacob II., 1690).

Kolonieen.

1) In Asien.

Die Präsidentschaften Bengalen, Madras und Bombay in Vorderindien, die Insel Ceylon, die unmittelbaren Besitzungen in Hinterindien und zwar die Gebiete von Arakan, Martaban, Tanasserim und Malacka, so wie die Inseln Prinz-Wales und Singapore, an der Malacka-Straße.

2) In Afrika.

Das Cap-Land, die Maskarenische Insel Mauritius, die Seychellen — Niederlassungen auf Sierra Leone und am Gambia, und die Inseln Helena und Ascension.

3) In Nord-Amerika.

Ober- und Unter-Canada, Neu-Braunschweig, Neu-Schottland, die Länder der Hudsonsbay, die Inseln Cap-Breton, Neu-Foundland, Sct. John, Anticosti, Prinz Edward und Brittisch Yukatan oder Honduras.

4) In West-Indien.

Die Bahamas- und Bermudas-Inseln, die Virginischen Inseln, die Antillen: Jamaica, Trinidat, Tabago, Granada, Sct. Vincent, Barbados, Lucia, Dominica, Antigua u. a. m.

5) In Süd-Amerika.

Ein Theil von Guiana und die Falklands-Inseln.

6) In Australien.

Neu-Süd-Wales, Vandiemensland und Besitzungen in Süd-Australien und am Schwan-Fluß.

§. 51.

Das Königreich Portugal.

Portugal grenzt im Nord und Ost an Spanien, und zwar nördlich an Galizien, östlich an Leon, Estremadura und Andalusien; im Süd und West wird das gleichsam wie ein Oblongum geformte Land vom eigentlichen Atlantischen Meere bespült.

Portugal enthält 1722 □ M. und eine Bevölkerung von 3,300,000 Seelen.

Der alte Name des Landes, den die Römer ertheilten, ist Lusitania.

Ein Blick auf die politische Geschichte des Landes läßt uns leicht die Elemente der Portugiesischen Nation errathen. Wir sehen in den Portugiesen theils die Abkömmlinge der alten Lusitanier und Zeltiberier, theils die Spuren des dagewesenen Römer- und Maurenthums. Ganz im Sinne südlicher Natur sind die Portugiesen lebhaft und zuvorkommend, aber auch leidenschaftlich, nationalstolz und rachsüchtig; die geistigen Kräfte befinden sich in einer gewissen Ruhe, und selbst körperlichen Anstrengungen ist der Portugiese nicht Freund. Hieraus folgt, daß auch die industriösen Zustände nur mittelmäßig sind, und daß Faulheit, Bettelei und Diebstahl häufig gefunden werden. Die Mittel zur Beförderung innern Verkehrs sind höchst untergeordnet. Belustigungen sind, des heißen Klima's und der vorherrschenden Neigung zur Ruhe wegen, hier seltner, als in andern Ländern. Die Sprache, welche mit der Spanischen verwandt ist, erscheint noch biegsamer, als letztere, und aus einer Mischung vieler Sprachen entstanden. Die Literatur ist nicht reich, da politischer und religiöser Druck, Kleinheit des Landes und Trägheit der Einwohner der freiern Geistesbildung entgegen standen. Der einzige große Dichter, den Portugal erzeugte, ist Don Louis de Camoëns.

Die herrschende und fast einzige Religion Portugals ist die römisch-katholische; die Geistlichkeit dieser Kirche ist sehr zahlreich. Der Volks-Unterricht steht auf einer niedrigen Stufe, und die einzige Landes-Universität ist zu Coimbra.

Für den Handel, welcher übrigens auch nur schwach und größtentheils durch Ausländer betrieben wird, sind Lissabon, Setuval und Oporto die bedeutendsten Plätze.

Die Verfassung ist, nach Beendigung des Kampfes zwischen Don Pedro und Don Miguel, wieder festgestellt, und an der Spitze der constitutionellen Monarchie steht Donna Maria da Gloria, die Tochter Don Pedro's.

Die Landmacht beläuft sich, außer der Landes-Miliz, etwa auf 30,000 Mann, und die Seemacht auf 36 Kriegsschiffe, unter denen 2 Linienschiffe.

Eintheilung.

I. Das Königreich Portugal mit 5 Provinzen.

1) Estremadura.

Lissabon an der Tajo-Mündung, 300,000 Einw. (reizende Lage — 3 Haupthügel — Befestigungen — Zahlreiche Kirchen — Bisweilen Erdbeben — Große Wasserleitung). — Setuval, 15,000 Einw. (Handel).

2) Beira.

Coimbra am Mondego, 15,000 Einw. (Universität — Bibliothek und Sternwarte).

3) Entre Minho e Duero.

Oporto an der Duero-Mündung, 70,000 Einw. (Fabriken — Weinhandel).

4) Traz oz Montes.

Gebirgige Provinz mit gemäßigterem Klima.

Braganza (Stammhaus der Könige von Portugal).

5) Alentejo.

Elvas, 10,000 Einw. — Evora, 9000 Einw. (Römische Alterthümer).

II. Das Königreich Algarvien,

der südlichste Theil des ganzen Landes und nur sehr klein. Die Hauptstadt Algarviens ist Tavira an der Südküste, 9000 Einw. (Leuchtthurm).

Festungen.

1) An der Westküste.

Die Befestigungen von Lissabon und Setuval.

2) Gegen Spanien.

Elvas, Portalegre und Almeida an der Ostgrenze, Chaves und Montalegre an der Nordgrenze.

Häfen.

Oporto — Lissabon (Kriegshafen) — Setuval — Lagos — Faro — Tavira.

Geschichtlich-denkwürdige Orte.

Ourique in Alentejo, (Alfons I. und die Mauren, 1139). Aljubaretta in Estremadura, (Portugiesen und Castilianer, 1385). — Lagos, (Englische und Französische Flotte, 1759). — Vimeiro, nördlich Lissabon, (Wellington und Junot, den 21sten Aug. 1808). — Busaco am Mondego, (Wellington und Massena, den 27sten Septbr. 1810).

Colonieen.

1) In Asien.

Diu auf Guzerat, Goa auf Malabar, Macao auf der Süd-Chinesischen Küste, und ein Theil der kleinen Sundischen Insel Timor.

2) In Afrika.

Die Azoren, die Madeira-Gruppe, die Inseln des grünen Vorgebirges, die Bissagos-Inseln und Niederlassungen auf Senegambien; — die Insel Sct. Thomas am Aequator, Besitzungen auf Süd-Guinea, namentlich Loango und Benguela; — Niederlassungen auf Sofala und Mozambique, namentlich die Städte Sofala und Quilmanze (Zambeze-Mündung); — die kleine Insel Mozambique und die Gruppe der Amiranten.

§. 52.

Das Königreich Spanien.

Spanien grenzt im Nord an den Golf von Biscaya und an Frankreich, im Ost an Frankreich und das Mittelmeer, im Süd an das Mittelmeer, die Straße von Gibraltar und den Golf von Cadix, im West an Portugal und das Atlantische Meer.

Spanien enthält 8447 □ M. und etwa 14 Millionen Einwohner, eine Durchschnittszahl, die in jüngster Zeit eher vermindert (man bedenke die letzten Bürgerkriege), als vermehrt worden ist.

Hier noch mehr, wie in Portugal, sind die Einflüsse verschiedener Invasionen, und überhaupt welthistorischer Thatsachen, zu erkennen, obgleich sich das Princip Castilianischen Ritterstolzes aus jenen Zeiten des Cid unversehrt und als Grundzug Spanischen Charakters erhalten hat. Nur ein Volk Spaniens, nehmlich die Basken, ist ganz unvermischt geblieben, wogegen die andern Theile der Nation uns vielfach die Römischen und Arabischen Herkunfts-Merkmale und solche, die auf West-Gothen und Celtiberier hindeuten, erkennen lassen.

Der Spanier ist ernst und zurückhaltend, stolz und vom Gefühl seiner Würde in hohem Grade durchdrungen. Er überschätzt den Werth seiner Nation, wie seiner Person, hat aber einen festen ritterlichen Muth, und ist gegen die Bequemlichkeiten des Lebens gleichgültig. Er verschmäht das Fremde und hat tiefe Leidenschaften, deren Anregung (wie die letzten Kriege mit Frankreich beweisen) unglaubliche Resultate hervorbringt.

Die katholische Religion ist herrschend, und der Spanier ist in ihrer Befolgung streng. Sein religiöses Gefühl artet in der niedern Klasse oft zu fanatischer Bigotterie aus. Die zahlreiche Geistlichkeit, deren Primas der Erzbischof von Toledo, hat vielen Einfluß auf die Nation.

Die Richtung des Spanischen Nationalsinnes, hinsichtlich der Belustigung, erhellt deutlich aus ihren Nationaltänzen (Fandango), aus den Stiergefechten und ähnlichen Vergnügungen, die jedoch in neuester Zeit seltner geworden sind.

Der Handel ist, wie in Portugal, nicht nach Verhältniß

der Landes-Production, und steht auch hier sehr unter dem Einflusse der Ausländer.

Die Sprache ist würdevoll und wohltönend, gleich der Portugiesischen, eine Tochter der Lateinischen, uud hat mehrere Dialecte, unter denen der Castilianische der reinste ist; das Baskische ist eigenthümlich. Die Spanische Literatur hat sich auf ächt nationale Weise und zum Theil zu Meisterwerken ausgebildet. Ihre höchste Blüthe liegt im 16ten und 17ten Jahrhundert, und ihre Koryphäen sind: Vega, Calderon und Cervantes. In neuester Zeit ist diese Literatur stehen geblieben.

Der Volks-Unterricht ist vernachlässigt, und alle Zweige der Industrie und Geistesbildung dürften besonders jetzt, unmittelbar nach den unglücklichen Kriegen der Carlisten und Christinos, sehr darnieder liegen. Von den 15 sogenannten Universitäten Spaniens möchten etwa Salamanca, Avila, Alcala und Valadolid die beachtungswerthen sein.

Die Verfassung ist jetzt constitutionell-monarchisch, und da auch die Königin Christine gegenwärtig außerhalb des Landes ist, so wird dieses für ihre minderjährige Tochter, Donna Isabella, verwaltet. Die Stände der Monarchie heißen Cortes.

Die Landmacht ist gegenwärtig nicht genau zu bestimmen; die Seemacht besteht etwa aus 25 Schiffen, worunter 3 Linienschiffe.

Eintheilung.

Spanien wird in Provinzen und Intendanzen eingetheilt; da indeß die ältere Eintheilung in Königreiche, in historischer Bedeutsamkeit, wie in National-Unterschieden, hervorleuchtet, so wird wiederum diese gewählt.

1) Neu-Castilien.

Madrid am Manzanares, 150,000 Einw. (Hauptstadt — Residenz — Prado — altes und neues Schloß — Aquaduct). — Toledo am Tajo, 30,000 Einw. (Erzbischöfliche Residenz — Cathedrale — Alcazar). — Alcala am Henares (ehemals berühmteste Universität Spaniens — Geburtsort des Cervantes).

2) Alt-Castilien.

Burgos am Arlanzon, 10,000 Einw. (Königs-Gräber — Cid Campeador). — Segovia, 10,000 E. (Alcazar — Aquaduct — ehemaliger Glanz).

3) Leon.

Leon, 8000 Einw. (Königs-Gräber). — Valadolid an der Pisuerga, 30,000 Einw. — Salamanca am Tormes.

4) Asturien.

Oviedo am Nalon, 9000 Einw.

5) Galizien.

San Jago di Compostella, 30,000 Einw. (berühmter Wallfahrts-Ort). — Coruña, 20,000 Einw. — Ferrol, 15,000 Einw.

6) Estremadura.

Badajoz an der Guadiana, 13,000 Einw.

7) Andalusien.

Dieses schöne Land Spaniens, durch Klima, heitern Himmel und Fruchtbarkeit, durch schöne Formen, Lebendigkeit und Geist seiner Bewohner, ist zugleich reich an Denkmälern der Vorzeit. Seine bedeutendsten Städte sind:

Sevilla am Guadalquivir, 96,000 Einw. (früher viel bevölkerter — schöne Stadt — Grabmal des Columbus — unweit Sevilla die Trümmer der Stadt Italica, der Geburts-Stadt von Trajan, Hadrian und Theodosius). — Cordova am Guadalquivir, 55,000 Einw. — Jaen, 25,000 Einw. — Cadix am Meerbusen gleiches Namens (Handel).

8) Granada.

Granada am Xenil, 70,000 Einw. (Alhambra). — Mallaga am Meer, 52,000 Einw. (Handel). —

9) Murcia.

Murcia an der Segura, 35,000 Einw.

10) Valencia.

Valencia an der Turia-Mündung, 80,000 Einw. (Seestadt — Handel — Dom). — Alicante am Meere, 25,000 E.

11) Catalonien.

Barcelona an der Mündung des Llobregat, 140,000 Ew. — Tortosa an der Ebro-Mündung, 11,000 Einw.

12) Arragonien.

Zaragoza am Ebro, 50,000 Einw.

13) Navarra.

Pampeluna, 12,000 Einw. (nordöstlich davon das Pyrenäenthal Ronceval). — Tudela am Anfange des Kaiser-Kanals.

14) Biscaya, oder die Baskischen Provinzen, aus den 3 Locationtheilen: Biscaya, Alava und Guipuzcoa, bestehend.

Bilbao, 15,000 Einw. — Vittoria, 10,000 Einw.

15) Die Balearen mit den Städten: Palma auf Majorca, 34,000 Einw., und Mahon auf Minorca, 18,000 Ew.

Festungen.

1) Gegen Portugal.

Zamora, Ciudad Rodrigo, Alcantara und Badajoz.

2) Am Golf von Cadix.

Cadix.

3) Am Mittelmeere.

Cartagena, Tortosa, Tarragona, Barcelona, Gerona und Rosas.

4) An den Pyrenäen.

Figuerras und Pampeluna.

5) Am Golf von Biscaya.

Fuentarabia, Sct. Sebastian und Coruña.

6) Im Innern.

Zaragoza am Ebro, und Lerida am Segre.

7) Auf Majorca.

Palma.

Häfen.

Santander (befestigt), Coruña (Kriegsh.), Ferrol (Kriegsh.), Cadix (Kriegsh.), Cartagena (Kriegsh.), Alicante (Freihafen), Barcelona, Tarragona, Bilbao.

Historisch-denkwürdige Orte.

Xeres de la Frontera (Tarik und Roderich, 711). — Ronceval (Roland, 779). — Tolosa (Castilien, Arragon und Navarra gegen Mahomed Al Nasir, 1212). — Trafalgar (Nelson, Villeneuve und Gravina, den 21sten October 1805). — Burgos (Soult und Bervedel, den 11. Novbr. 1808). — Madrid (Einzug der Franzosen, den 4. Dezbr. 1808). — Talavera de la Reyna (Wellington gegen Jourdan, Victor, Mortier und Sebastiani, den 27. und 28. July 1809). — Salamanca (Wellington und Marmont, den 22. Juli 1812). — Vittoria (Wellington und Joseph Bonaparte, d. 21. Juni 1813).

Kolonieen.

1) In Asien.

Der Archipel der Philippinen = Inseln.

2) In Afrika.

Die Canarischen Inseln und die Inseln: Losprincipe und Anabon, am Aequator.

3) In West = Indien.

Die Antillen: Cuba und Portorico.

4) In Australien.

Die Carolinen und Marianen.

§. 53.

Italien.

Diese Halbinsel, zwischen dem Tyrrhenischen und Adriatischen Meere, nur vom Oestreichischen Staate, der Schweiz und Frankreich im Nord bogenförmig umlagert, ist eine Ländergesammtheit. Sie zählt nach Deutschland die meisten selbstständigen Staaten und schaltet die beiden großen Inseln, Sicilien und Sardinien, außer vielen kleinen, in ihren politischen Begriff mit ein.

Mögen wir uns bei Italien erinnern, daß es die Heimath des Römerthums, d. h. sowohl einer bürgerlichen, als einer politischen Größe war. Hier ruht Cokles Asche und die des Camillus und Cicero, wir wandeln auf den Gräbern der Imperatoren und zwischen Denkmälern versunkener Majestät. Die Wellen der Tiber und die Steine der Engelsburg erzählen vom großen Ehemals. Die ganze Erde Hesperiens, in welche jetzt das Blut zahlloser Kämpfe eintrocknete, ist classisch, und wenn wir das glorreiche Römerthum, dann auch das Zeitalter der Italischen Republiken und ihrer Meerherrschaft mit den gegenwärtigen Zuständen vergleichen, so ist ein wehmüthiges Gefühl unwillkürlich. Was das Wissen und die Kunst anlangt, so ist Italien noch immer das Land des Schönheitssinnes und des Wohlklangs, noch immer die Schule für das fühlende Herz und den lebendigen Geist des Künstlers; aber seine Blüthen = Zeitalter sind auch in dieser Beziehung vorüber und so wie kein Gallilái mehr hier entsteht, so giebt es auch keinen Ariost und Raphael mehr. Nach seinem jetzigen Zustande ist Italien nur noch für den einzelnen Sinn und für das einzelne Herz, seiner herrlichen Natur, seines noch vorhandenen Kunstlebens und seiner Geschichte wegen bedeutsam, während das Politische mehr indifferent erscheint, da kein einziger seiner Staaten unter den Europäischen Großmächten steht. Aus dem Gesichtspunkte dieser allgemeinen und zeitgemäßen Wichtigkeit müssen die Staaten hier betrachtet werden, und es wird daher nachgehend den Italischen Landen auch nur eine gewöhnliche Sorgfalt gewidmet sein. Die obige kurze Erinnerung an das Historische und Classische Italiens möge den Schüler veranlassen, Werke mit anderer Tendenz zu seiner Privat-Ausbildung hierüber nachzulesen.

Ganz Italien enthält 5800 □M. und 21 Millionen Einwohner. Ueber den Charakter aller Italiener kann man im Allgemeinen sagen, daß Lebendigkeit und frischer Geist, Liebe und Talent für schöne Kunst ihn auszeichnet, Sinnlichkeit, Habsucht und Neigung zur Intrigue und heimlichen Rache dagegen seine Dunkelheiten sind. Die Religiosität zeigt sich äußerlich, besonders durch strenge Beachtung aller Gebräuche, ruht aber mehr auf Herkommen und Gewohnheit, als auf tiefem Herzensgefühl. Das Volk ist zwar unwissend und roh und bei ihm Raub und Diebstahl sehr häufig, aber dennoch bietet das Volksleben mancherlei heitere Erscheinungen. Nirgends wird z. B. der Carneval mit so vielseitiger heiterer Bestrebung begangen und nirgends existiren so viele stehende Curiositäten, namentlich volksthümlich burleske Figuren, als in Italien. Letztere sind größtentheils den Italienischen Lustspielen entnommen und gingen von da aus erst zu den anderen Volksbelustigungen über, indem sie allmählig das Eigenthum der Publicität wurden. In dieser Eigenschaft sind z. B. Pierrot, Scapin, Arlequino, Policinello, Pantalon, Tartaglia u. dgl. zu nennen. Die Regierungen der Italischen Staaten thun im Ganzen zu wenig für die Volks-Emancipation, und es zeigen sich daher außer den bereits erwähnten Verbrechen namentlich Faulheit und zügellose Bettelei, als Symptome jener Volksrohheit.

Die einzelnen Staaten sind:

1) Das Königreich beider Sicilien.
2) Der Kirchenstaat.
3) Die Republik San Marino.
4) Das Großherzogthum Toscana.
5) Das Herzogthum Lucca.
6) Das Herzogthum Modena.
7) Das Herzogthum Parma.
8) Das Königreich beider Sardinien.
9) Das Lombardisch-Venetianische Königreich.

§. 54.

Das Königreich beider Sicilien.

Es besteht aus der Insel und dem Festlande; letzteres ist nur im Norden vom Kirchenstaate begrenzt, übrigens vom Tyrrhenischen, Adriatischen und Jonischen Meere eingeschlossen. Das Ganze enthält etwa 1987 □M. und 8 Millionen Einwohner.

Viehzucht und Ackerbau, so wie an den Küsten die Fischerei, sind weniger gut, als in der Lombardei, aber besser, als in den Mittel-Italienischen Staaten. Die Industrie ist gering, Schulwesen und allgemeine Bildung sind unbedeutend. Die römisch-katholische Religion ist herrschend und der nur geduldeten Protestanten sind wenige. In den südlichen Theilen des Festlandes finden sich eingewanderte Griechen und Albanier. Von der Insel Sicilien ist in Hinsicht der Kultur Gleiches wie vom Festlande zu sagen.

Die Verfassung beider Sicilien ist, nachdem die 1820 eingeführte constitutionelle Regierungsform 1821 wieder abgeschafft wurde, unumschränkt-monarchisch. Die Insel Sicilien wird durch einen Vice-König regiert.

Eintheilung.

I. Das Festland.

Es zerfällt in 4 Hauptheile oder Landschaften, welche wieder in 15 Provinzen, jede von einem Governatore verwaltet, eingetheilt sind.

1) Terra de Lavoro (der westlichste Theil).

Neapel am Golf gl. N., 370,000 Einw. (Hauptstadt — Residenz — Prächtige Gebäude — Lazaronis — Posilippo — Virgil's Grab). — Portici, 6000 Einw. (Fresko-Gemälde — Unweit Portici Herculanum und Pompeji, welche 79 n. Chr. versanken und die man 1738 auszugraben anfing). — Gaëta, auf einer Landzunge am Meer, 15,000 Einw. — Salerno am Golf gl. N., 10,000 Einw.

2) Abruzzo (die nördlichste Landschaft).

Teramo, 10,000 Einw. — Aquila — Pescara.

3) Apulien.

Barletta an der Küste des Adriatischen Meeres, 20,000 Einw. — Lecce an der Straße von Otranto, 20,000 Einw. — Taranto am Golf gl. N., 20,000 Einw.

4) Calabrien.

Cosenza, 15,000 Einw. — Reggio an der Straße von Messina, 17,000 Einw.

II. Die Insel Sicilien.

Sie wird in 7 Intendanzen, welche nach den hier folgenden bedeutendsten Städten genannt sind, eingetheilt.

Palermo an der Nordküste, 170,000 Einw. (Hauptstadt — Schloßplatz — bedeutender Handel). — Messina an der gleichnamigen Meerenge, 75,000 Einw. — Catania, zwischen dem Aetna und dem Meere, 46,000 Einw. (Antiquitäten-Sammlung). — Siragossa an der Ostküste, 15,000 Einw. (altes Syracus — viele Ruinen). — Girgenti an der Südwestküste, 15,000 Einw. (Ruinen). — Trapani an der Westspitze, 25,000 Einw. (Korallenfischerei — Marmorbrüche). — Caltanisetta im Innern (Schwefelgruben — Pistazienbau).

Festungen.

Auf dem Festlande.

a) Am Tyrrhenischen Meer.

Neapel — Capua (am Volturno und in einiger Entfernung von der Küste). — Gaëta.

b) Am Jonischen Meer.

Gallipoli (Felsenfestung am Golf von Tarent). — Otranto (Felsenfestung, an der Straße gleiches Namens).

c) Am Adriatischen Meer.

Pescara an der Mündung des Flüßchens gl. N. — Bari.

Häfen.

1) Des Festlandes.

Gaëta, Neapel, Salerno, Policastro, Reggio, Squilace, Taranto, Gallipoli, Otranto, Brindisi, Bari, Barletta, Manfredonia und Pescara.

2) Der Insel.

Palermo, Messina, Catania (der Hafen hat durch die letzte Eruption des Aetna gelitten). — Siragossa (2 Häfen). — Agosta — Girgenti — Alicata — Sciacca — Trapani.

Universitäten.

In dieser Eigenschaft sind die beiden Hauptstädte: Neapel und Palermo besonders zu erwähnen.

Geschichtlich denkwürdige Orte.

Heraclea, jetzt Ruine, am Busen von Tarent (Pyrrhus und Valerius Lävinus, 280 v. Chr.). — Asculum, jetzt Ascoli, in Apulien (Pyrrhus und Fabricius Luscinus, 279 v. Chr.). — Canná am Oforto in Apulien (Hannibal und Terrentius Varro, 216 v. Chr.). — Otranto (Seeschlacht der Venetianer und Araber, 871). — Tagliacozzo (Carl v. Anjou und Conradin, 1267). — Messina (Sicilianische Vesper, 1282). — Pizzo in Calabrien, am Golf v. St. Euphemia (Mürats Landung, 1815).

Anmerkung. Die Liparischen und Aegatischen Eilande werden zu der Insel Sicilien, der Verwaltung nach, mit hinzu gerechnet, wiewohl viele von ihnen unbewohnt sind. Die bewohnten derselben haben starke Forts und Gefängnisse für Verbrecher.

§. 55.

Der Kirchenstaat.

Er grenzt im Nord an Toscana, Modena und die Lombardei, im Ost an das Adriatische Meer, das Königreich Neapel, im Süd an letzteres und das Tyrrhenische Meer, im West an das Tyrrhenische Meer, Toscana und Modena.

Auf einem Flächenraum von 812 □M. leben 2½ Millionen Einwohner.

Die reichen Erzeugnisse des Landes werden nur schwach benutzt, da namentlich der Bergbau fast ganz unbekannt ist und die Fabrikthätigkeit in der Kindheit liegt. Der Ackerbau wird schlecht betrieben, die Viehzucht und der Weinbau etwas besser. Bürger und Landmann sind arm und werden in ihrem natürlichen Hange zum Müßiggange noch durch viele Festtage und durch die Mildthätigkeit der Klöster bestärkt. Die letzteren, wie überhaupt die Geistlichkeit und der Adel, freuen sich einer bedeutenden Wohlhabenheit. Die Künste sind geliebt und werden betrieben, bieten aber in der Gegenwart unter ihren Clienten keine ausgezeichnete Erscheinung. Der öffentliche Unterricht wird von der Geistlichkeit geleitet. Der Verkehr mit Fremden ist sehr bedeutend. Der Papst, welcher im Conklave der Cardinäle gewählt wird, ist unumschränkter Gebieter.

Eintheilung.

Das ganze Land wird in das Gebiet von Rom und hiernächst in 17 Delegationen eingetheilt.

1) Das Gebiet von Rom.

Rom an der Tiber, 150,000 Einw. Es ist auf 7 Hügeln: Palatinus, Capitolinus, Quirinalis, Aventinus, Viminalis, Janiculus und Vaticanus gebaut (Peters-Kirche — Rotonda — Vatican — Trajans-Säule — Capitolinisches Museum — Obelisk — Corso — Lateran — Engelsburg — Catacomben). — Tivoli am Teverone (Cascaden — Ruinen). — Ostia an der Tiber-Mündung — Terracina, am Ende der Pontinischen Sümpfe (ungesunde Luft — Ruinen).

2) Die Delegationen.

Ferrara am Po di Volano, 24,000 E. (Ariost's Grab). — Bologna am Reno, 70,000 E. (blühender Handel). — Ravenna am Adriatischen Meer, 20,000 E. (Dante's Grab). — Forli, 24,000 E. (Salinen). — Rimini an der Mündung des Rubicon, in das Adriatische Meer, 18,000 E. — Urbino (Raphael's Geburtsstadt). — Ancona am Adriatischen Meer,

30,000 E. — Loretto am Adriatischen Meer (Wallfahrtsort). — Perugia im Tiber-Thal, 30,000 E. — Spoleto (Aquaduct). — Viterbo — Civata Vecchia am Tyrrhenischen Meer. Außer den genannten sind noch die beiden Städte: Pontecorvo und Benevento, erstere am Garigliano, letztere am Volturno, als Einschlußorte des Neapolitanischen Gebietes zu merken.

Festungen.

Ferrara, Ancona und Civita Vecchia (Station der Päpstlichen Flotille).

Häfen.

Ancona, Ostia und Civita Vecchia.

Universitäten.

Ferrara, Bologna, Forli, Macerata, Perugia und Rom.

Geschichtlich denkwürdige Orte.

Rom (Erbauung, 754 v. Chr. — Gallier, 389 v. Chr. — West-Gothen, 409 — Vandalen, 455 — Ricimer, 472 — Odoacer, 476 — Theodorich, 493 — Narses, 554). — Die Allia, ein kleines Nebenflüßchen der Tiber (Brennus und die Römer, 389 v. Chr.) — Benevent (Curius Dentatus und Pyrrhus, 275 v. Chr.) — Der See von Perugia oder Trasimene (Hannibal und Flaminius, 217 v. Chr.) — Tolentino, südwestlich von Loretto (Oestreicher und Neapolitaner, den 2ten und 3ten Mai 1815).

§. 56.

Die Republik San Marino.

Dieses Ländchen, ein Enclave des Kirchenstaates und zwar innerhalb der Delegation Urbino, enthält nur $1\frac{1}{8}$ □M. und 7000 Einw., welche nächst der Stadt Marino noch in einigen Dörfern wohnen. Der so kleine Staat besteht schon über 1300 Jahre und soll seine erste Veranlassung durch einen Einsiedler erhalten haben. Er erfreute sich stets eines ungetrübten Friedens und wird durch einen Rath von 300 Aeltesten und einen Senat, an dessen Spitze ein Capitano, regiert. Die Stadt Marino liegt auf einem sehr unzugänglichen Berge und enthält 6000 Einw.

§. 57.

Das Großherzogthum Toscana.

Es wird im Nord von Lucca, Modena und dem Kirchenstaate, im Ost und Süd von letzterem, im West vom Tyrrhenischen Meere begrenzt und enthält 383 □M. und 1,300,000 Einw. Diese letztern sind meist in den fruchtbaren Gegenden zusammengedrängt, während die Maremmen sehr sparsam bevölkert bleiben und Erwerb und Beschäftigung sich in diesen letztern auf die Viehzucht beschränkt. Da Toscana dem Begriffe des alten Etruriens entspricht, so ist die alte Geschichte dieses Landes in die Römische eng eingeflochten. Der Bergbau liegt hier, mit Ausnahme der Eisenbergwerke auf Elba, zwar auch darnieder, aber der Acker-, Wein- und Oelbau sind in den fruchtbaren Gegenden im Flor. Bemerkenswerth ist die Kameelzucht bei Pisa. Wiewohl die Volksschulen noch mangelhaft sind und die Wissenschaften hier entwickelter sein könnten, so ist doch den Bewohnern, die überdies durch Thätigkeit ausgezeichnet sind, Aufklärung nicht abzusprechen. Der Gewerbfleiß wendet sich meist der Seidenweberei und Strohflechterei zu. Die schönen Künste sind in hoher Blüthe, und die Bewohner sind größtentheils wohlhabend und glücklich. Die Verfassung ist unumschränkt-monarchisch. Das ganze Land zerfällt nächst der Insel Elba in die Gebiete von Florenz, Pisa und Siena.

1) Das Gebiet von Florenz.

Florenz am Arno, 100,000 E. (Schönheit der Stadt — Kirchen und Paläste — Kunstwerke des Alterthums — Battisterio, d. i. Taufkirche — herrliche Umgebung). — Pistoja, 10,000 Einw. — Arezzo am Arno, 8000 Einw. (Petrarca's Geburtsort).

2) Das Gebiet von Pisa.

Pisa am untern Arno, 20,000 E. (ungesunde Gegend — ehemalige Größe — Ueberreste alter Schönheit — Grabmal Heinrichs VII. — schiefer Glockenthurm). — Livorno, 55,000 Einw. (Levantischer Handel — Korallenfabriken).

3) Das Gebiet von Siena.

Siena, 25,000 E. (ehemalige Größe und Herrlichkeit — Dom — im Alterthume Römische Kolonie, im Mittelalter Republik). — Piombino, auf einer Halbinsel.

4) Die Insel Elba.

7 □M. und 13,000 Einw. Der Hauptort ist die Festung Porto Ferrajo, auf einer Landzunge. Die Insel ist durch Napoleons Aufenthalt berühmt. Ihr Hauptreichthum, die Eisengruben, finden sich bei dem Dorfe Rio.

Festungen Toscana's. Pisa, Livorno, Piombino und Porto Ferrajo.

Häfen. Livorno, Piombino, Orbitello.

Universitäten. Pisa und Siena.

§. 58.

Das Herzogthum Lucca.

Dieses Ländchen, zwischen Modena, dem Kirchenstaat, Toscana und dem Genuesischen Meer, enthält nur 20 □M. und etwa 145,000 katholische Einwohner, die durch Arbeitsamkeit rühmlichst bekannt sind.

Seit dem Wiener Congreß und den Pariser Friedensschlüssen gehört dieses Ländchen der verwittweten Königin von Etrurien, Marie Louise, deren Sohn seit 1824 regiert. Die Gewalt des Souverains ist durch einen Senat beschränkt. Die Hauptstadt Lucca, mit etwa 20,000 Einw., enthält eine Universität und hat in ihrer reizenden Umgebung berühmte Bäder.

§ 59.

Das Herzogthum Modena.

Ein, gleich einem Oblongum geformtes, kleines Land, nur nach Südwest schmal verlängert und hier von Sardinien begrenzt, übrigens aber nur von Parma und dem Kirchenstaate, Lucca und der Lombardei eingeschlossen. Es enthält 97 □M. und 400,000 Einw. und wird unumschränkt-monarchisch beherrscht. Die Einwohner sind sämmtlich katholisch. Das Land besteht aus mehreren vereinigten Herzogthümern.

a) Das eigentliche Modena, 23,000 Einw. (ehemals Mutina — Ariost's Geburtsort — unweit der Stadt das Bergschloß Canossa).

b) Das Herzogthum Massa und Carrara, d. i. jener schmale Strich Landes, längs der Genuesischen Küste und bis zur Grenze Sardiniens.

Massa, 10,000 E. — Carrara im Gebirge (Marmont).

§. 60.

Das Herzogthum Parma.

Es enthält 104 □M., 400,000 Einw., wird von Sardinien, der Lombardei und Modena eingeschlossen und besteht aus den Herzogthümern: Parma, Piacenza und Guastalla. Im Norden wird Ackerbau und Weinbau, im Süd nur Viehzucht getrieben. Das Land wurde 1814 an Marie Louise, die Gemahlin Napoleons, mit der Bedingung des Erbrechts des Hauses Lucca, gegeben. Die Regierung ist unumschränkt. Die bedeutendsten Orte sind: Parma, 32,000 E. (Universität). — Piacenza am Po, 20,000 E. (Sixtinische Madonna — Citadelle). — Guastalla, Hauptstadt des gleichnamigen kleinen Ländchens, welches abgesondert zwischen Parma und Modena liegt.

§. 61.

Das Königreich beider Sardinien.

Das Festland von Sardinien grenzt im Nord an die Schweiz und Frankreich, im West an Frankreich, im Süd an den Busen von Genua, im Ost an Modena, Parma, die Lombardei und Schweiz.

Das ganze Königreich enthält 1320 □M., von denen auf die Insel etwa 400 □M. kommen. Die ganze Bevölkerung beläuft sich auf 4 Millionen auf dem Festlande, ½ Million auf der Insel, und besteht aus Katholiken. Die früher aufgehobenen Klöster sind wieder hergestellt worden. Die wissenschaftliche Bildung ist mittelmäßig, dagegen in Piemont,

Nizza und Genua ein reges, industriöses und Kunstleben. In dieser Beziehung sind namentlich viele Seiden=, Tuch= und Eisen=Fabriken zu erwähnen. Der Genuesische Handel, obgleich nicht mehr mit seinem ehemaligen Zustande vergleichbar, ist doch noch immer bedeutend. Savoyen, eine ächte Alpen-Landschaft, hat arme Bewohner, die größtentheils nur von der Viehzucht leben. Die Insel Sardinien hat, vermöge ihrer sumpfigen Küsten, viel ungesunde Luft, und es ist bei ihren sehr rohen Bewohnern wenig an Industrie zu denken.

Sardinien ist eine erbliche, unumschränkte Monarchie, und zerfällt auf seinem Festlande in 4 Haupttheile.

1) Das Herzogthum Savoyen.

Chambery, 12,000 Einw. (Florfabriken).

2) Das Fürstenthum Piemont.

Turin am Po, 120,000 Einw. (Augusta Taurinorum — Residenz). — Am Fuße des Viso und Genevre leben 20,000 Waldenser, die einzigen Nichtkatholiken Sardiniens; sie sind eigentlich Reformirte und sprechen das Französische Patois. — Alessandria am Tanaro, 40,000 Einw. (Messen).

3) Die Grafschaft Nizza.

Nizza am Paillon=Bache, unweit der Küste, 20,000 E.

4) Das Herzogthum Genua, die ehemalige Republik.

Genua, am Busen gl. N., 80,000 Einw. (la Superba — Paläste Durazzo und Doria — Leuchtthurm — Darsena — Molo).

Die Insel Sardinien.

Die Sarden, ein Gemisch verschiedener Völker, schon oben charakterisirt, reden in verdorbenen Italienischen Dialekten. Die Insel wird durch einen Vice=König regiert; der Adel hat sehr viel Einfluß auf die Regierung. Die bedeutendsten Städte sind: Cagliari an der Südküste, und Sassari im nördlichen Theil der Insel.

Als Festungen des Königreichs sind: Alessandria, Pignerolo und die Citadelle von Turin; als Hafenstädte: Genua, Monaco, Nizza und Cagliari; als Universitäten: Turin, Genua und Sassari zu nennen. Historisch denkwürdig sind die

Orte: Novi im Genuesischen (Suwarow, Joubert und Moreau, 1799), und Marengo, unweit Alessandria (Bonaparte und Melas, 1800).

§. 62.

Das Lombardisch-Venetianische Königreich.

(Siehe den Oestreichischen Staat.)

§. 63.

Die Schweiz.

Helvetien ist unserm Deutschland so nahe, die Mitte jenes vorzüglich beachteten Alpen-Landes und auch ein welthistorischer Boden. Es ist ein Binnenland, zwischen Deutschland, Frankreich und Italien, und sein Areal wird auf 696 □M., seine Volksmenge auf 2 Millionen Seelen angegeben.

Bei dem geringen Umfange mußten natürlich Sprache und Gesittungs-Elemente der großen Nachbarländer auf das Volksleben der Schweiz übergehen. Wir finden also das durch die Landesnatur modifizirte Deutschthum, im Nord und Ost, so wie in der Mitte, das Französische Idiom im West und das Italienische im Süd. In den südlichen Theilen Graubündtens wird das Romanische gesprochen, und man leitet die dortigen Bewohner von alten Tuscischen Emigranten ab. Katholische und evangelische Religion sind so, daß sich ganze Cantons zu dieser oder jener bekennen, ziemlich gleichmäßig vertheilt. Im Allgemeinen herrscht wieder im Nord die letztere, im Süd die erstere vor.

Das alte Princip der Sitteneinfalt jener Natur des Schweizers, die auf dem Berge und der Trift, im Umgange mit den kühnen und göttlichen Schöpfungen der Heimath, sich rein und kräftig bildete, ist nur in dem höhern Gebirge geblieben. Dort weidet der Senne noch seine Heerde, dort lebt der Kuhreigen und alles Freie und Melodische, wie es sonst war. In die Thäler und in die Städte hat mit der Klein-Industrie auch ein anderer Geist Eingang gefunden. Hier erscheint uns das Geschlecht technisch vorgeschritten, aber körperlich und moralisch verjüngt. Die Bilder der Helvetischen Hirtenheroen hängen ein ausgestorbenes Geschlecht in den Ahnensaal der Geschichte, aber jede Stelle erinnert an sie, und die erhabene Natur des Landes ist das gültigste Document ihres früheren Daseins. Der Schweizer trägt das ächte Soldatenthum in sich und hat dieß vielfach bewiesen. Solche Beweise wurden nicht allein auf dem heimathlichen Boden, wo Heerd und Familie und das ganze schöne Vaterland die Begeisterung des Mannes aufriefen, sondern auch in fremden Ländern bei fremden Herrn geführt; man denke an Pavia, an die Tuilerien, an Spanien u. s. w.

Die wort- und wandellose Soldatentugend, welche die Schweizer dort zeigten, ihre unerschrockene Stirn, dem physischen Tode und dem, der liebsten Herzensgüter gegenüber, für eine fremde Sache, nur der gelobten Treue wegen, ist ein großes Exempel, der Ehrerbietung und des fröhlichen Wiederklanges in jedem soldatischen Herzen würdig. Eigenthümlich ist dem Schweizer vor allen Nationen ein mächtiges Heimweh. Es war selbst bei jenen Kriegern fremder Mächte unglaublich stark vorhanden und schwieg zwar in bedrängter Zeit vor der Ritterehre und gewaltigen Seelenkraft des Helvetiers, sprach aber um so lauter in den ruhigen Stunden des Friedens. Die Melodie des Kuhreigens, oder irgend ein kleiner Umstand erweckte oft die Sehnsucht nach der Heimath.

Die Schweiz hatte früher 13 Kantons, wurde 1798 gewaltsam revolutionirt, 1803 durch Bonaparte in seinen 13 Kantons restaurirt und durch 6 neugebildete vermehrt. Zu diesen letztern kamen 1815 noch: Wallis, Neufchatel und Genf, so daß also die Helvetische Eidgenossenschaft jetzt aus 22 Kantons besteht. Jeder derselben ist eine für sich verfaßte selbstständige Republik und dennoch ein Glied in der ganzen Kette. In jeder einzelnen Verfassung herrscht Freiheit und Milde, und die Versammlung der Abgeordneten aller Kantone entscheidet über die Angelegenheiten von gemeinsamem Interesse. Diese sogenannte Tagsatzung versammelt sich zu Zürch, Bern und Luzern. Zu dem gemeinschaftlichen Heere, von dem aber nur ein kleiner Theil stehend erhalten wird, stellt jeder Kanton seinen Kontingent. Münze, Maaß und Gewicht sind in jedem Kanton verschieden.

Die 22 Kantone sind:

Zürch, Bern, Luzern, Uri, Schwyz, Unterwalden, Glarus, Zug, Freiburg, Solothurn, Basel, Schafhausen, Appenzell, St. Gallen, Graubündten, Aargau, Thurgau, Tessin, Waadtland, Wallis, Neufchatel und Genf.

Hauptstädte:

Zürch an der Limmat, 14,000 E. (Zwingli — Geßner — Bodmer — Lavater — Pestalozzi). — Bern, auf einer von der Aar umflossenen Halbinsel, 20,000 E. (Haller). — Luzern an der Reuß (Handel — berühmtes Modell — Denkmal für die in den Tuilerien gefallenen Schweizer). — Stanz — Sarnen — Altdorf — Schwyz — Zug am Zuger-See — Glarus an der Linth, 9000 E. — St. Gallen an der Steinach, 9000 E. (frühere Benedictiner-Abtei). — Appenzell an der Sitter — Frauenfeld an der Murg — Schafhausen am Rhein, 7000 E. (Rhein-Fall — Johannes v. Müller). — Aarau an der Aar (Industrie und Wissenschaft). — Basel am Rhein, 17,000 E. (alte Stadt — höchste Blüthe im 15ten und 16ten Jahrhundert — Universität — Euler und Holbein). — Solothurn an der Aar — Freiburg an der Saane, 7000 E. — Neufchatel (siehe den Preußischen Staat). — Lausanne, unweit des Genfer Sees (Gibbon — Gold- und Silberarbeiter). — Genf am Genfer See (Universität). — St. Maurice und Martigny an der Rhone — Bellinzona am Tessino — Chur am Rhein.

Anmerkung. Der Kanton Graubündten, der zuletzt genannte, ist von den höchsten Gebirgen umgeben, rauh und düster. Er ist am wenigsten besucht und deshalb eine abgeschlossene Einsamkeit, ohne andern Betrieb der Einwohner, als Sennerei und etwas Ackerbau.

Historisch denkwürdige Orte.

Der Rütli, eine steile Wiese, am Vierwaldstädter See, im Kanton Uri (Verschwörung der Eidgenossen, 1307). — Windisch an der Reuß (Kaiser Albrechts Ermordung, 1308). — Der Morgarten, im Kanton Zug (Reding von Biberegg und Leopold v. Oestreich, 1315). — Sempach, im Kanton Luzern (Arnold von Winkelried, 1386). — Murten, am gleichnamigen See (Carl der Kühne und die Schweizer, 1476). — Basel (Kirchenversammlungen, 1431 — 1449 — Friede, 1795). —

§. 64.

Die Europäische Türkei.

Sie grenzt im Nord an den Oestreichischen und Russischen Staat, im Ost an den letztern, das Schwarze, Marmor- und Aegäische Meer, so wie die Straßen von Constantinopel und der Dardanellen, im Süd an das Marmor-Meer, den Archipelagus und Griechenland, im West an das Jonische und Adriatische Meer und an Dalmatien.

Der Flächenraum beträgt 7030 □M.; die Bevölkerung ohngefähr 7,100,000 E. Das herrschende Volk sind die Osmannen. Ihr Ursprung ist zweifelhaft, wenn sich gleich muthmaßen läßt, daß sie aus dem innern Asien, vom Tartarischen Völkerstamme, sich herleiten. Dieses Volk hat noch ganz den Asiatischen Typus, der durch den Umgang mit den civilisirten Völkern noch nicht überwältigt wurde, vielleicht durch eine längere Regierung Mahmud II., der offenbar einen starken und reformatorischen Geist hatte, überwältigt worden wäre. Es ist also das Orientalische Princip in Gebräuchen, Kleidung und fast aller und jeder Hinsicht zu erkennen und bringt mit dem Charakter des Türken, dessen hauptsächlichsten Eigenschaften, Trägheit und Sinnlichkeit, Aberglauben, Grausamkeit, aber auch Treue und Gastfreundschaft sind, verbunden, ein von dem Europäischen ganz abweichendes Volksleben zum Vorschein.

Alle Türken bekennen sich zum Islam und betrachten den Coran als ihr höchstes Gesetzbuch. Die Türkische Sprache ist Tartarischen Ursprungs und die Gebildeten sprechen außer ihr noch das Persische und Arabische.

Von Industrie ist nur in sehr beschränktem Sinn die Rede, und alles Höhere der Künste und Wissenschaften, alles Edlere in der Lebensverfeinerung, Alles was zur Entwickelung des unsterblichen Geistes uns als wesentlich erscheint, blieb den Türken ziemlich fremd. Das Einzige, was sich in neuester Zeit Europäisch zu organisiren begann und durch talentvolle Offiziere der Hauptmächte Europa's eine gute und bedeutende Unterstützung fand, sind die Militairverhältnisse.

Die Poligamie und das Sclaventhum der Weiber, die in einer barbarischen Unbildung verbleiben, ist durchgängig herrschend.

Aus der Körperschaft der Geistlichen (Ulema's) gehen die Imam's (Diener der Religion), die Molla's und Kadi's (Richter) hervor. Das geistliche Oberhaupt ist der Mufti, wird jedoch vom Sultan ein- und abgesetzt.

Die Verfassung ist despotisch, wiewohl der Sultan von seinen Umgebungen stets zu fürchten hat. Bei wichtigen Angelegenheiten versammelt der Sultan einen Divan, d. h. einen Rath der höchsten Staatsbeamten. Der Höchste dieser letztern, gleichsam der erste Minister, der Oberfeldherr im Kriege und ein mächtiger Gewalthaber, ist der Groß-Vezir. Sein Stellvertreter ist der Kaimakan; der Reis Effendi ist Minister der auswärtigen Angelegenheiten; der Capudan Pascha, Flotten-Admiral; der Derf Terdar, Groß-Schatzmeister. Diese Staatsdiener sitzen im Divan.

Der Hofstaat des Sultan enthält eine außerordentlich große Menge von Hofbeamten, an deren Spitze der Kislar Aga steht.

Die Provinzen werden durch Statthalter, oder Beamte, die zugleich militairische und obrigkeitliche Würdenträger sind und je nach der Größe und Bedeutung ihres Wirkungskreises verschiedene Titel führen, verwaltet. Sie sind entweder Begler Bey's (d. h. Fürsten), oder Pascha's, oder Bey's, und in den kleinsten Verwaltungsbezirken endlich Aga's. Ein Diener des Serail's, welcher mit geheimen Befehlen, meist an einen widerspenstigen Pascha gesendet wird, heißt: Capidschi Baschi.

Der Hof zu Constantinopel wird gewöhnlich die hohe Pforte genannt, da früher unter dem wirklich hohen Thore des Palastes öffentlich Recht gesprochen wurde.

Ueber Armee und Flotte läßt sich für den Augenblick nichts Bestimmtes sagen.

Eintheilung.

Wir zählen zum unmittelbaren Besitz der hohen Pforte 7, zum mittelbaren 3 Haupttheile.

I. Die unmittelbaren Theile.

1) Rumili oder Romani.

Constantinopel (Stambul) an der Meerenge gl. N., 600,000 Einw. (Residenz — Serail — Paläste und Moscheen). — Adrianopel an der Marizza, 12,500 Einw.

2) Bulgarien.

Sophia, unweit des Isker, 50,000 E. — Warna — Schumla — Silistria — Rustschuk — Nikopoli — Widdin.

3) Macedonien.

Saloniki am Golf gl. N., 70,000 Einw.

4) Thessalien.

Larissa am Salambria, 30,000 Einw.

5) Albanien.

Janina an einem kleinen Landsee, 30,000 E. — Scutari am Ausfluß der Bojana aus dem See gl. N., 16,000 E.

6) Bosnien.

Bosna Serai an der Bosna, 70,000 Einw.

7) Die türkischen Inseln,

unter denen besonders Lemnos, Stalimene, Imbro, Taso, Samotraki. — Candia ist an Aegypten abgetreten. —

II. Die mittelbaren Lande.

8) Servien.

Belgrad an der Sau und Donau, 30,000 Einw. — Semendria an der Donau.

9) Wallachei.

Bukarest an der Dumbowicza, 60,000 Einw.

10) Die Moldau.

Jassy, 25,000 E. — Galacz an der Pruth-Mündung.

Anmerk. Moldau und Wallachei stehen unter christlichen Fürsten, Hospodaren genannt.

Festungen.

Die Türken haben viele Festungen, welche sich aber alle in einer mangelhaften Verfassung befinden. Die bedeutendsten werden nachstehend genannt:

1) An der Sau.

Berbir, Türkisch Brod, Türkisch Gradisca.

2) An der Donau.

Belgrad, Semendria, Orsowa, Widdin, Nikopoli, Rustschuk, Silistria, Hirsova, Brailow.

3) Am schwarzen Meer. Varna.

4) Am Marmor-Meer. Rodosto, Gallipoli, letzteres an der Dardanellen-Straße.

5) Am Archipelagus. Saloniki.

6) Gegen das Adriatische Meer. Durazzo und Scutari.

7) Im Innern. Schumla und Janina.

Häfen.

Constantinopel, Gallipoli, Rodosto, Saloniki, Volo, Butrinto, Dukalis.

Geschichtlich denkwürdige Orte.

Aigos Potamos an der Dardanellen-Straße, auf d. H. J. Gallipoli (Lysander und Konon, 405). — Kynoskephalä, südöstlich von Larissa (Flamminius und Philipp III. von Macedonien, 198 v. Chr.) — Katrim, früher Pydna, in Macedonien (Aemilius Paulus und Perseus von Macedonien, 168 v. Chr.) — Farsa, früher Pharsalos, in Thessalien (Cäsar und Pompejus, 48 v. Chr.) — Adrianopel (Kaiser Valens und die Westgothen, 378 n. Chr. — Friede 1829). — Durazzo (Robert Guiscard und Alexius Comnenus I., 1081). — Nikopoli (Bajazeth I. und Siegmund von Ungarn, 1396). — Constantinopel (Constantin Paläologus und Muhamed II., 1453). — Belgrad (Eugen von Savoyen und Lari Achmed, 1717). — Kuczuk Kainardsji (Friede Rußlands und der Pforte, 1774). — Rusczuk (Achmed Pascha und Kutusow, 1811).

§. 65.

Das Königreich Griechenland.

Griechenland war von der Türkei seit dem 15ten Jahrhundert unterjocht; 1821 begann es das Werk seiner Befreiung und vollendete es unter dem Einflusse Frankreichs, Englands und Rußlands. 1827 schon wurde Capodistrias Präsident von Griechenland, und nach dem Kriege Rußlands mit der Pforte mußte letztere die Unabhängigkeit Griechenlands anerkennen. Nach dem Aufstande in Griechenland und der Ermordung des Präsidenten 1831 beriefen die Europäischen Mächte den Prinzen Otto v. Baiern zum Griechischen Throne. Er landete 1833 zu Nauplia und regiert seitdem unter dem Einflusse einer Constitution.

Der Flächenraum Griechenlands beträgt 892 □M., die Bevölkerung etwa 1 Million Menschen. Das Land ist wichtiger als das Volk. Ersteres ist voll von dem Schutte der herrlichen Vergangenheit, eine geweihte, vielerfahrne Erde, letzteres durch Vermischung und lange Sklaverei dem alten Helenenthume entfremdet. Die Weltgeschichte begeistert uns für das Land. Dieselben Berge sahen auf das alte Marathon und Thermopylä herab, die jetzt über dem 2000jährigen Staube Lacedemons, über den verwischten Spuren der Griechischen Heldengräber, stehn. Das Volk ist unmittelbar aus blutigen Reformen hervorgegangen, ein neues Geschlecht gleichsam, das die Zukunft immer würdiger entwickeln mag. Die Sprache der jetzigen Bevölkerung ist das Neu-Griechische, eine Tochter des alten Griechisch.

Eintheilung.

Das Königreich ist seit 1833 in 10 Provinzen eingetheilt; wir betrachten nur die von der Natur unterschiedenen 3 Haupttheile: Livadien, Morea und die Inseln.

1) Livadien.

Athen, eine verjüngte Stadt auf den Trümmern ehemaliger glanzvoller Größe, 12,000 E., auf der Westküste der Halbinsel Attica. — Thiva (das alte Theben). — Livadia, 10,000 Einw. (Handel). — Salona — Lepanto am Golf gl. N. — Missolunghi am Golf von Lepanto (Byron's Tod, 1824). —

2) Die Halbinsel Morea, d. i. der alte Peloponnes.

Korinth, nahe an der Landenge gl. N. — Patras am Golf gl. N. — Nauplia am Golf gl. N. (2 Citadellen). — Tripolizza — Napoli di Malvasia, auf einem Felsen-Eilande. — Navarino — Modon — Coron — Misitra am Basilico, (angeblich da, wo einst das alte Sparta stand).

3) Die Inseln.

Die bedeutendste unter ihnen ist: Negroponte, das alte Euböa, mit der Hauptstadt Egribos, dem alten Chalcis, mit 16,000 Einw.

Festungen.

Athen, Missolunghi, Lepanto, Nauplia, Tripolizza, Napoli di Malvasia, Modon, Coron, Navarino und Egribos.

Häfen.

Zeitun, Missolunghi, Lepanto, Athen, Patras, Nauplia, Modon, Coron, Navarino und Egribos.

Geschichtlich denkwürdige Orte.

Marathon, jetzt ein Dorf in Atica (Miltiades gegen Datis und Artafernes, 490 v. Chr.) — Der Paß von Termopylä (Leonidas, 480 v. Chr.) — Salamis, jetzt Koluri (Themistokles und Xerxes, 480 v. Chr.) — Platäa, jetzt Ruinen unweit Thiva (Aristides und Pausanias gegen Mardonius, 479 v. Chr.) — Leuktra, jetzt Lestra, Dorf am Busen von Lepanto, (Pelopidas und Epaminondas gegen Cleombrotus von Sparta, 371 v. Chr.) — Mantinea, jetzt Ruine unweit Tripolizza (Epaminondas gegen Sparta und Athen, 363 v. Chr.) — Chäronea, Ruine am Parnaß (Philipp von Macedonien und die Griechen, 338 v. Chr. — Korinth (Mummius, 146 v. Chr.) — Lepanto (Don Juan d'Austria und Capudan Ali Pascha, 1571 n. Chr.) — Missolunghi (Vertheidigung von 1822 — 1825). — Navarino (Seeschlacht, 1827).

§. 66.

Die Jonischen Inseln.

Diese Inseln, deren einzelne Namen bereits in der physischen Geographie angegeben wurden, werden zumeist von Griechen, zu denen etwa 8000 Italiener und 5000 Juden kommen, bewohnt. Sie enthalten zusammen auf etwa 47 □M. 200,000 Einw. Sie waren unter den Herrschaften der Römer, der Bizantinischen Kaiser, der Venetianer, der Russen, Türken und Franzosen. 1807 gehörten sie den Franzosen, welchen sie von den Engländern entrissen wurden. Seit 1815 nun bilden sie eine selbstständige Republik unter dem Schutze Englands. Die höchste Behörde ist der Senat von 13 adeligen Gliedern (auf Corfu). Da jede Insel ihre eigne Verfassung hat und jene Behörde nur über die Angelegenheiten von gemeinsamem

Interesse gesetzt ist, so erscheint das Ganze als eine Föderativ-Republik. Die Hauptstädte sämmtlicher Inseln sind: Corfu, Festung und Hafenstadt, mit 16,000 E., auf der Insel gl. N., und Zante, eine Hafenstadt, mit Citadelle und 16,000 Einw., ebenfalls auf der gleichbenannten Insel.

II. Abschnitt.

Asien.

§. 67.

Die Asiatische Türkei.

Sie grenzt im Nord an das Schwarze Meer, das Marmor-Meer, die Straßen der Dardanellen und von Constantinopel und an Kaukasien, im West an das Mittel-Meer, im Süd an das Mittel-Meer, Egypten, Arabien, den Persischen Golf und Iran, im Ost an Iran, Kaukasien und das Schwarze Meer. Die Gesammtheit wird auf 21,000 □M., mit etwa 12 Millionen Einwohnern, angegeben.

Das Interesse für dieses Land entlehnt sich der Bibel, der Griechischen und Römischen Geschichte und den letzten Ereignissen im Orient. Wir abstrahiren von der mit Türkisch Europa gleichgeformten Eintheilung in Paschalik's, und nennen die in jenem historischen Interesse mitgebrachten Haupttheile.

1) Klein-Asien.

Hier tritt unser physischer Begriff der sogenannten Halbinsel ein, und es bedarf also keiner nähern Bezeichnung dieser Einheit, deren nordwestlichster Theil das bekannte Natolien. Es wohnen in Klein-Asien vornehmlich Türken (etwa $\frac{2}{3}$ der Bevölkerung), Turkomannen (bewaffnete und räuberische Nomaden), Griechen und Armenier (Handelsleute). Es ist ein gewisser Zustand der Verwilderung dominirend und contrastirt desto mehr mit den blühenden Zuständen des Ehemals, jemehr architektonische Trümmer an dasselbe mahnen.

Städte:

Smyrna, 150,000 E. (häufige Pest — südlich davon die Trümmer von Ephesus). — Scutari, an der Straße von Constantinopel. — Sinope am Schwarzen Meer (Diogenes). — Tarsus (Apostel Paulus). Zu Klein-Asien gehört die Insel Cypern (250 □M. und 70,000 Einw.)

2) Armenien.

Außer den mäßigen und arbeitsamen Armeniern leben hier Curden, besonders im Süd. Letztere, in vielen Stämmen, nur ihren Häuptern unmittelbar gehorsam, sind, wie die Turkomannen, räuberische Nomaden.

Städte:

Erzerum — Diarbekir am Tigris.

3) Mesopotamien.

Es liegt zwischen Euphrat und Tigris und darüber hinaus, bis Armenien, Arabien, Iran und an den Persischen Golf. Der nördliche Theil heißt jetzt Al Gezirah (Assyrien), der südliche Irak Arabi (Chaldäa und Babylon). Ersteres ist gebirgig, letzteres fruchtbare Ebene, dazwischen ein wüstes Mitteltheil.

Städte:

Orfu (Edessa). — Mossul am Tigris (Musselin — bei Mossul der Platz des alten Ninive und das Schlachtfeld von Arbela). — Bagdad am Tigris, 80,000 E., ehemalige Herrlichkeit zur Zeit der Kalifen (Handel) — westlich Bagdad, das Schlachtfeld von Cunaa). — Bassora am Schat al Arab, 50 — 60,000 Einw. (Handel).

Anmerkung. Gegen die Stromnäherung von Euphrat und Tigris hin liegen die Ruinen von Babylon, Seleucia und Ktesiphon.

4) Syrien.

Es ist das Land längs dem Mittelmeere, von der Landenge Suez und der Nordarabischen Wüste bis an den Euphrat nach Ost und den Amanus nach Nord.

Das Ganze mag 2000 □M. und 2 Millionen Einwohner enthalten. Dieses Land hat für die Geschichte eine große, für die Religionsgeschichte eine unendliche Bedeutung, die dem Herzen jedes Christen nahe liegt. Dieser letztere Punkt bedarf keiner Entwickelung, da die Zeugnisse für solchen Ausspruch in der Bibel ruhen und die Erinnerung an den irdischen Wandel des Erlösers sich schon, als wir noch Kinder waren, unseren

Herzen befreundete; also nur eine Hindeutung auf die weltgeschichtlichen Thatsachen dieses Landes.

Wir erinnern uns in dieser Beziehung an die ehemals hier angesessenen Phönizier, die Britten des Alterthums, an die Israeliten und ihre Schicksale (Canaan), an das Persische Reich, an das Reich der Seleuciden, an die Römische Herrschaft. Wenn nun die große Episode der in diesem Lande begonnenen und vollbrachten Erlösung übergangen wird, so denken wir an die späteren Zustände Syriens, d. h. an seine Beherrschung durch die Araber und Seldschucken und an das ritterliche Zeitalter der Kreuzzüge.

Die alten Landesbewohner sind in der gegenwärtigen Generation nicht fortgepflanzt. Die Mehrzahl der Einwohner besteht aus Griechen und Arabern, welche theils ansässig in Dörfern und Städten leben, theils nomadisiren.

Die Hauptvölker sind:

1) Die Nosairen, auf dem nördlichen Libanon, mit einer eigenen alterthümlichen Religion.

2) Die Maroniten, südlich der vorigen, Christen, die sogar den Papst erkennen.

3) Die Drusen, auf dem südlichen Libanon, mit einer aus allen Formen des Monotheismus zusammengesetzten Religion. Zu den nomadisirenden Völkern gehören besonders: Kurden, Turkomannen und Beduinen, welche in Stämmen unter Scheik's, nach alter Sitte und Gewohnheit, als laue Bekenner des Islam lebem.

Das Land ist Schauplatz der jüngsten Kämpfe zwischen Mehmed Ali und der Pforte gewesen und hat dadurch sowohl einen neuen historischen Werth, als auch manche politische Umwandlung erhalten. Wir abstrahiren noch von den letzteren so lange, bis das Orientalische Verhältniß in entschiedeneren und klareren Formen da steht. Die Türken theilten das Ganze in 4 Paschalik's; wir betrachten indeß nur den nördlichen und mittlern Theil als erste, dann den südlichen Theil oder das alte Palästina als die zweite Einheit.

1) Der nördlichere und mittlere Theil.

Antakie (Antiochia) am Orontes (Kreuzfahrer-Reich von 1097 — 1268). — Halep oder Aleppo (Karavanen-Handel),

100,000 Einw. (südlich davon die Ruinen von Palmyra). — Baalbeck (Heliopolis) — Damas (Damascus), 150,000 E. (Handel — Karavanen nach Mecca — Degenklingen).

Anmerk. In Mittel-Syrien und an der Küste liegen die Ueberreste von Sydon und Tyrus.

2) Palästina.

Jerusalem, westlich des Todten-Meeres und südwestlich des Jordan. Es ist die merkwürdigste Stadt der Welt. Vor den Juden gehörte sie den Jebusitern, dann durchlebte sie ein Zeitalter der Jüdischen Geschichte und wurde 71 n. Chr. durch Vespasian und Titus zerstört.

Hadrian erbaute eine neue Stadt, die später ein Spielball der Perser, der Ost-Römer und Araber, zuletzt das Eigenthum der Seldschucken war. Es ist uns bekannt, daß Jerusalem, das eigentliche Motiv und der Brennpunkt der Kreuzzüge, ein christliches Königreich und dann doch wiederum Eigenthum der Mohamedaner wurde. Wir bemerken bei Jerusalem das Thal Josaphat, den Bach Kidron, die Hügel Moria und Golgatha. Das Franciscaner-Kloster und die Kirche zum heiligen Grabe sind die wichtigsten Gebäude. Die Bevölkerung, welche aus Christen, Juden und Mohamedanern besteht, wird auf 30,000 Menschen angegeben. —

Bethlehem, südöstlich von Jerusalem (Franciscaner-Kloster, unter dessen Kirche die Felsenhöhle, wo der Erlöser zur Welt kam). — Jericho (Balsampflanze — Vulkanische Ueberreste). — Nazareth oder Nasra, im nördlichsten Palästina, dem frühern Galliläa (angebliche Stelle des Hauses der Maria). — Jaffa, das alte Joppe (Landung der Pilgrimme). — Akre, das alte Ptolomaïs (Bonaparte, 1799).

§. 68.

Arabien.

Die Halbinsel enthält 50,000 □M. und etwa 12 Millionen Einwohner. Die Araber leiten sich, wie Hebräer, Syrier und Armenier vom Semitischen Völkerstamme her und sind ansässig oder Nomaden. Sie haben bedeutende Invasionen versucht und erlangten im Mittelalter als glückliche Eroberer höhere Kultur. Mehr freigeblieben von dem Princip Asiatischer Despotie und von fremdem Einfluß erhielten sie sich das Aeltere und Patriarchalische der Gesittung. Sie sind alle Mohamedaner und in der Mehrzahl Sunniten (d. i. Gläubige der Sunna, einer Traditions-Sammlung, nächst dem Koran). Die Schiiten (d. h. Gläubige des Koran's allein) leben in der Minorität und besonders im Tehonna (Küstenebene) des Persischen Golfs. Die Wahabiten, d. i. Nachfolger des Reformators Abdel Wahabi (Eiferer gegen Bigotterie und Weichlichkeit) halten sich, nach den Siegen der Pforte und Mehmed Ali's über sie geschwächt, doch in ihren National-Idiomen noch ungeändert, in Nadsched auf. Wir theilen Arabien in 6 Landschaften:

1) Hedschas (steinigtes Arabien), d. i. die nördliche Westküste. Landesherr ist der Scherif von Mecca, der mehr vom Pascha von Egypten, als von der Pforte abhängt.

Mecca (Mahomed's Geburt, deshalb Wallfahrt — Kaaba). — Medina (Grab Mahomed's).

2) Jemen, d. i. die übrige Westküste (glückliches Arabien). Landesherr ist der Imam von Szanna.

Mokha (Handel mit Kaffee, Gummi und Weihrauch — Französische Faktorei). — Szanna (Residenz des Imam). — Aden (Engländer).

3) Hadramaut, d. i. die unbekannte Südküste Arabiens.

4) Oman, d. i. die südliche Ostküste. Hier gehen die Berge dicht an's Meer, also ist kein Tehama. Die Einwohner sind gute Seeleute. Oman steht unter einem mächtigen Imam, welcher über die ganze Südküste und einen Theil der Ostküste herrscht.

Mascate (Residenz des Imam's — Französische Faktorei).

5) Lachsa, d. i. die Ostküste zwischen Schat al Arab-Mündung und der Straße von Ormus. Die Bewohner, freie Araber, unter eignen Stammhäuptern, meist Schiiten, mit Ausnahme der Nomaden. Die Hauptstadt ist Lachsa.

6) Nadsched, d. i. das Innere der Halbinsel, dem gleichnamigen physischen Begriff entsprechend. Die Einwohner sind jene kriegerischen Wahabiten, und die einzige Stadt dersel-

ben, die wohl aber noch seit der letzten Zerstörung in Trümmern liegt, ist Derreijeh, im östlichen Nadscheb.

§. 69.

Iran.

Dieses hochliegende Land grenzt nördlich an Kaukasien, den Caspi-See und Turan, im Ost an Afghanistan und Beludschistan, im Süd an die Straße von Ormus und den Persischen Golf, im West an letztern und die Asiatische Türkei. Der Flächenraum wird auf 22,000 □M., die Bevölkerung auf 7 — 9 Millionen Einwohner angegeben. Die Einwohner sind größtentheils Schiiten, außerdem auch Armenische Christen, Juden und Anhänger des Zoroaster. Die Industrie ist durch Arbeiten in Metall, Seide, Kameelhaar u. dgl. ziemlich vorgeschritten, dagegen der Ackerbau gering und der Seehandel ganz unbedeutend. Die Einwohner sind kräftig und wohlgebildet, bildsamer als die Türken, von Verstand und Anlage zur Poesie, aber auch falsch, geizig und eifersüchtig. Die wahrscheinlichen Nachkommen der alten Perser, welche dem Zoroaster und der Zend-Avesta anhängen, werden Parsen oder Gauern, d. h. Ungläubige, genannt. Es giebt Nomaden von Türkischer, Persischer und Arabischer Zunge und Gesittung. Die Landessprache ist das Neupersische, eine der geeignetsten und wohlklingendsten Sprachen im Orient. Der Herr des Landes, welcher mit despotischer Gewalt regiert, führt den Titel Schah. Das Land zerfällt in 12 Provinzen, deren jede durch einen Schardar, d. h. Statthalter, regiert wird.

Städte:

Teheran, 100,000 Einw. (Hauptstadt und Residenz). — Ispahan, 100,000 E. — Schiras, 20,000 E. (Erdbeben von 1824 und dadurch Verwüstung — Gräber der Dichter Sadi und Hafiz — nordöstlich von Schiras die Ruinen von Persepolis). — Schuster, 20,000 E. (das alte Susa).

§. 70.

Afghanistan.

Es grenzt im Nord an die Staaten von Turan und Turkestan, so wie an Tübet, im Ost an letzteres und an Vorder-indien, im Süd an Vorderindien und Beludschistan, im West an Iran.

Afghanistan soll einen Flächenraum von 16 — 20,000 □M. und eine Bevölkerung von etwa 10 Millionen Einwohnern haben (ein nur muthmaßliches Resultat). Die herrschenden Völker sind die Afghanen, die Tadschik's und die Hindu's. Die erstern sind ein kräftiges, kriegerisches Volk, alten Herkommens und wenig angesiedelt, die Tadschik's, ein unterworfenes Volk und zumeist angesiedelt. Die Hindu's wohnen in den östlichen Provinzen und stammen aus Vorderindien, wo sie näher bezeichnet werden sollen. Außerdem leben hier noch Usbeken (ein Tartaren=Stamm) und Juden. Die Afghanen stehen unter Stammhäuptern, deren gemeinsames, aber durch sie in seiner Despotie eingeschränktes Oberhaupt ebenfalls ein Schah ist.

Die Landessprache ist mit derjenigen in Iran verwandt, das herrschende Religionsprincip, der Sunitismus.

Städte:

Kabul am Fluß gl. N., 80,000 E. (Hauptstadt und Residenz). — **Pischaur** am Kabul, 100,000 E. — **Kandahar**, 100,000 E. (blühender Handel). — **Herad**, 100,000 E. (Klingen und Rosenwasser). — **Kaschmir**, mit angeblich 200,000 E. (berühmte Shawls — verfallne Prachtgebäude, als Denkmäler der ehemaligen Mongolen=Herrschaft). —

§. 71.

Beludschistan.

Dieses südlichste und kleinste von den Persischen Reichen liegt zwischen den beiden vorigen, Vorderindien und dem Indo=Persischen Meer.

Es enthält 6 — 7000 □M. und etwa 2 Millionen Einwohner. Diese letztern sind ein nomadisches Gebirgsvolk, ungewisser Herkunft, größtentheils Sunniten; in den nördlichen und westlichen Gegenden tapfer, aber räuberisch; in den östlichen mehr friedlich. Sie haben eine der Hindustanischen verwandte Sprache. Sie haben Stammhäupter, die einem gemeinschaftlichen Chan gehorchen. Speciellere Nachrichten man=

geln wegen der Unzugänglichkeit des Landes. Die Hauptstadt ist Kelat.

§. 72.

Vorder-Indien.

Es ist das, als physische Einheit, schon früher beschriebene Halbinselland, welches auf seiner Kontinentalseite von Beludschistan, Afghanistan, Tübet und Hinter-Indien bogenförmig umlagert ist. Der alte Name dieses Landes, in dem das Europäische Kolonialsystem die Herrschaften der Eingebornen überwachsen hat, ist: Hindustan.

Der ganze Flächenraum beträgt 65,000 □M., die Totalbevölkerung, nach den neuern Untersuchungen der Engländer, 132 Millionen Menschen, deren Dichtigkeit im Gangesthale am größten und im innern Dekan und den höhern Gebirgsgegenden am geringsten ist. Die Einwohner, theils Ureinwohner Indiens, also Hindu's, theils Mongolen, Afghanen, Araber, Armenier und Europäer, sind alle ansässig. Durch diese vielfache Bevölkerung ist das Princip gemeinschaftlicher Nationalität und Sprache verloren gegangen und die ursprüngliche Sprache Hindustans, das Sanskrit, lebt jetzt fast einzig nur in Schriften und bei den Gelehrten.

Die herrschende Religion der Hindu's, welche, trotz ihrer größtentheils verlornen Selbstständigkeit, doch immer noch die bedeutende Mehrzahl der Bevölkerung ausmachen, ist der Bramanismus in mehreren Secten. Diese Religion stellt die Gottheit durch 3 Personen: Brama, den Schöpfer, Wischnu, den Erhalter, und Schiwa, den Zerstörer, dar. Die Polygamie ist in dieser Religion erlaubt, aber selten, die Entwürdigung der Frauen, wie sie durch den Islam bedingt wird, unbekannt. Das Volk ist sanft und gut geartet, aber auch entnervt. Es wird durch Anhänglichkeit an das alte Herkommen besonders charakterisirt und zerfällt jetzt noch, wie ehedem, in 4 Kasten:

1) Braminen (Priester, Gelehrte und Staatsbeamten).

2) Tschetri's und Rajah's, d. i. Krieger. Aus dieser Kaste, deren vornehmste Abtheilung die der Rasbuten, stammen fast immer die Fürsten.

3) Die Waisia's, d. i. Kaufleute und Ackerbauer.

4) Sudder's, d. i. die gewerbtreibende Kaste. Außerdem giebt es noch eine 5te verachtete Kaste, gleichsam den Auswurf der Uebrigen, die der Paria's. Man versteht hierunter die Hefe des Volks, Verbrecher, Bettler und entartete Menschen jeder Art, die wegen ihrer Entwürdigung aus den übrigen Kasten ausgestoßen werden und in einem thierischen Zustande leben.

Eintheilung.

Alle Länder Hindustan's zerfallen in die unabhängigen Staaten und in die Besitzungen der Europäer.

I. Unabhängige Staaten.

1) Nepaul, im äußersten Norden Hindustan's, ein schmaler Streif Landes im Himalaya und an der Grenze Tübet's, mit 2500 □M. und etwa 2 Millionen Einwohnern. Die Einwohner sind größtentheils Hindu's, unter ihnen jedoch Mongolische und Tübetanische Stämme. Das Land steht unter einem Rajah, dessen Residenz und zugleich Hauptstadt des Landes, Katmandu, mit 50,000 Einw.

2) Der Bundesstaat der Seik's, welcher im Nordwest Hindustans, an der Grenze gegen Afghanistan liegt, 3200 □M. und etwa 4 Millionen Einwohner enthält. Wir denken uns hier eine große Zahl von Häuptlingen, die sich auf einem Bundestage berathen und ein gemeinschaftliches Oberhaupt haben. Die Hauptstadt ist Lahore, mit etwa 100,000 Einw. (ehemalige Residenz des Groß-Moguls).

3) Der Staat Sindhi, welcher die Unterläufe des Indus, Satadru und der Dschumna in sich faßt, und 2500 □M. enthält. Das vorherrschende Volk ist hier ein Stamm der Beludschen, die unter einer drückenden Militairdespotie stehn. Die Hauptstadt ist Hidrabad am Indus.

4) Die Ueberreste des Maratten-Staates. Diese Reste einer ehemals großen Gesammtheit liegen inmitten des Englischen Gebietes, zwischen Jumna und Nerbudda, mit einem Flächenraum von etwa noch 1900 □M. und mit 4 Millionen Einwohnern. Die Regierung ist höchst drückend und in den Händen eines Groß-Rajah. Die Hauptstadt ist Dagen.

II. Besitzungen der Europäer.

1) Besitzungen der Britten, d. h. der Englisch-Ostindischen Kompagnie unter dem Schutz der Krone.

a) Die unmittelbaren Besitzungen und zwar die Präsidentschaften: Bengalen, Madras und Bombay.

α) Die Präsidentschaft Bengalen, im Nordost Vorderindiens.

Städte:

Calcutta, 800,000 Einw. (Universität — Welthandel — Sitz eines General-Gouverneurs). — Dacca, nordöstlich Calcutta, 200,000 E. (Musselin-Fabriken). — Patna, 300,000 Einw. (Fabriken — Handel). — Allahabad, an der Mündung der Jumna in den Ganges — Benares am Ganges, 500,000 Einw. (Hauptwallfahrtsort — Diamantenhandel). — Agra an der Jumna, 60,000 E. — Delhi an der Jumna (Ruinen ehemaliger Größe). —

β) Die Präsidentschaft Madras. Sie umfaßt den größten Theil des südlichen Dekan, die Ostküste und einen Theil der Südwestküste.

Städte:

Madras, auf der Küste von Coromandel, 350,000 Einw. (bedeutender Handel). — Masulipatam, ebenfalls auf Coromandel, nördlich von Madras, zwischen Godaveri und Kistnah, 17,000 E. (Handel und Fabriken). — Seringapatnam in Mysore, 30,000 E. (ehemalige Residenz Tippo Saïbs — Trümmer ehemaliger Pracht). — Kalicut, auf der Küste von Malabar, 20,000 E. (ehemalige Residenz des Samorin, durch Hydr-Ali und Tippo Saïb verwüstet, durch die Engländer restaurirt).

γ) Die Präsidentschaft Bombay, die kleinste der 3 genannten, am nördlichern Theile der Küste von Malabar. Die Hauptstadt Bombay, auf einem kleinen Sandeilande, dicht an der Küste von Malabar, hat 200,000 E. (Persisch-Arabischer Handel — Hauptniederlage des Pfeffers).

Anmerkung. Die 3 genannten Präsidentschaften enthalten 27,800 Quadratmeilen und an 83 Millionen Einwohner.

b) Die mittelbaren Besitzungen. Man versteht hierunter etwa 20 Staaten, mit einheimischen Fürsten, welche in Abhängigkeit von den vorigen Präsidentschaften die Oberherrschaft der Engländer anerkennen.

Ihre Gesammtheit trägt etwa 24,600 □M. mit einer Bevölkerung von 24 Millionen Einwohnern aus. Die bedeutendsten dieser Staaten sind:

α) Der Staat Oude, mit der Hauptstadt Lucknau, 300,000 Einw.

β) Der Staat Hydrabad, ursprünglich eine Provinz des Königreichs Olkonda, mit der Hauptstadt Hydrabad, zwischen Godaveri und Kistnah, 200,000 E. (Diamantenschleifereien). — Die Hauptstadt Olkonda, jetzt fast ganz verlassen, ist unweit Hydrabad.

γ) Der Staat von Mysore, aus den Trümmern des Staates von Tippo Saïb gebildet und einem Rajah, von den Engländern, übergeben, mit den Städten Mysore und Bangalore.

δ) Der Staat von Travancur, der südlichste Theil der Küste von Malabar, bis zum Cap Comorin, unter einem Rajah, mit den beiden unbedeutenden Städten: Travancore und Trivanderan.

ε) Guzzerat, die uns bereits bekannte Halbinsel, zwischen den Golfen von Kutsch und Cambay, mit den Städten: Baroda, Sorate und Cambay.

2) Besitzungen der Franzosen, (siehe die Kolonieen Frankreichs).

3) Besitzungen der Portugiesen, (siehe Portugal).

4) Besitzungen der Dänen, (siehe Dänemark). —

§. 73.

Die Insel Ceylon.

Sie hieß im Alterthume Taprobana, im Mittelalter Serendib. Sie enthält etwa 1000 □M. und 1 Million Einw. und wird von den Eingebornen Syncala genannt. Die Einwohner mögen Hindustanischer und Malaischer Abkunft sein, haben wie die Hindu's Kasten und sind ihrer Religion nach Buddhisten. Die Insel hat zuerst den Portugiesen, dann den Holländern gehört und ist jetzt ein Eigenthum der Englischen

Krone. Die ehemalige Hauptstadt ist Candi, jetzt sehr klein und verfallen. Außerdem sind Columbo, auf der Westküste, mit 50,000 E. (Sitz des Königlichen Gouvernements) und Trinkonomale an der Nordostküste (bedeutender Hafen) die wichtigsten Städte.

§. 74.

Hinter-Indien.

Wir wissen von diesem großen und reichen Lande nur wenig und können nur im Allgemeinen sagen, daß die Einwohner, Mongolischer und Malaischer Herkunft, in eintönigen Sprachen reden, größtentheils Buddhisden, theilweise aber auch dem Bramanismus und Islam zugethan sind und in ihrer Gesittung und Industrie tief unter den Bewohnern Hindustans stehen, endlich, daß der Despotismus das hier überall herrschende Princip ist.

Eintheilung.

Wir unterscheiden in Hinter-Indien nur die unabhängigen Staaten und die Besitzungen der Britten.

I. Die unabhängigen Staaten.

1) Birmanien, das westliche Hinter-Indien, zwischen China, Anam, Malacca, Tübet, Assam und Bengalen.

Ueber Flächenraum und Einwohnerzahl sind die Angaben sehr schwankend. Die haupsächlichsten Bewohner sind Birmanen, Mongolischen Ursprungs, lebhaft und muthig, ohne Kastenzwang und Polygamie, einfach in der Lebensweise, Buddhisden und sclavische Unterthanen eines despotischen Kaisers. Die bedeutendsten Städte sind: Umerapura am Irawaddi, Pegu und Rangon.

2) Die Halbinsel Malacca, von wohlgebauten, kräftigen Malaien, die sehr kriegerischer und blutdürstiger Natur sind und sich zum Koran bekennen, bewohnt. Das Volk lebt in traurigen bürgerlichen Zuständen und wird von vielen Sultanen willkührlich beherrscht.

3) Das Königreich Siam, im Innern Hinter-Indiens und bis an den Golf von Siam, den nördlichen Theil Malacca's mit in sich begreifend.

Die Volksmenge ist hier gering, Gewerbe und **Kunstfleiß** fast gar nicht vorhanden. Der Despotismus, unter dem das Volk steht, macht den Handel mit Fremden unmöglich. Die neuern Nachrichten fehlen ganz.

4) Das Reich Anam, der östliche Theil Hinter-Indiens, früher von China abhängig, mit Menschen Mongolischer Art. Sie haben Aehnlichkeit mit den Chinesen, hinter denen sie indeß, trotz des Uebertreffens der übrigen Hinter-Indier, zurück sind. Die Sprache ist der Chinesischen verwandt, und die herrschenden Religionen sind die des Confucius und des Buddha. Auch das katholische Christenthum hat durch die Portugiesen hier Eingang gefunden. Die Verfassung ist eine nach Chinesischer Art gemildert scheinende Despotie.

II. Die Besitzungen der Britten (der Englisch-Ostindischen Kompagnie).

1) Mittelbare.

Das Reich Assam, der nordwestlichste Theil der Halbinsel, zwischen Birmanien, Tübet und Bengalen, 2—3000 □M., etwa 2 Millionen Einwohner enthaltend, von einem Rajah beherrscht und unter dem Schutze der Britten. Die Hauptstädte sind: Jorhaut und Rungpur.

2) Unmittelbare:

a) Die Provinz Arrakan. Ein schmaler Streif im Nordwest der Halbinsel, an Bengalen grenzend, mit 400 □M. und etwa 100,000 E., größtentheils Buddhisden, Birmanischen Stammes. Die Hauptstadt ist Arrakan.

b) Malacca, der nordwestlichste schmale Streif der Halbinsel gl. N., mit etwa 1300 □M. und 150,000 E., Birmanen, Peguanern, Malaien.

c) Die Prinz-Wales-Insel, mit der Insel Sincapore und dem Malacca-Staat.

§. 75.

Das Chinesische Reich.

Man versteht hier unmittelbare und mittelbare Länder der Chinesen, zusammen ein Ganzes von 248,000 □M., mit vielleicht 250 Millionen Einwohnern.

Zuerst kommt als Mutterland das eigentliche China, dann die unterworfenen, zuletzt die beschützten Länder.

A. Das eigentliche China.

Es ist der südöstlichste Theil des Ganzen, welcher nördlich an die Mongolei, westlich an die Tartarei und Tübet, südlich an Hinter-Indien und das Chinesische Meer, östlich an letzteres grenzt, und 60,000 □M. enthalten mag. Die Angaben hinsichtlich der Bevölkerung sind sehr unsicher. Der National-Name China's ist Tschonkue. Gegen Nord hat es die, zum Schutz gegen die Mongolei, vor etwa 2000 Jahren errichtete Mauer, ein Wunderwerk der Architektur. — Sie ist jetzt als überflüssige Schutzwehr im Verfall.

Die Bewohner sind eigentliche Chinesen, Mandschuren, Tartaren und Mongolen, letztere wohl von Dschingiskhan's Eroberungszügen her. Die Chinesen werden durchgängig als fühllos und eigennützig, sklavisch und hinterlistig, dabei umständlich höflich, aber auch als arbeitsam, ausdauernd und geschickt geschildert. Sie haben sehr frühe eine höhere Bildung erreicht, sind aber durch Beharrlichkeit beim Alten und unglaubliche Scheu gegen alles Fremde und Neue stehen geblieben. Ihre Musik ist ohne Harmonie, ihre Malerei ohne Schatten und Perspective, ihre Baukunst einfach, die Schauspielkunst ganz in der Kindheit. Ihre Sprache ist einfach und unvollkommen, die Schrift eine Zusammensetzung von Zeichen, deren es so viele giebt, daß zu ihrem Studium ein Lebensalter erforderlich ist.

Die Verfassung ist eine, milder als anderweitig, scheinende Despotie. Die Strafen sind grausam, die Prügel gegen alle Stände und Alter anwendbar. — Die Beamten aller verschiedenen Grade heißen Mandarinen und sind in ihrem Wirkungskreise wieder Despoten. Verfassung und Verwaltung tragen bei allem äußern Schein der Milde die höchste Tyrannei und Entwürdigung in sich. Das uralte Isolirungssystem der Chinesen ist bekannt. Der Binnenhandel ist gut, der Außenhandel auf den Hafen von Kanton und auf einige Punkte an der Russischen Grenze beschränkt. Der Hof und die Mandschuren sind Anhänger des Dalai Lama, die Vornehmen des Confucius; das Volk hat die Religion des Fo.

Städte:

Peking, unweit der Mongolischen Grenze, angeblich mit 2 Millionen Einwohnern (Hauptstadt — Residenz — viele Paläste). —

Nanking am Yant-se-kiang, 800,000 E. (herabgesunkene Größe — Porzellanthurm). —

Kanton, an der Mündung des Si-kiang, mit ½ Million Einw., von denen sehr viele auf Flößen wohnen.

Macao, südlich Kanton, an der Küste, den Portugiesen seit dem 16ten Jahrhundert eingeräumt.

Anmerk. Südwestlich Macao liegt die Insel Hainan, nordöstlich Kanton, die Insel Formosa, beide den Europäern wenig bekannt, aber angeblich sehr fruchtbar.

B. Die unterworfenen Länder.

1) **Die Mandschurei oder Amurland**, nördlich China's, bis an die Russische Grenze, zwischen der Mongolei und dem Japanischen Meere, ein sehr schwach bevölkertes Land. Die eigentlichen Mandschuren, die hier leben, sind ein kräftiges Gebirgsvolk, muthig, redlich und stolz. Aus ihm stammt die jetzige Herrscher-Dynastie China's, und sie sind immer der Kern des Chinesischen Heeres. Außer ihnen giebt es hier noch Da-urier und Tungusen. Die einzigen bedeutenden Städte sind: Mukden und Saghalin.

2) **Die Mongolei**, ein Flächenraum von etwa 90,000 □M., zwischen Rußland, China, der Mandschurei und Bucharei. —

Dieß ist die Heimath von Welteroberern, eines Dschingis Chan und Timur.

Die jetzige Bevölkerung mag sich höchstens auf 3 Millionen Menschen belaufen; — sie sind alle Nomaden, mäßig, redlich, gastfrei, Bekenner des Lamaismus, und in verschiedenen Stämmen, die sich einander oft bekriegen, unter Khanen. Es hat keine eigentlichen Städte im Europäischen Sinne. Als bedeutendere Orte sind: Urga und Maimatschin zu erwähnen.

3) **Die kleine Bucharei**, zwischen Tübet, der Mongolei, China und der freien Tartarei, mit tartarischer, aber

spärlicher Bevölkerung. Die Einwohner sind Mahomedaner und meist ansässig. Die bedeutendsten Orte sind:

Turfan (Karavanenstation). — Kaschgar (einst Residenz eines bedeutenden Mongolenherrschers). —

C. Die beschützten Länder.

1) Tübet, zwischen Afghanistan, beiden Indien, China und der Bucharei, ein Flächenraum von etwa 27,000 □M. und eines der höchsten Gebirgsländer der Erde. Der Ackerbau ist fast überall unmöglich, daher die Viehzucht Hauptbeschäftigung der Tübetaner.

Die Einwohner, etwa 2 Millionen, Mongolischer Herkunft, sind gebildeter als die Mongolen, gutmüthig, aber unrein und abergläubisch. Die Polyandrie (Vielmännerei) ist hier eigenthümlich, und der Lamaismus, als herrschende Religion, greift in alle bürgerlichen Verhältnisse ein. Die Tübetaner denken sich ihre Gottheit in einem Menschen, dem Dalai Lama, verkörpert. Nächst ihm wird dem Bagdo Lama die höchste Verehrung erwiesen. Beide sind zugleich unumschränkte weltliche Beherrscher des Landes. Das Kloster Pobrang-Marbo, auf dem Botala, ist die Residenz des Dalai Lama. Nächstdem ist die sogenannte Hauptstadt Ladack zu erwähnen.

2) Butan, zwischen Tübet, Assam, Nepaul und Bengalen, auch gebirgig, aber niedriger als Tübet, minder fruchtbar und von Stammverwandten der Tübetaner, die aber kräftiger als diese sind und auch unter einem Groß-Lama stehen, bewohnt. — Die Hauptstadt ist Tassiudon.

3) Korea, die bekannte Halbinsel, mit 6 — 7000 □M., vermuthlich von Mandschuren und Chinesen bewohnt, den Europäern durch seine Abschließung, das Resultat einer ängstlichen Politik, fast ganz fremd.

Man weiß aus frühern Zeiten (es ist wohl 200 Jahre her), daß die Hauptstadt King-kitao in der Mitte des Landes liegt, daß die Religion des Fo herrscht und die Verfassung despotisch ist.

4) Die Lieukias-Inseln.

Diese fruchtbaren Inseln sollen von einem verständigen, gutmüthigen Volke, welches angeblich den Gebrauch der Waffen nicht kennt, die Religion des Fo hat und unter einem Könige steht, bewohnt sein. Die Hauptstadt Kintsching liegt auf der Hauptinsel Likao.

§. 76.

Das Kaiserthum Japan.

Es besteht, außer den zugehörigen kleineren, aus den Hauptinseln: Niphon, Kiusiu und Jesso, so wie einem Theile der Insel Sachalien. Man giebt den Flächeninhalt des ganzen Inselreiches auf 12,500 □M., den der zuletztgenannten 3 Haupttheile auf etwa 7000 □M., die Gesammtzahl der Einwohner auf etwa 30 Millionen an.

Das Land genießt seit langer Zeit tiefen Frieden und ist vortrefflich angebaut. Die Japaner sollen vor den Chinesen vielfältig ausgezeichnet, namentlich tapfer, wißbegierig und gelehrig sein. Ihre Todesverachtung ist außerordentlich. Ihre Sprache ist eigenthümlich und vielsylbig. Ihre Städte und Dörfer sind sehr groß, aber einförmig gebaut. Die Staats-Religion ist die des Daïri, ein Glaube an eine oberste Gottheit und an Untergötter, ohne Verbildlichung derselben. Der Daïri wird durch einen Menschen, der das höchste geistliche Oberhaupt ist, und früher auch das weltliche war, repräsentirt. Die Religionen des Confucius und des Fo sind auch hier die der Gelehrten und des Volks. Die Priester heißen Bonzen. Das Christenthum hatte Eingang gefunden, wurde aber im 17ten Jahrhundert wieder ausgerottet, nachdem Portugiesische Missionaire die Nation gegen sich aufgebracht hatten. Die Regierung ist eine reine und unverstellte Despotie, und die Gesetze sind hart. Die höchste weltliche Macht ist seit dem 16ten Jahrhundert in den Händen eines Kaisers, des Kubo Soma.

Städte:

1) Auf Niphon.

Jeddo (Residenz des Kubo). — Miako (alte Hauptstadt — Residenz des Daïri — Japanische Gelehrsamkeit).

2) Auf Kiusiu.

Nangasaki (Hafen — Verkehr mit Holländern und Chinesen). —

§. 77.

Das Asiatische Rußland.

Russisch Asien, welches vom Polarmeere nördlich, vom Behrings-Meer und dem Ochozkischen östlich, von der Mandschurei, Mongolei und freien Tartarei südlich, von Europa westlich begrenzt wird, (Kaukasien und Grusien werden außerdem noch vom Schwarzen und Caspischen Meere, von der Asiatischen Türkei und Iran eingeschlossen), hat einen Flächenraum von etwa 250,000 □M., mit der traurigen Bevölkerung von kaum 4 Millionen Menschen.

Wir betrachten die beiden Haupttheile, d. h. Sibirien und Kaukasien mit Grusien, einzeln.

I. Sibirien,

d. i. das große Ganze in der zuerst angegebenen Begrenzung, von Skitisch-Mongolischen Einwohnern, von Tungusen, Baschkiren, Kirgisen, Samojeden, Tschuktschen, Kamtschadalen, Burjäken bevölkert, außerdem von Europäischen Russen, nehmlich Beamten, Kolonisten, Soldaten und von Verwiesenen. Mit der Bevölkerung mischen sich auch Tartarische Stämme. Die Eingebornen sind selten Christen, größtentheils Mahomedaner, Lamaiten, oder ganz rohe Heiden. Die meisten Stämme sind Viehzucht treibende Nomaden. Bergbau, Zobelfang und nur wenig Ackerbau sind außerdem die gangbaren Beschäftigungen.

Das Ganze zerfällt in 2 General-Gouvernements, welche in 7 Gouvernements wiederum eingetheilt sind.

1) General-Gouvernement West-Sibirien.

Tobolsk am Irtisch und Tobol, 20,000 E. (Erzbischöfliche Residenz). — Omsk (Festung). — Tomsk, 15,000 E.

2) General-Gouvernement Ost-Sibirien.

Irkutsk an der Angara, 25,000 E. (General-Gouverneur). — Jakutsk an der Lena.

Anmerkung. Hierzu gehören Neu-Sibirien und die Archipele der bisweilen auch zu Amerika gezählten Aleuten und Kurilen.

II. Kaukasien und Grusien.

Diese Länder sind mannigfaltig, theils von Resten der Mongolen, theils von Flüchtlingen aus der Ebene, theils von

Tscherkessen, bewohnt. Es existirt also auch hier eine eben so mannigfaltige Sprache als Gesittung. Die meisten Stämme sind tapfer, aber roh und räuberisch, theils Christen, theils Mahomedaner, und Rußland nur sehr eingeschränkt unterworfen.

Städte:

Tiflis (Hauptstadt von Grusien — Deutsche Kolonial-Dörfer). — Eriwan, 15,000 E. (Fürst Paskewitsch). — Baku (Festung). — Derbent am Caspischen Meer (Festung). — Kislar am Terec (Festung). —

§. 78.

Die freie Tartarei.

Diese Bezeichnung ist gleich bedeutend mit Turan oder Turkestan, auch mit dem Begriff der großen Bucharei, und wird wegen der Unabhängigkeit ihrer Tartarischen Einwohner gewählt.

Dieses Land wird nördlich von Astrakan und West-Sibirien, östlich von letzterem (Dzungarische Kirgisen), von der Mongolei und kleinen Bucharei, im Süd von Afghanistan und Iran, im West vom Caspischen Meere begrenzt, und enthält etwa 32,000 □M. mit 3 — 4 Millionen Einwohnern.

Die Hauptstämme der Nation sind Usbeken, Türken, Kirgisen und Bucharen (Tadschiks). Alle sind Mahomedaner, letztere die einzigen ansässigen, civilisirtesten, aber auch schwächsten. Das Ganze zerfällt in viele Stämme und Theile, die sich in 3 Hauptstaaten zusammenbegreifen lassen.

a) Der Staat von Buchara, der die andern gleichsam dominirt, mit den Städten: Samarkand (Residenz des Groß-Khans) und Buchara.

b) Der Staat von Taschkent, mit der Hauptstadt gl. N.

c) Der Staat von Khiwa, mit der Hauptstadt gl. N. an einem Arme des Amu.

III. Abschnitt.

Afrika.

§. 79.

Das Kaiserthum Marokko.

Dieses nordwestlichste Glied Afrika's, das westlichste der hohen Berberei, Europa vom ganzen Erdtheile zunächst, vom Mittelländischen und Atlantischen Meere bespült, grenzt östlich an Algier, südlich an Biledulgerid und die Wüste. Es liegt größtentheils sehr hoch (hoher Atlas). Ueber Größe und Bevölkerungszahl läßt sich nichts Bestimmtes sagen, da die Angaben in ersterer Hinsicht zwischen 8 — 13,000 □M., in letzterer zwischen 5 und 15 Millionen schwanken.

Die Einwohner sind Mauren, Araber und Berbern, letztere ursprünglich im hohen Gebirge wild und räuberisch. Der Handel ist, wiewohl Karavanen nach der Wüste durchgehen, doch nur unbedeutend. Der Muhamedanismus ist herrschend, das Reich eine Despotie. Die Haupttheile sind Fez, d. h. das nördlichere und Marokko, d. i. das südlichere Land.

Städte:

Tanger an der Küste, westlich der Straße von Gibraltar, 10,000 E. (Europäische Consuln — Hafen). — Ceuta, an der Straße von Gibraltar (den Spaniern gehörig). — Tetuan, 16,000 E. (Mauren und Juden). — Fez, 100,000 E. (Residenz des Sultan — Moscheen — Paläste). — Marokko, 30,000 Einw. —

§. 80.

Die Regentschaft Algier.

Dieses Land zog jüngstens, wie es noch thut, die Aufmerksamkeit fast aller Völker auf sich. Es beansprucht die Kräfte und das Blut einer Centro-Europäischen Nation Frankreichs, und muß dem Soldaten desto interessanter sein, jemehr die dortigen Waffenthaten auf einer, durch Klima und Terrain, wie durch Nationalität des Feindes eigenthümlichen

Kriegführung, beruhn. Es soll damit hier in einer Geographie für junge Militairs die abweichende, im Sinne mehrfacher Interessen aufgefaßte und ausführlicher gegebene Beschreibung dieses Landes gerechtfertigt sein.

Algerien, d. i. das alte Numidien und Mauritanien, kam nach dem Falle Roms an die Vandalen, wurde von Belisar erobert, dann von den Sarazenen, 1505 von den Spaniern und endlich von dem Piraten Barbarossa, der wieder gegen die Spanier blieb. Hierauf kam es abermals an die Pforte, in deren Namen ein Dey regierte. Jetzt begannen die Räubereien zur See, und die meisten Staaten mußten den Piraten von Algier Tribut zahlen. Carl V. mißglückte 1541 mit einer Expedition auf Algier und Ludwig XIV. zerstörte später Algier durch Bombardement und unterbrach, aber beendigte nicht das Unwesen. Nachdem 1775 ein neues Unternehmen der Spanier mißglückt war, blieb Algier wiederum der Pforte, bis Frankreich 1830 zur Behauptung seiner Würde und zur Sicherstellung seines Seehandels, die bekannte Expedition ausgehen und sein Heer unter Bourmont in Afrika landen ließ. Noch 1830 wurde Algier erobert, der Dey Hussein entsagte der Regierung, und Algier ist seitdem größtentheils unter Französischer Regentschaft, während die Französischen Waffen in fortwährender feindlicher Berührung mit den Stämmen der Wüste und des Gebirges sind.

Die Regentschaft Algier enthält etwa 12,000 Französische □M. und 2 Millionen Einwohner.

Das Land erhebt sich von der Küste nach Süd zum großen Atlas. Die Ebenen, mit Ausnahme der Wüstenstriche, sind fruchtbar und die Berge bewaldet. Die kleinen Flüsse der Küste sind nicht schiffbar. Das Klima befördert Production und artet nur im Juli und August zu großer Hitze aus, während die Regenzeit vom November bis Januar dauert. Das Wachsthum ist bedeutend, und außer Getreide und Reis sind Oliven, Datteln, Orangen, Palmen und Weinreben die vorzüglichsten Pflanzen. An einigen Stellen der Küste ist Korallenfischerei. Alle Europäischen Hausthiere leben auch hier, aber das Kameel übertrifft sie sämmtlich an Nützlichkeit und wird also von den Eingeborenen vorzüglich geliebt.

Die Bewohner der Regentschaft sind: Türken (Minorität), Mauren, Beduinen, Kabylen und Juden.

Der Türke unterscheidet sich äußerlich durch die hellfarbene Kleidung, übrigens durch ruhigeres Gemüth, mindere Beweg-samkeit und geregelteres Leben, aber auch Weichlichkeit und Luxus, die nur noch hie und da bei den Mauren, aber durch-aus nicht bei den andern Stämmen zu finden sind.

Die Mauren, welche unbedingt Sprößlinge der Mauri-tanier, mit Phöniciern, Numidiern, Römern und Arabern ge-mischt sind, unterscheiden sich von den übrigen Stämmen da-durch, daß sie weißer, voller, minder ausdrucksvollen Gesichtes und bei allem Blutdurst und aller Rachsucht, doch weniger mu-thig sind. Sie wohnen vielfach in den Städten, nomadisiren aber auch hie und da.

Die Beduinen.

Der Beduin ist klein, hager und verbrannt und lebt meist im Elend. Er begnügt sich mit Datteln, Milch, grobem Mehl und Reiskuchen und lebt in Stämmen, die unter einander Bündnisse und Kriege haben. Jeder Stamm hat einige Haupt-familien, deren Glieder, Scheik's, gleichsam die Patricier die-ser Horden sind. Einer dieser Scheik's ist das Oberhaupt, ein Despot, der doch vom Willen der Horde dependirt. Die Häupter und ihre Familien, da sie in einfachster Art, im Um-gange mit der gewöhnlichsten Beschäftigung leben, erinnern an den Abrahamitischen Zustand. Die ganze Kunstfertigkeit der Beduinen beschränkt sich auf das Weben von Zelten und Mat-ten; der Handel ist Austausch von Vieh, gegen Kleider und Waffen. Der Geist ist ganz unentwickelt und die Mährchen des Orients sind seine einzige Ansprache. Der Hauptreichthum des Beduinen ist nächst dem Kameel die Stute, da sie Milch giebt, gelehrig ist und nicht wiehert. Die Beduinen sind in den Stammkriegen und in den Kämpfen gegen fremde Herr-schaft grausam und blutdürstig, aber in ihrem innern Leben uneigennützig, großmüthig und in hohem Grade gastfreundlich. Die Blutrache ist ein stehendes Gesetz, die Verpflichtung zu ihr erblich. Ihre Zelte heißen Hyma's, ihre Lager Douar's. Wir betrachten sie als die Nachkommen jener erobernden Ara-ber des Mittelalters.

Die Kabylen.

Sie sind von den vorigen Stämmen sehr unterschieden. Sie sind größer, röthlich schwarz und haben ein anderes Sprach-Idiom. Sie sind in Stämme getheilt, gleich den Beduinen, von Scheik's beherrscht, unermüdet, muthig, fanatisch, Kämpfer zu Fuß und wohnen im Atlas und in der Wüste. Sie beschäftigen sich besonders mit Ziegenhaargeweben und mit Fabrikation wollner Decken. Wir denken sie uns als Nachkommen der alten Nord-Afrikaner, die in ihrem Gebirge unabhängig, und da sie der fremde Einfluß nicht erreichte, in ungemischter, alter Gesittung geblieben sind.

Was die frühere Verfassung Algier's anlangt, so hatte es von jenem bereits angegebenen Zeitpunkte an zuerst einen Türkischen Vice-König, dann einen Dey aus dem Volke selbst, dem ein Türkischer Divan zur Seite stand. Der Dey wurde allmählig unumschränkter Herr, nur dem Namen nach von der Pforte abhängig, aber er lebte unter Revolutionen seines Volkes höchst gefahrvoll. Algier wurde in den östlichen, westlichen und südlichen Regierungsbezirk getheilt, von denen ersterer Bona, Bugäa, Constantine, Gigeri und Budschia, der zweite Oran, Klemsen, Mostaganem, Tenez und Schärschel, der dritte nur Zeltlager, enthielt. Die Bey's waren Gouverneure der Provinzen, Anführer der Heere, mußten dem Souverain alle 3 Jahr Rechenschaft ablegen und regierten übrigens in ihren Provinzen despotisch. Die geistlichen Häupter des Staates waren der Cadi, der Mufti und der Groß-Marabut. Der Dey mußte zu jeder Stunde des Tages die Klagen seiner Unterthanen anhören, wogegen die Gerichtsbarkeit über die Fremden den betreffenden Consuln überlassen blieb. Die Strafen gegen die Verächter des Corans, gegen die Verschwörer, Diebe und Türkenmörder waren sehr streng. Die Staats-Einkünfte sollen sich auf 50 Millionen Dollars belaufen haben. Die Türkische Miliz trug etwa 10,000 Mann aus und der Aga derselben war auch Kommandant von Algier. Dem Staat gehörte nur ein Schiff, die andern waren Privat-Eigenthum. Von jeder Prise erhielt der Dey ein Zehntheil. Die Algierer waren unerschrokkene, aber auch ungeschickte Seeleute.

Nachdem die Franzosen 1830 hier gelandet sind und noch

in demselben Jahre Algier eroberten, haben sie sich durch 11jährige Kriegführung den bereits genannten Flächenraum unterworfen. Diese Französische Regentschaft nun zerfällt in die 4 Provinzen: Algier, Constantine, Bona und Oran.

1) Die Provinz Algier.

Sie zerfällt in die Bezirke: Cuba, Duera, Buffarik, Gamza und Atlas. Die unmittelbare Umgebung der Stadt Algier (auf 3 Meilen) heißt Fhos und ist ein Hügelland mit breiten, tiefen Schluchten und kräftiger Süd-Vegetation. Die Stadt Algier erscheint vom Meere zuerst ein grüner Hügel mit weißem Fleck und amphitheatralischem Hintergrunde, dann ein Kreideberg mit den Häusern und Minarets gleich schwarzen Punkten. Nach der Seeseite zu hat die Stadt einen Hafendamm mit kasemattirten Batterien, nach der Landseite einen breiten und tiefen Graben und eine Mauer mit Thürmen. Sie hat 5 Thore, niedrige Häuser, schmutzige Gassen, vier Wasserleitungen und nicht über 30,000 Einw. Der frühere Palast des Dey, die Cassauba, ist kein sehr bedeutendes Gebäude.

In dem Gouvernement Algier sind: Blida und Medea, als Städte im Innern, Tittery noch weiter Landein, mit einem eigenen Bey, der die Herrschaft Frankreichs erkennt, und Buffarik und Maison Carrée, als feste Lager, zu merken.

2) Das Gouvernement Constantine.

Es ist der größte Theil der frühern Provinz gl. N. Die Hauptstadt ist Constantine, mit 25,000 Einw. Sie ist größtentheils auf einen Felsen gebaut und von Festungswerken umgeben.

3) Das Gouvernement Bona.

Die Hauptstadt ist Bona, an der Küste, 60 Stunden östlich von Algier, etwa mit 10,000 E. Zu merken sind hier noch Philippeville und Stora, Städte, die sich auf alten Trümmern neu und glücklich erheben.

4) Das Gouvernement Oran.

Es ist der größte und bevölkertste der 4 Französischen Gouvernements, von dem jedoch noch 8 Städte in der Gewalt des Abdel Kader, Bey's von Mascara, sind.

Französische Städte:

Oran, 10,000 E. — Mostaganem (fester Platz und Hafen). — Mazagram (Fort, heldenmüthige Vertheidigung). — Arzew (Hafen). — Schärschel — Miliana (früherer Hauptwaffenplatz Abdel-Kaders).

Die Hauptstadt Abdel-Kaders ist Mascara (schon einmal von Clauzel zerstört). —

§. 81.

Tunis.

Dieses Gebiet von 3 — 4000 □M., zwischen Algier, Tripolis, dem Mittelmeer und Biledulgerid, ist von 3 bis 4 Millionen Menschen bewohnt und von einem Bey, den die Türkische Miliz wählt, beherrscht; er regiert unumschränkt, lebt aber auch in Unruhe und besonders viel im Kriege mit den nomadisirenden Arabern. Die Hauptstadt Tunis liegt an der Küste, südwestlich vom Cap Bon. Sie enthält ungefähr 130,000 Einw. Nordwestlich davon lassen Alterthümer auf die Lage des alten Utica schließen. An der Küste sind noch die Städte: Susa, Monastir und Cabes, im Innern Kaïrwan zu merken.

§. 82.

Tripolis.

Es grenzt im Ost an Egypten und die Lybische Wüste, im Süd an die Wüste und Fezzan, im West an Tunis, im Nord an das Mittelmeer.

Tripolis umfaßt 9 — 10,000 □M. und wird hauptsächlich von Mauren und Arabern, von denen erstere Kaufleute, Handwerker und Ackerbauer, letztere kriegerische Nomaden des Gebirges, in Stämmen und unter Scheik's sind, bewohnt.

Der Pascha von Tripolis ist seit 1814 nur mittelbar von der Hohen Pforte abhängig und in seiner Würde erblich. Er regiert despotisch, obgleich milder als der Bey von Tunis und der frühere Dey von Algier. Die Hauptstadt Tripolis mit Hafen und Befestigung und mit einer Landzunge enthält etwa 15,000 Einw.

Der östliche Theil von Tripolis (das Plateau von Barca), ist das alte Cyrenaika.

Südlich von Tripolis, davon abhängig, liegt das Land Fezzan, gleichsam eine große Oase der Wüste, mit einförmiger Vegetation — einer Folge von Trockenheit — und etwa 70,000 Mahomedanischen, in vieler Hinsicht elenden Einwohnern, die unter einem despotischen Sultan stehen. Der Hauptort ist hier Murzuk.

§. 83.

Egypten.

Egypten mit seinen feststehenden Zeugnissen eines berühmten Alterthumes hat durch die Ereignisse in jüngster Zeit sich eine neue Geschichte erworben, die dem aus seiner alten hervorgegangenen Interesse, einen neuen Reiz giebt.

Die natürliche Abgeschlossenheit dieses Landes ist eigenthümlich. Es wird vom Mittelmeere, dem Rothen Meere, der Nubischen Terrasse, der Wüste, eingeschlossen. Die ganze Oberfläche wird auf 1600 □Stunden berechnet. Etwa 1000 Stunden sind kulturfähiger Boden, augenscheinlich durch angeschwemmte Stoffe (Nil-Schlamm), auf einem Grunde vulkanischen Gesteins, erzeugt.

Die Berge des Nil-Thales schützen gegen den Wüstensand. Der Getreidebau Egyptens war schon im Alterthume, wie noch jetzt preiswürdig. Die Animalien scheinen in das durch Anschwemmung allmählig vergrößerte Land eingewandert zu sein, sind daher die der Nachbarländer.

Es ist ungewiß, woher die ersten Egypter kamen; das ursprüngliche Volk aber erlitt durch die vielen Angriffe und Invasionen fremder Völker oft Reform und Vermischung. Man denke an die Hiros, an Nebucadnezar, Cambyses, Griechen, Macedonier, Römer und Türken. So erscheinen uns die Egypter jetzt ein Mischvolk aus Kopten, Arabern, Türken, Georgiern, Habessiniern, Negern und Juden. Erstere werden als Nachkömmlinge der alten Egypter angesehen. Die Egyptischen Muselmänner sind die Mehrzahl und zugleich die dominirende Kaste. Habessinier, Neger, letztere besonders aus Dar-Fur und Cordofan, werden als Sclaven eingeführt. Die Juden haben sich hier zumeist in ihrer Ursprünglichkeit erhalten. Die Bevölkerung Egyptens soll unter den Sesostriden bedeutend gewesen sein, aber dann schon in den älteren Unterjochungszuständen sehr abgenommen haben; — die jetzige Bevölkerung wird auf 3 Millionen Seelen angegeben.

Die Bewohner Egyptens waren stets Herren und Knechte. Ehemals haben Priester und Krieger das Volk unterdrückt, dann die fremden Eroberer, und so gewöhnte es sich an die Sclaverei. In neuester Zeit war wieder der Moslemim Herr, der Egypter dienstbar, das noch unerschütterte Verhältniß der Gegenwart.

Die Liebe für das Alte, in Idee und That, charakterisirt die Egypter zunächst. Die Herrschaft der Familienhäupter ist fast absolut, die Demuth der Frauen ganz im Orientalischen und Biblischen Sinne hier einheimisch; die Bande der Verwandtschaft sind heilig, die Ehrerbietung gegen das Alter ist allgemein verbreitet, und die Sclaverei ist ohne Entwürdigung und Grausamkeit.

Der Egyptische Muselmann ist ernst und tiefsinnig, leidenschaftslos, ruhig in Bewegung und Wort, fügsam und geschickt, barmherzig, gastfrei, gegen das Schicksal ergeben und voll Liebe für den vaterländischen Boden. Das sind seine Lichtseiten, denen die Unwissenheit und Halsstarrigkeit des niederen Volkes, der grelle Aberglauben und bisweilen ein schmutziger Eigennutz unangenehm gegenüber steht. Von einem literärischen Leben dürfte wenig die Rede sein, da die in Tradition lebenden Orientalischen Mährchen, die vielen Volkslieder und Improvisationen kaum ein matter Abglanz davon sein möchten. Die Musik ist geliebt, aber mit der Europäischen nicht vergleichbar.

Die Arabischen Bewohner Egyptens (Beduinen), etwa 100,000 an der Zahl, leben in vielleicht 60 Stämmen; — sie haben einen außerordentlichen Hang zur Wüste und sind unbeugsam stolz, auch selbst dem Herrscher des Landes gegenüber. Ihr Zustand ist fast derselbe, wie überall, auch namentlich so, wie er in Algier geschildert worden. Sie waren sonst sehr räuberisch, was hauptsächlich die Städte des Landes und die Pyramidenbesucher empfinden mußten. Mehmed Ali hat durch Güte und Gewalt, durch Theilung und allerlei kluge

Maaßregeln die Beduinen größtentheils überwunden und sogar für seine Armee organisirt.

Alle Europäer heißen in Egypten Franken und stehen unter ihren betreffenden Consulen, deren Hauptsitz zu Alexandria ist. Sie sind nächst dem zu den Gesandtschaften gehörigen Personale meistentheils Kaufleute, Gastwirthe, Handwerker, oder so weit sie der Regierung dienstbar, Aerzte, Apotheker und Pädagogen. In der Armee dienen eigentlich nur wenige Europäer.

Die Hauptstraße des Landes, auf welcher der Lebendigkeit des Verkehrs, durch Mehmed Ali, neues Leben eingehaucht wurde, ist der Nil. Man rechnet jetzt an 3300 Fahrzeuge, welche theils zum Gütertransport, theils zur Beförderung von Passagieren den Strom befahren, und von denen 800 das Eigenthum des Staates sind. Wagen sind in neuester Zeit häufiger geworden; dem Bau ordentlicher Chausseen stehen die Nil-Ueberschwemmungen als Hindernisse entgegen. Der Vice-König, der schon mehrfach erwähnte Mehmed Ali, beherrscht seit 1805 das Land in einer Abhängigkeit von der Hohen Pforte, von welcher er sich in neuester Zeit ganz loszumachen versucht, und dadurch zu den neuesten blutigen Schauspielen im Orient Veranlassung gegeben hat.

Eintheilung.

Wie im Alterthume, so auch jetzt noch, gelten die 3 Haupttheile: Ober-, Mittel- und Unter-Egypten.

1) Ober-Egypten (d. h. Süd-Egypten).

Siut am Nil, 15,000 E. (Hauptmarkt für die Karavanen des Innern — westlich Siut, im Gebirge, Grotten mit Hieroglyphen, ehemalige Grabmäler — Ruinen der Paropolis und von Abydus — südlich von Siut die Ruinen des alten Thebä — überall Reste von Städten, Grabmälern und Bildsäulen des Alterthums).

2) Mittel-Egypten oder Wostani (etwa bis 28° nördlicher Br.).

Cairo, auf der sandigen Abdachung des Dj. Mokattam, 300,000 Einw. (70 Thore, 4 Hauptplätze, 400 Moscheen —

Paläste Mehmed Ali's und Ibrahim Pascha's. — Südlich Cairo die Citadelle, von einem Berge dominirt, auf welchem deshalb Mehmed Ali ein Fort baute — Terrassenartige Häuser und gewundene Gassen — Getreide-Magazine). — Auf dem linken Nil-Ufer, Cairo gegenüber, sind die merkwürdigsten Denkmäler und Trümmer. Bei dem Orte Gize stehen die 4 größten Pyramiden. Südlich der Pyramiden ist eine ungeheure, aus Felsen gehauene Sphinx, noch weiter südlich das sogenannte Mumienfeld und dabei die Ruinen von Memphis. Im südlichsten Theile Mittel-Egyptens, schon etwa unter 28° nördl. Br., stehen die Ruinen von Antinoë, einer von Hadrian gebauten Stadt.

3) Unter-Egypten oder das Delta.

Alexandria an der Küste, 40,000 E. (2 Häfen, durch Kastelle geschützt — südlich der Stadt die Pompejus-Säule und der Obelisk der Cleopatra, beide aus Granit). — Abukir, ein Dorf an der N. O. Spitze der Landzunge Alexandriens (Nelson 1798). — Rosette an der Mündung des westlichen Nil-Arms, 16,000 E. — Damiette an der östlichen Nil-Mündung, 12,000 E. — Suez, schon auf der Landenge.

§. 84.

Nubien.

Nubien liegt zwischen Egypten und Habesch, der Wüste und dem Meer.

Ueber Flächeninhalt und Einwohnerzahl weiß man nichts Genaues, nur daß letztere gering sein soll. Die Einwohner, welche meist in elenden, aus Erde erbauten Dörfern wohnen, sind Nubier, Araber und Neger. Erstere gehören zum Volksstamme der Berbern und sind meist alle ansässig. Die herrschende Religion ist der Islam. Nubien zerfällt in mehrere Staaten, die fast alle dem Vice-König von Egypten unterworfen sind. Die bedeutendsten dieser Länder sind:

1) Das Reich Makorrah, unter einem Könige, mit der Hauptstadt Dongola, am Nil (geflüchtete Mameluken).

2) Der Neger-Staat Senaar, im Südost Nubiens, mit der Hauptstadt gl. N., am Bahar-el-Azrek.

3) Die Oasen, Kordofan und Dar-fur, westlich Sennaar die südwestlichsten und schon der Wüste gehörenden Landschaften Nubiens. In Dar-fur soll über viele kleinere und zinsbare Fürsten ein Erbsultan herrschen. Kordofan soll von Negern und von Beduinen-Stämmen, die an Egypten tributpflichtig sind, bewohnt sein.

§. 85.

Habessinien (Habesch).

Es ist das alte Aethiopien im engern Sinne des Wortes, und liegt, indem es das uns bekannte Alpenland umfaßt, zwischen Nubien, dem Meere und dem innern unbekannten Süd-Afrika.

Die Einwohner, der Zahl nach 4 — 5 Millionen, sind ein altes Afrikanisches Stammvolk, durch anarchische Zustände verwildert und mit einer fabelhaften alten Geschichte. Das Christenthum hat hier Eingang gefunden und sich allgemein, jedoch in sehr abweichenden und eigenthümlichen Formen verbreitet. Die Sprache ist der Arabischen verwandt. Der König, welcher zugleich das weltliche und geistliche Oberhaupt war und „der große Negus" genannt wurde, hat durch Kämpfe der Aristokratie und durch Einfälle der Gallas-Neger jetzt alle Staatsgewalt verloren.

Die 3 Hauptheile Habessiniens, welche sich annehmen lassen, sind: Tigre (der nordöstlichste Theil), Amhara (der westlichste), Schoa und Efat (der südlichste).

Die bedeutendsten Städte sind: Gondar am Demba-See, und Tegulat.

§. 86.

Die Länder der Ostküste.

1) Die Küste Aden, von einem Handelsvolke der Somaulis, welches den Negern ähnlich, aber edler als sie gebaut ist, bewohnt. (Engländer.)

2) Die Küste Ajan. Sie ist öde und unbewohnt, auch wegen vieler Stürme schwer zugänglich.

3) Die Küste Zanguebar. Sie ist in den Händen theils freier, theils von Mascate abhängiger Araber. Die

Stadt Melinde, die den Portugiesen gehörte, soll jetzt wieder frei sein.

4. Die Küste Mozambique gehört größtentheils den Portugiesen. Die Einwohner, Magua's genannt, sind eine häßliche Negerart. Die Portugiesische Stadt Mozambique liegt auf einer kleinen Insel an der Küste.

5) Die Küsten Senna und Sofala. Die Portugiesen besitzen hier Quilmance, Sofala und Inhambana, so wie Factoreien und Forts im Innern. Die Hauptstadt der Portugiesen ist Senna am Zambeze, etwa 50 Meilen von der Küste entfernt.

6) Die Natal-Küste. Hier wohnen Kaffern, gelehriger und kunstfertiger Art, unter Häuptlingen und Fürsten, in Dörfern und sogenannten Städten. Es wurden hier Missionsanstalten mit Erfolg errichtet.

§. 87.

Das Cap-Land.

Die wahre Nordgrenze dieses Landes ist eine krumme Linie, die ostwestlich von 32° bis zu 29° 45′ südl. Breite nach Nord steigt. Dieses Ländchen, etwa 1000 □M. groß, ist auf 3 Seiten, durch 2 Ozeane, den Indischen und Atlantischen, bespült. Die Eingebornen, Hottentotten und Kaffern, welche durch die Holländer sehr unterdrückt wurden, finden sich kaum noch in einer Zahl von 28,000 vor. Außerdem gehören zur Bevölkerung, welche sich im Ganzen etwa auf 200,000 Köpfe beläuft, die Europäischen Kolonisten und die Kinder derselben mit den Eingebornen (Bastards).

Die Hottentotten leben ohne Ordnung und Thätigkeit in Kraal's (Dörfer); — die Kaffern, eine wohlgebaute und geistig, so wie sittlich bessere Menschenart, haben etwas Ackerbau und Viehzucht und stehen unter erblichen Fürsten.

Die Kolonisten zerfallen in die Weinbauern, Kornbauern und Grasbauern. Erstere sind die Reichsten, letztere meist unordentliches verlaufenes Volk, gleichsam die Paria's. Seit 1806 sind die Engländer im ungestörten Besitz dieses Landes.

§. 88.

Die Westküste.

1) Süd-Guinea. Diese Küste ist von den Europäern des Handels wegen stark besucht. Sie bildete ehemals das große Reich Kongo und zerfällt jetzt in die 3 Haupttheile: Angola und Benguela (im Süd), Congo (in der Mitte) und Loango (im Nord). In letzterem Theile haben die Portugiesen Factoreien zu Malimba und Cabinda. In Angola gehört den Portugiesen St. Paolo, de Loanda, und in Benguela St. Felippe de Benguela.

2) Nord-Guinea. Wir betreten hier zuerst die Küste Biafra, zu welcher die Inseln: Fernando d' el Po, Los Principe und Annabon gehören. Diese Küste wird von den Europäern selten besucht.

Die Küste Benin hat keine Europäischen Niederlassungen, obgleich sie von den Europäern des Handels wegen besucht wird. Hier ist ein mächtiges Negerreich.

Die Sclaven-Küste, ebenfalls unter Negerherrschaften, hat die Städte Lagos und Badagri (Klapperton 1827). Weiter landein, von hier aus, liegen die Negerstaaten: Jariba und Borgu, letzterer mit der Hauptstadt Boussa, am Quorra, Niger (Mungo-Park's Tod 1805). — Der Sclavenhandel war an dieser Küste noch unlängst sehr bedeutend.

Die Goldküste. Hier liegen fast alle Europäischen Niederlassungen auf Nord-Guinea, welche gewöhnlich nur aus Forts bestehen. Unter den Negervölkern an dieser Küste zeichnen sich die Fanti's und Aschanti's aus. Erstere wurden von den weiter landein wohnenden letzteren, welche höchst kriegerisch und jetzt mächtig und gefährlich sind, größtentheils vernichtet. Die Aschanti's sind blutdürstiger, roh von Sitten und stehen unter einem Könige. Ihre Hauptstadt ist Kumassi. Unter den Niederlassungen der Europäer an dieser Küste sind besonders Elmina (Hauptort der Engländer), Coast Castle und James Castle (Besitzungen der Engländer) zu merken.

Die Zahn- oder Elfenbein-Küste wird von vielen Negervölkern bewohnt, welche Heiden, abergläubisch und grausam sind. Die Holländer haben am Vorgebirge der 3 Spitzen das kleine Fort St. Antonio.

3) Die Küste Senegambien. Sie wird auch West-Nigritien genannt und des Handels wegen von den Europäern viel besucht. Den Franzosen gehört hier die Senegal-Insel St. Louis und das Fort Gorée auf einer Insel am grünen Vorgebirge. Den Engländern gehören die Forts: James und Gellifrey, und den Portugiesen die Insel Bissao und Niederlassungen am Flusse Kazzamanza. Die Einwohner zwischen Senegal und Gambia sind keine eigentlichen Neger. Sie sollen früher im nördlichen Afrika gewohnt haben und durch die Araber vertrieben worden sein. Sie zerfallen in die beiden Hauptstämme: der Fuhla's und Jaloffen, von denen letztere milder als die erstern sind. Sie sind meist alle Mahomedaner. Südlich des Gambia finden sich Biafaren, und weiter östlich in den höchsten Gebirgstheilen, im Quellbezirk etwa von Senegal und Gambia, die Mandingo's. Der südlichste Theil Senegambiens, die Leona-Küste, wird vorzüglich von 2 Hauptnegervölkern, den Susuern und Bulamern, welche Fetische sind, bewohnt. Durch den Engländer Granville Sharp wurde 1787 hier eine Negerkolonie mit der Stadt Freetown erbaut. Nachdem diese Kolonie vielfach angefochten und sogar zerstört worden, hat sie sich wieder erhoben und ist in neuester Zeit sehr blühend geworden.

§. 89.

Das innere Hoch-Afrika.

Hier unterscheidet man 4 Hauptvölker: die Schaka's, die Galla's, die Kaffern und die Bedjuanen. Letztere, welche in den südlichern Theilen wohnen und auch ein Negervolk sind, haben etwas Ackerbau und Viehzucht, so wie eine Art Industrie.

§. 90.

Die Wüste Sahara und der Flach-Sudan.

Die Bewohner der Wüste sind Mauren und Berbern. Die Mauren wohnen in den westlicheren Theilen und sind Räuber, von denen die Karavanen meistentheils Sicherheit kaufen. Sie sind gegen alle Mühseligkeit und Strapaze unendlich abgehärtet, wohnen unter Zelten, halten sich an die zum Theil nur ihnen bekannten Oasen des Westens und treiben auch gelegentlich einen Handel, besonders mit Salz.

Die Berbern, im Norden der Wüste, sind theils Tuarik's (westlicher), theils Tibbo's. Sie sind Nomaden, Hirten und Räuber. Im Flach-Sudan unterscheiden wir hauptsächlich 4 Staaten:

1) Das Reich der Fellata's, ein Sultanat, mit der Hauptstadt Sachatu.

2) Haussa, an die Fellata's tributpflichtig, mit der Hauptstadt Kano.

3) Bornu, in der Nähe des Tschad-Sees, mit der Hauptstadt Birmie.

4) Bambarra und Tombuktu, unter einem Könige, mit der Hauptstadt Tombuktu, welche größtentheils das Ziel der von Nord kommenden Wüsten-Karavanen ist.

IV. Abschnitt.

Amerika.

§. 91.

Die äußersten Polarländer.

Außer den äußersten Theilen des Russischen Nord-Amerika gehören hierher hauptsächlich Spitzbergen, Grönland und einige kleinere Archipele.

1) Spitzbergen. Es ist die nördlichste bekannte Landeinheit, ein Archipel von 3 großen und vielen kleinen Inseln. Wegen der extremen Wirkungen des Polarischen Klima's ist dieser Archipel, der gewöhnlich als Zubehör des Russischen Amerika gilt, fast ganz unbewohnt.

2) Grönland (Grünland). Diese große Halbinsel wird, so weit es uns bekannt, außer den wenigen Kolonisten, von Eskimo's bewohnt, deren im Ganzen etwa 20,000, und von denen sich ⅓ zum Christenthume bekehrt hat. Bei den christlichen Eskimo's sind die Missionaire zugleich Priester, Aerzte

u. s. w., überhaupt das Factotum. Von den früheren Europäischen Ansiedelungen auf der Ostküste hat man wegen Eisanhäufungen an derselben die Spur verloren; die Westküste hat in der Gegenwart allein eine uns bekannte Kolonisation und einen ziemlich regen Verkehr mit Europa. Da die meisten Ansiedelungen von Dänemark ausgegangen sind (zum Theil durch Herrnhuther), so wird Grönland auch gewöhnlich den Dänischen Besitzthümern zugezählt.

§. 92.

Das Russische Nord-Amerika.

Dieser Name bezeichnet den nordwestlichsten Theil Nord-Amerika's, der vom Polar-Meer und vom großen Ocean bespült ist. Dieses Land ist der Behring-Straße, Asien sehr benachbart, geht nach West in die Halbinsel Aliaschka aus, und findet durch die Aleuten gleichsam einen insularen Zusammenhang mit Kamtschatka; — im Süd-Ost wird es von dem Englischen Nord-Amerika begrenzt und läuft nach Süd in einem schmalen Striche längs der Küste, bis unweit der Charlotten-Inseln. Es enthält etwa 17,000 □M. und nach neuern Angaben an 60,000 Einw. Es finden sich hier keine Städte, nur Niederlassungen Russischer Kaufleute wegen des Pelzhandels und unter dem Schutze der Regierung. Von den Aleutischen Inseln, deren es über 100 giebt, sind sehr viele unbewohnt; die bewohnten enthalten zusammen nicht mehr als etwa 300 Einw. Die Kurilen haben meist Kamtschadalische Einwohner, und sind deshalb, so wie wegen ihrer Lage, mehr zu Asien zu zählen.

§. 93.

Das Brittische Nord-Amerika.

Die Gesammtheit des Englischen Gebietes in Nord-Amerika liegt vom Russischen Besitzthume und vom Polar-Meere bis zu den Lorenz-Seen, umgiebt die Hudsonsbai und wird von den Freistaaten von Nord-Amerika im Süd, vom großen Ocean im West begrenzt. Mehrere beträchtliche Inseln im Nordatlantischen Ocean gehören mit hinzu. Das Ganze mag einen Flächenraum von 122,000 □M. mit einer verhältnißmäßig geringen Bevölkerung haben. Wir betrachten die Theile:

1) Canada. Hierunter ist ein Flächenraum von etwa 11,400 □M. mit circa 1 Million Einw. verstanden, der aus Unter-Canada, d. h. dem Lande am linken Lorenz-Ufer, und aus Ober-Canada, d. h. dem von hier aus unmittelbar nordwestlichen Lande, besteht.

a) Unter-Canada. Es enthält kaum mehr 20,000 seiner Ureinwohner, der Indianer. Dieselben behaupten größtentheils noch ihre Freiheit und Wildheit und bestehen aus vielen Stämmen, unter denen die Huronen der bekannteste sind. Die Zahl der Einwanderer, welche größtentheils Engländer und Deutsche sind, ist schon ziemlich bedeutend. Der Pelzhandel ist beträchtlich. Als Repräsentant der Englischen Regierung erscheint ein Statthalter, der seine Machtvollkommenheit auch über die angrenzenden Länder ausdehnt und in militairischer Hinsicht über das ganze Brittische Nord-Amerika gesetzt ist. Die bedeutendsten Städte sind:

Quebeck, 20,000 E., am Lorenz-Strom (befestigt — Sitz des Statthalters und eines Anglicanischen Bischofs). — Montreal, auf einer Insel des Lorenz-Stromes.

b) Ober-Canada. Es ist größtentheils von civilisirten Amerikanern, Britten und Deutschen, und nur von sehr wenigen Indianern bewohnt. Im Ganzen ist die Bevölkerung schwächer als in Unter-Canada. Die bedeutendsten Städte sind: York am Ontario-See (Sitz eines Gouverneurs und befestigt). — Kingstown am Lorenz-Strom.

Anmerkung. Nach Ober-Canada gehört der als Merkwürdigkeit zu erwähnende Niagara-Fall.

2) Neu-Braunschweig, nordöstlich Canada, am rechten Ufer der äußersten Lorenz-Mündung, gleichsam eine Art Halbinsel, deren östlichstes wieder peninsular abgespaltenes Glied der sub No. 3 nachfolgende Theil. Neu-Braunschweig grenzt südwestlich an Canada und die vereinigten Freistaaten und enthält etwa 15,000 □M. mit 80,000 Einw. Im Innern leben noch einige, größtentheils christliche Indianer. Die Regierung ist wie in Canada. Die Hauptstadt ist Frederikstown.

3) Neu-Schottland, seiner Lage nach vorstehend be-

zeichnet, enthält 670 □M. und etwa 130,000 Einw., unter denen nur etwa 2000 Indianer. Die Hauptstadt ist Halifax (Hafen — Fort).

4) Neu-Foundland. Diese große und bekannte Insel liegt der Lorenz-Mündung und Labrador gegenüber. Sie enthält 1650 □M. und 80 — 90,000 Einw., meist Brittischer Herkunft. Die Bevölkerung ist zerstreut, die Insel ein besonderes Gouvernement, jedoch ohne eigne Verfassung. Die Insel enthält ihre Wichtigkeit durch bedeutenden Fischfang; ihre Hauptstadt ist St. Johns. Zu Neu-Foundland wird die, fast ganz unbewohnte, vor der Lorenz-Mündung liegende Insel Anticosti gerechnet.

Anmerk. Ein bekanntes langhaariges Hundegeschlecht ist auf dieser Insel heimisch, und führt nach ihr seinen Namen.

5) Die Insel Cap Breton (zu Neu-Schottland gehörig). Sie enthält 112 □M. und etwa 22,000 E., die sich fast lediglich mit Fischerei beschäftigen, wenn man die Bearbeitung einiger Steinkohlenwerke abrechnet. Die Hauptstadt, gleichwohl ein unbedeutender Ort, ist Sidney.

6) Labrador. Es enthält 24,000 □M. und ist nur in seinen Küsten einigermaßen bekannt, während das Innere ganz unerforscht blieb. Die Polarische Natur wird hier schon sehr bemerkbar. Die Einwohner sind größtentheils Indianer und Eskimo's. An der Westküste haben Englische Kaufleute und im nördlichen Theile der Ostküste die Herrnhuther einige Niederlassungen.

7) Die westlichen Binnenländer. Wir verstehen darunter die Länder westlich und nördlich Canada, von denen noch nicht die Rede war, bis an das Eismeer nach Nord und bis an das Oregon-Gebirge nach West. Dieser ungeheure Raum von vielleicht 100,000 □M. enthält nur Forts und Handels-Comptoire, als Merkmale Brittischer Kolonisirung, und im Ganzen etwa 150,000 Einw., welche größtentheils Indianer und Eskimo's sind. Die ersteren, welche überwiegen, leben in ursprünglicher unbeschränkter Wildheit und haben die Eskimo's, deren erbitterte Feinde sie sind, bis an die Polarküsten vertrieben. Die Zahl der Europäer in den hölzernen Forts und Pelzhandelsstationen beträgt kaum 4 — 500.

8) Die Besitzungen der Westküste. Dieß sind die Länder, zwischen dem Russischen Gebiet und den vereinigten Freistaaten, dem Oregon-Gebirge und dem großen Ocean. Sie werden in ihrer Gesammtheit von den Engländern West-Caledonien genannt und in die 3 Theile: Neu-Kornwales (nördlichster Theil), Neu-Hannover und Neu-Georgien zerlegt. Die Einwohner, auch größtentheils Indianer, sind zahlreicher, dabei noch barbarischer, als in den Binnenländern. Der einzige von den Britten besetzte Punkt ist das Fort und die Factorei: West-Caledonien.

§. 94.

Die vereinigten Freistaaten von Nord-Amerika.

Diese wichtige Föderativ-Republik wird vom großen Ocean westlich, vom Atlantischen östlich und südlich, außerdem noch von Englisch Nord-Amerika im Nord, und von Mexico im Süd begrenzt.

Im Jahre 1775 begannen diese Staaten mit England um ihre Unabhängigkeit zu kämpfen. Nachdem dieser Kampf von den Amerikanern mit Glück geführt worden war, wurden 1782 13 vereinigte Staaten als unabhängig anerkannt. Von 1789 datirt sich die neue Verfassung dieser Länder-Einheit, deren Entwickelung seitdem einen schnellen und mächtigen Gang ging. Jetzt beläuft sich die Zahl der Staaten auf 25, außer denen noch der Distrikt Columbia und 5 Territorien zur ganzen Verbindung gehören.

Der Totalflächenraum beträgt 112,000 □M., die Totalbevölkerung 17 Millionen Einwohner. Die Einwohner sind theils Weiße, von verschiedenen Europäischen Nationen herstammend, theils Farbige, d. h. Mischlinge der Weißen mit Indianern und Negern, theils endlich Indianer und Neger selbst, letztere jedoch nur in geringer Zahl. Die Englische Sprache ist herrschend, nächst ihr auch die Deutsche verbreitet. Thätigkeit, Selbstgefühl und einfacher Sinn charakterisiren die Mehrzahl der Landesbewohner. Die Neger, etwa 1½ Millionen, sind meist in den südlichen Theilen, wo sie zum Plantagenbau gebraucht werden; sehr viele von ihnen sind frei. Die

Indianer (in geringer Zahl) sind theils ansässig, theils (westlich des Missisippi) ursprünglich wild. Die Hauptbeschäftigungen aller Einwohner sind Landbau und Handel. Der Seehandel ist jetzt sehr bedeutend und strebt gleichsam mit dem Englischen um den Vorrang. Jeder der hierher gehörigen Freistaaten ist eine in sich selbstständige Democratie. Für Angelegenheiten von gemeinsamem Interesse sind alle Staaten durch einen General-Congreß, an dessen Spitze ein Präsident, verbunden. Die bedeutendsten Städte sind:

Boston an der Ostküste, 70,000 E. (Hafen — Handel — Franklin's Geburtsort). — **Washington**, 18,000 E. (Sitz des Congresses — Residenz des Präsidenten). — **Neu-York** am Hudson, 220,000 E. (erste Handelsstadt — Universität). **Philadelphia** am Delaware, 175,000 E. (Handel — Fabriken — Universität). — **Baltimore** an der Chesepeak-Bai, 90,000 Einw. (2te Handelsstadt — Universität). — **Charlestown**, 40,000 E. — **Neu-Orleans** am Missisippi, 40,000 E.

§. 95.

Die Mexicanischen Freistaaten.

Mexico grenzt im Nord an die Staaten des vorigen §, und verengt sich nach Süd zur Landenge von Panama, wo es an Honduras und Guatemala grenzt. Oestlich wird Mexico von dem, nach ihm genannten Golf, westlich vom großen Ocean bespült.

Diese politische Einheit enthält mit Einschluß der noch von Indianern bewohnten Gegenden 70,000 □M. und entspricht dem Begriffe des alten Anahuac. Das Land wurde von Cuba aus entdeckt und durch den unerschütterlichen und genialen Cortez der Krone Spaniens erobert. Das Land hieß nun zuerst Neu-Spanien, und seine übriggebliebenen Ureinwohner hatten ein trauriges Loos. Obgleich sich dies im 18ten Jahrhundert besserte, so war doch die Erbitterung gegen Spanien zu groß, und als die Bewohner sich stark fühlten, begann auch der Aufstand, der 1810 unterdrückt, 1821 aber unwiderstehlich wurde. Mexico befreite sich, und nachdem der General Iturbide kurze Zeit auf seinem Throne gesessen, dann durch Zwang abdankte und bei einem Wiederversuch zum Throne zu gelangen, umkam, hat Mexico eine Verfassung, gleich den Freistaaten von Nord-Amerika, erhalten. Es sind außer einigen Gebieten 19 Staaten, ebenfalls einzeln unabhängig, demokratisch verfaßt und doch zu einem Ganzen durch einen General-Congreß verbunden. Die Zahl der Einwohner mag sich auf 8 Millionen belaufen; sie sind Weiße, Farbige und Indianer. Von letzteren leben noch etwa 300,000 im Zustande der Wildheit und zwar in den nördlichen Theilen des Landes. Die Zahl der Neger ist gering und sie sind alle frei, da die Verfassung keine Sclaverei duldet. Die Landes-Sprache ist die Spanische; die Indianer haben neben ihr die alten Muttersprachen beibehalten.

Städte:

Mexico am Salzsee Tezcuco, 170,000 E., auf der Stelle, wo das alte, jedoch viel größere Tenochtitlan stand (Residenz des Congresses — Handel). — Vera-Cruz am Golf von Mexico (Cortez erster Landungsort). — Puebla de los Angelos, 70,000 E. (Handel und Gewerbe). — Tlascala (jetzt eine kleine Stadt, aber historisch durch seine ehemalige Größe und seine frühe Befreundung mit den Conquistadoren). — Gualalarara am Riogrande, 60,000 E. — Guanaruato, 40,000 Einw. (Bergbau). — San Louis Potosi, 60,000 E. (erschöpfte Bergwerke). — Zacatecas, 40,000 E. (Silber-Bergwerke). — Durango, 30,000 E. (Scorpione).

Anmerk. In dem Theile der Halbinsel Yucatan, der zu Mexico gehört, ist nur die Westküste kultivirt, die Ostküste fast ganz bewaldet. Die Hauptstadt von Yucatan ist Merida. Der südöstlichste Theil Yucatan's ist das sogenannte Honduras und gehört den Engländern, denen es besonders wegen seiner kostbaren Hölzer wichtig ist.

Californien ist durch Sand, Mangel an Bewässerung und Vegetation ein trauriges Land. Die Einwohner sind träge und stupide Indianer und wurden theilweise zum Christenthume bekehrt. Neu-Californien, d. i. der Landstrich an der Küste, unmittelbar nördlich der Halbinsel, ist besser. Die Revilla Gigedo-Inseln, die ebenfalls zu Mexico gehören, sind nackte Felsen-Eilande.

§. 96.

Die vereinigten Staaten von Centro-Amerika (Guatemala).

Guatemala, d. i. der Isthmus, mit Ausnahme seines südöstlichsten und schmalsten Theiles, liegt also natürlich zwischen 2 Oceanen und 2 Kontinenthalben in kontinentaler Beziehung, insbesondere zwischen Mexico, Honduras und Columbia. Es enthält 10,000 □M. und 2 Millionen Einwohner. Die Spanier nahmen das Land nach der Eroberung Mexico's in Besitz, verwalteten es durch einen General-Kapitain und verloren es, wie Mexico, 1821.

Die Einwohner sind, wie in Amerika, meist überall Weiße, Farbige, Indianer und Neger. Die Indianer sind gutmüthiger und bildsamer als anderwärts. Das Ganze, wie Mexico verfaßt, besteht aus 5 vereinigten Staaten.

Städte:

Guatemala la nueva, 50,000 E. (das alte Guatemala, einst groß und volkreich, jetzt ein Trümmerhaufe, liegt weiter landein). — Leon, 32,000 E. — San Salvador, 25,000 Einw. —

Anmerk. Die Nordküste ist größtentheils in den Händen freier Indianer.

§. 97.

West-Indien.

Hierunter ist die Inselgesammtheit zwischen Florida und dem Orinoco-Delta gemeint, welche aus den Bahama-Inseln, den großen und den kleinen Antillen besteht. Wir betrachten die größten unter diesen Inseln einzeln.

1) Cuba. Es enthält 2040 □M. und 830,000 Einw., die wieder aus Europäern, Farbigen und Negern sich zusammensetzen. Die Insel ist ein Eigenthum Spaniens, und der Anbau des Landes geht vorzüglich auf Zucker, Kaffee und Tabak. Die ganze, in neuester Zeit sehr vorgeschrittene und immer mehr fortschreitende Kultur der Insel verspricht dem Mutterlande Spanien immer glänzendere Ausbeute. Die Hauptstadt ist Havanna und zählt an 120,000 Einw.

2) Jamaica, südlich von Cuba, 270 □M. groß, mit etwa 400,000 E. und in neuerer Zeit ein Eigenthum der Engländer, die sie den Spaniern entrissen. Dem Englischen Gouverneur steht eine Art Staats-Rath zur Seite. Die Hauptstädte sind: Kingston und Port-Royal.

3) Haiti, auch St. Domingo oder Hispaniola genannt, ostsüdöstlich von Cuba. Diese Insel, welche 1350 □M. enthält, gehörte nach ihrer Entdeckung zuerst den Spaniern, die um sie mit den Flibustiern zu kämpfen hatten. 1697 wurde der westliche Theil der Insel an Frankreich abgetreten und freute sich bald blühender Zustände.

Die Decrete der Französischen Republik führten später einen Aufstand der Neger und Mulatten herbei, durch welchen allmählig die Franzosen vertrieben und die Inselbewohner frei wurden. Gegenwärtig ist Haiti eine Republik, an deren Spitze ein lebenslänglicher Präsident steht. Unter den Einwohnern ist die katholische Religion herrschend, die Französische und Spanische Sprache verbreitet. Die Thätigkeit der Einwohner, unter denen die Weißen kein Grundeigenthum haben dürfen, wendet sich hauptsächlich den Plantagen in Zucker, Kaffee, Baumwolle und Indigo, so wie der Viehzucht und dem Bergbau zu. Der Staat hat eine geregelte und verhältnißmäßig sehr große Kriegsmacht.

Städte:

Port Haiti, auf der Westküste, 30,000 E. (Hauptstadt — Sitz der Regierung — Festung — Hafen — Handel — früher Port au Prince). — St. Domingo, 25,000 E. (Festung — Universität — Hafen). —

4) Portorico, enthält auf 182 □M., etwa 200,000 Einw., von denen die meisten Mulatten sind. Die Insel gehört den Spaniern. Die Hauptstadt St. Juan, auf der Nordküste, ist stark befestigt.

5) Trinidad, die größte von den kleinen Antillen, mit einem Flächeninhalt von 81 □M. Die frühern Besitzer, die Spanier, haben diese Insel vernachlässigt und erst seit 1797, wo sie von den Engländern erobert wurde, begann ein recht verhältnißmäßiger Anbau. Die Zahl der Einwohner beläuft sich etwa auf 48,000; — der Hauptort ist Puerto d'Espagna.

§. 97.

Columbia.

Unter Columbia denken wir uns nicht ein Land, sondern den Zusammenbegriff von 3 Ländern, welche seit 1831 selbstständig, doch wie es scheint, politisch verbunden bestehen. Diese 3 Länder sind: Neu-Granada, Venezuela und Ecuador und nehmen zusammen einen Flächenraum von vielleicht 85,000 □M., bei der geringen Bevölkerung von 3 — 4 Millionen, ein. Diese Gesammtheit hängt nordwestlich durch den eigentlichen Isthmus mit Guatemala zusammen, wird im Ost und West wieder von den beiden Oceanen Amerika's und im Süd von Peru, Brasilien und Guiana begrenzt. Die Spanier nannten dieses Land, nachdem sie es erobert hatten, das Vice-Königreich Neu-Granada und theilten es in mehrere Provinzen. Seit 1810 brachen hier heftige Aufstände gegen Spanien aus, und namentlich ein gewisser Bolivar kämpfte seit 1812 mit Glück und Kraft und vertrieb die Spanier 1821 ganz. Zuerst regierte nun Bolivar als Dictator, legte aber 1830 sein Amt nieder, worauf im folgenden Jahre die 3 genannten Freistaaten sich bildeten.

1) Neu-Granada, 15,700 □M. und 1½ Millionen Einwohner, unter diesen letztern viele, theils civilisirte, theils wilde Indianer enthaltend. Der Metall-Reichthum dieses Landes ist sehr groß, der Bergbau aber sehr verabsäumt. Neu-Granada ist der mittelste der genannten Staaten.

Städte:

Santa Fe de Bogota, auf der gleichnamigen Hoch-Ebene, etwa 30,000 E. — Antioquia, 18,000 E. (Bergstadt). — Cartagena, 25,000 E. (stark befestiget), an der Nordküste, westlich der Magdalenen-Mündung.

2) Venezuela, zwischen Neu-Granada, dem Atlantischen Ocean, Guiana und Brasilien, also der östlichste Staat Columbia's. Es enthält 20,000 □M. und etwa 800,000 E.

Städte:

Caracas, unweit der Nordküste, 30,000 E. (größere Bevölkerung vor dem Erdbeben von 1812). — Venezuela, westlich Caracas, 10,000 E. (alte Hauptstadt). — Maracaibo am

See gl. N., 25,000 E. — Varinas, südöstlich des See's von Maracaibo (Tabak). — Cumana an der Nordküste, der Insel Margaritha gegenüber, 28,000 E.

Anmerk. Der südlichste Theil von Venezuela gehört größtentheils in die Llanos des Orinoco, wird schwach und meist nur von freien Indianern bewohnt.

3) Ecuador oder Quito, der südwestlichste Theil Columbia's, zwischen dem großen Ocean, Peru, Brasilien und Neu-Granada. Das Land entspricht bis auf die östlichen Theile, seinem Terrain nach, dem uns bekannten Hochlande von Quito und enthält 16,000 □M., bei etwa 700,000 E.

Städte:

Quito, 70,000 E. (Nähe des Aequators — außerordentliche absolute Höhe — Erderschütterungen). — Cuenza, 20,000 Einw. (Universität). — Guayaquil am Meerbusen gl. N. (Festung — Hafen — Schiffbauholz — Handel). —

Anmerk. Wir können die Gruppe der Gallopagos-Inseln, die besonders durch ihre vielen Schildkröten bekannt, aber unbewohnt sind, zu Columbia rechnen.

§. 98.

Peru.

Peru, ein westliches Küstenland Süd-Amerika's, nördlich von Ecuador, östlich von Brasilien und Bolivia, südlich von letzterem begrenzt, entspricht dem gleichnamigen Hochlande. Es enthält 45,000 □M. und nebst einer nicht genau anzugebenden Anzahl von Indianern, etwa 2 Millonen Einwohnern, welche Weiße, Mestizen, Mulatten und Neger sind. Es ist anzunehmen, daß Peru erst wenige Jahrhunderte vor der Spanischen Eroberung sich von den Schrecken einer blutigen Barberei und Anarchie emancipirt hat. Die Spanier herrschten etwa 3 Jahrhunderte, bis bei der allgemeinen Befreiung der Amerikanischen Staaten auch Peru, und zwar im Jahre 1826, unabhängig wurde. Es hat seitdem eine repräsentative Verfassung mit einer Kammer, einem Präsidenten und einem Staats-Rathe. Die Spanische Sprache ist, nächst einem Dialekte des Alt-Peruanischen, herrschend, die katholische Religion allgemein verbreitet. Das Land wird nächst den Gebieten der wilden Indianer in 7 Departements getheilt.

Städte:

Lima, nahe an der Westküste, 76,000 E. (Hauptstadt — Sitz der Regierung — Universität — Handel). — Cuzco, unweit der Quellen des Ucayale, 50,000 E., alte Residenz der Inka's, d. h. jener Könige von Peru, die nach der Emancipation und vor der Spanischen Invasion herrschten.

§. 99.

Bolivia.

Es liegt südlich von Peru und grenzt östlich an Brasilien und Paraguay, südlich an die Staaten von La Plata und Chile, westlich, außer Peru, noch an den großen Ocean.

Diese Republik, früher zu Peru gehörig und seine verschiedenen Zustände theilend, besteht seit 1825 als selbstständige Einheit. Man weiß, daß hier ebenfalls ein Congreß und ein Präsident herrscht, Spanische Sprache und Katholicismus herrschend sind, und der Flächenraum des Ganzen 20 — 25,000 □M. austrägt.

Städte:

Chuquisaca, 30,000 E. (Hauptstadt — Residenz des Congresses). — La Paz, 40,000 E. (Goldsand der benachbarten Bäche). — Potosi, 20,000 E. (hohe Lage — Silbergruben).

§. 100.

Guiana.

Guiana, 4 — 5000 □M. groß, also die kleinste politische Einheit in Süd-Amerika, liegt im Nordost dieser Kontinenthalbe, wie ein Ausschnitt von Brasilien und Venezuela. Es ist uns bekannt, daß sich die Engländer, Franzosen und Niederländer in dieses Land theilen, daher sind hierüber die Kolonieen dieser Nationen nachzusehen.

Brasilien.

Dieses ungeheure Reich hat fast die Form eines Triangels, dessen Spitze das Cap Roc und dessen 2 Schenkel vom Atlantischen Ocean bespült werden; der nördliche derselben hat auch noch durch Guiana und Columbia eine Kontinentalbegrenzung. Die Basis, d. h. die Westlinie dieser großen Triangulair-Form schließt sich an Columbia, Peru, Bolivia, Paraguay, La Plata und Uruguay.

Die Totalgröße wird nur annähernd auf 120 — 140,000 □M., die Zahl der Einwohner etwa auf 5 Millionen angegeben.

Fast nur die Küsten und nur sehr wenige Theile des Innern sind den Europäern bekannt, und es läßt sich mit Wahrscheinlichkeit annehmen, daß nur der kleinste Theil bebaut ist.

Nach seiner Entdeckung durch Alvarez Cabral (1500) wurde Brasilien ein Eigenthum Portugals, dessen Truppen hier zügellos verfuhren, und dessen offizielles Verfahren selbst gegen Brasilien sehr hart war. 1808, als der König von Portugal (von den Franzosen vertrieben) nach Brasilien kam, änderten sich diese Verhältnisse günstig. 1821 kehrte der König nach Lissabon zurück und hinterließ in Brasilien seinen ältesten Sohn, Don Pedro, als Regenten. Dieser führte den Titel eines Kaisers, mußte aber in Folge von Unruhen eine General-Versammlung berufen, welche die Unabhängigkeit des Landes erklärte. Nach vielfacher Erbitterung der Gemüther entsagte 1831 Don Pedro dem Throne Brasiliens zu Gunsten seines minderjährigen Sohnes, in dessen Namen seitdem Brasilien durch eine Regentschaft verwaltet wird.

Die Einwohner sind theils Europäer, d. h. größtentheils Portugiesen und Deutsche, theils Mestizen und Mulatten, und theils halbcivilisirte und wilde Ureinwohner. Die katholische Religion und die Portugiesische Sprache sind herrschend. Das Land zerfällt in 18 Provinzen.

Städte:

Rio Janeiro an der Südostküste, beinahe durch den Wendekreis des Steinbocks bezeichnet, 200,000 E. (Hauptstadt — Residenz — Universität — Festung — Hafen und Handel). — Bahia oder St. Salvador da Bahia, an der Allerheiligen-Bai, 180,000 E. (bis 1771 Hauptstadt Brasiliens — Amphitheatralische Lage — Schiffswerfte). — Fernambuco und Olinde, 2 nahe zusammen liegende Städte, südlich und zwar benachbart dem Cap Roc, 65,000 E. — Vilarica oder Imperiale, 40,000 E. (Goldwäscherei — Diamanten).

Anmerk. 1. Brasilien ist durch seine Diamanten und seine edlen Metalle, die sich besonders in den Provinzen Minas Geraes, Goyaz und Mato Grosso vorfinden, gleichsam das Ostindien der neuen Welt.

Anmerk. 2. Die außerordentliche Vegetation Brasiliens beurkundet sich hauptsächlich in den Urwaldungen des Marhañon, wo die Höhe und Stärke der Baumstämme, die Zahl und Dichtigkeit derselben, die Menge der Schlingpflanzen, der Kräuterduft und das undurchdringliche Dunkel alle Vorstellung übersteigt und dieses große Bild durch das tausendfältige Leben von Animalien um so bewunderungswürdiger wird.

§. 101.

Paraguay.

Es ist das Gebiet zwischen Parana und Paraguay, ein Mesopotamien gleichsam der neuen Welt, von Brasilien, Bolivia und La Plata umlagert, 7000 □M. groß und mit höchstens 1 Million Einw. Es war früher ein Theil des Spanischen Vice-Königreichs La Plata, und stand im 17ten Jahrhundert sehr unter dem Einflusse der Jesuiten. 1811 erklärte Paraguay seine Unabhängigkeit, die indeß der That nach durch den Dr. Francia, der sich 1812 zum 3jährigen und 1817 zum lebenslänglichen Dictator erheben ließ, wieder verloren ging. Die Einwohner sind Weiße, Mestizen und christliche Indianer, die Staatsbürger alle einander gleich. Der Staat ist ohne Schulden, und Fremde werden selten und ungern darin gelitten. Die Hauptstadt ist: Assumcion am Paraguay, mit 16,000 E.

§. 102.

Urugay.

Dieses Ländchen, welches vor der äußersten Südspitze Brasiliens liegt und im West durch den Urugay von La Plata geschieden, im Süd und Ost von der La Plata-Mündung und vom Atlantischen Ocean begrenzt wird, enthält etwa 10,000 □M., und nur eine geringe, aus den gewöhnlichen National-Elementen Amerika's zusammengesetzte Bevölkerung. Seit 1828 ist dieses Land, welches außer einigem Gebirge viele Pampas enthält, ganz unabhängig und regiert sich durch einen Gouverneur und 2 Kammern. Die Hauptstadt Montevideo, an der La Plata-Mündung, ist befestiget und enthält etwa 20,000 E.

§. 103.

Die vereinigten Staaten des La Plata, oder die Argentinische Republik.

Dieses Land, bereits eins der südlichsten in Amerika, ist, einen schmalen Landstrich nach Ost, längs dem Paraguay abgerechnet, ein Trapezoid, welches im Nord durch Bolivia, im Ost durch Paraguay, Brasilien, Uruguay und die La Plata-Mündung, im Süd durch Patagonien, im West durch Chile begrenzt wird. Die Größe mag an 50,000 □M., die Bevölkerung, sobald man die Indianer mit eingezählt, an 2 Millionen betragen. Fast nur der südliche Theil und die Ufer der größern Ströme sind angebaut. Seit 1816 sind diese Staaten, welche früher ein Spanisches Vice-Königreich bildeten, unabhängig. Das Ganze besteht aus 13 Staaten oder eigentlich Provinzen, die in den meisten Angelegenheiten durch einen Senat, eine Repräsentanten-Kammer und einen Präsidenten verbunden sind. Die innern Verhältnisse sind noch sehr schwankend. Die Indianer sind noch meist heidnisch und roh und stehen unter ihren eigenen Stammhäuptern. Die Hauptstadt ist Buenos-Ayres, am rechten Ufer der La Plata-Mündung, mit 75,000 E. (Hauptstadt und Residenz des Präsidenten und des General-Congresses). —

§. 104.

C h i l e.

Der schmale Küstenstrich, der hierunter verstanden ist, grenzt östlich an Argentina, südlich an Patagonien, nördlich an Bolivia. Der Flächenraum beträgt 6600 □M., die Bevölkerung etwa 1 Million. Der Staat, ehedem eine Spanische General-Kapitainerie, ist seit 1818 unabhängig. Die Einwohner, hellfarbig, kräftig und fröhlich, sind theils Eingeborne, theils Kreolen und theilweise auch Weiße. Der Staat ist eine Republik, an deren Spitze ein Präsident und ein Congreß steht. Der südliche Theil von Chile, das sogenannte Araucana, ist vollkommen unabhängig und wird von einer Indianischen Völkerschaft, welche sich größtentheils mit der Viehzucht beschäftiget, behauptet. Die Hauptstädte Chile's sind: San Jago

(Sitz der Regierung) und Conception. Im Lande der Araucaner liegt unweit der Küste die befestigte Stadt Valdivia.

§. 105.

Patagonien.

Dieses südlichste Land Amerika's, zu dem auch füglich die Insel Feuerland zu zählen ist, enthält etwa 22,000 □M. und gehört der Statistik noch nicht an. Die Einwohner, durch ihre Größe ausgezeichnet, werden als wandernd und kriegerisch geschildert und sind auch nur in geringer Zahl vorhanden. Bei solcher Lebensweise und solchem Zustande ist also von keiner Regelung der Volksexistenz und von keinen Staatsverhältnissen die Rede.

V. Abschnitt.

Australien.

§. 106.

Die statistische Beschreibung dieses Erdtheiles drängt sich in wenige Worte, vermöge der Natur der Sache, zusammen.

Der Kontinent von Neu-Holland soll an 140,000 □M. enthalten und ist, so weit man ihn kennt, von Menschen bewohnt, die alle auf einer sehr niedrigen Stufe stehen. Sie scheinen größtentheils zu dem Geschlechte der Papua's zu gehören und leben mit allen Sitten und Gewohnheiten roher Völker in Stämmen. Die Küsten sind theilweise kolonisirt worden. In dieser Beziehung ist namentlich die den Engländern gehörige und unter dem Namen Neu-Süd-Wales bekannte Ostküste zu nennen. Die Hauptstadt Sidney liegt etwa unter 34° südl. Br. unmittelbar nördlich der Botany-Bai, und enthält an 20,000 Einw. Diese ganze Kolonie, besonders die Umgebung der Botany-Bai, wird zum Transport Englischer Verbrecher angewendet. Auch an anderen Punkten des Kontinentes haben die Engländer Niederlassungen, so z. B. an der Vandiemens-Bai (Nordküste) und am Schwan-Fluß (Westküste).

Die Insel Vandiemens-Land enthält etwa 1200 □M. und viele treffliche Häfen. Die Einwohner sind wie die Neu-Hollands, und bittre Feinde der Kolonisten. Die Engländer sind gleichfalls Besitzer dieser Insel und haben ihre Hauptniederlassung zu Hobartown.

Die Doppel-Insel Neu-Seeland (von Cook zuerst untersucht) ist von einem schönern Menschengeschlechte, welches aber rachsüchtig und grausam, bewohnt. Der Zustand ist ebenfalls der vollkommener Wildheit. Die Engländer haben seit 1815 hier auch, jedoch mit wenigem Erfolge, kolonisirt.

Neu-Guinea wird auf 12 — 13,000 □M., seinem Flächenraume nach, angegeben. Es ist selten von Europäern besucht worden, man weiß daher nur, daß die Küsten von Papua's bewohnt werden, und daß die ganze Bevölkerung nur gering ist. —

Ende.

Verbesserungen.

S. 1. 6te Z. v. u. soll heißen: „letzterer.“ — S. 8. 4te Z. v. u. soll am Ende einen Doppelpunkt, dagegen die 5te Z. v. u. ein Theilungszeichen haben. — S. 11. 6te Z. v. u. soll hinter: „caucri“ ein Komma und hiernächst ein kleiner Anfangsbuchstabe stehen. — S. 16. 5te und 8te Z. s. h.: „antarktischen Polarkreise“. — S. 16. 7te Z. v. u. soll der Doppelpunkt hinter: „Erddünste“ wegfallen. — S. 19. im Tit. d. §. 19. und auf d. 3ten Z. v. u. soll es heißen: „Umschatige“. — S. 27. unterste Z. soll nicht: „begründet“, sondern: „begrenzt“ heißen. — S. 29. oberste Z. und 13te Z. v. o. s. h.: „S. Br.“ — S. 32. 12te. Z. v. o. soll statt: „Hauptform“ „Hauptstücke“ heißen. — S. 34. 1te Z. d. §. 17. muß: „welcher“ statt: „welches“ sein. — S. 35. 12te Z. v. u. muß heißen: „Gebirgsstöcke“. — S. 43. auf d. drittletzten Z. d. §. 31. muß es h.: „Putziger Wiek“. — S. 45. 4te Z. v. u. s. h.: „Talanda“. — S. 46. 4te Z. d. §. 35. s. h.: „Swiätoi“. — S. 46. 6te Z. d. §. 35. soll statt §. 1., §. 28. citirt sein. — S. 47. unterste Z. muß h.: „Penas“. — S. 48. 11te Z. v. u. muß h.: „Testa“. — S. 49. 2te Z. v. u. s. h.: „Dago“. — S. 50. 3te Z. v. o. soll statt d. Zahl 10, die Zahl 9 stehen. — S. 50. 6te Z. v. o. ist das Wort: „zusammengesetzt“ ganz überflüssig. — S. 55. 5te Z. d. §. 39. soll anstatt „oft“, „es“ stehen. — S. 57. sollen: „Alliär und Indre“ den Artikel: „die“ haben. — S. 59. gehört zu: „Dender“ der Artikel: „die“. — S. 62. 8te Z. d. §. 44. ist das Wort: „aus“ überflüssig. — S. 64. 11te Z. v. o. soll statt: „Loire“ „Saone heißen. — S. 69. 16te Z. v. u. soll nicht: „Brücken“, sondern: „Breite“ heißen. — S. 82. 6te Z. v. o. nicht: „Schmulter“, sondern: „Schmutter“ h. — S. 86. 8te Z. v. o. soll d. Punkt schon hinter: „Mündung“ stehen und das dort stehende Schlußwort also unnöthig. — S. 86. 15te Z. v. o. s. h.: „Lupow“. — S. 94. 18te Z. v. u. d. Wort: „Seine“ ganz hinweg. — S. 94. 22te Z. v. u.: „N. W.“ statt: „S. W.“ — S. 99. 8te Z. v. u. nicht: „Seen: Bildungen“, sondern: „Seenbildungen“. — S. 104. u. Z. m. h.: „der Ill“. — S. 104. 19te Z. v. u. m. h.: „die Sieg“ und: „Bergebene“ statt: „Bergkette“. — S. 108. 2te Z. v. o. m. h.: „Lupow“. — S. 111. auf d. Z. 16. 22 und 29. v. u. muß es h.: „Modlau, Brahe, Soldau“. — S. 113. 5te 16te 21te 22te und 27te Z. v. u. m. h.: „Paßarge, Narova, der Kemi, Liemjocki, Latscha See.“ — S. 114. 20te Z. v. o. nicht: „Fl.k“, sondern: „Ilek“. — S. 116. unterste Z. s. h.: „den Teterow“. — S. 116. 4te Z. und 10te Z. v. u. s. h.: „Jascolda und Cherson“. — S. 117. 4te Z. v. o. s. h.: „Cherson“. — S. 117. 6te Z. v. o. s. h.: „der Sosch“. — S. 118. 14te Z. v. u. s. h.: „Komorn“. — S. 119. 4te und 5te Z. v. u. s. h.: „aus der Alsta“. — S. 119. 6te und 7te Z. v. u. s. h.: „zur Alsta“. — S. 122. 11te Z. v. u. s. h.: „Alanitsch“. — S. 124. 9te Z. v. o. s. h.: „Samara“. — S. 132. sollen die Namen: „Wienoz, Drewenz, Lowal den Artikel „der“ haben; — statt „Pisa“, muß es dort: „Pißa“, statt: „Bulderau“ „Bulderao“ und statt: „Tewerza“ „Twerza“ heißen. — S. 134. oberste Zeile soll sein: „Juguletz“. — S. 144. 13te Z. v. u. s. h.: „M. Viso“. — S. 145. oberste Z. s. h.: „Col di Tenda“. — S. 149. 9te Z. v. u. s. h.: „M. Ventour“. — S. 152. 19te Z. v. u. nicht: „Pitka“, sondern: „Pitea“. — S. 153. 2te Z. v. u. s. h.: „Strömholms-Kanal“. — S. 156. 11te Z. v. o. s. h.: „Carion“. — S. 156. unterste Z. soll sein: „Zegere“ und auf d. 6ten Z. v. u.: „Jaroma“. — S. 157. 2te Z. v. o. soll sein: „Salor“, 3te Z. v. o.: „Zatos“ und 16te Z. v. o.: „Jabalon“. — S. 158.

15te Z. v. o. soll sein: „Odiel". — S. 162. 5te Z. v. u. s. sein: „Esla", 9te Z.: „Segre", und letzte Z. d. §. 83: „Albacete". — S. 163. 9te Z. v. o. s. h.: „von der Hochebene von Alt-Kastilien". — S. 163. d. letzte Wort d. §. 85. nicht: „Disoro", sondern: „Duero". — S. 164. 18te Z. v. o. soll sein: „Brandano", 3te Z. v. u.: „Teverone". — S. 165. 3te Z. v. o. soll sein: „Marta". — S. 168. unterste Z. soll sein: „Karutsch". — S. 171. 4te Z. v. o. soll sein: „Rodoke Gebirge". — S. 175. 18te und 20te Z. v. o. muß statt: „Aydе" „Clyde", auf der 20ten Z. v. o. nicht: „Harffell", sondern: „Hartfell", auf d. untersten Z.: „Cornwallis", statt: „Cornwallus" stehen. — S. 176. 10te Z. v. u. nicht: „unterscheiden", sondern: „unterbricht". — S. 178. 2te Z. d. §. 103. gehört das 2te Komma hinter: „Theilen". — S. 180. 20te Z. v. u. nicht: „gebautes", sondern: „gebauten". — S. 186. 12te Z. v. u. soll sein: „Penschinskische". — S. 188. unterste Z. muß sein: „Lieu-Khieu". — S. 189. 9te Z. v. o. nicht: „geschieden", sondern: „geschnitten". — S. 189. 7te Z. v. u. ist d. 2te Doppelpunkt überflüssig. — S. 192. 6te Z. v. u. soll sein: „Kur", 18te Z. v. u. „Altai" und 13te Z. v. u. statt: „Lelenga", „Selenga". — S. 209. 15te Z. v. o. ist das Kolon hinter: „nämlich" überflüssig und muß statt dessen ein Komma stehen. — S. 211. 8te Z. v. u. soll h.: „Bambarra". — S. 211. 13te Z. v. u. soll statt: „Plattlande", „Nordrande" stehen. — S. 216. 18te Z. v. o. muß h.: „Yucatan". — S. 221. 18te Z. v. o. muß h.: „Sergike". — S. 225. letzte Z. muß h.: „Felsengebirge". — S. 229. 4te Z. v. o. nicht: „sich", sondern: „sie". — S. 240. 4te Z. v. o. soll sein: „ihnen", statt: „ihr". — S. 258. 16te Z. v. o. soll sein: „Morlaix". — S. 260. 10te Z. v. u. soll sein: „einen Meeres-Arm". — S. 261. 14te Z. v. u. muß h.: „Nation". — S. 265. 6te Z. d. §. 14. soll vor: „Frankreich" der Ausdruck: „im Westen" stehen. — S. 278. 1te Z. soll sein: „Italienische Lande". — S. 292. 2te Z. v. o. soll h.: „Tendenz". — S. 309. 19te Z. v. u. muß h.: „Schwinge". — S. 312. 13te Z. v. u. muß h.: „vererbt". —

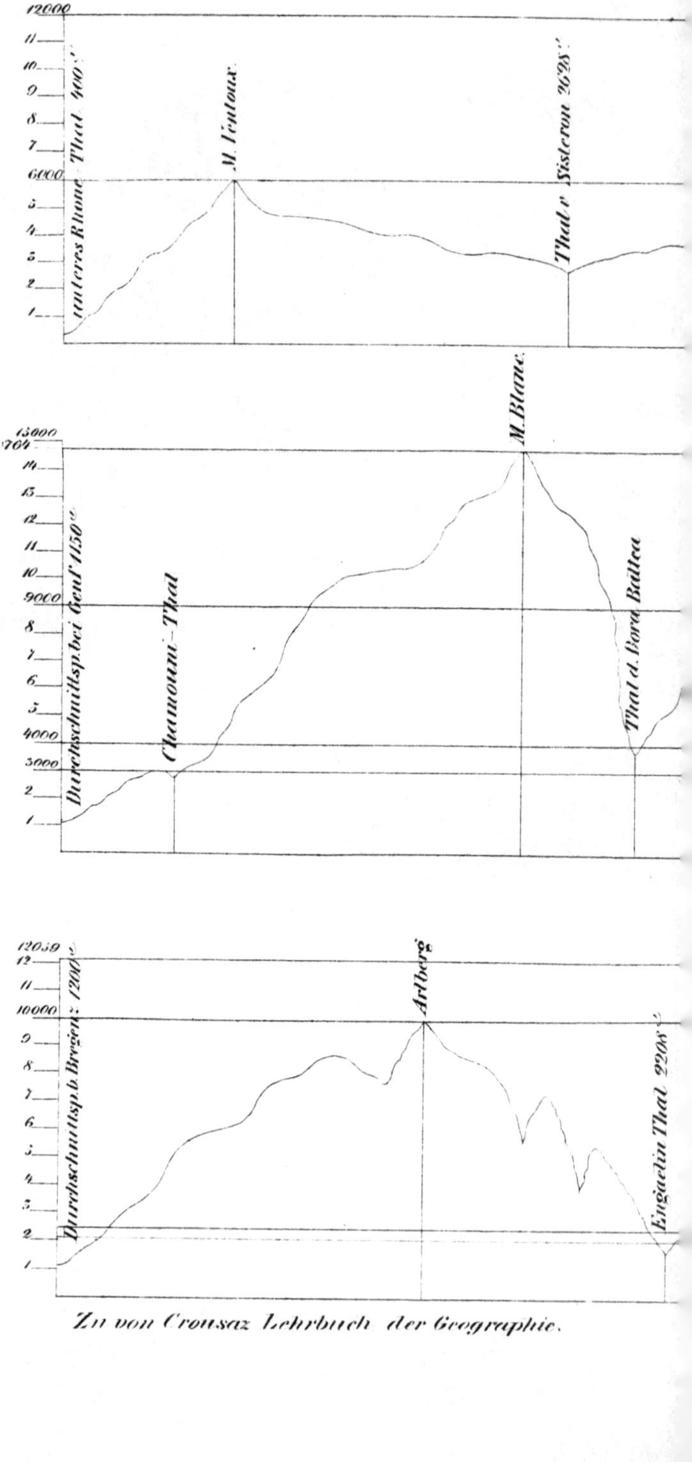

Zu von Crousaz Lehrbuch der Geographie.

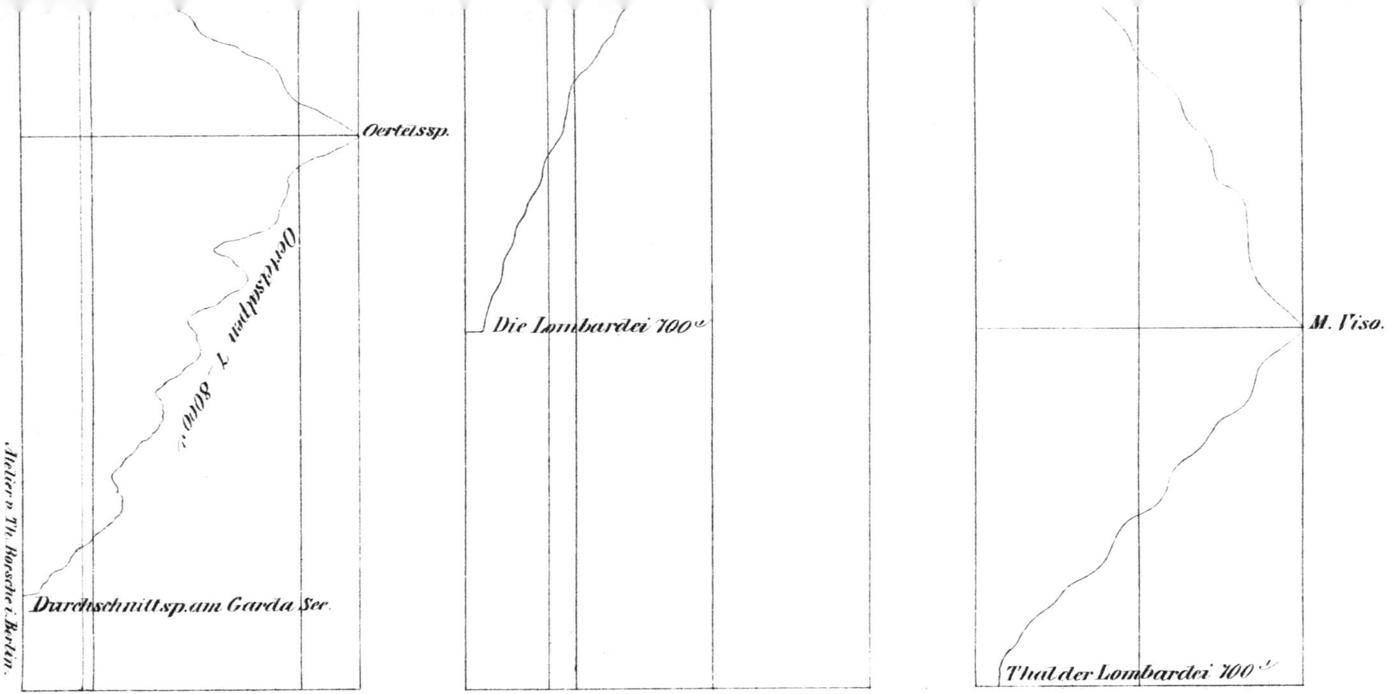

Atelier v. Th. Borsche i. Berlin.

FSC
www.fsc.org
MIX
Papier | Fördert
gute Waldnutzung
FSC® C083411

Kolibri 360 GmbH
Ferdinand-Jühlke-Straße 7
99095 Erfurt, Deutschland
produktsicherheit@kolibri360.de